GESCHICHTE
DER
ELEMENTAR-MATHEMATIK

IN SYSTEMATISCHER DARSTELLUNG
MIT BESONDERER BERÜCKSICHTIGUNG
DER FACHWÖRTER

VON

DR. JOHANNES TROPFKE
OBERSTUDIENDIREKTOR AN DER KIRSCHNER-SCHULE ZU BERLIN

ZWEITER BAND

ALLGEMEINE ARITHMETIK

DRITTE, VERBESSERTE UND VERMEHRTE AUFLAGE

BERLIN UND LEIPZIG 1933
WALTER DE GRUYTER & CO.
VORMALS G. J. GÖSCHEN'SCHE VERLAGSHANDLUNG / J. GUTTENTAG, VERLAGS-
BUCHHANDLUNG / GEORG REIMER / KARL J. TRÜBNER / VEIT & COMP.

Archiv-Nr. 12 28 33

Druck von Metzger & Wittig in Leipzig

Vorwort.

Die am Schluß eines jeden Bandes angehängte Vergleichstafel der Seiten- und Anmerkungszahlen der zweiten und dritten Auflage ermöglicht die Benutzung des großen Namen- und Sachverzeichnisses am Ende des Band VII der zweiten Auflage.

Der letzte Band der dritten Auflage wird ein neues vervollständigtes Namen- und Sachverzeichnis aller Bände bringen.

Weihnachten 1931 starb Heinrich Wieleitner, seit drei Jahrzehnten mein treuer Berater und Freund; die gesamte mathematischhistorische Forschung leidet an dem schweren Verlust. Für ihn halfen bei der Drucklegung dieses Bandes seine jungen Mitarbeiter Kurt Vogel-München und Jos. E. Hofmann-Nördlingen. Bereitwilligst hatte sich J. Ruska wieder zur Verfügung gestellt, so belastet er mit seinen eigenen Arbeiten auch ist. Dieser vielseitigen, wertvollen Unterstützung wäre das Gelingen zu danken.

Berlin, Januar 1933.

Der Verfasser.

Inhalt.

Allgemeine Arithmetik.

ALLGEMEINE ARITHMETIK

A. Die algebraische Ausdrucksweise.

I. Allgemeiner Überblick.

Keine Wissenschaft kann sich eines so mächtigen Hilfsmittels rühmen, wie es die Mathematik in der Algebra besitzt. Die Philosophie versuchte ihr nachzuahmen; doch trotz der Beteiligung des Großmeisters LEIBNIZ blieb ihre Formelsprache in den Kinderschuhen. Nur der Chemie glückte es, in ihren Konstitutionsausdrücken dem Vorbilde etwas nahezukommen. Während aber die chemische Formel uns allein eine Anschauung des inneren Zusammenhangs für den durch sie dargestellten Stoff liefert, also uns nur einen Tatbestand vorführt, erfand sich die Mathematik Operationszeichen, die der Formel gleichsam Leben einhauchen und sie zu dem edlen Werkzeug machten, das in der Hand des genialen Mathematikers den Meißel zu staunenswerten Wunderwerken bildet. Aber dieser Meißel ist nicht das tote Eisenstück des technischen Künstlers; eigenes Leben birgt er und wirkt, selbst geschaffen, auf das Schaffende befruchtend zurück. Wie plötzlich wuchs die Lehre des Unendlichen nach tausendjähriger, langsamer Entwicklung, die oft einem Stillstand gleichkam, zu glänzenden, alles überstrahlenden Leistungen empor, als ein LEIBNIZ ihr den Algorithmus der Differential- und Integralrechnung erdachte! Wie oft wurde die Frage aufgeworfen, was für Erfolge die Altmeister griechischer Mathematik zu verzeichnen gehabt hätten, wenn sie im Besitz unserer Ziffern- und Formelsprache gewesen wären! Nichts regt den Geschichtsforscher mehr an, als die Betrachtung der allmählichen Entwicklung solcher Hilfsmittel, die der menschliche Geist ersann, um sich der in unzugänglicher Erhabenheit thronenden, dem Irdischen in ihrer ganzen Fülle stets verborgenen Wahrheit zu nähern. Langsam, nur sehr langsam sind diese Hilfsmittel dem Menschen zu dem geworden, was sie ihm heute sind. Unzählig vieler Feilenstriche hatte es bedurft, manche plötzlich auftretende Scharte mußte wieder ausgewetzt werden, bis der Mathematiker die schneidige Waffe in der Hand hatte, mit der er einen siegreichen Angriff auf die sich ihm entgegenstellenden Probleme machen konnte.

Die Geschichte der algebraischen Sprache und Schrift liefert uns durchaus kein einheitliches Bild. Eine Zusammenfassung unbewußter und bewußter Neuerungen, scheint auch sie unter dem großen Gesetz der Lebewesen zu stehen, dem Prinzip vom Überleben des Tüchtigeren. Praktische Neuerungen verschaffen sich von selbst Geltung, ungeeignete sinken nach längerem oder kürzerem Gebrauch in die Vergessenheit zurück. Die Gewohnheit ist der größte Gegner des Fortschritts. Wie hartnäckig war der Kampf, ehe die Dezimalteilung zur Geltung kam, ehe die Proportionsform durch die Gleichung verdrängt wurde, ehe die indisch-arabische Ziffer, der allgemeine Buchstabe eine Weltmathematik einleiten konnte!

Überblicken wir die Geschichte der algebraischen Ausdrucksweise in großen Zügen, so können wir im wesentlichen drei Stufen der Entwicklung unterscheiden, die freilich ineinander übergreifen: die rhetorische, die synkopierte und die symbolische Algebra.[1]

In der ersten Periode herrscht das Wort. Die Rechnung wird ohne Benutzung von Zeichen auseinandergesetzt; nur öfters wiederkehrende Redewendungen bilden sich als Fachausdrücke heraus. Auf dieser untersten Stufe stehen die Griechen bis in die ersten Jahrhunderte n. Chr., die Ostaraber, die Perser, die Westaraber bis zum dreizehnten Jahrhundert, die mittelalterlichen Mathematiker, wie LEONARDO von Pisa († 1250?), JORDANUS NEMORARIUS († 1237?) und ihre Schüler bis zu REGIOMONTANUS (1436—1476). Bei den Arabern wird die Vermeidung jeglichen Zeichens so weit getrieben, daß selbst die Zahlen durch Worte ersetzt werden.[2]

Der Übergang zur nächsten Periode liegt auf der Hand. Häufig gebrauchte Ausdrücke werden im Text abgekürzt; die gewählten Abkürzungen entziehen sich jedoch noch nicht dem Satzbau. Der bedeutendste Vertreter dieser Entwicklungsstufe ist der griechische Arithmetiker DIOPHANTOS von Alexandria (zweite Hälfte des dritten Jahrhunderts n. Chr.); die *Ἀριθμητικά*[I 124] sind zugleich das einzige Werk aus der älteren uns erhaltenen Literatur. Seine großartigen Leistungen erscheinen fast unvermittelt in der Geschichte der Algebra; über Arbeiten von Vorgängern, die uns die Entstehung der Diophantischen Schreibart und Methode erklären könnten, schweigt die

---

[1] NESSELMANN[I 316], S. 302. — [2] Vgl. F. WOEPCKE, *Recherches sur l'histoire des sciences math. chez les orientaux*, Journal Asiat. 4_5, 1854, S. 349—350, auch selbständig, Paris 1855, S. 2. In Tabellen jeder Art, magischen Quadraten u. ä. wenden dagegen die Araber die Ziffern oder die semitisch-griechischen Buchstabensymbole an.

Überlieferung und läßt den Vermutungen über die Bildung einer Algebra in Griechenland freien Spielraum.[3] Für die unbekannte Zahl (*πλῆθος μονάδων ἄλογον* = unbestimmte Menge von Einheiten), den *ἀριθμός* an sich, schreibt DIOPHANT ein Zeichen, ähnlich einem Schlußsigma mit einem Merkstrich ς′, im Plural ςς̄; es steht dies ς′ demnach an der Stelle des heutigen x. Nach einigen soll ein Schlußsigma darum genommen worden sein, weil es der einzige griechische Buchstabe ist, der nicht beim Zahlenschreiben von den Griechen benutzt wurde, also allein von allen noch zur Verfügung stand. Nach anderen — und dies dürfte die ansprechendere Erklärung sein — ist ς′ kein Schlußsigma, sondern eine Ligatur für *αρ*, die ersten beiden Buchstaben des Wortes *ἀριθμός*.[4] Konstante Größen drückt DIOPHANT nicht durch die einfachen Zahlen allein aus, sondern fügt ihnen die Benennung „Einheiten" (*μονάδες*, abgekürzt $\mu^{\bar{o}}$) hinzu. So liest man ςς̄ $\bar{\iota}$ modern als $10x$, ςς̄ $\overline{\iota\alpha}$ als $11x$, $\mu^{\bar{o}}$ $\bar{\lambda}$ als 30, $\mu^{\bar{o}}$ $\overline{\iota\varepsilon}$ als 15. Die Koeffizienten werden nachgestellt. Beachtenswert ist, daß erstens diese Abkürzungen nicht durchgängig benutzt, sondern hin und wieder auch ausgeschrieben werden, zweitens, daß sie

[3] Vergleiche auch den griechischen, wohl in Ägypten entstandenen Papyrus Michigan 620, der Fragmente dreier algebraischen Aufgaben — Gleichungen mit mehreren Unbekannten (s. Bd. III, B. 3) — enthält, die ein noch etwas schärferes symbolartiges algebraisches Rechnen zeigen. Es steht noch nicht fest, ob dieser Papyrus vor- oder nachdiophantisch ist. FR. E. ROBBINS, *P. Mich. 620: A series of arithmetical problems*, Class. philology, 24, 1929, S. 321 bis 329; — L. C. KARPINSKY and FR. E. ROBBINS, *The introduction of algebraic equations in Greece*; Science 70 (1929), S. 311—314. — K. VOGEL, *Die algebraischen Probleme der P. Mich. 620.* Class. philology 25, 1930, S. 373—375; *Eine neue Quelle ältester griechischer Algebra*, Z. math. nat. Unt. 62 (1931), S. 266—271. — Vgl. ferner den Wiener Papyrus 19996. H. GERSTINGER, H. OELLACHER, K. VOGEL, *Eine stereometrische Aufgabensammlung im Papyrus Graecus Vindobonensis* 19996. Griech. liter. Papyri I. Papyrussammlung Nationalbibl. Wien. Wien 1932. — Diese Papyrusstückchen sind um so wichtiger, als sie uns wirklich die Originalschreibart der damaligen Zeit überliefern. Bei den erhaltenen Diophanthandschriften (die älteste, Madrid, stammt aus dem 13. Jahrhundert) weiß man nie genau, ob sie uns die streng originale Zeichenschrift des DIOPHANT wirklich wiedergeben. In den 1000 Jahren kann von Abschrift zu Abschrift Abweichung sich eingeschlichen oder absichtlich hineingebracht sein. Das ς-ähnliche Zeichen für *ἀριθμός* hat im P. Mich. 620 einen kleinen schrägen Strich ς̀ oben rechts; ohne diesen heißt es *δραχμή* und bedeutet dann wie das gleichzeitig auftretende *μονάδες* die bekannten Einheiten. Statt des diophantischen *ἴσοι εἰσίν* wird *γίγνεται* benutzt und mit / abgekürzt, so daß geradezu von einem Gleichheitszeichen gesprochen werden kann. Dasselbe Zeichen hat auch der Wiener Papyrus 19996; hier finden sich noch Zeichen für *γίνεται* (= es ergibt sich) und *λοιπόν* (Rest). — [4] T. L. HEATH, *Diophantus of Alexandria* I 124, cap. III, S. 32—37.

durch rechts oben darangeschriebene Endungen dem Satzbau gemäß dekliniert werden können. Sie besitzen folglich nicht den Charakter von Symbolen, sondern sind die nur angedeuteten Fachwörter selbst. Als Beispiel sei die Gleichung $10x + 30 = 11x + 15$ angeführt, die bei DIOPHANT folgendermaßen aussieht:

$$ϛϛ^{\text{οὶ}}\ \text{ἄρα}\ ι\ μ^{\text{ο̄}}\ λ\ \text{ἴσοι εἰσὶν}\ ϛϛ^{\text{οῖς}}\ \overline{ια}\ \text{μονάσι}\ \overline{ιε},$$ [5]

wörtlich übersetzt: „also 10 Zahlen (und) 30 Einheiten sind gleich 11 Zahlen (und) 15 Einheiten“. Hier zeigt uns $ϛϛ^{\text{οὶ}}$ und $ϛϛ^{\text{οῖς}}$ die Biegung, *μονάσι* das ausgeschriebene Wort statt $μ^{\text{ο̄}}$. Das Wort „und“ ist weggelassen, so daß einfaches Aneinanderschreiben zweier Größen die Rechnungsart des Addierens andeutet, wie schon bei den Stammbrüchen des AHMES (vgl. Bd. I, S. 150—154). Das abkürzende *ιϛ* (= *ἴσος*, gleich) wird oft geradezu als Gleichheitszeichen benutzt.

Andere Diophantische Abkürzungen sind $δ^{\bar{υ}}$ (= *δύναμις*, Quadrat) für x^2, $κ^{\bar{υ}}$ (= *κύβος*, Würfel) für x^3, $δδ^{\bar{υ}}$ (= *δυναμοδύναμις*)[6] für x^4, $δκ^{\bar{υ}}$ (= *δυναμόκυβος*) für x^5, $κκ^{\bar{υ}}$ (= *κυβόκυβος*) für x^6. Für Brüche sind besondere Bezeichnungen vorhanden. Den Stammbruch der unbekannten Zahl $\frac{1}{x}$ nennt DIOPHANT *ἀριθμοστόν*; ähnlich bezeichnet er $\frac{1}{x^2}$ mit *δυναμοστόν* usf., $\frac{1}{x^6}$ mit *κυβοκυβοστόν*. Als Symbol dient eine *χ*-ähnliche Ligatur, so daß $δ^{\bar{υ}χ}$ die Abkürzung für $\frac{1}{x^2}$ darstellt und etwa $\frac{300}{x^2}$ durch $δ^{\bar{υ}χ}\,\bar{τ}$, ähnlich $\frac{8}{x}$ durch $ϛ'χ\bar{η}$ ausgedrückt wird. Die Subtraktion wird durch das Wort *λείψει* (*λεῖψις*, das Negative; Gegensatz *ὕπαρξις*, das Positive) angegeben; abgekürzt wird *λείψει* (bzw. *λείψας* oder *λιπών*) meistens durch ein *ψ*, und zwar ein umgekehrtes ⋔, so daß es nicht mit der Zahl *ψ'* = 700 verwechselt werden kann. Dies Zeichen läßt sich vielleicht auch als eine Ligatur für *λι* erklären, deren Benutzung schon für HERON (um 100 v. Chr.) wahrscheinlich gemacht wird.[7] Die Notwendigkeit, eine Multiplikation anzudeuten, fällt weg, da nur Zahlenkoeffizienten auftreten. Die

---

[5] Nach NESSELMANN[1316], S. 301; etwas abweichend DIOPHANTUS, ed. TANNERY[1124], Leipzig 1893, S. 80. — [6] Dies schon bei HERON (erstes Jahrhundert v. Chr.?). — *Vermessungslehre*, ed. SCHÖNE[1308], S. 48, Z. 11, 19, 21 — festzustellende Auftreten des Wortes *δυναμοδύναμις*, das über die dreidimensionale Geometrie hinausführt, läßt leise Andeutungen über die frühere Bildung einer griechischen Algebra erkennen. — [7] HERON, *Vermessungslehre*[1308], S. 156, Z. 8 u. 10 und die Anmerkung. Vgl. P. TANNERY, *Sur le symbole de soustraction chez les Grecs*, Bibl. math. 5_3, 1904, S. 5—8.

Division wird mit dem Worte *ἐν μορίῳ* oder *μορίου* (*μόριον* = Teil, Bruch) vorgeschrieben. Die Zeile

$$\delta^{\bar{\upsilon}}\ \bar{\zeta}\ \lambda\varepsilon\acute{\iota}\psi\varepsilon\iota\ \varsigma\tilde{\varsigma}\ \overline{\varkappa\delta}\ \mu o\varrho\acute{\iota}o\upsilon\ \delta^{\bar{\upsilon}}\ \bar{\alpha}\ \mu^{\bar{o}}\ \overline{\iota\beta}\ \lambda\varepsilon\acute{\iota}\psi\varepsilon\iota\ \varsigma\tilde{\varsigma}\ \bar{\zeta},$$ [8]

wo $\bar{\zeta} = 7,\ \overline{\varkappa\delta} = 24,\ \bar{\alpha} = 1,\ \overline{\iota\beta} = 12,$

deckt sich sonach mit unserem algebraischen Bruch:

$$\frac{7x^2 - 24x}{x^2 + 12 - 7x}.$$

Abgesehen von diesen Kürzungen sind bei DIOPHANT sämtliche algebraischen Herleitungen und Operationen ausführlich mit Worten beschrieben.

DIOPHANTS Algebra steht nicht mehr im Anfangsstadium der Entwicklung, so wenig wir auch von einer vordiophantischen Algebra wissen; im Keime bahnt sich eine echte Zeichensprache an. Leider fehlten nach DIOPHANT führende Geister, die auf seinen Bahnen fortschritten. Die Araber, denen sonst in der Mathematik eine so hohe Rolle zufiel, blieben, selbst nachdem sie DIOPHANTS Werk kennen gelernt hatten — um 970 n. Chr. verfaßte ABU 'LWAFĀ' (940—998, Bagdad) einen Kommentar dazu[9] —, beinahe durchgängig bei ihrer rein rethorischen Form stehen. Nur eine arabische, anonyme Schrift in lateinischer Übersetzung ist bekannt, die für x^2, x und die Konstanten Buchstabenabkürzungen (c = census = x^2; r = radix = x; d = dragma[3] = Münze, Konstante) benutzt; die gleichzeitige Verwendung eines Punktes bei negativen Zahlen und die Schreibung der Brüche verrät indischen Einschlag (vgl. S. 11).[10]

8 NESSELMANN[I 316], S. 299; DIOPHANTUS, Lib. IV, Aufg. 42, ed. TANNERY[I 124], S. 286. — 9 NESSELMANN[I 316], S. 274. — 10 B. BONCOMPAGNI, *Della vita e delle opere di Gherardo Cremonese*, Roma 1851, S. 36ff.; F. WOEPCKE, *Recherches*[II 2], Journ. Asiat. 4_5, 1854, S. 373f. „*In scribendo enim haec regula teneatur, numero censuum littera c, numero radicum littera r, deorsum virgulas habentes, subterius apponantur. Dragma vero sine litteris virgulas habeant, quotiens haec sine diminutione proponuntur. Verbi gratia, duo census, tres radices, 4 dragmae sic figurentur* $\begin{matrix}2 & 3 & 4\\ \underline{c} & \underline{r} & \underline{d}\end{matrix}$. *Duae tertiae census, tres quartae radicis, quatuor quintae unius dragmae hoc modo figurentur*

$$\begin{matrix}2 & 3 & 4\\ 3 & 4 & 5\\ \underline{c} & \underline{r} & \underline{d}\end{matrix}$$

(Beim Schreiben möge folgende Regel behalten werden, der Zahl der x^2 werde der Buchstabe c, der Zahl der Wurzeln der Buchstabe r, unterstrichen, darunter beigefügt werden, dragma können Striche ohne Buchstaben erhalten, so oft solche Aufgaben ohne Subtraktion gestellt werden. Beispiele: $2x^2 + 3x + 4$ und $\frac{2}{3}x^2 + \frac{3}{4}x + \frac{4}{5}d$. Tritt Subtraktion auf, so benutzt der

Eine andere anonyme persische Handschrift aus dem 15. Jahrhundert bildet in genauer Nachahmung DIOPHANTS Potenzsymbole bis x^{10}, bzw. x^{-10}.[11] Die Araber wurden maßgebend für diejenigen, die unmittelbar oder mittelbar aus ihren Arbeiten schöpften, wie für LEONARDO von Pisa (1228, *Liber abbaci*), JORDANUS NEMORARIUS († 1237?), ja bis zu den Zeiten REGIOMONTANS (1436—1476). Erst im fünfzehnten Jahrhundert wird der Schritt wieder getan, den wir über ein Jahrtausend früher bei DIOPHANT vollzogen sahen. Langsam stellen sich immer gebräuchlicher werdende Abkürzungen ein. Ganz allmählich macht sich aber auch ein neues Prinzip geltend und leitet damit die dritte Entwicklungsstufe ein: es erscheinen symbolartige Zeichen. Bei LUCA PACIOLI (1494) wird für plus und minus $\tilde{p}$ und $\tilde{m}$ gebraucht, und dieselben Abkürzungen galten noch lange nach ihm in Italien und Frankreich; in Deutschland aber treten die Zeichen + und − auf, zum erstenmal in Handschriften aus der Zeit um 1480 und im Druck bei JOHANNES WIDMAN von Eger (Rechenbuch 1489[1200]) (siehe S. 15). Ebenso spielen in der deutschen Behandlungsform der Algebra, die unter dem Namen der *Coß* bekannt ist, eigenartige Potenzsymbole, die die italienischen Fachausdrücke, bzw. Abkürzungen ersetzen, eine Hauptrolle (vgl. Potenzlehre). Ihre Erfinder und Benutzer sind sich des Wertes einer solchen Neuerung wohl bewußt und empfehlen angelegentlichst[12] den Gebrauch dieser sogenannten *Charaktere*.[13] Die

Verfasser daruntergesetzte Punkte: „*duo census minus tribus radicibus, duo census minus quatuor dragmis, quinque radices minus duobus censibus, quinque radices minus quatuor dragmis sic notantur*

$$\begin{array}{cccc} 2 & 2 & 5 & 5 \\ \underline{c} & \underline{c} & \underline{r} & \underline{r} \\ 3 & 4 & 2 & 4 \\ \underset{\cdot}{r} & \underset{\cdot}{d} & \underset{\cdot}{c} & \underset{\cdot}{d} \end{array}$$

Beispiele: $2x^2 - 3x$, $2x^2 - 4$, $5x - 2x^2$, $5x - 4$. Vgl. auch CANTOR, 1^3, S. 803—804. Möglich ist auch, daß der lateinische Übersetzer diese Neuerungen erst hineingebracht hat. — 11 F. WOEPCKE, *Recherches*[II 2], S. 374—380. — 12 M. STIFEL, einer der bekanntesten Vertreter der *Coß* (1486/87 Eßlingen — 1567 Jena), fordert geradezu seinen Leser auf, bei der Lektüre der *Ars magna*[74] des Italieners CARDANO, des damals bedeutendsten algebraischen Werkes, die hier gebräuchliche Ausdrucksweise in die „cossischen" Zeichen umzusetzen: *Assuescas, signa eius, quibus ipse utitur, transfigurare ad signa nostra. Quamvis enim signa quibus ipse utitur, uetustiora sint nostris, tamen nostra signa (meo quidem iudicio) illis sunt commodiora* (Gewöhne dich daran, die von ihm gebrauchten Zeichen in die unsrigen umzusetzen. Wenn auch seine Zeichen die älteren sind, so sind doch die unsrigen, wenigstens meiner Meinung nach, die bequemeren); *Arithmetica integra*, 1544[123], Appendix, S. 306, Z. 14f. — 13 CHR. RUDOLFF, *Coß* von 1525[835], Buch I, Kap. 5, Bl. Dij r⁰: Lernt

im Bd. III, Anh. I gegebene Übersicht zeigt, wie sich nach und nach unsere modernen Zeichen und Schreibarten einstellten. Das große Verdienst des französischen Mathematikers FR. VIETA (1540—1603; Paris, Staatsbeamter) ist es, in Gleichungen auch statt der Zahlenkoeffizienten Buchstaben eingeführt zu haben (siehe S. 46, 53), die eine wesentliche Zusammenziehung allgemeinerer Herleitungen ermöglichten. Bis zum siebzehnten Jahrhundert ist die langatmige Ausdrucksweise älterer Schriftsteller noch nicht ganz überwunden. Wesentliche Fortschritte verdankt die algebraische Schreibart den Engländern TH. HARRIOT (1560—1621) und W. OUGHTRED (1574—1660; Landpfarrer). Erst in DESCARTES (1596—1650), LEIBNIZ (1646—1716), NEWTON (1642—1727) und EULER (1707—1783) erscheint der Gipfel erklommen. Eine Algebra ist geschaffen, die es gestattet, ohne ein verbindendes Wort mathematische Gedankengänge in einer jedem Fachmann verständlichen Form vorzuführen: die mathematische, internationale Kurzschrift ist endlich erfunden.

Wir haben in kurzen Strichen diejenige Entwicklung der Algebra verfolgt, die in gerader Linie bis zur Gegenwart führt. Wir hätten bei rein geschichtlicher Behandlung des Stoffes noch auf andere Versuche, algebraisches Rechnen zu erfinden, einzugehen gehabt. Diese Versuche, wie diejenigen der gelehrten Inder oder der späteren Westaraber, blieben durchaus nicht in den Anfängen stecken, sondern brachten es sogar bis zum Ausbau einer symbolischen Algebra, der sich freilich eine Weiterentwicklung bis auf die Jetztzeit nicht anschloß. Schon bei dem ältesten Kulturvolk, den Ägyptern, kann man die Benutzung mathematischer Hieroglyphen nachweisen, allerdings immer in dem Sinne, daß sie Wortbedeutung haben und auch in nicht mathematischen Texten vorkommen, so daß man schließlich doch nur von einer „rhetorischen" Algebra sprechen kann. Im Papyrus Rhind (Bd. I, S. 72f.), der ein altägyptisches mathematisches Lehrbuch, nach noch älteren Vorlagen von einem Schreiber AHMES ausgearbeitet (etwa aus dem siebzehnten bis zwanzigsten Jahrhundert v. Chr.), enthält, werden u. a. schon Gleichungen ersten Grades mit einer Unbekannten behandelt. Die Hieroglyphe für das Wort „Unbekannte" 'ḥ', gelesen etwa *acha*, früher *hau* (= Haufen), wird wie unser x verwendet. Ein Schriftzeichen, das ausschreitende Beine darstellt, gilt als Zeichen der Addition, wenn die Beine in der Richtung der abgebildeten Tier- und Menschenköpfe zu gehen scheinen (eigentlich das Verbum ‚herein-

---

die zalen der coss aussprechen vnnd durch ire charakter erkennen vnd schreiben; vgl. ferner STIFELS Neubearbeitung der RUDOLFFschen Coß[1338], Königsberg i. Pr. 1553, Bl. 62 v°.

gehen'),[14] bei entgegengesetzter Richtung als Zeichen der Subtraktion.[15] Ferner ist ein Wortzeichen für die Gleichheit,[16] ein solches für die Differenz,[17] in anderen Papyri sogar eines für die Quadratwurzel[18] nachzuweisen. Auch die Methodik hat schon einen hohen Stand: den Lösungen der einzelnen Aufgaben wird eine Ausrechnung (Beweis, Probe: *ššm·t,* gelesen etwa *seschmet*) beigefügt.[19] Noch weiter hinauf, bis in das dritte Jahrtausend v. Chr., reichen altbabylonische Funde, Tontäfelchen mit Zahlentabellen und Rechnungen, auf denen man Zeichen für die vier Rechenoperationen, Ideogramme für Quadrat und Cubus, für Nenner, für Resultat deuten kann.[20] Keilschrifttäfelchen aus derselben fernen Zeit,[21] enthalten Aufgaben, deren rechnerische Durchführungen Zahlenfolgen zeigen, wie wir sie bei der Lösung quadratischer Gleichungen hinschreiben.

Zu einer wirklichen Algebra gelangten die Inder. Unsere geschichtliche Kenntnis der indischen Mathematik setzt bedeutend später ein als man allgemein glaubt. Es ist sehr wahrscheinlich (vgl. Bd. I, S. 24—26), daß die indische Mathematik in der Hauptsache auf griechischer Mathematik aufgebaut ist; die Kenntnis Diophantischer Algebra kann bestimmt nachgewiesen werden. Die Überlieferung ist allerdings für Griechenland bei dem großen Niedergang der mathematischen Wissenschaft in den nachchristlichen Jahrhunderten sehr dürftig; sogar bei DIOPHANT beklagen wir den Verlust eines erheblichen Teils seiner Schriften. Somit kann man nicht genau wissen, wie weit die Inder griechische Mathematik übernahmen und wo ihre eigenen Fortschritte einsetzen. Griechische Mathematik drang übrigens auch bis China, fand dort sogar viel früher fruchtbaren Boden als in Indien. Manches mag dann auch von dort wieder nach Indien zurückgeflossen sein; war doch der Handelsverkehr schon im Altertum ein ausgedehnterer, als man gewöhnlich annimmt.

[14] Nur in einem Beispiel, Aufgabe Nr. 28; sonst wird die Addition durch einfaches Nebeneinandersetzen ausgedrückt. Vgl. K. VOGEL, *Grundlagen*[I 154a] S. 12. — [15] EISENLOHR[I 381], S. 22—23. — [16] Ein *m* in der Bedeutung ‚ist soviel wie' EISENLOHR[I 381], S. 23, K. VOGEL[I 154a], S. 9, Anm. 35. — [17] EISENLOHR[I 381], S. 26. — [18] Berliner Papyrus 6619. Vgl. H. v. SCHACK-SCHACKENBURG, Z. f. ägypt. Sprach- und Altertumskunde 38, 1900, S. 135f.; ferner im Kahunfragment VIII, 40[I 921] und wiederholt im Papyrus Moskau, vgl. W. W. STRUVE, *Mathematischer Papyrus des Staatlichen Museums der Schönen Künste in Moskau,* Quellen und Studien A 1, Berlin 1930, S. 31. — [19] Vgl. VOGEL, *Grundlagen*[I 154a], S. 10. — [20] H. V. HILPRECHT, *The Babylonian Expedition*[I 1], S. 23—24. Vgl. G. REISNER, Sitzgsb. Ak. Wiss. Berlin 1896, S. 425/6; M. SIMON, *Geschichte der Mathematik im Altertum in Verbindung mit antiker Kulturgeschichte*, Berlin 1909, S. 114. — [21] O. NEUGEBAUER, *Beiträge zur Geschichte der babylonischen Arithmetik.* Quellen und Studien B 1, 1930, S. 120—130.

Die chinesischen Zeitdatierungen dürften wohl aber noch nicht außer allem Zweifel stehen.

Die Hauptvertreter der Glanzperiode der indischen Mathematik sind ĀRYABHAṬA (geb. 476 n. Chr.) und BRAHMAGUPTA (geb. 598 n. Chr.). ĀRYABHAṬA nennt die bekannte Größe *rūpakā* (Rupie; mit Zeichen versehene Münzen), die unbekannte *gulikā* (Kügelchen).[22] Bei BRAHMAGUPTA heißt die letztere allgemein: *yāvat tāvat* (*quantum tantum*),[23] ein Ausdruck, der schon in der älteren indischen Mathematik nachweisbar ist;[24] die Anfangssilben *rū* und *yā* dienen nun unmittelbar als Symbole. Die Addition geschieht durch einfaches Aneinandersetzen der *rū* und *yā*, die Subtraktion durch ein dem Subtrahendus übergesetztes Pünktchen. Hierbei sieht man sofort den ungeheuren Fortschritt gegenüber der Diophantischen Algebra. Während DIOPHANT nur mit Differenzen, die einen positiven Wert ergeben, rechnet, wird das indische Pünktchen direkt zum Kennzeichen einer rein negativen Zahl, so daß hier also zum erstenmal in der Geschichte der Mathematik der Gegensatz zwischen Positiv und Negativ in Zeichen umgesetzt ist. Auch für die Potenzen der unbekannten Größe sind Abkürzungen vorhanden. *Varga* ist im Indischen ein Ausdruck für eine Gruppe gleichartiger Dinge, dann im besonderen für Quadrat, bzw. Quadratzahl (griech. *δύναμις*); *ghana* heißt Körper (griech. *κύβος*).[25] Die Anfangssilben dieser Wörter dienen dem indischen Mathematiker als Potenzsymbole. Er bildet die Reihe

$$\begin{aligned} &va = x^2, && va\ gha = x^6, \\ &gha = x^3, && va\ va\ gha\ gh\bar{a}ta = x^7, \\ &va\ va = x^4, && va\ va\ va = x^8, \\ &va\ gha\ gh\bar{a}ta = x^5, && gha\ gha = x^9. \end{aligned}$$ [26]

Dabei tritt ein weiterer wesentlicher Unterschied gegen DIOPHANT hervor. Die Kombination der Bezeichnungen für die 2. und 3. Potenz ist bei diesem *δυναμόκυβος* und gleichwertig mit der 5. Potenz; bei den Indern ist jedoch *va gha* die 6. Potenz. Der Grieche addiert, wie wir heute sagen, die Exponenten, der Inder multipliziert sie. Es

22 ĀRYABHAṬA, ed. L. RODET[I 109], S. 403, Strophe XXX, S. 427—429. — 23 BRAHMAGUPTA, *Cuṭṭaca*, ch. XVIII, sect. III, ed. COLEBROOKE[I 111], S. 344. Der indische Fachausdruck *yāvat tāvat* ist bis jetzt bei keinem arabischen Mathematiker als von den Indern übernommen nachweisbar; im Arabischen ist dieses Wortpaar überhaupt nicht üblich. Vgl. RUSKA[I 137], S. 60. — 24 Etwa 300 n. Chr. B. DATTA, *The Jaina School*[I 550], S. 119. — 25 BHĀSKARA, *Līlāvatī*, ch. II, sect. II, ed. COLEBROOKE[I 111], S. 8, Anm. 5, S. 10, Anm. 1. — 26 Daselbst[I 111], S. 10, Anm. 3. Die vollen Wörter will B. DATTA[I 550] auch schon um 300 n. Chr. nachweisen können. *The Jaina School*[I 550], S. 137 u.

bedarf im Indischen erst des besonderen Zusatzes *ghāta*, wie in x^5 = *va gha ghāta*, um die Addition zu bewirken (vgl. S. 134).

Ein Zeichen der Multiplikation ist in *bhā* (*bhāvita*, das Hervorgebrachte), das dem Multiplikator nachgesetzt wird, vorhanden. Als Wurzelzeichen wird der Anfangsbuchstabe *c* des Wortes *caranī*[520] (= irrational) benutzt, so daß *ru* 3 *c* 450 *c* 75 *c* 54 die Summe $3 + \sqrt{450} + \sqrt{75} + \sqrt{54}$ und *c* 18 *c* $\dot{3}$ die Differenz $\sqrt{18} - \sqrt{3}$ bedeutet.[27] Mehrere Unbekannte werden durch die Farbwörter unterschieden; so wird die zweite bei Brahmagupta mit *kā* (*kālaka*, die schwarze), die dritte mit *nī* (*nīlaka*, die blaue), die vierte mit *pī* (*pītaka*, die gelbe) usw. bezeichnet.[28] Ein Gleichheitszeichen fehlt, wenn auch ein entsprechender Fachausdruck (*tulyau*, im Gleichgewicht sein) zuweilen gebraucht wird. Die Gleichheit wird angedeutet durch einfaches Übereinandersetzen der beiden Glieder der Gleichung. Unsere Rechnung:

$$1.\qquad 10x - 8 = x^2 + 1$$

$$2.\qquad -9 = x^2 - 10x$$

schreibt Brahmagupta:[29]

$$1.\quad \left\{\begin{array}{l} y\bar{a}\ va\ 0\ \ y\bar{a}\ 10\ \ r\bar{u}\ \dot{8} \\ y\bar{a}\ va\ 1\ \ y\bar{a}\ \ 0\ \ r\bar{u}\ 1 \end{array}\right., \text{ d. h. } 0x^2 + 10x - 8 = 1x^2 + 0x + 1$$

und:

$$2.\quad \left\{\begin{array}{l} \qquad\qquad\qquad r\bar{u}\ \dot{9} \\ y\bar{a}\ va\ 1\ \ y\bar{a}\ 1\dot{0} \end{array}\right., \text{ d. h. } \qquad -9 = 1x^2 - 10x.$$

Ein Beispiel mit mehreren Unbekannten lautet bei ihm:[30]

$$\begin{array}{l} y\bar{a}\ 197\ \ k\bar{a}\ 1\dot{6}44\ \ n\bar{\imath}\ \dot{1}\ \ r\bar{u}\ 0 \\ y\bar{a}\ \ \ \ 0\ \ k\bar{a}\ 0\ \ \ \ \ \ n\bar{\imath}\ 0\ \ r\bar{u}\ 6302, \end{array}$$

modern:

$$197x - 1644y - z + 0 = 0x + 0y + 0z + 6302.$$

Noch weitere Fortschritte in der algebraischen Schreibweise finden sich in dem sogenannten Rechenbuch von Bakhshāli.[31] Man hielt dies auf Birkenrinde hergestellte Schriftstück früher für viel älter; die erhaltene Abschrift sollte aus dem siebenten bis neunten Jahrhundert stammen, nach der Sprache und dem Versmaß glaubte

27 Brahmagupta[1111], cap. 12, S. 342. — 28 Brahmagupta[1111], *Gaṇita*, ch. XVIII, sect. V, S. 348, Anm. 1, S. 355; Bhāskara, *Vījagaṇita*[1111], ch. I, sect. IV, S. 139, Anm. 1. Wahrscheinlich stammt die Benutzung der Farbenbezeichnungen aus China. — 29 Brahmagupta, *Cuṭṭaca*, ch. XVIII, sect. IV, 49, ed. Colebrooke[1111], S. 346—347. — 30 Cap. XVIII, sect. V, Nr. 55[1111], S. 352; G. R. Kaye, *Indian mathematics*[1122], Tafel 26—(α), Nr. 4. — 31 R. Hoernle[1115], 17, Bombay 1888, S. 33—48, 275—279. B. Datta, *The Bakhshālī Mathematics*[1117], S. 1—60.

man neben anderen Gründen die Entstehung der Urschrift auf das dritte nachchristliche Jahrhundert ansetzen zu dürfen. Neuere Forscher (G. R. KAYE, vgl. I, S. 23—26) entnehmen vor allem aus der fortgeschrittenen algebraischen Form unter Widerlegung der früher vorgebrachten Schlußfolgerungen, daß es nicht vor dem zwölften Jahrhundert entstanden sein kann.

In der Wiedergabe der im Rechenbuch von Bakhshāli auftretenden Rechnungen erkennen wir den Beginn eines Überganges von der synkopierten zur symbolischen Algebra. Gruppen zusammengehöriger Zahlen, die wir heute in Klammern einschließen, werden durch ein geradliniges Rechteck eingerahmt. Als Gleichheitszeichen dient die Silbe *pha* (Anfang des entsprechenden Wortes *phalaṁ* = gleich) oder *dṛ* (von *dṛśya* = gibt)[32]; dadurch wird es möglich, Gleichungen nicht in zwei Zeilen, wie bei BRAHMAGUPTA, sondern in eine Zeile zu schreiben. Die Addition wird durch *yu* (von *yuta*), die Subtraktion durch ein unserem Pluszeichen ähnliches Kreuz (wahrscheinlich ein *k* statt *ka* von *kanita* oder *kṣaya* = vermindert), die Division durch *bhâ* (von *bhâga* oder *bhâjita* = geteilt) angedeutet. Einfaches Aneinandersetzen der Zahlen oder der Zusatz *gu* (von *guṇa* oder *guṇita* = vervielfältigt)[33] bezeichnet die Multiplikation. Erinnern wir uns der Bd. I, S. 159 erwähnten indischen Art, Brüche zu schreiben, so können wir die Ausdrücke

5	7				5	32		
1	1	*yu*	*pha* 12	und	8	1	*pha* 20	[34]

ferner

1	1	1	1	*bhâ* 36	
1	1	1	1	1	[35]
2+	3	4+	5		

entziffern und lesen sie als $\frac{5}{1} + \frac{7}{1} = 12$, bzw. $\frac{5}{8} \cdot \frac{32}{1} = 20$ und $\frac{36}{(1-\frac{1}{2})(1+\frac{1}{3})(1-\frac{1}{4})(1+\frac{1}{5})}$. Für die Einheit wird *rūpa*, für die unbekannte Zahl *śūnya* gebraucht. *Śūnya* bedeutet das Leere; wir lernten es als indisches Fachwort für die Ziffer Null (vgl. Bd. I, S. 9) kennen. Der Inder will also die Stelle der Unbekannten so lange leer gelassen haben, bis sie durch Ausrechnen gefunden ist. Nur folgerichtig erscheint uns demnach auch das Symbol, das für die unbekannte Zahl in der Regel eintritt, ein kleiner Kreis, der zugleich auch als Zifferzeichen für die Null gebraucht wird.[36] Wurzelzeichen ist *mū* (von *mula* = Pflanzenwurzel).

32 B. DATTA[1117], S. 29. — 33 B. DATTA[1117], S. 39. — 34 HOERNLE[1115], S. 34, rechts Z. 19, S. 35, links Z. 39. — 35 B. DATTA[1117], S. 40 Anm. — 36 B. DATTA[1117], S. 23 f.

$$\begin{array}{|ccl|}\hline \circ & 5 & \\ 1 & 1 & yu\ m\bar{u} \\ \hline\end{array}$$ ist zu lesen als $\sqrt{x+5}$[37] und

$$\begin{array}{|cccc|}\hline 11 & 5\ yu & m\bar{u} & 4 \\ 1 & 1 & & 1 \\ \hline\end{array} \qquad \begin{array}{|cccc|}\hline 11 & 7^{+} & m\bar{u} & 2 \\ 1 & 1 & & 1 \\ \hline\end{array}$$

als $\sqrt{11+5} = 4$ und $\sqrt{11-7} = 2$.[38]

Bei mehreren Unbekannten wird nicht die Farbbezeichnung benutzt, sondern die Ordnungszahlen *pra* (von *prathama* = erste), *dvi* (von *dvitīya* = zweite), *tṛ* (von *tṛtīya* = dritte), *ca* (von *caturtha* = vierte) und *pañc* (von *pañcama* = fünfte).[39]

Es wurde bereits erwähnt (S. 4, 7), daß die Araber die symbolische Algebra der Inder nicht übernahmen, sondern zur alten rhetorischen Form zurückkehrten. Erst in verhältnismäßig später Zeit begannen westarabische Gelehrte, einen höheren Standpunkt einzunehmen. Die Entwicklung dieser neuen Zeichensprache ist noch nicht geschichtlich verfolgt; wir sehen sie in ziemlicher Vollkommenheit bei dem Andalusier ALQALAṢĀDĪ († 1477 oder 1486) verwertet. Ein uns erhaltenes Werk *Aufhebung des Schleiers der Wissenschaft des Ġubār* (*Ġubār*, Staub, hier im Sinne von „Rechnen", vgl. Bd. I, S. 28, 33f.) zeigt Zeichen für die Unbekannte mit ihren Potenzen, für die Quadratwurzel, für die Subtraktion u. a. m. In der Benutzung eines Gleichheitszeichens und einer Schreibart für Proportionen, die ähnlich der unsrigen ist, in der Erfassung des Exponentenbegriffes geht ALQALAṢĀDĪ sogar über die Inder hinaus.[40]

2. Geschichte der modernen Zeichen und Symbole.

Die zuletzt geschilderten Entwicklungsepochen der Algebra trugen zu ihrem modernen Ausbau nichts bei. Die heutige Form der algebraischen Symbolik nimmt ihren Anfang erst im fünfzehnten Jahrhundert. Ihre Ausbildung ging verhältnismäßig langsam vor sich. Die in Bd. III, Anh. I beigefügte Zusammenstellung wird am besten imstande sein, dieses allmähliche Wachstum zu veranschaulichen; sie gibt uns in geschichtlicher Folge das erste Auftreten der einzelnen Zeichen, Symbole usw., über die dann im besonderen an den angeführten Stellen gesprochen wird. Demselben Zweck soll auch eine in Bd. III, Anh. II gegebene Sammlung charakteristischer Aufgaben aus Werken der verschiedensten bedeutenderen Mathematiker dienen.

37 B. DATTA[I 117], S. 68. — 38 B. DATTA[I 117], S, 41, Anm. 1. — 39 B. DATTA[I 117], S. 25. — 40 Vgl. F. WOEPCKE, *Recherches*[II 2], S. 352—353, 364.

Das größte Verdienst um die einheitliche Festsetzung der mathematischen Symbole hat LEIBNIZ:[41] er erkannte scharf und klar, von welcher Bedeutung geschickt gewählte Zeichen sind, und schuf selbst eine große Reihe von ihnen, deren Entwicklung und immer bessere Formgebung wir in seinen Schriften historisch deutlich verfolgen können.

Die neu gegründeten mathematischen Zeitschriften[42] sorgten in Deutschland für Vereinheitlichung und allgemeine Annahme der geeignetsten Symbole; die ausländischen Mathematiker schlossen sich mehr oder weniger schnell an, so daß die algebraische Zeichenschrift international wurde.

Der Ursprung der Zeichen + und — liegt im Dunkeln. Das Pluszeichen tritt in dem Rechenbuch[I200] des JOHANNES WIDMAN aus Eger (Leipzig, 1489; unpaginiert, Blatt I (6) r⁰) zuerst im Druck auf. Es wechselt hier das Zeichen + beliebig mit dem Wort „und" ab; der Preisangabe 9 fl $\frac{1}{3}$ vñ $\frac{1}{4}$ + $\frac{1}{5}$ Schilling folgt unmittelbar die Ausführung der Addition $\frac{1}{3}$ vñ $\frac{1}{4}$ vñ $\frac{1}{5}$. Ja das Pluszeichen erscheint auch da, wo gar keine Addition vorliegt, wie in der Überschrift (Blatt o (7) r⁰): *Regula augmenti + decrementi.* Zwei Seiten nach der zuerst hervorgehobenen Stelle (also Blatt I (7) r⁰) wird das Minuszeichen benutzt; es wird erklärt mit: *was — ist dz ist minus.* Dabei wird auch die Definition des + nachgeholt: *das + das ist mer.* Das Wort plus selbst kommt bei WIDMAN überhaupt nicht vor, minus außer an der angeführten Stelle nur noch einmal, wo es kaum im Sinne von unserem Minuszeichen steht. Im Bamberger Rechenbuch[I407] fehlt auch das Wort plus; minus erscheint aber wiederholt in unserer Bedeutung (z. B. Bl. (23) v⁰, (24) r⁰). Die Verwendung der Zeichen + und — macht in den aufgestellten Rechnungen den Eindruck, als ob diese aus der kaufmännischen Praxis hervorgegangen seien und Übergewicht und Untergewicht andeuteten. So heißt 3 Czentner — 11 lb, 3 Cz. + 50 lb (Blatt I (7) r⁰), daß an vollen 3 Zentnern 11 ℔ fehlen, bzw. 50 ℔ über 3 Zentner zuviel sind.

Das Zusammenziehen einer ganzen Reihe solcher Ausdrücke läßt die Geschicklichkeit WIDMANS erkennen, mit diesen Zeichen zu rechnen; der freie Gebrauch in verschiedenen anderen Aufgaben verrät geradezu, daß ihm das + nicht mehr einen Wortersatz oder,

---

41 FL. CAJORI, *Leibniz, The Master-builder of Mathematical Notations*, Isis 7, 1925, S. 412—429; D. MAHNKE, *Leibniz als Begründer der symbolischen Mathematik*, Isis 9, 1927, S. 279—293. — 42 *Acta Eruditorum*, Leipzig 1708, S. 271; *Monitum de characteribus algebraicis. Miscellanea Berolinensia*, Berlin 1710, S. 155—160. Der letztere Artikel stammt von LEIBNIZ selbst.

in Gemeinschaft mit dem —, nur eine kaufmännische Bezeichnung darstellt, sondern beide Zeichen ihm bereits wirkliche Symbole geworden sind. So stellt er in einer späteren Aufgabe (Blatt o (7) v⁰) die Frage, wieviel Pfund Anis jemand gekauft hatte, der bei einem Preise von 12 ₰ für das Pfund 37 ₰ von seiner Barschaft übrig behält, bei einem Preise von 15 ₰ aber 44 ₰ zu wenig besitzt, und schreibt vor: So machß nach der Regel also subtrahir 12 von 15 pleyben 3 vnd das ist der teyler darnach addir + vnd — zcu sam wirt 81 die dividir mit 3 kummen 27 lb. In einer anderen Aufgabe (Blatt pij r⁰, vgl. Bd. III, Anh. II, Nr. 41ᵃ) wird der Wert von 6 Eyern — 2 Pfennigen mit dem ebenso großen Wert von 4 Pfennigen + 1 Ey verglichen, um daraus den Preis eines Eies zu berechnen. Widman schreckt also selbst vor negativem Gelde nicht zurück. Die Verwendung des Minuszeichens erscheint oft ganz modern, wie in den beiden Beispielen: Jtm̄ drey gesellen teylñ 100 fl vñ der erst sol habñ $\frac{1}{3} - \frac{1}{4}$ vnd der ander $\frac{1}{4} - \frac{1}{5}$ Und der drit $\frac{1}{5} - \frac{1}{6}$ (Bl. B (2) v⁰ unten); 18 — ℞ von 164 (Bl. D (7) v⁰, Z. 14).

Bei der Abfassung seines Rechenbuches hat Widman nachweislich eine Reihe von Manuskripten benutzt,[43] die noch heute in dem Sammelbande der Dresdener Bibliothek C. 80 vorhanden sind. Unter diesen befindet sich eine deutsche Algebra, geschrieben im Jahre 1481,[44] in der bereits das Minuszeichen (gelesen minner) auftritt,[45] statt des Pluszeichens aber das Wort vnd gebraucht wird (vgl. Tafel S. 17 und Bd. III, Anh. II, Nr. 37ᵃ). Minner wird hier schon in streng algebraischem Sinne als Vorzeichenwort, nicht nur als Rechenzeichen verwendet. So wird bei dem Beispiel, modern geschrieben, $(3-2x)\cdot(6x+5)$ das Ergebnis $18x - 12x^2 + 15 - 10x$ zusammengefaßt in

$18x$ und 15 minner $12x^2$ und minner $10x$ [46]

(für x und x^2 erscheinen die Zeichen der Tafel S. 141). Auch das Zeichen — wird in diesem algebraischen Sinne verwertet, tritt dann aber zuweilen hinter das zu bezeichnende Glied. So lautet z. B. eine Rechnung[47] in heutige Schreibart übertragen (stund zeigt wie unser *mal* die Multiplikation an, vgl. Bd. I, S. 105):

$3x^2$ vnd $5x$ stund $2x^2 - 4x$ szo sprich $3x^2$ stund $2x^2$ macht $6x^4$ vnd sprich $5x$ stund $2x^2$ macht $10x^3$ vnd sprich $4x$ das ist — stund

[43] E. Wappler, *Zur Geschichte der deutschen Algebra im fünfzehnten Jahrhundert.* Programm, Zwickau 1887, S. 5 ff. — [44] E. Wappler, Abh. Gesch. Math. 9¹⁴⁸⁹, 1899, S. 539, Fußnote 3. — [45] Wappler, Programm[43], S. 4, Z. 27. — [46] Daselbst Z. 29. — [47] Codex Dresden 80, fol 368 v⁰, Z. 7 v. u., von Wappler, a. a. O. nicht abgedruckt.

1. Ältestes Minuszeichen.
Dresd. C. 80. Deutsche Algebra, fol. 368′
(um 1486)

$15 - 22x$

2. Ältestes Pluszeichen.
Dresd. C. 80. Lat. Algebra, fol. 350′
(um 1486)

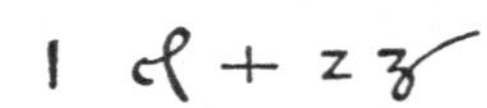

$x^3 + 2x^2$

3. Ältestes Wurzelzeichen.
Dresd. C. 80, fol. 292′ (Rand)
(um 1486)

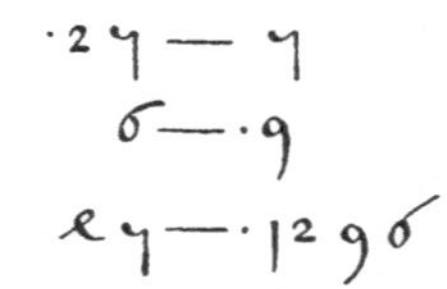

$\sqrt{25} - 5$

$6 - \sqrt{9}$

$45 - \sqrt{1296}$

4. Dresd. C. 80.
Lateinische Algebra, fol. 352′

$10 - x$

Zusatz von Widman.
5. Dresd. C. 80, fol. 349′
(um 1486)

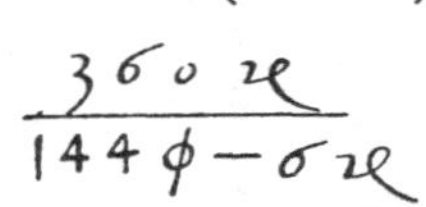

$\frac{360x}{144 - 6x}$

6. Rechnungen von Regiomontanus (Briefe um 1460).
Handschrift, Nürnberg, fol. 23

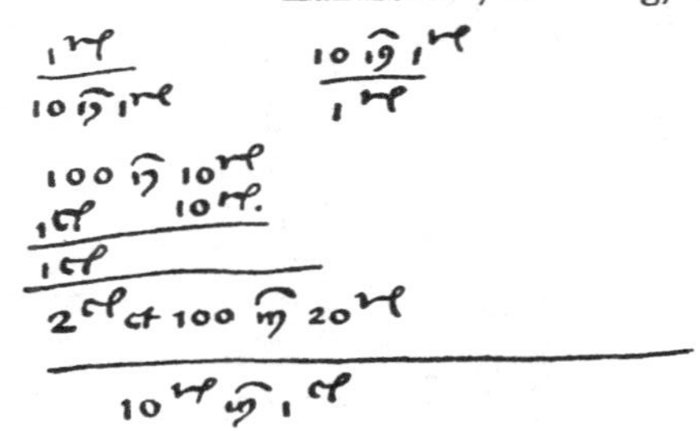

$\frac{x}{10 - x}$ $\frac{10 - x}{x}$

$$\frac{\begin{array}{c}100 - 10x\\ x^2 - 10x\end{array}}{x^2}$$

$$\frac{2x^2 + 100 - 20x}{10x - x^2}$$

$3x^2$ macht $12x^3$ – v̈nd macht aber $4x$ ſtund $5x$ daʒ iſt $20x^2$ – macht alß $6x^4$ v̈nd $10x^3$ minner $12x^3$ vnd (!) $20x^2$ ʒeuch ein von dem andern ſo bleybet $6x^4 - 2x^3$ vnnd minner $20x^2$.

Es wird also gerechnet:

$$
\begin{array}{r}
(3x^2 + 5x)\cdot(2x^2 - 4x) \\
3x^2\cdot 2x^2 = \ \ 6x^4 \\
5x \cdot 2x^2 = 10x^3 \\
-\ 4x \cdot 3x^2 = 12x^3\ - \\
(-)\ 4x\cdot 5x \ = 20x^2\ - \\
\hline
6x^4 + 10x^3 - 12x^3 - 20x^2 \\
6x^4 - 2x^3 + - 20x^2.
\end{array}
$$

In einer in demselben Dresdener Sammelband C. 80 vorhandenen lateinischen Algebra ist nicht nur der Gebrauch des Minuszeichens, sondern auch der des Pluszeichens nachweisbar[48] (vgl. Bd. III, Anh. II, Nr. 38), und zwar werden + und – fast ausschließlich als Rechenzeichen benutzt. Nur selten ersetzt das + einmal das Wort *et* im Text.[49] Umgekehrt wird aber noch sehr häufig das Wort *et* als Rechenzeichen ausgeschrieben.[50] Das Wort *minus* wird nie benutzt; wenn das Zeichen – nicht gewählt wird, werden Umschreibungen mit Formen von *subtrahere* und *reliquum* o. ä. verwendet.

Eigenhändige Zusätze Widmans am Rande oder auf freien Seiten zu beiden Abhandlungen zeigen seine Gewandtheit, mit beiden Zeichen in algebraischen Summen und Differenzen cossischer Größen (vgl. S. 16) zu rechnen. Unter Zugrundelegung dieser Schriften hat Widman an der Universität Leipzig Vorlesungen über Algebra gehalten. Eine Leipziger Handschrift (Codex Lips. 1470) stellt das Kollegienheft eines seiner Hörer aus dem Jahre 1486 dar, wie die oft auffallende Übereinstimmung der beiden Handschriften beweist.[51]

In einer älteren Münchener Handschrift (Nr. 14908) aus der Mitte des fünfzehnten Jahrhunderts werden die Zeichen + und – noch nicht gebraucht. Eine in diesem Sammelbande enthaltene deutsche Algebra *Regule de la cosa secundum 6 capitula*, die anscheinend nach italienischem Vorbild gearbeitet wurde, verwendet die Wörter vnd[52] und myndeꝛ,[53] zuweilen minus[54] an Stelle der Zeichen + und

48 Wappler[43], S. 13f. — 49 Z. B. Wappler[43], S. 15, Z. 4 v. u.: + *a* ℞ *subtrahere*; Z. 2 v. u.: + sunt $\frac{25}{36}$; S. 16, Z. 6 u. ä. — 50 Z. B. Wappler[43], S. 13, Z. 27: 33 + 6 3 *et* 9 ∅; S. 15, Z. 1: 3 *et* 33 u. ä. — 51 E. Wappler, *Zur Geschichte der Mathematik*, Z. Math. Phys. 45, 1900, Hist.-lit. Abt. S. 7. — 52 Ed. M. Curtze[887], Abh. Gesch. Math. 7, 1895, S. 50, Z. 22, S. 53, Z. 5, S. 57, Z. 15 u. ö. — 53 Daselbst S. 52, Z. 21 u. ö. — 54 Daselbst S. 55, Z. 8 u. ö.

—, ebenso ein angeschlossenes deutsches Schriftstück, das die Unterschrift eines Frater FRIDERICUS (1461) trägt.[55] Hingegen sind in einer späteren Wiener Handschrift (Nr. 5277) *Regulę cosę uel Algobrę* (um 1500), die CHR. RUDOLFF danach für seine Algebra von 1525[835] ausgiebig benutzte, die Zeichen + und — schon so abstrakte Rechenzeichen, daß die Multiplikationsregel für algebraische Binome einfach in der Form gefaßt wird:[56]

+ per + vel — per — ſurgit +
+ p — vel — p + creſcit —,

d. i. + mal + oder — mal — gibt +; + mal — oder — mal + gibt —.

REGIOMONTANUS (1436—1476), der in seinen Briefen schon eine ziemlich stark ausgebildete symbolische Schreibweise verwendet, behält bei vorkommenden algebraischen Rechnungen das Wort *et* bei; *minus* ersetzt er durch ein verschnörkeltes *m̃*, das fast wie *ig* zu lesen ist (vgl. Tafel S. 17 und Bd. III, Anh. II, Nr. 36[c]).

Genaueres über die Zeichen + und — erfahren wir auch nicht aus einem Rechenbuch des Wiener Universitätsprofessors GEORG VON PEURBACH (1423—1461), das, vielfach handschriftlich verbreitet, im Jahre 1492 zum erstenmal zum Druck kam und sehr viel Neuauflagen erlebte. Zwar läßt PEURBACH bei Auseinandersetzung der Regula falsi Bemerkungen fallen, die man dahin deuten kann, daß er die Kenntnis eines Additions- und Subtraktionszeichens hat; so fordert er an einer Stelle, daß man eine Zahl hinschreibe *cum signo denotante ipsum (numerum) fuisse additum vel diminutum* (mit einem Zeichen, welches anzeigt, daß die Zahl selbst addiert oder subtrahiert werde) oder *cum signo additionis vel diminutionis*,[57] ohne indes diese Zeichen selbst zu benutzen. Aber es ist außerordentlich zweifelhaft, ob das Originalbemerkungen PEURBACHs sind. Man kann annehmen, daß hier spätere Zusätze vorliegen, die ein Herausgeber des PEURBACHschen Buches sich erlaubt hat; einmal fehlen nämlich in verschiedenen Auflagen diese Bemerkungen gänzlich, dann ist die gebrauchte Redewendung die beliebte Ausdrucksweise in verschiedenen Rechenbüchern des beginnenden sechzehnten Jahrhunderts, als die Zeichen + und — längst benutzt wurden.

[55] Daselbst S. 50, Z. 7, 4. — [56] Codex 5277[751], fol. 2 Mitte. — [57] Nach P. TREUTLEIN, *Die deutsche Coß*, Abh. Gesch. Math. 2, 1879, S. 29; Verfasser hat verschiedene Ausgaben des PEURBACHschen Rechenbuches eingesehen, ohne die von TREUTLEIN angeführten Bemerkungen zu finden. J. W. L. GLAISHER, *On the early history of the signs + and —*[1130a], Messenger of Math. 51, 1921, § 134—136, S. 95 stellt fest, daß es sich um die Ausgabe Wittenberg 1536 handelt.

Sonach läßt sich nur behaupten, daß im zweitletzten Jahrzehnt des fünfzehnten Jahrhunderts unsere modernen Zeichen + und − in Gebrauch kamen; hinzugefügt kann werden, daß sie deutsche Erfindungen sind.

Der Italiener LEONARDO von Pisa (1228, *Liber abbaci*) verwendet das Wort *et* beim Addieren[58] und *minus* beim Subtrahieren bereits ganz fachgemäß. Er sagt z. B.: *radix de 4 et ex radice de 13* (scil. compositum) für $\sqrt{4}+\sqrt{13}$, *radix de 4, minus de radice de 13* für $\sqrt{4}-\sqrt{13}$,[59] oder kürzer: *Si uis multiplicare radicem de 5, et radicem radicis de 10 per radicem de 6 et radicem radicis 12* (Wenn du multiplizieren willst $\sqrt{5}+\sqrt[4]{10}$ mit $\sqrt{6}+\sqrt[4]{12}$).[60] (Siehe auch Bd. III, Anh. II, Nr. 26[c]). Nach ihm erschienen in Italien und in Werken, die aus italienischen Quellen schöpften, ausschließlich die Wörter *plus* und *minus*. N. CHUQUET (Lyon und Paris; † um 1500) benutzte in seinem *Triparty* (1484, Manuskript[I19]) die überstrichenen Anfangsbuchstaben p̃, m̃;[61] ebenso verfuhr LUCA PACIOLI in der *Summa* von 1494,[62] während WIDMAN, wie oben erwähnt, längst + und − in seinem Rechenbuch eingeführt hatte. Andere deutsche Rechenmeister ahmten WIDMAN nach und verhalfen in ihrem Lande diesen Zeichen zu immer weiterer Verbreitung; so GRAMMATEUS[I58a] 1518, der deutsche Bearbeiter des INITIUS ALGEBRAS um 1524,[63] RUDOLFF 1525 (*Coß*)[835], STIFEL (1544[I23], 1545[I421], 1553[I338]) u. a. Das Rechenbuch von GRAMMATEUS (1518[I58a]) ist das älteste gedruckte, das das algebraische Rechnen mit beiden Zeichen lehrt. Dieselbe Rolle spielt für Holland, allerdings 20 Jahre später, eine Arithmetik von GIEL VAN DER HOECKE.[64]

58 An einer Stelle erscheint *plus*, aber nicht als Fachwort; *Scritti* I[I30], S. 411, Z. 7f.: *Multiplicaui 1 plus de $\frac{2}{3}$ unius numeri per unum plus de $\frac{3}{4}$ eiusdem*; *et prouenerunt 73 ...: ergo uis multiplicare $\frac{2}{3}$ rei, uno addito, per $\frac{3}{4}$ rei plus uno ...* (Ich habe 1, vermehrt um $\frac{2}{3}$ einer Zahl, multipliziert mit 1, vermehrt um $\frac{3}{4}$ derselben Zahl, und es ergeben sich 73 ...: also mußt du multiplizieren $\frac{2}{3}x+1$ mit $\frac{3}{4}x+1$ ...); auch S. 414, Z. 28. — 59 Daselbst I, S. 357 unten. — 60 S. 369, Z. 13 v. u. — 61 *Le Triparty*[I19], z. B. S. 655ff. — 62 *Summa*[I18] I, dist. VIII, tract. I, fol. 112 v⁰. — 63 *Die Algebra des Initius Algebras: Algebrae Arabis Arithmetici viri clarissimi Liber ad Ylem geometrum magistrum suum*, herausgeg. von M. CURTZE, Abh. Gesch. Math. 13, 1902. — Die lateinische kurze Urschrift wurde wahrscheinlich von ANDREAS ALEXANDER vor 1524 deutsch bearbeitet. Vgl. G. ENESTRÖM, *Ein verschollener Cossist aus dem Anfang des 16. Jahrhunderts*, Bibl. Math. 3_3, 1902, S. 355—360. — A. a. O., S. 500: ... vnd werden ſolche quantitet eigentlich verzeichnet mit der affirmirung und negierung, daß iſt mit dem *signo minus* und *plus* dann ſo einem Zeichen wird zugeſetzt das Zeichen +, bedeut, das ſie iſt *quantitas addita*, wird aber dem *signo* zugeſchrieben das Zeichen −, bedeutet, das es iſt *quantitas diminuta*. — 64 Een ſonderlinghe excellent Boeck, Antwerpen 1537. Vgl. D. E. SMITH, *Rara arithmetica*[I17], S. 183ff.

In England benutzt ROBERT RECORDE 1557[65] zuerst die neuen Zeichen. Erst OUGHTRED 1631[I 680] und HARRIOT 1631[66] verhalfen ihnen aber zur allgemeinen Anerkennung. In Frankreich war hierfür von Bedeutung der Pariser Nachdruck[67] (1551) der kleinen Algebra, die JOHANNES SCHEYBL seinen 6 ersten Büchern EUKLIDS von 1550 anschloß;[68] doch gaben den Ausschlag für die endgültige Annahme erst die Druckschriften von RAMUS (1555,[69] 1569[I 989]) und VIETA (1579[I 1097], 1591[70] u. später).

In Portugal fanden sie Eingang durch ein Algebrabuch des aus Deutschland gebürtigen MARCO AUREL 1552,[71] in Italien 1608 durch den deutschen Jesuit CHR. CLAVIUS,[72] dem B. CAVALIERI 1647 folgte.[73]

Mit großer Zähigkeit hielt sich das italienische *p*, *m* bis zum 17. Jahrhundert. CARDANO (1501—1576), dessen *Ars magna* 1545[74] in einer deutschen Stadt, Nürnberg, gedruckt wurde, der auf seinen großen Reisen auch Deutschland besucht hatte, verwendet nur *p*: und *m*:,[74] ebenso sein bekannter Gegner TARTAGLIA[I 59] (1500 Brescia — 1557 Venedig), nur daß des letzteren ꝑ[74a] etwas verschnörkeltere Linienführung hat. Sogar BOMBELLI folgt in seiner *Algebra* von 1572[75] noch der Schreibart seiner älteren Landsleute, die auch bis nach Portugal gedrungen war,[76] wo der gelehrte PEDRO NÚÑEZ (1502—1578) an der Universität Coimbra wirkte (siehe die Beispiele in Bd. III, Anh. II, 54). In JOH. BUTEOS *Logistica* (Lyon 1559)[I 76] wird auch immer noch P, M benutzt.

---

65 *The whetstone of witte* (Wetzstein des Witzes), London 1557)[187]. — 66 *Artis analyticae praxis*, London 1631. — 67 *Algebrae compendiosa facilisque descriptio, qua depromuntur magna Arithmetices miracula*, Paris 1551. — 68 *Euclidis Megarensis ... sex libri priores de Geometricis principijs Graece et Latine ... Algebrae porro regulae, propter numerorum exempla passim propositionibus adiecta, his libris praemissae sunt, eadenque demonstratae*, Basel 1550. — 69 *Arithmeticae libri tres*, Paris 1555. — 70 *In artem analyticem isagoge*, Turonis 1591. — 71 *Libro primero de Arithmetica Algebratica*, Valencia 1552. Vgl. FL. CAJORI, *A History of notations*. Vol. I. *Notations in elementary mathematics*, Chicago-London 1928, S. 160, Anm. 1. — 72 *Algebra Christophori Clavii Bambergensis e societate Jesv*, Romae 1608. Das Imprimatur ist vom 1. X. 1607, das Vorwort Idus Martii 1608. — 73 *Exercitationes geometricae sex*, Bononiae 1647. — 74 *Artis magnae sive de regulis algebraicis liber unus*, Nürnberg 1545[280], auch in der Ausgabe von 1570, während in den *Opera*, Lugd. 1663, IV[I 558], S. 221—302, *p̃*. und *m̃*. gebraucht wird. — 74a *Gen. Tratt.* I, Teil 2, fol. 85 v⁰ u. ö. Dasselbe Zeichen wird auch als Münzbezeichnung (pizzoli) gebraucht (*Tratt.* I, Teil 1, fol. 36 r⁰ u. o.). — 75 *L'Algebra*, Bologna 1572 (1579 nur Titelauflage). Vgl. H. WIELEITNER[293], S. 78, Anm. 3. — 76 PEDRO NUÑEZ, *Libro de algebra en arithmetica y geometria*, Anvers 1567.

Über die Entstehung der Zeichen + und — sind die verschiedensten Vermutungen im Umlauf.[77] Aus den italienischen Zeichen $\tilde{p}$ und $\tilde{m}$ können sie sich nicht gut gebildet haben, wenngleich in dem $\tilde{m}$ einiger Verfasser der horizontale Strich stark hervorgehoben und mit dem *m* zur Verschmelzung gebracht erscheint. Schwieriger wäre jedenfalls das + aus dem p zu erklären. Als Beleg könnten immerhin die WIDMANschen Definitionen: das + das ist mer, und: was — ist das ist minus herangezogen werden. Näher liegt die Annahme, daß das Additionskreuz aus einer Ligatur für *et* entstanden ist. In nichtmathematischen Schriften aus dem vierzehnten und fünfzehnten Jahrhundert findet sich vielfach an Stelle des *et* ein Zeichen, das einem umgekehrten t ähnlich ist.[78] Vgl. auch S. 17, 6 die Ligatur für *et*. In einem aus Deutschland stammenden mathematischen Manuskript von 1456 sieht das für plus gebrauchte Wort *et* schon fast wie + aus.[79] — Das Minuszeichen, das naturgemäß mit dem Pluszeichen verwandt ist, soll durch Weglassen des Vertikalstriches künstlich gebildet worden sein. Diese Hypothese hat etwas Gezwungenes an sich; es ist nicht ausgeschlossen, daß das Minuszeichen eine eigene Entstehungsgeschichte hat. In kaufmännischen Kreisen des 15. Jahrhunderts war es bei Gewichtsangaben und übrigens auch bei Preisangaben üblich, die nächsthöhere runde Zahl zu nennen und die vorhandene Abweichung mit dem Worte minus daneben zu setzen; so heißt es z. B. im Bamberger Rechenbuch von 1483[1407]: 4 Ztr. minus 9 *tt* statt des ungefügeren 3 Ztr. 91 *tt*. Eine Aufgabe lautet (in heutigem Deutsch): Ein Sack Pfeffer wiegt $2\frac{1}{2}$ Ztr. *minus* 9 *tt* und kostet je 1 *tt* 8 Schilling *minus* 3 Heller; man soll für den Sack $3\frac{3}{4}$ *tt* abziehen. Was kostet das alles?[80] Wog nun eine Warensendung nicht ganz 4 Ztr., sondern 9 *tt* weniger, so mag man dies auf der Kiste oder in dem Begleitschreiben durch 4 Ztr. — 9 *tt* angedeutet haben, wobei der Strich zunächst rein als Trennungsstrich aufzufassen ist. Wir können hier die WIDMANschen Ausdrücke (S. 15): 3 Czentner — 11 lb usw. zum Vergleich heranziehen. Da alle kaufmännische Praxis aus Italien stammt, ja auch die von deutschen Kaufleuten gehandelten Waren vielfach von Italien aus eingeführt wurden, so könnte man mit demselben Recht solche Bezeichnungen wie *4 Z — 9 Pf* auch als italienische Sitte vermuten, und

77 CANTOR, 2², S. 230ff. u. S. 320. — 78 Vgl. W. WATTENBACH, *Anleitung zur lateinischen Paläographie*[1193], 4. Aufl., Leipzig 1886, Anhang S. 14. — 79 D. E. SMITH, *Rara arithmetica*[117], S. 456, Z. 3—4. — 80 Bamberger Rechenbuch[1407], Bl. (24) r⁰.

dann liegt wieder der Gedanke nicht fern, daß der Strich ein Überbleibsel des $\tilde{m}$ ist und dieses durch die in der Regel nicht wissenschaftlich gebildeten deutschen Kaufleute schließlich in einen einfachen Strich aufgelöst wurde. Einer gleichen Erklärung des Pluszeichens, das WIDMAN in obigen Ausdrücken ganz ähnlich gebraucht, widerspräche, daß bei ihm das +, wie wir gesehen haben, an anderen Stellen geradezu für „et" und „und" verwendet wird. In der von WIDMAN benutzten lateinischen Algebra des Dresdener Manuskriptenbandes C. 80 kommt + für „et" so häufig vor, daß die Entstehung des + aus „et" nahezu sichergestellt ist.[81]

Mit allen derartigen Erklärungsversuchen muß man sehr vorsichtig sein. Mögen auch geschichtliche Ableitungen bei einigen Zeichen gelungen sein, wie bei dem Prozentzeichen $^0/_0$ (I, S. 201), bei dem Wurzelhaken (vgl. diesen) usw., so ist zweifellos die Mehrzahl der algebraischen Zeichen ein Ergebnis willkürlicher Erfindung, und es ist meist müßig, hinterher die Frage zu stellen, was sich der Erfinder und die ersten Benutzer dabei gedacht haben. Die Zeit ist vorüber — zum mindesten seit Erfindung des Buchdruckes —, daß sich solche Symbole gleichsam unbewußt, etwa aus Anfangsbuchstaben der zugehörigen Operation, allmählich entwickeln; dazu nimmt vom sechzehnten Jahrhundert an die Algebra selbst einen zu raschen Aufschwung.

In den Schriften von J. FAULHABER (1580—1635, Ulm) und seinen Schülern werden dem Minuszeichen Punkte zur besseren Unterscheidung von einem Gedankenstrich zugesetzt ÷, 1525,[82] erstmalig bei RIESE[I 203], in der späteren englischen Schule umgekehrt dem Divisionsdoppelpunkt ein Strich zwischengeschoben, da der einfache Doppelpunkt als Proportionssymbol (siehe dieses) benutzt wird. So erscheint bei J. PELL[83] (S. 30), dann bei W. JONES 1706 in seiner *Synopsis palmariorum matheseos* dasselbe Zeichen ÷ für die Division,[84] das bei FAULHABER für die Subtraktion galt.

Das Minuszeichen ~, das P. HÉRIGONE[I 47] im *Cursus mathematicus* von 1634 benutzt, hat sich nicht fortgeerbt.

---

81 So WAPPLER[43], S. 21, Z. 4 v. u.: *pro lucro + lucri lucro*; S. 21, Z. 18: + *remanet valor 1 cosae*; besonders S. 17 unten. — 82 Vgl. J. W. L. GLAISHER, The Mess. of Math. 51, 1922[I 1306a], S. 36. Solche und andere Abarten rühren meist von der mangelhaften Einrichtung der Druckereien oder von Flüchtigkeiten bei der Korrektur her. — 83 Vgl. WALLIS, *Algebra*[1682]; *Opera math.* Vol. II[1682], S. 138. — 84 *Synopsis*[87], S. 177 u.: $b\,a^{\frac{1}{n}} \div c\,a^{\frac{1}{n}} = \frac{b}{c}$.

Das Doppelzeichen $\pm$ erscheint erstmalig bei GIRARD († 1632, Niederlande) in seinen *Tables* 1626,[85] allerdings noch mit dem Zwischenwort *ou*:

$$\begin{matrix} + \\ \textit{ou} \\ - \end{matrix}$$

OUGHTRED (*Clavis mathematicae* 1631[1680]) läßt auch dieses fort und schreibt (vgl. S. 36) z. B. die Lösung einer quadratischen Gleichung:

$$\frac{Z}{2}\substack{+\\-}\surd q : \frac{Z\,q}{4} - \text{Æ} : = A\,.$$

Ihm folgt 1655 Wallis[86], 1706 W. JONES in der *Synopsis palmariorum matheseos.*[87] Verbreitung fand das $\pm$ besonders durch F. W. v. OPPEL (1746),[88] der es *signum ambiguitatis* nennt, und A. CAGNOLI (1786, *Trigonométrie*).[89] VIETA (1540—1603) verstand unter $a = b$[90] sowohl $a - b$ als auch $b - a$, je nachdem $a > b$ oder $a < b$ ist. Ihm folgten DESCARTES (1638),[91] FERMAT (1638),[92] GIRARD (1629, *Tabulae sinuum*[85] usw.), VAN SCHOOTEN (1649),[93] BARTHOLINUS (1651)[94] u. a. Den absoluten Wert einer Größe kennzeichnet 1841 WEIERSTRASS mit $|x|$.[95] Zuweilen setzte DESCARTES (1637, *Géométrie*), wenn er das Vorzeichen eines Gleichungsgliedes unentschieden lassen wollte, diesem einen einfachen Punkt vor. In der Originalausgabe der *Géométrie*[96] schreibt er:

85 Holländische Ausgabe, s'Gravenhage 1629, Bl. K (7) v°[1347]. A. v. BRAUNMÜHL, *Die Entwicklung der Zeichen- und Formelsprache in der Trigonometrie*, Bibl. math. 1_3, 1900, S. 66. — 86 Vgl. *Algebra*[1682] cap. 19; *Arithmetica infinitorum* (1655)[108], prop. CXI. — 87 W. JONES, *Synopsis palmariorum matheseos: or, a new introduction to the mathematics*, London 1706, z. B. S. 119, 128 usw. — 88 FR. W. VON OPPEL, *Analysis triangulorum*, Dresd. et Lips. 1746. — 89 A. CAGNOLI, *Trigonometria piana e sferica*, Paris 1786; zugleich französisch *Traité de Trigonométrie rectiligne et sphérique*, traduit par N. M. CHOMPRÉ. — 90 *Isagoge*, 1591[70], Bl. 2 v°. — 91 *Œuvres*, 2, Paris 1898[1843], S. 426. — 92 *Œuvres*[1782], II, S. 157. — 93 DESCARTES, *Geometria*, lat. Übersetzung von F. VAN SCHOOTEN, mit Erläuterungen, Leiden 1649, Anhang S. 330. Weitere Ausgaben, vermehrt und mit Zusätzen von SCHOOTEN, DEBEAUNE, BARTHOLINUS, HUDDE, v. HEURAET, DE WITT, Amsterdam 1659—61; Amsterdam 1683 mit zwei weiteren Abhandlungen von HUYGENS; Frankfurt a. M. 1695. Deutsch von L. SCHLESINGER, Berlin 1894; 1923. — 94 ER. BARTHOLINUS, *Francisci à Schooten Principia matheseos universalis seu introductio ad geometriae methodum Renati Descartes*, Leiden 1651; auch in DESCARTES' *Geometria* v. 1659—61[93], 2, S. 4, Z. 4. — 95 K. WEIERSTRASS, *Mathematische Werke*, Ausg. d. Preuß. Akademie 1. Berlin 1894, S. 67. (Ohne Einführung: Abhandlung aus 1841.) — 96 DESCARTES, *La Géométrie*, Leiden 1637. Anhang zum *Discours de la méthode.* Facsimile-Ausgabe mit englischer Übersetzung von D. E. SMITH und MARCIA L. LATHAM, Chicago-London 1925. *Œuvres*, éd. ADAM et TANNERY, 6, Paris 1903, S. 457.

$$+ x^4 * . p x x . q x . r \propto 0$$

für unser

$$x^4 + 0 x^3 \pm p x^2 \pm q x \pm r = 0 .$$

F. VAN SCHOOTEN führte 1649 das Zeichen ♉︎ für $\pm$ ein[97] und schrieb demgemäß ♉︎ für $\mp$.[98]

Die Zeichen + und − haben doppelte Verwendung; einmal sind sie Operationszeichen für die Addition und Subtraktion, dann aber auch Vorzeichen, durch die positive und negative Größen unterschieden werden sollen. Der erste, der die scharfe Trennung ihrer Bedeutung fordert, ist WILKINS (1800)[99]: er gebraucht sie nur als Operationszeichen; eine negative Größe schreibt er $\bar{a}$, ohne Strich ist a immer positiv.

Bei den Zeichen der Addition und Subtraktion haben Erörterungen nach ihrem Werden und Entstehen vielleicht noch eine Berechtigung, wahrscheinlich aber schon nicht mehr bei dem Multiplikations- und Divisionszeichen. Das Bedürfnis nach solchen Zeichen empfanden die Mathematiker sofort, als sich die symbolische Algebra im Anfang des sechzehnten Jahrhunderts weiter ausbildete. Schon in der deutschen Algebra des Dresdener Sammelbandes C. 80[43, 47] (vgl. S. 16 und Bd. III, Anhang II, Nr. 37[a]) wird dem Bedürfnis, neben den Additions- und Subtraktionswörtern vnd und minner auch ein Multiplikationswort verwenden zu können, durch Benutzung des Wortes ſtund abgeholfen (vgl. S. 15; I S. 105); ein Ersatzzeichen tritt aber nicht auf. MICHAEL STIFEL (1486/87 Eßlingen — 1567 Jena; lutherischer Prediger an verschiedenen Orten) stellte (1545[1421]) den Zeichen + und − zwei neue als gleichwertig an die Seite, M für die Multiplikation, D für die Division,[100] indem er einfach die Anfangsbuchstaben der entsprechenden Wörter wählte. Merkwürdigerweise benutzte er aber selbst die Zeichen nicht. Vielleicht hatte er in seinem Hauptwerk, der *Arithmetica integra* von 1544[123], den neuen Gedanken noch nicht gefaßt. In der *Deutschen Arithmetik* (1545) aber, die sich offenbar an einen weniger wissenschaftlichen Leserkreis wendet, wollte er dem Studierenden nicht zu viel zu der schon ungewohnten, damals eifrig bearbeiteten Coß (S. 8) zumuten und beschränkte sich daher auf den bloßen Vorschlag. In seinem dritten Werke von 1553[1338] gab er andrerseits nur eine neue Bearbeitung eines älteren, damals vergriffenen Lehrbuches der Coß,

97 DESCARTES, *Geometria* 1649[93], S. 291. — 98 Daselbst S. 291 am Rand. — 99 WILKINS, *Die Lehre von den entgegengesetzten Größen*, Braunschweig 1800. Vgl. FL. CAJORI, *Hist. Notations* I[71], S. 247. — 100 M. STIFEL, Deutſche Arithmetica[1421], Bl. 74 v⁰.

1525 veröffentlicht von CHRISTOFF RUDOLFF[835], heraus, bei der er sich keine größeren Abweichungen von der ersten Fassung gestatten wollte. Aber auch nicht einmal bei zeitgenössischen oder späteren Mathematikern fand sein Vorschlag besondere Gegenliebe. SIMON STEVIN (1548 Brügge — 1620 Leiden; Kaufmann, später im Staatsdienst als Ingenieur) hat ganz gelegentlich,[101] man weiß nicht, ob unabhängig von STIFEL, ein *M*, bzw. ein *D* als Rechenzeichen benutzt (Bd. III, Anh. II, Nr. 57, d, e, f). Ein *M* erscheint ferner in einer anonymen Erläuterungsschrift (1638) zu DESCARTES' *Géométrie*, die aber bis 1896 Manuskript geblieben ist,[102] dann auch einmal in der *Introductio* des BARTHOLINUS (1651).[103]

Unser liegendes Kreuz × wird neben vielen anderen, heute nicht mehr gebräuchlichen Kunstzeichen von dem Engländer W. OUGHTRED (1574—1660, Landpfarrer) in seiner überhaupt für die Ausbildung der Algebra sehr wichtigen *Clavis mathematicae*[1680] von 1631 eingeführt.[104] Allerdings wird schon in einem *Appendix* zu E. WRIGHTS Übersetzung (London 1618)[105] von J. NEPERS *Descriptio*[106] ein X als Multiplikationszeichen benutzt; es ist aber wahrscheinlich,[107] daß OUGHTRED selbst Verfasser dieses *Appendix* ist.[108] J. H. RAHN[109]

---

101 *Œuvres*, éd. GIRARD[123], S. 7, Def. 28. — 102 *Calcul de Mons. Des Cartes*, anonym, Erläuterungen zur *Géométrie*[96], von DESCARTES selbst veranlaßt, 1638. Abdruck *Œuvres de* DESCARTES, 10[1842], S. 669 u. 670. — 103 S. 11, Z. 4[94]. — 104 IV, § 8, Bl. 4 r°[1680]: *Multiplicatio ſpecioſa connectit utramque magnitudinem propositam cum nota in vel ×: vel plerumque abſque nota, ſi magnitudines denotentur vnica litera.* Zu OUGTHRED vgl. noch H. BOSMANS, *La première édition de la „Clavis Mathematica" d'Oughtred etc.*, Ann. Soc. Sc. Brux. 35, 1911, S. 24—78, ferner H. WIELEITNER, *Zur Erfindung des Zeichens ×*, Z. math. nat. Unt. 51, 1920, S. 145—148. — 105 Vgl. J. W. L. GLAISHER, *The earliest use of the radix method for calculating logarithms, with historical notices relating to the contributions of Oughtred and others to mathematical notation.* Quat. Journ. p. and appl. math. 46, 1915, S. 161f., 165. — FL. CAJORI, *A List of Oughtred's mathematical symbols, with historical notes*, Univ. California Publ. in Math. 1, 1920, S. 171—186. — 106 *Mirifici logarithmorum canonis descriptio, Ejusque usus, in utraque Trigonometria, ut etiam in omni Logistica Mathematica, amplissimi facillimi et expeditissimi explicatio*, Edinburg 1614. Englische Übersetzung *A Description of the admirable table of logarithms* von ED. WRIGHT, London 1616 und (mit dem *Appendix*) London 1618. — 107 GLAISHER[105], S. 146ff. — 108 Das × wurde später noch oft durch X ersetzt, wenn dem Setzer eine passende Letter dafür nicht zur Verfügung stand. So bei V. WING, *Doctrina theorica*, London 1656, S. 63; J. WALLIS, *Arithmetica infinitorum*, Oxford 1656, S. 115, 172 u. a. — 109 J. H. RAHN, Teutsche Algebra[1910], S. 7. Vgl. G. WERTHEIM, *Die Algebra des Johann Heinrich Rahn (1659) und die englische Übersetzung derselben*, Bibl. math. 3_3, 1902, S. 113—126.

empfahl 1659 einen sechsstrahligen Stern ✱, ohne Nachahmung zu finden.

Man behauptet neuerdings, daß das liegende Kreuz aus einer im sechzehnten Jahrhundert allgemein beliebten Strichanordnung[110] bei der komplementären Multiplikation (I, S. 101) hervorgegangen sei. Indes wird dieses Strichkreuz bei der Multiplikation nur von einzelnen Verfassern gebraucht; ungleich häufiger waren solche über Creutz gezogenen Geraden bei der Addition und Subtraktion zweier Brüche in Übung, um die Reihenfolge ihres Erweiterns anschaulich zu machen, ferner auch bei der Neunerprobe aller vier Rechnungsarten. Man kann also nicht einsehen, wie das Kreuz gerade zum Symbol der Multiplikation erhoben werden konnte. Richtiger dürfte die Ansicht sein, daß das neue Zeichen, vielleicht in Anlehnung an das Pluszeichen, von OUGHTRED ohne weitere Begründung neu eingeführt wurde.

Durch einfaches Nebeneinanderschreiben der Faktoren wird die Multiplikation bereits im altindischen Rechenbuch von Bakshāli (S. 13) angedeutet; JORDANUS NEMORARIUS († 1237?) drückt jedoch dadurch gerade die Addition aus.[111] Unsere moderne Gewohnheit, die Multiplikation nicht besonders anzudeuten, geht natürlich nicht auf jene indische Schrift zurück. Die ersten, bei denen wir sie im Mittelalter in häufigerem Gebrauch antreffen, waren — abgesehen von einer ganz gelegentlichen Verwendung bei ORESME (vgl. S. 49)[259] — die Cossisten, jene Mathematiker, die eine symbolische Algebra mit der Wende des fünfzehnten Jahrhunderts anbahnten; es mußte sich diese Schreibart ganz von selbst wieder einstellen, da man bis zu VIETA nur mit Zahlenkoeffizienten rechnete und bei Ausdrücken, wie $7x$ oder $8x^2$, die Multiplikation selbstverständlich ist. Man vergleiche hierzu die in Bd. III, Anh. II gegebenen Beispiele aus der sog. lateinischen Dresdener Algebra (1481) Nr. 38 a, b (auch Tafel S. 17), aus dem Rechenbuch des GRAMMATEUS (1518[I 58a]) Nr. 44, aus STIFELS *Arithmetica integra* (1544)[112] Nr. 49 u. a. Auch Nichtdeutsche, wie STEVIN (*L'Arithmétique* 1585)[113] und GIRARD (*L'Invention nouvelle* 1629),[114] OUGHTRED (*Clavis mathematicae*) 1631[I 680]) — vgl. die entsprechenden Beispiele Nr. 57, 64 —, nahmen bereitwilligst

110 Eine Zusammenstellung solcher Strichanordnungen aus den verschiedensten Schriftstellern gibt N. L. GRAVELAAR[I 570], *Wiskundig Tijdschrift*, 6, 1909, S. 1—25. — 111 Vgl. P. TREUTLEIN[I 535], Abh. Gesch. Math. 2, 1879, S. 133, Z. 3—4. — 112 Vgl. besonders *Arithm. integra*[I 23], Bl. 252. — 113 *Practique d'Arithmétique*, Leyde 1585[139]; STEVINS Werke, ed. GIRARD[I 23], S. 6, Def. XXVI. — 114 GIRARD, *L'Invention nouvelle*[I 23], Bl. B v°, Z. 7: „*AB*" statt *A* mal *B*.

die kurze und bequeme Ausdrucksweise an. In dem Beispiel von OUGHTRED Nr. 64 werden schon zwei allgemeine Größen im Produkt einfach nebeneinandergesetzt: 4 Ac E bedeutet $4 \cdot a^3 \cdot b$. Dieses zeichenlose Multiplizieren allgemeiner Größen taucht erstmalig bei CARDANO 1539 auf: er kürzt die erste Unbekannte cosa mit *co.* ab, die zweite quantitas mit *quant.* und bezeichnet nun mit *co. quant.* unser Produkt $x \cdot y$.[115] In der Ars magna von 1545[280] nennt er die erste Unbekannte *positio* und schreibt *quan. pos.* für denselben Ausdruck.[116] Diese sicher unbewußte Neuerung fortführend schrieb M. STIFEL die Potenzen seiner zweiten, dritten usw. Unbekannten in der *Arithmetica integra* von 1544[117]

$$\overset{0}{1} \cdot 1\,\overset{1}{A} \cdot 1\,A\overset{2}{A} \cdot 1\,A\overset{3}{A}A \cdot 1\,AA\overset{4}{A}A \cdot \text{ etc.}$$

$$\overset{0}{1} \cdot 1\,\overset{1}{B} \cdot 1\,\overset{2}{B}B \cdot 1\,B\overset{3}{B}B \cdot 1\,B\overset{4}{B}BB \cdot \text{ etc.}$$

In dem Beispiel Bd. III, Anhang II, Nr. 49 e finden wir die Produkte

13ȝ A 13 ꝛe AA für $13x^2y$ bz. $13xy^2$.

STIFEL schreibt auch gelegentlich 2 √ 3 und ꝛe √ 3 ohne Punkt.[118]

Der Multiplikationspunkt, der heute das liegende Kreuz fast gänzlich verdrängt hat, ist bedeutend jüngeren Datums. Er erscheint zwar zum erstenmal in Briefen REGIOMONTANS (1436—1476; Wien, Nürnberg, Rom);[119] gelegentlich treffen wir auf ihn auch in HARRIOTS *Artis analyticae praxis* (1631).[120] Es ist das aber vielleicht noch ein Überrest der älteren mittelalterlichen Gewohnheit, beim Schreiben von Ziffern innerhalb eines Textes, diese durch zwei Punkte einzuschließen. Als bewußte Neuerung wird der Multiplikationspunkt erst 1693 durch LEIBNIZ (1646—1716)[121] eingeführt. Man

---

115 *Practica arithmetices*[279]. *Opera* IV[1558], S. 74, Z. 1: '*Si quis dicat 20 . quan. aequantur 1 . co . quan. p̃ 12 . cos . . . .* (Wenn jemand sagt: $20y = 1xy + 12x$. Vgl. J. W. L. GLAISHER, *On the improvements in algebraical notation by Stifel, with an account of some of the notations used by the early algebraists.* The Messenger of Math. 56, 1927, S. 54. — 116 *Ars magna*[280] 1545, fol. 63 v⁰, Z. 3 rechts: $\frac{1}{2}$ *quan: pos*: GLAISHER[115]. S. § 168, S. 144f. — 117 *Arithmetica integra* 1544[123], fol. 61 B. — 118 GLAISHER[115], a. a. O. S. 113 u. — 119 Ed. M. CURTZE[1333a], Abh. Gesch. Math. 12, 1902, S. 232: $\frac{13}{8} \cdot \frac{8}{5}$. — 120 TH. HARRIOT, *Artis analyticae praxis*[66], 1631, z. B. S. 82, Z. 27: *aaa* – 3. *bba* + 2. *ccc.* — 121 LEIBNIZ' *Werke*, ed. GERHARDT[1786], 3. Folge, Abt. I, 2, Berlin 1850, S. 239; siehe auch einen undatierten Brief an L'HOSPITAL, *Werke*, Abt. I_2, S. 222, Z. 3ff., ferner die Abhandlung: *Mathesis universalis, pars prior: De Terminis complexis*, Nr. 10, ed. GERHARDT, Abt. II_3, Halle 1863, S. 54: *2. 3 significat bis tria . . . Notae divisionis* $\frac{a}{b}$ *vel* $a:b$. FL. CAJORI[41], Isis 7, 1925, S. 421.

kann verfolgen, wie sich LEIBNIZ zu diesem Vorschlag allmählich durchgerungen hat. Für gewöhnlich wird Multiplikation bei ihm durch einfaches Aneinandersetzen ausgedrückt, nur bei möglichen Mißverständnissen wird ein Komma oder Punkt zwischen die Faktoren gesetzt, wie a, b + c und a b, + c. Schon als junger Mann hat L. als besonderes Multiplikationszeichen einen Kreisbogen $\frown$, viel seltener das Kreuz benutzt. Erst in der nach 1696 geschriebenen Abhandlung *Mathesis universalis* wird der Punkt ausdrücklich als Multiplikationszeichen aufgeführt.[122] Zu weiterer Verbreitung gelangte er durch die viel benutzten Lehrbücher von WOLFF[124].

Das liegende Kreuz verschwindet immer mehr, besonders seit dem ersten Drittel des neunzehnten Jahrhunderts. THIBAUT nennt in der ersten Auflage seines *Grundrisses der reinen Mathematik* (1801) beide Zeichen noch gleichwertig nebeneinander,[123] in der dritten Auflage von 1831 sagt er aber, daß das Kreuz nur noch selten ist. Sein Gebrauch beschränkt sich jetzt auf den Anfangsunterricht, wohl weil es dem lernenden Auge der Kleinen sinnfälliger ist.

Von den modernen Divisionszeichen ist der Bruchstrich der älteste. Er tritt bei gewöhnlichen Brüchen wie $\frac{2}{3}$ bereits im *Liber abbaci*[130] von LEONARDO von Pisa (1228) auf, wohl nach arabischen Vorbildern (vgl. I, S. 163 oben). In die eigentliche Algebra wird er durch die Cossisten eingeführt (vgl. die Beispiele aus der Dresdener lat. Algebra — auf Tafel S. 17 —, von GRAMMATEUS, RUDOLFF, STIFEL u. a.) Sein erstes Auftreten dürfte nach bisheriger Kenntnis in einem Münchener Manuskriptenband (1455—1464[146³]) in schon ziemlich allgemeinen Ausdrücken, wie

$$\frac{100}{\text{1 ding}} \text{ statt } \frac{100}{x}{}^{124} \text{ und } \frac{\text{12 res et 45}}{\text{1 census et 3 res}} \text{ statt } \frac{12x + 45}{x^2 + 3x}, {}^{125}$$

ferner

$$\frac{15}{\frac{11}{14} \text{ et radix de } \frac{1381}{196}} \text{ statt } \frac{15}{\frac{11}{14} + \sqrt{\frac{1381}{196}}} {}^{126}$$

zu finden sein. Auch in Briefen (1463) REGIOMONTANS (1436—1476) kommt bei gelegentlichen algebraischen Rechnungen der lange Bruchstrich in Verwendung (vgl. Tafel S. 17 und Bd. III, Anh. II, Nr. 36c).

122 D. MAHNKE[41], Isis 9, 1917, S. 288—290. — 123 *Grundriß der reinen Mathematik*, 1. Aufl., Göttingen 1801, S. 10; 2. Aufl., Göttingen 1809; 3. Aufl., Göttingen 1831. — 124 Abdruck von CURTZE in Abh. Gesch. Math. 7[837], 1895, S. 56. — 125 Daselbst S. 59. — 126 Daselbst S. 60.

Hauptsächlich durch VIETA (1591, *In artem analyticen isagoge*)[127] errang er schließlich allgemeinste Anerkennung.

Der jetzt gebräuchliche Doppelpunkt erscheint zuerst als eine Art Bruchbezeichnung in JOHNSONS *Arithmetik* von 1633;[128] $\frac{3}{4}$ wird 3 : 4 geschrieben und das Ergebnis der Division 8976 durch 15 wiedergegeben mit 598 6 : 15. OUGHTRED benutzte für geometrische Proportionen die Form $A.B::C.D.$ Zuweilen tritt für den einfachen Punkt im geometrischen Verhältnis $A.B$ durch Irrtum des Setzers (*Clavis mathematicae*[1680], 1648 und 1694)[129] ein Doppelpunkt auf. In dem Anhang (*Canones sinuum* usw.) zur *Trigonometria* von 1657[130] erscheint auch gelegentlich ein solcher; aber OUGHTRED selbst hat ihn in der unmittelbar darauf erschienenen englischen Ausgabe sofort wieder entfernt. Das Druckversehen genügte aber, den Doppelpunkt der geometrischen Proportion in andere Druckschriften hinein zu bringen, so in V. WINGS Abhandlungen[131] von 1651—1656, dann in JAMES GREGORYS *Exercitationes geometricae* (1668).[132] Damit hängt vielleicht auch JOHN PELLS (1610—1685, London) echtes Divisionszeichen $\div$[83] (vgl. S. 23) zusammen, das auch J. H. RAHN 1659 in der Teutschen Algebra[133] benutzt und das noch jetzt in England und Amerika üblich ist.[134] LEIBNIZ, der zuerst einen Kreisbogen $\smile$ (vgl. S. 29) mit der Krümmung nach unten benutzte, führte 1684 den einfachen Doppelpunkt[135] ein und wurde damit auch für die anderen Nationen vorbildlich. Dem Doppelpunkt gibt er oft aus drucktechnischen Gründen den Vorzug vor dem Bruchstrich; so ersetzt er die Bruchstrichform[136]

$$\frac{\dfrac{a}{\dfrac{b}{c}+\dfrac{e}{f+g}}+\dfrac{\dfrac{h}{l}}{m}}{n}$$

[127] VIETAE *Opera*, ed. SCHOOTEN, Leiden 1646, S. 7; auch im Originaldruck, 1591[70]. — [128] JOHNSONS *Arithmetic*, *In two Bookes*, second edition, London 1633. Vgl. FL. CAJORI[105], S. 181. — [129] CAJORI[105], S. 181, Nr. 7. — [130] *Trigonometria: Hoc est Modus computandi Triangulorum Latera & Angulos, ex Canone mathematico traditus et demonstratus, . . . Unâ cum Tabulis Sinuum, Tangent: & Secant, &c.*, London 1657; gleichzeitig auch englisch. — [131] V. WING, *Harmonicon Coeleste*, London 1651, *Doctrina spherica*, London 1655; *Doctrina theorica*, London 1656; *Logistica astronomica*, London 1656. — [132] *Exercitationes geometricae*, London 1668, S. 3, Z. 7. — [133] Teutsche Algebra[1910], S. 8. — [134] The Americ. Math. Monthl. 35, 1928, S. 301. *Mathematical Symbols.* — [135] Acta Erud., Leipzig 1684: *Nova methodus pro maximis et minimis, itemque tangentibus, quae nec fractas nec irrationales quantitates moratur, et singulare pro illis calculi genus*, S. 470, Z. 5—6 v. u.: *x : y quod idem est ac x divis. per y seu* $\frac{x}{y}$; LEIBNIZ' *Werke*[1786], ed. GERHARDT, 3. Folge, Abt. II_1, Halle 1858, S. 223, Z. 4—3 v. u. (vgl. auch Anm. 121). — [136] *Miscellanea Berolinensia*[42], 1710, S. 158.

lieber durch $\big(a:((b:c)+(c:,f+g))+h:(l:m)\big):n$ (die Klammern sind im Original gleich). Neuerdings wird der schräge Bruchstrich in derselben Absicht bevorzugt.[134]

Das jetzt gebräuchliche Gleichheitszeichen = ist eine Erfindung des Engländers R. RECORDE (1510—1558, kgl. Leibarzt). Er macht diesen Vorschlag in einem algebraischen Lehrbuch, das er 1557 in Gesprächsform unter dem Titel *The Whetstone of witte* (Wetzstein des Witzes)[65] herausgab, und begründete ihn damit, daß nichts gleicher sei als ein Paar paralleler Linien.[137] Es dauerte ziemlich lange, bis das neue Zeichen zur Anerkennung kam. XYLANDER (WILHELM HOLTZMANN, 1532 Augsburg — 1576 Heidelberg, Prof. d. Logik) verwendete (1575)[138] zwei senkrechte parallele Striche, die wahrscheinlich einer Ligatur für *ιι* (= *ἴσοι*) im Original entsprechen; in STEVINs freier französischer Diophantübersetzung (1585),[139] der die HOLTZMANNsche zugrunde liegt, ist das Zeichen durch das entsprechende Wort wieder ersetzt. Der senkrechte Doppelstrich wird in Frankreich öfters benutzt,[140] da der horizontale bei VIETA andere Verwertung fand (vgl. S. 24). Der für die symbolische Algebra so verdienstvolle VIETA (1540—1603 Paris; franz. Staatsmann) behilft sich noch mit dem Verbum *aequare* (vgl. Bd. III, Anh. II, Nr. 58), ähnlich CHR. CLAVIUS (*Algebra*, Rom 1608) mit dem Hauptwort *aequatio* (Beispiel 61), A. GIRARD (Lothringen, Niederlande; † 1633) mit dem Adjektivum *esgale*, dem heutigen *égal* (Beispiel Nr. 62 aus der *Invention* 1629[123]), W. OUGHTRED (1574—1660, engl. Landpfarrer)[141] und TH. HARRIOT (1560—1621, Oxford)[142] nehmen das Zeichen ihres Lands-

137 D. E. SMITH, *Rara arithmetica* 1908[117], S. 288 Facsimile: *I will sette as I doe often in woorke vse, a paire of paralleles, or Gemowe lines of onee length thus:* ═══, *bicause noe. 2. thynges, can be moare equalle.* Nach einer Mitteilung von E. BORTOLOTTI wird der Doppelstrich schon in einem Manuskript der Universitätsbibliothek Bologna benutzt, das aus der Zeit zwischen 1550 und 1568 stammt. Da neben dem Doppelstrich noch das Wort equale steht, eine Veröffentlichung auch nie stattgefunden hat, ist eine Beeinflussung RECORDEs ganz unwahrscheinlich. Vgl. FL. CAJORI, *Note on our sign of equality*, Isis, 6, 1924, S. 507—508. H. WIELEITNER, Mitt. Gesch. Md. Nat. 24, 1925, S. 18. — Abdruck einer Seite bei FL. CAJORI, *History Not.* I[71], S. 129, Fig. 53. — 138 Lateinische Diophantausgabe, *Diophanti Arithmetica*, Basel 1575. — 139 *L'Arithmétique, les quatres premiers livres de Diophante d'Alexandrie, la Practique d'Aritmétique et la Disme*, Leyde 1585. — 140 Bei Gleichungen hat ihn noch R. DE SLUSE, R. FR. SLUSII *Mesolabium*, Leodii Eburonum 1668, S. 51. Vgl. FL. CAJORI, *Hist. Notat.* I[71], S. 300, Anm. 4; häufiger wurde er bei Proportionen (siehe diese) verwendet, so von DESCARTES, LA HIRE. — 141 OUGHTRED, *Clavis mathematicae*[1680], 1631, Cap. VI, § 4, S. 12 u. ö. — 142 HARRIOT, *Artis analyticae praxis*[66], London 1631, Sectio I, S. 10 (10 Jahre nach dem Tode des Verfassers veröffentlicht).

mannes RECORDE wieder auf, während DESCARTES (1637, *Géométrie*) sich ein eigenes Kunstzeichen ∞ (vgl. S. 25) bildet,[143] das vielfach von späteren Mathematikern, besonders den engeren Anhängern DESCARTES', übernommen wurde.[144] Inzwischen hatte sich aber das RECORDEsche Zeichen, hauptsächlich in England, schon zu sehr eingebürgert, als daß es sich durch DESCARTES' Neuerung noch hätte verdrängen lassen können. Noch 1659 ist indes der RECORDEsche Doppelstrich nicht zu allgemeiner Anerkennung gekommen; RAHN hielt es in seiner damals erschienenen Teutschen Algebra für nötig, ihn seinen Lesern ganz besonders zu empfehlen.[145] Erst das Vorbild von LEIBNIZ drückte den Doppelstrich zugleich mit der Annahme seiner Symbole für die Differential- und Integralrechnung durch. Durchaus zweckentsprechend hatte REGIOMONTANUS (1436—1476) ein Jahrhundert vor RECORDE in brieflichen algebraischen Rechnungen einen einfachen längeren Strich als Gleichheitszeichen benutzt (vgl. die Beispiele im Anhang II, Nr. 36 c). Auch PACIOLI benutzt an einigen Stellen seiner *Summa* von 1494 einen längeren Strich:[146] 2.co.p̃.6.——216 und 2.co.——10 (d. i. $2x + 6 = 216$ u. $2x = 10$); FRANCESCO GHALIGAI (1552)[147] wählt einen kleinen oder mehrere nebeneinandergesetzte Striche. Nach Anerkennung des Minuszeichens konnte sich der einfache Strich natürlich nicht halten.

Ungleichheitszeichen hatte PIERRE HÉRIGONE im *Cours mathématique* von 1634[147] — freilich wenig glücklich — in $a\,3|2\,b$, bzw. $a\,2|3\,b$ für „a größer als b" und „a kleiner als b" aufzustellen

---

143 *Œuvres de* DESCARTES, 6[96], S. 372. Das Zeichen ∞ erscheint bei DESCARTES schon vor der *Géométrie* 1637[96], ehe er die cossischen Zeichen 𝔵, 𝔷 durch x und x^2 ersetzte; vgl. *Œuvres* 10[I 842], S. 292, 299. In einer Abhandlung aus 1619—1621 wird ∞ noch nicht benutzt, sondern *æqu.*, *Œuvres* 10[I 842], S. 234, 236. Anderseits kennt und benutzt DESCARTES auch später das RECORDEsche Zeichen = (Brief 30. IX. 1640, *Œuvres* 10[I 842], S. 190): $1\,C - 6\,N = 40$ (d. i. $x^3 - 6x = 40$). Das Zeichen = faßte darum so schwer Fuß in Frankreich, weil VIETA ihm einen anderen Sinn gegeben hatte. Vgl. S. 24. — 144 So schon in einem Briefe von F. DEBEAUNE an ROBERVAL vom 10. X. 1638. *Œuvres* d. DESCARTES, éd. CH. ADAM et P. TANNERY, 5, Paris 1903, S. 519. — Es findet sich auch in FERMATS *Isagoge ad locos planos et solidos*, *Varia opera*[1773], z. B. S. 3. Nach P. TANNERY (*Œuvres de* FERMAT, éd. TANNERY et HENRI[1773], Bd. I, Paris 1891, S. 91) steht es in FERMATS Manuskript nicht; die Cartesische Schreibweise ist erst durch seinen Sohn SAMUEL FERMAT, den Herausgeber der *Varia opera* von 1679, hineingebracht worden. — 145 Daselbst[1910], S. 18: Bey disem anlaasz habe ich das namhafte gleichzeichen = zum ersten gebraucht, bedeutet ist gleich, alsz 2a = 4 heisset 2a ist gleich 4. — 146 Parte I, fol. 91 A[118]. — 147 *Practica d'arithmetica*, Florenz 1552. Vgl. FL. CAJORI, *Mathematical Signs of Equality*, Isis 5, 1922, S. 116, 125. —

gesucht. Folgerichtig schrieb er auch $a\,2\,|\,2\,b$ statt „a gleich b".[148] Wie diese, so fanden auch die OUGHTREDschen Zeichen ⊏‾ für größer und _⊐ für kleiner[149] keinen günstigen Boden. Dadurch, daß diese Zeichen dann noch in vertauschten und gedrehten Stellungen bei ihm und seinen Nachfolgern erschienen, trat bald eine heillose Verwirrung ein.[150] HARRIOTS Wahl, $>$ für „größer als", $<$ für „kleiner als" (1631, *Artis analyticae praxis*),[151] blieb bis auf den heutigen Tag maßgebend.

Klammern stellten sich, solange das Wort die algebraischen Ableitungen unterbrach, noch nicht als durchaus dringendes Bedürfnis heraus. Nur bei zusammengesetzten Wurzelgrößen, bei denen wir heute den Horizontalstrich des Wurzelhakens so weit wie nötig verlängern, galt es Vorkehrungen zu treffen, die etwaigen Mißverständnissen vorbeugen konnten. N. CHUQUET (1484, *Le Triparty*) erreicht seinen Zweck durch einfaches Unterstreichen der zusammengehörigen Ausdrücke.[152] Vgl. das Beispiel: $.12.^1\tilde{m}\,1.^2\breve{p}.\,R\!\!\!/^2\,\underline{48.^1\tilde{m}.\,4.^2}\,\tilde{p}.\,1$, das ist $12x - 1x^2 + \sqrt[2]{48x - 4x^2} + 1$ in Bd. III, Anh. II, Nr. 40 c. INITIUS ALGEBRAS[63] benutzt ebenfalls das Unterstreichen bei umfassenden Wurzeln unter Hinzufügung von *cs* (*radix communis*) und am Ende des Wurzelstriches eines ʒ (Zensus $= x^2$; vgl. S. 7) zur Andeutung der Quadratwurzel:[153]

$$\text{ʃ}\ cs\,|\underline{8 + \text{ʃ}\ 60}_{\,ʒ}\,,\ \text{d. i. } \sqrt{8 + \sqrt{60}}$$

$$\text{ʃ}\ cs\,|\underline{\text{ʃ}\,|\underline{5}\,ʒ + \text{ʃ}\,|\underline{3}\,ʒ + \text{ʃʃ}\,|\underline{\underline{250}}}_{\,ʒ}\,,\ \text{d. i. } \sqrt{\sqrt{5} + \sqrt{3} + \sqrt[4]{250}}\,.$$

Auch R. BOMBELLI schreibt bald nach 1550 in dem Manuskript seiner Algebra, die erst 1572 gedruckt erschien,[154] ähnlich:

$$R\!\!\!/^3\,|\underline{12\ \text{p.}\ R\!\!\!/\,|\underline{0\ \text{m.}\ 1069\tfrac{17}{24}}|}|\quad \text{p.}\quad R\!\!\!/^3\,|\underline{12\ \text{m.}\ R\!\!\!/\,|\underline{0\ \text{m}\ 1069\tfrac{17}{24}}|}|\,,$$

d. i.

$$\sqrt[3]{12 + \sqrt{1069\tfrac{17}{24}}} + \sqrt[3]{12 - \sqrt{1069\tfrac{17}{24}}}\,.$$

148 HÉRIGONE, *Cursus mathematicus*, Paris 1634[147], Bd. I; vgl. die am Anfang stehende *Explicatio notarum*. — 149 Z. B. *Element. decimi Euclidis declaratio*, Anhang zur *Clavis* 1648[180]. — 150 G. ENESTRÖM, Bibl. math. 12_3, 1911—1912, S. 64. FL. CAJORI[105], S. 184, Nr. 21. — 151 Sectio I, S. 10[66]. — 152 *Triparty*[119], S. 655, Z. 1 u. 3 v. u. ö. — 153 Ed. CURTZE[63], S. 581. — 154 *L'Algebra*, Bologna 1572[75]. Vgl. E. BORTOLOTTI, *L'Algebra nella scuola matematica bolognese del secolo XVI*, Periodico di Matematiche 5_4, 1925, S. 147—184. Das obige Beispiel befindet sich auf einem photographischen Abschnitt bei FL. CAJORI, *Hist. Notat.* I[71], S. 128, Fig. 52.

Leider fiel diese Bezeichnung, wie auch die Neuerung eines Wurzelexponenten, beim Druck jedenfalls wegen der technischen Schwierigkeiten, fort.

Runde Klammern verwendet der Italiener TARTAGLIA im *General trattato* (1556) und schreibt z. B.:

℞ *V*(℞24 *men* ℞12) für $\sqrt{\sqrt{24}-\sqrt{12}}$,[155]

wo ℞ *V Radix universalis* bedeuten soll,[156] er beschränkt sich auch auf das erste Klammerzeichen, wie in:

℞ *V*(22 *men* ℞6 für $\sqrt{22-\sqrt{6}}$.[157]

Eigenartig war das Hilfsmittel, das sich der Italiener BOMBELLI bei der Drucklegung seiner Algebra (1572), ausdachte;[158] er fügte seinem Wurzelzeichen ℞ in dem Falle, daß es sich auf weitere Ausdrücke erstrecken sollte, ein lateinisches großes *L* bei (*radix legata*) und deutete den Schluß des Radikanden durch ein umgekehrtes, etwas tiefer stehendes ⅃ an, so daß unser $\sqrt{4+\sqrt{6}}+2$ bei ihm folgendermaßen aussieht:[159]

R. q. L 4.*p. R. q.* 6.⅃ *p.* 2.

(*Radix quadrata legata 4 plus Radix quadrata 6, plus 2*). Die Anfänge unserer eckigen Klammern sind hier unverkennbar. Weniger glücklich als BOMBELLI verfuhr der Holländer STEVIN in der *Arithmétique* von 1585.[160] Er trennte den Radikanden von den folgenden Ausdrücken durch eine Doppelklammer)(und unterschied demnach

$\sqrt{}$ 9 ② von $\sqrt{}$ 9)(②,

wo das erstere $\sqrt{9x^2}$, das zweite $\sqrt{9}\cdot x^2$ bedeuten soll. Die erste wirkliche Klammer, ohne Zusammenhang mit einem Wurzelzeichen, findet sich bei dem deutschen Cossisten M. STIFEL. Er benutzt allerdings in seiner *Arithmetica integra*[123] von 1544 Klammern in der Regel nur als Anführungszeichen; einmal aber schreibt er (eigene Zusätze in seinem Handexemplar)[161] ganz modern: . . . *faciant aggregatum*

[155] Teil II[159], Buch 11, § 21, Bl. 167 v°, Z. 36. — [156] Über die Benutzung der Abkürzungen von *Radix universalis, legata, communis* o. ä., worin ein Klammersatz zu erblicken ist, vgl. hinten die Radizierung[1072]. Ebenso betr. *Radix collecti*[1094], *binomii*[1108], *residui.* — [157] Daselbst[159], Bl. 168 v°, Z. 42. — [158] BOMBELLI, *L'Algebra*[75], S. 6. — [159] Daselbst[75] S. 107. — [160] S. STEVIN, éd. GIRARD[139], I, S. 10, Def. 34. — [161] Nach E. HOPPE, *Michael Stifels handschriftlicher Nachlaß*, Mitt. Math. Ges. Hamburg 3, 1900, S. 480. Sonst wird in der *Arithmetica integra*[123], Bl. 317 v° und 318 r°, die einfache Klammer als Trennungszeichen zwischen Dividendus und Divisor gesetzt. Ähnlich OUGHTRED, *Opuscula mathematica hactenus inedita*, *Oxoniae* 1677; vgl. H. WIELEITNER, *Geschichte der*

(12 — √44) *quod sumptum cum* (√44 — 2) *faciat* 10 [... sie erzeugen das Aggregat $(12 - \sqrt{44})$, das zusammengenommen mit $(\sqrt{44} - 2)$ den Wert 10 ausmacht]. Auch CARDANO (bzw. der Herausgeber seiner *Opera* 1663?) gebraucht einmal in einer späteren Abhandlung (1574?) *Sermo de plus et minus*[162] runde Klammern. In dem Originaldruck der 5 Bücher *Zetetica* (Turonis 1593)[163] begnügt sich VIETA zwar oft mit Halbklammern (vgl. unten 1.—3.), da eingefügte Worte oder die Stellung des Ausdruckes die anderen Halbklammern entbehrlich machen; doch gebraucht er auch häufig Doppelklammern, nicht nur (4.), um die eine Seite einer Gleichung zusammenzufassen, sondern auch (5.), um zusammengehörige Ausdrücke als solche hervorzuheben. Folgende Beispiele erläutern am besten seine Schreibweise:

1\. Zet. IV, 10, S. 18ᵃ: $B \text{ in } \left\{\begin{matrix} D \text{ quadratum} \\ + B \text{ in } D\end{matrix}\right.$ statt $B\cdot(D^2+B\cdot D)$,

2\. Zet. V, 20, S. 20ᵇ: $\dfrac{D \text{ in } \left[\begin{matrix} B \text{ cubum } 2 \\ - D \text{ cubo}\end{matrix}\right.}{\begin{matrix} B \text{ cubo} \\ + D \text{ cubo}\end{matrix}}$ statt $\dfrac{D\cdot(2B^3-D^3)}{B^3+D^3}$,

3\. Zet. V, 10, S. 23ᵃ: $\dfrac{\begin{matrix}B \text{ quadr. in } Z \text{ planum}\\ + D \text{ quadr. in } Z \text{ planum}\end{matrix}}{B + D] \text{ quadrato}}$ statt $\dfrac{B^2Z+D^2Z}{(B+D)^2}$,

4\. Zet. IV, 6, S. 16ᵇ: $\left\{\dfrac{\begin{matrix}D \text{ quadratum}\\ - B \text{ planum}\end{matrix}}{D \text{ bis}}\right\}$ aequabitur E statt $\dfrac{D^2-B}{2D}=E$,

5\. Zet. I, 8, S. 3ᵇ: $\dfrac{B \text{ in } A}{D} + \left\{\dfrac{\begin{matrix}B \text{ in } A\\ - B \text{ in } H\end{matrix}}{F}\right\}$ aequabuntur B statt $\dfrac{B\cdot A}{D}+\dfrac{B\cdot A - B\cdot H}{F}=B$.

Ähnlich wie TARTAGLIA benutzte auch CLAVIUS (1537 Bamberg — 1612 Rom; Jesuit) runde Klammern bei Ausdrücken, in denen Zusammenfassungen angedeutet werden sollten, wie in:

√ʒ(22+√ʒ9) und √ʒ(√ʒ9+√ʒ4) für $\sqrt{22+\sqrt{9}}$ und $\sqrt{\sqrt{9}+\sqrt{4}}$,[164]

wo ʒ (vgl. S. 33) die Quadratwurzel andeutet. GIRARD († 1632, Niederlande), dem man früher die Einführung von Klammern zuschrieb,[165] hat nur das Verdienst, etwas freier in ihrer Verwendung vorgegangen zu sein. Bei Multiplikation einer in Klammern geschlossenen Summe oder Differenz mit einem eingliedrigen Ausdruck

Mathematik. II. Teil: Von Cartesius bis zur Wende des 18. Jahrhunderts. 2. Hälfte: Geometrie und Trigonometrie, Berlin 1921. Sammlung Schubert N. 64, S. 134/135. — 162 CARDANO, *Opera* IV^{1558}, Bl. 438 rechte Spalte, Mitte. — 163 *Zeteticorum libri 1—5*, Turonis 1593. — 164 CLAVIUS, *Algebra*, 1608^{72}, cap. XVI, S. 78. — 165 CANTOR, 2^2, S. 787.

kann er durch einfaches Aneinanderstellen ein besonderes Multiplikationszeichen entbehrlich machen, wie wir es jetzt noch tun. Daher bedeutet:

$$B\left(Bq + C_q^3\right) + C\left(B_q^3 + Cq\right)$$

unser heútiges

$$b(b^2 + 3c^2) + c(3b^2 + c^2),$$

ebenso: $A\left((1) - 3\right)$ *esgale à* $4(1)$ unser $a\ (x - 3) = 4x$, wobei zu beachten ist, daß er z. B. x^3 mit (3) ausdrückt.[165a]

CHR. RUDOLFF benutzt statt der ersten Halbklammer gelegentlich einen Punkt (1525)[166], also $\surd\cdot 12 + \surd 40$ statt $\sqrt{12 + \sqrt{40}}$. STIFEL fügt einen Schlußpunkt zu

$$\surd\mathfrak{z}\cdot\surd\mathfrak{z}\,128 + \surd\mathfrak{z}\,92\cdot \quad \text{für} \quad \sqrt{\sqrt{128} + \sqrt{92}}\,.$$ [167]

OUGHTRED (1631, *Clavis mathematicae*) benutzte statt der Klammern Doppelpunkte und schreibt z. B. die Lösung der quadratischen Gleichung:[168]

$$\mathrm{Z\,A - A\,q = Æ},$$

in der Z die Summe, Æ das Produkt zweier unbekannten Größen, A die größere von ihnen, A q ihr Quadrat bedeutet, in der Form:

$$\frac{\mathrm{Z}}{2} + \surd\mathrm{q}:\frac{\mathrm{Z\,q}}{4} - \mathrm{Æ}: = \mathrm{A}.$$

Ihm folgt WALLIS (1685)

$$4 \pm \surd 11 = \surd : 27 \pm \surd 704 \qquad \left(4 \pm \sqrt{11} = \sqrt{27 \pm \sqrt{704}}\right).$$ [169]

Selten wird ein Komma benutzt, wie von HÉRIGONE[170] und LEIBNIZ (vgl. S. 29).

In der Ausgabe der Werke VIETAS, die 1646 durch FR. VAN SCHOOTEN (1615—1660, Professor an der Universität Leiden) veranstaltet wurde[127], wurden die oben erwähnten Klammern fast durchgehend weggelassen und, wenn nötig, durch Überstreichen der zusammenzufassenden Glieder ersetzt. Man vergleiche folgende Proben mit den VIETAschen Originalausdrücken (S. 35):

1. Zet. IV, 10: $B \text{ in } \overline{D \text{ quad.} + B \text{ in } D}$,

5. Zet. I, 8: $\dfrac{B \text{ in } A,}{D} + \dfrac{+ B \text{ in } A, - B \text{ in } H}{F}$ *aequabitur* B,

---

165a *L'Invention nouvelle*[123], Bl. $\mathfrak{C}_3$ v°, Z. 10; $\mathfrak{D}_3$ r°, Z. 20; $\mathfrak{F}_4$ v°, Z. 4. — 166 *Coß*[835], S. 141. — 167 *Arithmetica integra*[123], Bl. 140 v°, Z. 4 v. u. — 168 *Clavis math.*[1680], cap. XIX, § 5, S. 50, Z. 19, S. 51, Z. 2. — 169 *Algebra*[1682], S. 109. Lat. Ausgabe 1693, S. 120, Z. 17 v. u. — 170 FL. CAJORI, *Hist. Notat.*[71] I, S. 204.

wobei ganz nebenbei auf die Einzahl in *aequabitur* aufmerksam gemacht werden soll, die entschieden einen Fortschritt in der symbolischen Algebra zeigt. Der von VAN SCHOOTEN hineinkorrigierte Klammerstrich ist unter den Schülern DESCARTES' sehr gebräuchlich. DESCARTES selbst verwendet den Strich ständig in seiner *Géométrie* von 1637[96] bei Wurzelausdrücken wie:

$$\sqrt{a^2+b^2},$$

$$\sqrt{-\tfrac{1}{2}a+\sqrt{\tfrac{1}{4}aa+bb}},$$

$$\sqrt{C.\tfrac{1}{2}q+\sqrt{\tfrac{1}{4}qq-\tfrac{1}{27}p^3}}\ \left(\text{statt}\ \sqrt[3]{\tfrac{1}{2}q+\sqrt{\tfrac{1}{4}q^2-\tfrac{1}{27}p^3}}\right),^{171}$$

nachdem er früher die Klammern VIETAs durch Punkte zu ersetzen versucht hatte (Notizen aus den Jahren 1619—1621, 1628), z. B.

$$\mathrm{V}.2-\mathrm{V}2.\quad \text{für}\quad \sqrt{2-\sqrt{2}}$$

$$\mathrm{V}.2-\mathrm{V}.2+\mathrm{V}2.\quad \text{für}\quad \sqrt{2-\sqrt{2+\sqrt{2}}}$$

$$\mathrm{V}.a^2+b^2.\quad \text{für}\quad \sqrt{a^2+b^2}.^{172}$$

Wir sehen, daß damit unser Wurzelstrich erfunden ist. Vielleicht ist der Engländer HARRIOT schon als Vorgänger DESCARTES' zu erkennen, da er bereits 1631 statt $\sqrt[3]{c^3+\sqrt{c^6-b^6}}$:

$$\overbrace{\mathrm{V}\ ccc+\mathrm{V}\ cccccc-bbbbbb}$$

schrieb[173] (Bd. III, Anh. II, Nr. 63). DESCARTES benutzt, wie hervorgehoben, den Klammerstrich nur bei Wurzeln; erst seine Schüler, wie FRANZ VAN SCHOOTEN (vgl. oben) machen allgemeineren Gebrauch von ihm. Dieser schreibt:

$$\frac{\overline{49{,}13\ \mathit{in}\ \overline{11749+5\sqrt{785}}}}{32{,}6481},\qquad \overline{3aa+bc}\sqrt{bc},^{174}$$

ebenso HUDDE (1657): $\overline{y^4+4y^3+10yy+14\tfrac{1}{2}y+5}\ \mathit{in}\ x.$[175]

171 *Œuvres* de DESCARTES, éd. ADAM et TANNERY 6[96], S. 371, 375, 473. Der Wurzelstrich wurde von DESCARTES auch schon vor der *Géométrie* 1637 benutzt, vgl. *Œuvres* 10 I[842], S. 292; die zitierte kleine Arbeit DESCARTES' muß früher geschrieben sein, da sie noch die alten cossischen Zeichen 𝔵, ʒ verwendet. — 172 *Œuvres*, éd. ADAM et TANNERY 10 I[842], S. 286f.; auch S. 247, 248, 456. — 173 HARRIOT, *Artis analyticae praxis*[66], London 1631, S. 100. — 174 *Geometria a Renato des Cartes*, Lugd. Bat. 1649[93], S. 314, 330. — 175 *Geometria a Renato Descartes* 1659[93], I, S. 426 (Brief HUDDES[339] vom Juli 1657).

Will Descartes Glieder mit gleich hohen Potenzen der Unbekannten zusammenfassen, so benutzt er, wie Vieta, einseitige Klammern:

$$x^4 - 2ax^3 \left.\begin{matrix}+2aa\\-cc\end{matrix}\right\} xx - 2a^3x + a^4 \infty 0$$ [176]

oder gerade, senkrecht gestellte Striche:

$$x^4 \begin{matrix}+\frac{1}{2}aa\\-cc\end{matrix}\Bigg|\, zz \begin{matrix}-a^3\\-acc\end{matrix}\Bigg|\, z \begin{matrix}+\frac{5}{16}a^4\\-\frac{1}{4}aacc\end{matrix} \infty 0;$$ [177]

zuweilen stellt er auch die Koeffizienten einfach ohne Klammer oder Strich untereinander.[178] An dem Klammerstrich hielt noch Newton (1643—1727; Prof. d. Mathem. in Cambridge, kgl. Münzmeister in London, Präsident der Royal Society) fest, so daß er ihn selbst zu mehrfachen Einklammerungen, wie in:

$$\overline{\overline{\overline{y-4}\times y+5}\times y-12}\times y+17=0$$ [179]

$$(\text{heute } \{[(y-4)\cdot y+5]\cdot y-12\}y+17=0)$$

benutzte. Zuweilen schloß er ihn mit einem kleinen senkrechten Schlußstrich ab, so in

$$\overline{P+PQ}|^{\frac{m}{n}}.$$ [180]

Die englischen Mathematiker schlossen sich eng an ihn an.[181]

Bei Leibniz ist der Gebrauch der runden Klammern fast ganz zur Anerkennung gelangt; nur sehr vereinzelt findet man bei ihm Ausdrücke wie $y\cdot\overline{y+1}\cdot\overline{y+2}\cdot\overline{y+3}\ldots$

Zu weiterer Verbreitung gelangte der Wurzelstrich erst im neunzehnten Jahrhundert. Noch Kästner (1719 Leipzig — 1800 Göttingen) schrieb 1794:

$$\pm\,\mathrm{V}\,(2+2\,\mathrm{V}\,(1+b)) \quad \text{für} \quad \pm\sqrt{2+2\sqrt{1+b}}$$ [182]

und E. G. F. Fischer 1824:

$$\sin\tfrac{1}{2}A = \surd\,\frac{\sin(s-b)\sin(s-c)}{\sin b\cdot\sin c},$$

$$BC = \surd(AB^2 - AC^2).$$ [183]

176 *Géométrie*[96]; *Œuvres de Descartes*, éd. Adam et Tannery 6[96], S. 450, Z. 5. — 177 Daselbst Z. 14—15. — 178 Daselbst S. 456 u. ö. — 179 *Commercium epistolicum, J. Collins et aliorum de analysi promota*, par J. B. Biot et Fr. Lefort, Paris 1856, S. 63. — 180 Daselbst S. 103. — 181 Vgl. W. Jones, *Synopsis palmariorum matheseos*[87], 1706, S. 58f. — 182 *Anfangsgründe*[I 396, II 356], 1_3, 1794, S. 21. — 183 *Lehrbuch der Elementarmathematik*[I 454], III, Berlin 1824, S. 315.

Letzterer kennt dabei aber noch den Klammerstrich ohne Wurzeln, wie in:

$$2 \operatorname{Cos} a = (\operatorname{Cos} \overline{b - c} - \operatorname{Cos} \overline{b + c}) \cos A + \operatorname{Cos} \overline{b - c} + \operatorname{Cos} \overline{b + c}\,.$$ [184]

Es wurde erwähnt (S. 33), daß bereits 1484 im *Triparty* des französischen Mathematikers Chuquet (Lyon, Paris, † um 1500) durch Unterstreichen gewisse zusammengehörige Ausdrücke aus dem Zusammenhange der übrigen abgehoben zu werden pflegen.[152] Da jedoch bekanntlich dieses Werk bis auf die neueste Zeit stets Manuskript geblieben ist, also die ihm gebührende Verbreitung nicht gefunden hat, so ist das Vorbild Chuquets ohne Zusammenhang mit dem geschilderten Entwicklungsgang der Verwertung von Klammern. Genau so liegen die Verhältnisse mit dem Manuskript des Initius Algebras (erstes Drittel des fünfzehnten Jahrhunderts; erhaltene Abschrift von 1545, gedruckt erst 1902)[63] und der *Ars logistica* von John Neper (vielleicht vor 1594 verfaßt, gedruckt 1839).[185] Es kann sein, daß durch den letzteren doch Oughtred beeinflußt wurde, der 1631 in seiner *Clavis mathematicae*

$$BGqq - \underline{BGq \times 2BK \times BD} + BKq \times BDq$$ [186]

schreibt, wo wir jetzt zuweilen noch setzen:

$$\overline{BG}^4 - \overline{BG}^2 \cdot 2\overline{BK} \cdot \overline{BD} + \overline{BK}^2 \cdot \overline{BD}^2\,.$$

Bei vielen Schriftstellern werden die im vorstehenden besprochenen Klammerzeichen wirr durcheinandergesetzt.[187]

Das deutsche Wort Klammer scheint sich in mathematischen Schriften nicht vor Eulers *Algebra* 1770[188] zu finden, Einklammern erst bei J. H. Voigt 1791.[189] Das lateinische Wort *vinculum* wird zu Descartes' Zeit gebräuchlich; eine anonyme Erläuterungsschrift zu Descartes' algebraischem Rechnen (1638)[102] benutzt es wie einen ganz bekannten Fachausdruck,[190] allerdings speziell nur für den Wurzelstrich. Am Anfang des achtzehnten Jahrhunderts war Parenthese üblich (Ch. v. Wolff 1710),[191] das sich schon bei Clavius (1608) findet.[192] Erst im neunzehnten Jahrhundert setzt sich das

184 Daselbst S. 313. — 185 Mark Napier, *De arte logistica Joannis Naperi*[I 403], Edinburgh 1839, S. 114 u. 115. Sogar mehrfache Unterstreichung S. 161. — 186 S. 68[I 680]. — 187 Vgl. hierzu Fl. Cajori, *Hist. Not.* I[71], S. 388 ff. — 188 I[165], § 340, S. 215. — 189 *Grundlehren der reinen Mathematik*[I 495], Jena 1791, S. 102. Vgl. A. Schirmer, *Wortschatz*[161], S. 36. — 190 *Œuvres de Descartes* 10[I 846], S. 667, Z. 3, S. 678, Z. 14, 20. — 191 *Anfangsgründe*[I 24], 1710, IV, S. 13; *Math. Lexikon* 1716[164], Sp. 1265, Z. 23, 26, Ausg. 1734, Sp. 53; ebenso noch in der stark verbesserten Auflage von 1747. — 192 *Algebra*[I 72], S. 78, Z. 32.

deutsche *Klammer* durch.[193] Eine besondere Einführung der Klammern mit Darlegung ihrer Bedeutung usw. findet sich bis zur Mitte des neunzehnten Jahrhunderts sehr selten (1838 J. H. T. MÜLLER,[194] 1839 J. FR. KROLL).[195]

Das Summierungszeichen Σ und das Differenzenzeichen Δ wurden von EULER (1707 Basel — 1783 Petersburg) eingeführt. Wir finden sie zum erstenmal in seiner Differentialrechnung von 1755.[196] Erst im neunzehnten Jahrhundert finden sie häufigere Verwendung. JOHANN BERNOULLI I (1667—1748, Basel) hatte das Δ schon in einer Abhandlung der Académie des Sciences von 1706 mit den Worten empfohlen:[197] ... *différences des fonctions*, meint aber damit nicht eine endliche Differenz, sondern einen Differentialquotienten.[198]

Das Zeichen $n!$ für $1 \cdot 2 \cdot 3 \cdot 4 \cdot 5 \cdot \ldots \cdot n$ tritt erst im neunzehnten Jahrhundert auf. Es entspricht einem Vorschlag CHR. KRAMPS 1808.[199] Das Wort Fakultät wurde von demselben 1791[200] in Anlehnung an das Wort Potenz gewählt; während das letztere ein Produkt gleicher Faktoren darstellt, bedeutet ersteres ein Produkt gleichmäßig wachsender Glieder $a \cdot (a+n) \cdot (a+2n) \ldots$. Für die besondere Form der Fakultät, in der $n = 1$ und $a = 1$ ist, hatte LEIBNIZ sich die Bezeichnung *numeri continui* gebildet,[201] während L. F. A. ARBOGAST sie 1800 Faktorielle[202] nannte. Dieser Fachausdruck ist noch heute gebräuchlich.

Das Zeichen für die Kongruenz von Zahlen $\equiv$, wie

$$-16 \equiv 9 \text{ (mod. 5)} \quad \text{und} \quad -7 \equiv 15 \text{ (mod. 11)},$$

führt GAUSS 1801 in den *Disquisitiones arithmeticae* ein.[203]

193 B. F. MÖNNICH, *Lehrbuch der Mathematik* I, 1, Berlin 1800, S. 83; G. S. KLÜGEL, *Mathematisches Wörterbuch*, fortgesetzt von K. B. MOLLWEIDE und J. A. GRUNERT, Leipzig 1803—1847, I, S. 52, Z. 28. — 194 I, 1, S. 3, Nr. 9 I 456. — 195 S. 5, Nr. 22 I 1020. — 196 EULER, *Institutiones calculi differentialis cum ejus usu in analysi infinitorum ac doctrina serierum*, St. Petersburg 1755, cap. 1, § 26, S. 27: *Quemadmodum ad differentiam denotandam usi sumus signo Δ, ita summam indicabimus signo Σ.* — 197 Mém. de l'Ac. d. sc. 1706 (Paris 1707): *Sur les isopérimètres*, S. 237; JOH. BERNOULLI, *Opera omnia*, ed. G. CRAMER, Lausannae et Genevae 1742, S. 426, Z. 7—9 v. u. — 198 G. ENESTRÖM, Bibl. math. 10_3, 1896, S. 21. — 199 CHR. KRAMP, *Élémens d'arithmétique universelle*, Cologne 1808, No. 287, S. 219, Z. 6 v. u. — 200 CHR. KRAMP, *Analyse des réfractions astronomiques et terrestres*, Straßburg u. Leipzig 1797, cap. III. — 201 LEIBNIZ, *Ges. Werke*, ed. GERHARDT, Abt. II, 3 I 786, Halle 1863, S. 102 ff. — 202 L. F. A. ARBOGAST, *Du calcul des dérivations*, Straßburg 1800, S. 364; Anm. 200 und 202 nach J. A. EYTELWEIN, *Grundlehren der höheren Analysis*, Berl. 1824, Bd. I, S. 8/9. — 203 *Disquisitiones* I 1157, art. 2; Werke I 2 I 766, Leipzig 1870, S. 10, Z. 1—2: *Numerorum congruentiam hoc signo*, $\equiv$, *in posterum denotabimus, modulum ubi opus erit in clausulis adjungentes*, $-16 \equiv 9$ (mod. 5), $-7 \equiv 15$ (modo 11).

Das Zeichen ∞ für *unendlich* verdankt man dem englischen Mathematiker J. WALLIS (1616—1703, Prof. d. Geom. in Oxford). Er gibt es zuerst in einer 1655 herausgegebenen Schrift von den Kegelschnitten[204] und verwendet es sofort in der 1656 erschienenen *Arithmetica infinitorum.*[205] Es ist sehr wahrscheinlich, daß WALLIS, der ein recht tüchtiger Philologe war und sicherlich viel Manuskripte älterer Autoren in die Hand bekam, es aus einer verbreiteten Ligatur ∞[206] für 1000 (siebentes Jahrhundert und später) gebildet hat. Erst mit Beginn des 18. Jahrhunderts wurde es von anderen Schriftstellern übernommen: es erscheint 1708 und 1710 in den Acta Eruditorum,[207] 1716 in einer englischen theologischen Schrift.[208] Für die allgemeinere Annahme wurde aber erst JOHANN BERNOULLI I ausschlaggebend.[209]

Funktionalzeichen benutzt zuerst JOHANN BERNOULLI I (1667 bis 1748) im Jahre 1694,[210] wenn er gelegentlich eine Funktion einer Unbekannten x mit n bezeichnet. Ihm folgt sein Bruder JAKOB sofort 1695 durch ähnliche Verwendung von p und q.[211] In einer Abhandlung von 1697[212] und in einem Brief vom August 1698 an LEIBNIZ[213] empfiehlt JOHANNN BEROULLI X oder ξ als Funktionszeichen. Abweichend davon sind die gleichzeitig von LEIBNIZ gebrauchten Symbole, die unter Benutzung von Indizes eine ungleich umfassendere Verwendung gestatten.[214] 1718[215] greift JOHANN BERNOULLI I zu unserem φ,[216]

---

204 WALLIS, *De sectionibus conicis nova methodo expositis*, Oxoniae 1655; *Opera math.*, I, Oxford 1699, S. 297, *De sectionibus conicis*, Pars I, prop. I: *Esto enim ∞ nota numeri infiniti.* — 205 Daselbst S. 405, Prop. XCI[108]. — 206 Vgl. W. WATTENBACH, *Anleitung zur latein. Paläographie*, 4. Aufl., Leipzig 1886, Anhang S. 98. — 207 Acta Eruditorum 1708, S. 344, Z. 19; Acta Eruditorum 1710, S. 462 u. 464 in einem Bericht über G. CHEYNE, Bd. I, London 1705[208]. — 208 GEORGE CHEYNE, *Philosophical Principles of Religion*, Part II, London 1716, S. 20, 21 nach FL. CAJORI, *Hist. Not.*[1335b] II, S. 44. — 209 J. BERNOULLI, Hist. ac. sc. 1730 (Paris 1732)[571], Mém. S. 84, *Opera omnia*[197], 31, S. 182, 183. 210 Acta Eruditorum 1694, S. 437, Z. 5 v. u.: *posito n esse quantitatem quomodocunque formatam ex indeterminatis et constantibus.* — 211 Acta Erud. 1695, S. 553, Z. 5: „... *p et q quantitates utcunque datas per x denotant.*" — 212 Acta Erud. 1697, S. 115, Z. 15: *per ξ intelligo quantitatem datam per x et constantes* und Z. 8 v. u.: *X quantitati itidem e x & constantibus compositae.* — 213 LEIBNIZ' *Werke*, ed. GERHARDT[1786], 3. Folge, Bd. III^b, Halle 1856, S. 531: *Ad denotandam functionem alicuius quantitatis indeterminatae x, mallem uti litera majuscula cognomine X vel graeco ξ, ut simul appareat, cuius indeterminatae sit functio.* — 214 Daselbst S. 537: $\overline{x}^{\lfloor 1 \rfloor}$, $\overline{x}^{\lfloor 2 \rfloor}$ etc. entsprechend unseren $f_1(x)$, $f_2(x)$ ... L. empfiehlt auch Symbole für Funktionen mit mehreren Unbekannten $\overline{x;\, y}^{\lfloor 1 \rfloor}$, $\overline{x;\, y}^{\lfloor 2 \rfloor}$. Diese Zeichen sind aber nie im Druck gebraucht. — 215 Hist. Mém. math. phys. Ac. sc., Paris 1718, S. 100—138. — 216 Daselbst S. 108, Z. 17. — Vgl. G. ENESTRÖM, Bibl. math. 6_3, 1905, S. 111.

dem er, ebenso wie seine nächsten Nachfolger (A. C. CLAIRAUT, D'ALEMBERT), das Argument ohne Klammer beisetzt, wie in:[217]

$$\frac{dy}{dx} = \frac{\varphi x}{a} \pm \frac{c}{a},$$

wobei er φ *la caractéristique de la fonction* nennt. Den Buchstaben f mit rechts danebenstehendem, eingeklammertem Argument gebraucht EULER zuerst in den Comment. Petropol. ad annos 1734/35;[218] ähnlich bezeichnet zu derselben Zeit A. C. CLAIRAUT (1713—1765; Paris, Mitgl. der Akademie) eine Funktion von x mit Πx, Φx oder Δx,[219] beide sicherlich voneinander unabhängig. Die Zusammenstellung $\varphi(z)$ gebraucht D'ALEMBERT (1717—1783, Paris, Akademie) 1754 in den *Recherches sur différens points importans du système du monde.*[220] Weiteste Verbreitung fanden die Symbole f, φ, ψ durch die Schriften J. L. LAGRANGES, in erster Reihe durch seine *Théorie des fonctions analytiques* von 1797 (Paris).[221]

Wenn es auch unserem eigentlichen Thema fernerliegt, so wollen wir doch noch auf das Erscheinen des Wortes Funktion[222] an dieser Stelle eingehen. LEIBNIZ verwendet es 1673 (August) in einer Handschrift *Methodus nova investigandi Tangentes,*[223] dann 1692 in einer Abhandlung der Acta Eruditorum,[224] ferner in einem Brief vom 29. VI. 1694 an HUYGENS[225] und im Juliheft der Acta Eruditorum dieses Jahres[226] und zwar zuerst in geometrischem Sinne für eine Strecke, die sich in einer speziellen Aufgabe nach gewissen Vorschriften ändert. Im Oktober 1694 griff JAKOB BERNOULLI das Wort in derselben Zeitschrift in gleicher Bedeutung auf.[227] Die moderne

217 Daselbst S. 112, Z. 4. — 218 Bd. VII (1740), daselbst S. 186 (zweite Paginierung) letzte Zeile: *Si* $f\left(\frac{x}{a}+c\right)$ *denotet functionem quamcunque ipsius* $\frac{x}{a}+c$. — 219 Hist. Ac. sc. Paris 1734 (1736), Mém. S. 197. — 220 Daselbst I, S. 50, Z. 8. — 221 *Œuvres de Lagrange*[1420], 9, Paris 1881. — 222 Über die Entstehung des Begriffes einer Funktion vgl. A. BRILL und M. NOETHER, Jahresb. Dtsch. Math. Ver. 3, 1892—1893, S. 107ff. — 223 D. MAHNKE, *Neue Einblicke in die Entdeckungsgeschichte der höheren Analysis*, Abh. Preuß. Ak. d. W. 1925. Ph. Math. Kl. No. 1, Berlin 1926, S. 5, 38, 42—52. — 224 *De linea ex lineis numero infinitis ordinatim ductis*, Acta Eruditorum 1692, S. 168—172; z. B. S. 170, Z. 1—2: *recta tangens vel aliae nonnullae functiones ab ea pendentes*, Z. 12: ... *vel alia functio ad punctum illud determinandum aequivalens.* — 225 *Der Briefwechsel von G. W. Leibniz mit Mathematikern* von C. I. GERHARDT, Berlin 1899, S. 740, Z. 6: *J'appelle fonctions l'abscisse, l'ordonnée, la corde, tangente, perpendiculaire ... et quantité d'autres.* — 226 Act. Erud., Leipzig 1694, S. 316, Z. 12—13: LEIBNIZ[1786], *Math. Schriften*, ed. GERHARDT, 3. Folge, Bd. II, 1, Halle 1858[185], S. 306 Mitte. — 227 Acta Erud., Leipzig, Okt. 1694, S. 391, Z. 17 u. ö.; JAC. BERNOULLI, *Opera* I, Genev. 1744, S. 618.

Auffassung findet sich bei JOHANN BERNOULLI I in der Beilage zum Brief an LEIBNIZ vom 5. Juli 1698, in dem er bei Gelegenheit des isoperimetrischen Problems von „Funktionen der Ordinaten" spricht.[228] Die Antwort, die LEIBNIZ Ende Juli 1698 zurücksendet, zeigt, daß auch er inzwischen dem Wort Funktion die neue Bedeutung beigelegt hat.[229] Im Druck erschien das neue Kunstwort dann zuerst bei JOHANN BERNOULLI I 1706 in einer Abhandlung der Acad. des Sciences.[230] Auch die erste Definition gibt JOHANN BERNOULLI I, und zwar in den Akademieberichten von 1718.[231] Im *Mathematischen Lexicon* VON WOLFFS von 1716[164] wird „Funktion" noch nicht angeführt, wohl aber in der Bearbeitung von 1747.[164]

Ferner wollen wir noch ein sehr wichtiges modernes Hilfsmittel, den Algorithmus der Determinanten, behandeln. Bei Gelegenheit der Auflösung eines Systems von Gleichungen mit mehreren Unbekannten kommt LEIBNIZ auf den Gedanken, die Wurzeln in geschlossener Form aus den Koeffizienten herzustellen. In einem Brief vom 27. VIII. 1676[232] (an OLDENBURG) gibt er ihm Worte und setzt auseinander, daß dann der Übersichtlichkeit wegen die Koeffizienten in der Indizesform zu schreiben seien. Juni 1708 stellt er die entsprechende Regel[233] für zwei Gleichungen mit zwei Unbekannten auf. In einer nachgelassenen Schrift aus gleicher Zeit ist die Bedingung dafür auseinandergesetzt, daß drei Gleichungen mit zwei Unbekannten gemeinsame Wurzeln haben. Dasselbe Thema behandelt er in einem Brief vom 28. April 1693 an den Marquis DE L'HOSPITAL[234] und betrachtet folgende drei Gleichungen:

$$10 + 11x + 12y = 0,$$
$$20 + 21x + 22y = 0,$$
$$30 + 31x + 32y = 0,$$

wo die Koeffizienten 10, 11 usw. als Indizesbezeichnungen wie unsere $a_{10}, a_{11}, a_{12} \ldots$ aufzufassen sind. LEIBNIZ eliminiert zuerst y:

228 LEIBNIZ[186], *Math. Schriften*, ed. GERHARDT, 3. Folge, Bd. III^b, Halle 1856, S. 507, Z. 6 v. u. — 229 Daselbst S. 525, Z. 26—27: *Placet etiam, quod appellatione functionum uteris more meo.* — 230 Hist. Mém. math. phys. Ac. sc. Paris 1706 (1707), S. 235; JOH. BERNOULLI, *Opera*, Lausanne 1742, I[197], S. 424, Z. 3 v. u. u. ö. — 231 Hist. Mém. math. phys. Ac. sc. Paris 1718, S. 106, Z. 3—1 v. u.; JOH. BERNOULLI, *Opera* II[197], S. 241, Z. 21—24: *On appelle fonction d'une grandeur variable une quantité composée de quelque manière que ce soit de cette grandeur variable et de constantes.* — 232 LEIBNIZ[186], *Math. Schriften*, ed. GERHARDT, 3. Folge, Abt. I, 1, 1849, S. 120, 161. — 233 Daselbst II, Abt. 3, 1863, S. 7, 8, vgl. D. MAHNKE, *Die Indexbezeichnung bei Leibniz als Beispiel seiner kombinatorischen Charakteristik*, Bibl. math. 13_3, 1912—1913, S. 255. — 234 Daselbst 3. Folge, 2, 1850, S. 239 und 5, S. 348.

$$10 \cdot 22 - 12 \cdot 20 + 11 \cdot 22x - 12 \cdot 21x = 0,$$
$$10 \cdot 32 - 12 \cdot 30 + 11 \cdot 32x - 12 \cdot 31x = 0,$$

dann noch x, und schreibt das erhaltene Resultat in der Form:

$$\begin{matrix} 1_0 & 2_1 & 3_2 & & 1_0 & 2_2 & 3_1 \\ 1_1 & 2_2 & 3_0 & \textit{aeqv.} & 1_1 & 2_0 & 3_2 \\ 1_2 & 2_0 & 3_1 & & 1_2 & 2_1 & 3_0, \end{matrix}$$

in der die drei links, bzw. rechts stehenden Produkte mit je drei Faktoren zu addieren sind. Er hat also, wenn auch noch nicht der Form nach, die heute als Resultante bezeichnete Determinante gegeben. Sehr wichtig ist die daran anschließende Bemerkung, daß man derartige Untersuchungen auch allgemein vornehmen könne. Man gelange dabei immer zu einer Gleichung zwischen Produkten mit so viel Faktoren, wie Gleichungen vorhanden seien, die Produkte könnten nur Koeffizienten verschiedener Gleichungen als Faktoren aufweisen. Auch darauf macht LEIBNIZ noch aufmerksam, daß hier die Kombinatorik der Algebra sehr wichtige Dienste leisten könne. Fortführungen dieser Untersuchungen hat man weder bei LEIBNIZ noch bei einem seiner Zeitgenossen (bis auf eine ganz gelegentliche Notiz in den Acta Erud. von 1700, S. 206—207) gefunden. Erst in der Mitte des achtzehnten Jahrhunderts tauchen solche Untersuchungen wieder auf — ob ganz unabhängig von LEIBNIZ, ist nicht zu entscheiden, wenn auch die jedermann zugängliche zuletzt erwähnte Notiz in den Acta Erud. von dem neuen Bearbeiter nirgends erwähnt wird. Dieser zweite Erfinder der Determinanten ist GABRIEL CRAMER (1704—1752, Prof. d. Math. zu Genf), der in seiner *Introduction* von 1750 in einem Anhang[235] die neue Lösungsmethode eines Systems von n Gleichungen ersten Grades mit n Unbekannten:

$$A^1 = Z^1z + Y^1y + X^1x + V^1v + \text{etc.},$$
$$A^2 = Z^2z + Y^2y + X^2x + V^2v + \text{etc.},$$
$$A^3 = Z^3z + Y^3y + X^3x + V^3v + \text{etc.}$$

mitteilt. Die Werte der Unbekannten $z, y, x, v \ldots$ stellen sich in seinen Rechnungen als Brüche mit gleichem Nenner heraus. Aus den Produkten $Z \cdot Y \cdot X \cdot V \ldots$, in denen jeder Faktor einen anderen oberen Index aus der Reihe 1, 2, 3, 4 . . . erhält und deren so viele möglich sind, wie die Reihe 1, 2, 3, 4 . . . permutiert werden kann, bildet CRAMER eine algebraische Summe. Jedem Produkte, das in der Indizespermutation eine gerade Anzahl von Inversionen,

[235] *Introduction à l'analyse des lignes courbes algébriques*, Genève 1750, S. 657—659: *De l'évanouissement des inconnus*, bes. S. 658.

dérangements, aufweist, erteilt er das positive, jedem anderen das negative Vorzeichen. Diese Summe bildet den gemeinsamen Nenner. Der Zähler, etwa für die Unbekannte y, wird aus diesem Nenner sehr einfach dadurch abgeleitet, daß man die zugehörigen Koeffizienten Y durch die entsprechenden A ersetzt. Wir erkennen deutlich unsere moderne Determinantenauflösung.

Cramers Methode hatte das Glück, nicht unbeachtet zu bleiben. É. Bézout (1730—1783, Paris),[236] dann A. Th. Vandermonde (1735 bis 1796, Paris),[237] ferner de Laplace (1749—1827, Paris)[238] nahmen die neu entstehende Theorie in Arbeit. Vandermonde benutzte für die auftretenden Summen schon determinantenähnliche Ausdrücke. Er schrieb z. B.:

$$\begin{gathered} {}^{1}_{1}\xi_1 + {}^{1}_{2}\xi_2 + {}^{1}_{3} = 0 \\ {}^{2}_{1}\xi_1 + {}^{2}_{2}\xi_2 + {}^{2}_{3} = 0; \end{gathered}$$

$$\xi_1 = \frac{\dfrac{1|2}{2|3}}{\dfrac{1|2}{1|2}}, \qquad \xi_2 = \frac{\dfrac{1|2}{3|1}}{\dfrac{1|2}{1|2}}.$$

Von ihm wurde die Regel vom Zeichenwechsel aufgestellt. Laplace verbesserte seinen Beweis und fand auch ein allgemeines Verfahren, die Determinanten zu entwickeln, das Vandermonde nur in besonderen Fällen kannte. Auf Laplace geht das Wort *résultant* zurück. J. L. Lagrange (1736 Turin — 1813 Paris; Turin, Berlin, Paris)[239] betrachtete die Verwendbarkeit der Determinanten bei Problemen der analytischen Geometrie; er entwickelte auch Formeln, die die Addition und Multiplikation der Determinanten vorbereiteten. Von wesentlicher Bedeutung sind die Forschungen K. F. Gauss' von 1801 in den *Disquisitiones arithmeticae.*[240] Die moderne Benennung *Determinante* rührt von A. L. Cauchy (1789—1857, Paris)[241] her,

236 Hist. Mém. math. phys. Ac. sc. Paris 1764 (1767), S. 288—338, *Recherches sur le degré des Équations résultantes de l'évanouissement des inconnus et sur les moyens qu'il convient d'employer pour trouver ces Équations.* Vgl. auch *Théorie générale des Équations algébriques*, 1779 Paris, S. 211, 214. — 237 Hist. Mém. math. phys. Ac. sc. Paris 1772 (1776), Bd. 2, S. 516—532: *Mémoire sur l'élimination* vom 12. I. 1771. — 238 Hist. Mém. math. phys. Ac. sc. Paris 1772, II (1776) in einer Abhandlung: *Recherches sur le Calcul intégral et sur le système du Monde*, cap. IV, S. 294—304; *Œuvres*, 8 (Paris 1891), S. 395—406. — 239 Nouv. Mém. Ac. Berlin 1773 (1775), S. 149ff.: *Solutions analytiques de quelques problèmes sur les pyramides.* — 240 Z. B. Nr. 159, 270[II157] — 241 J. Éc. Polyt., 17, 1815: *Mém. sur les fonctions qui ne peuvent obtenir que deux valeurs égales et des signes contraires par suite des transpositions opérées entre les variables qu'elles renferment*, S. 52—53, 30. XI. 1812.

ebenso auch die heutige quadratische Anordnung der Elemente. In dem besonderen Falle der Diskriminante einer quadratischen Form hat aber GAUSS das Wort *Determinate* schon 1801 gebraucht.[242] Den Arbeiten von CAUCHY[243] und J. BINET (1812)[244] verdankt man die endgültige Ausführung der Multiplikation zweier Determinanten. In der Meisterhand C. G. J. JACOBIS (1804—1851, Berlin)[245] bildete die Determinantentheorie sich zu dem bewunderungswürdigen Instrument heraus, das heute jedem Mathematiker unentbehrlich ist. Die ersten bedeutenderen Lehrbücher für die Theorie der Determinanten sind das italienische Werk von F. BRIOSCHI (1854)[246] und das deutsche von R. BALTZER (1857).[247]

3. Einführung allgemeiner Buchstabengrößen.

Im vorstehenden haben wir die Geschichte der algebraischen Zeichen und Symbole besprochen, soweit sie nicht zu späteren Kapiteln, wie zur Potenzlehre, Wurzellehre, Trigonometrie usw. gehören. Ohne die Einführung allgemeiner Buchstabengrößen mußte die Algebra in den Anfängen verbleiben. Diesen Fortschritt verzeichnet die Zeit VIETAS (1540—1603; Paris, franz. Staatsmann); erst durch ihn vermochte sich eine wirkliche Formelsprache zu entwickeln. Vor VIETA gab es natürlich ebenso wie nach ihm Regeln und Lehrsätze, denen die modernen Formeln entsprechen; aber sie mußten durch schwülstige, zumeist äußerst langatmige Satzkonstruktionen ausgedrückt werden. Ihre Wahrheit wurde hinterher oft nur durch Zahlenbeispiele, gleichsam zur Probe, gezeigt.

Man darf nun nicht glauben, daß vor VIETA überhaupt keine allgemeinen Buchstabengrößen gebraucht worden seien; nur ihre ausschließliche und folgerichtige Verwendung ist VIETAS Verdienst. Wir wissen, daß die Griechen in ihrer Geometrie die Gewohnheit

242 *Disquisitiones arithmeticae*[1115⁷] XV, S. 2: *Numerum bb − ac, a cuius indole proprietates formae (a, b, c) imprimis pendere in sequentibus docebimus determinantem huius formae uocabimus.* — 243 S. 29—112[241]. — 244 J. Éc. Polyt. 16 (1813), S. 280 ff.: *Mém. sur un système de formules analytiques*, 30. XI. 1812. — 245 J. reine ang. Math., Berlin, von 1826 an, besonders 22 (1841): *De formatione et proprietatibus determinantium*, S. 285 ff. und *De determinantibus functionalibus*, S. 319 ff. (*Werke*, hrsg. v. C. BORCHARD u. K. WEIERSTRASS, 3, Berlin 1884, S. 355 ff.). — 246 F. BRIOSCHI, *Teoria dei determinanti e le sue princ. applicaz.*, Pavia 1854, deutsch v. K. SCHELLBACH, Berlin 1856. — 247 R. BALTZER, *Theorie u. Anwend. d. Determinanten*, 1. Aufl., Leipzig 1857, 5. Aufl., Leipzig 1881. Zur Geschichte und Bibliographie vgl. TH. MUIR, *The theory of determinants in the historical order of its development.* 2. Aufl., I, The Period 1693 to 1841, London 1906; II, 1841—1860, London 1911; III, 1861—1880, London 1920; IV, 1881—1900, London 1923.

hatten, Flächen, Linien und Punkte mit mehreren oder mit einem Buchstaben zu bezeichnen. Schon bei HIPPOKRATES (Chios, um 440 v. Chr.) läßt sich diese Sitte mit einiger Sicherheit nachweisen.[248] ARISTOTELES (384 v. Chr., Stagira in Mazedonien — 322 Chalkis; Athen, Schule der Peripatetiker) belegte auch andere allgemeine Größen mit Buchstaben:[249] „Wenn *A* das Bewegende, *B* das Bewegte, *Γ* aber die Länge und *Δ* die Zeit ist, in der es bewegt worden ist, so wird die gleiche Kraft *A* in der gleichen Zeit auch die Hälfte des *B* doppelt so weit als *Γ* bewegen oder auch in der Hälfte der Zeit *Δ* gerade so weit wie *Γ*." PLATON nannte solche Buchstabengrößen *ἀριθμοὶ μαθηματικοί*.[250] Bei EUKLID (Alexandria, um 325 v. Chr.) sehen wir schon allgemeine Zahlengrößen durch Buchstaben bezeichnet,[251] ohne daß er sich indes von dem geometrischen Bilde gänzlich loslösen wollte. Ähnlich bei APOLLONIOS v. Perge (zw. 250 und 200 in Alexandria, dann in Pergamon). Wenn dieser aber bei der Erörterung und Gruppierung seines Zahlensystems die Zahlen von 1—9999 als die „Tetrade der Einheiten", diejenigen von 10000—99999999 als die „Tetrade der Myriaden", danach folgend die „Tetrade der zweifachen, dreifachen Myriaden" usw. bis zu der der „*κ*-fachen Myriaden" aufführt, so ist in dem letzten Ausdruck eine erste Abstraktion von der geometrischen Anschauung, also eine erste wirkliche allgemeine Buchstabenzahl zu erblicken.[252] Fraglich ist nur, ob dieses Verdienst dem APOLLONIOS oder PAPPOS (295 n. Chr., Alexandria), dem Überlieferer dieser Stelle, zuzuschreiben ist; da aber PAPPOS nur in diesem Bericht über APOLLONIOS,[253] sonst nirgends, allgemeine Buchstabengrößen verwendet, so ist vielleicht

---

248 F. RUDIO, *Der Bericht des Simplicius über die Quadraturen des Antiphon und des Hippokrates*, Bibl. math. 3_3, S. 50—52. — 249 ARISTOTELES, *Φυσικῆς ἀκροάσεως H*, cap. 5, Berliner Akademieausg.[16], Bd. I, 1831, S. 249, Z. 30ff.: *Εἰ δὴ τὸ μὲν A τὸ κινοῦν, τὸ δὲ B τὸ κινούμενον, ὅσον δὲ κεκίνηται μῆκος τὸ Γ, ἐν ὅσῳ δὲ ὁ χρόνος ἐφ' οὗ Δ, ἐν δὴ τῷ ἴσῳ χρόνῳ ἡ ἴση δύναμις ἡ ἐφ' οὗ A τὸ ἥμισυ τοῦ B διπλασίαν τῆς Γ κινήσει, τὴν δὲ τὸ Γ ἐν τῷ ἡμίσει τοῦ Δ.* — 250 Vgl. R. ROTHLAUF, *Die Mathematik zu Platons Zeiten und seine Beziehungen zu ihr*, Diss. Jena 1878, S. 30f. — 251 Z. B. EUKLID VII, 3; ed. HEIBERG 2[1712], Leipzig 1884, S. 17—18: *Ἔστωσαν οἱ δοθέντες τρεῖς ἀριθμοὶ μὴ πρῶτοι πρὸς ἀλλήλους οἱ A, B, Γ.* (Es seien die drei gegebenen, zueinander nicht teilerfremden Zahlen *A*, *B*, *Γ*.) Diese Übung dringt auch in nichtmathematische Schriften ein, so bei CICERO, *Epistolae ad Atticum* II, 3. — 252 PAPPUS, *Collectiones*[113], lib. II, § 1—27, ed. HULTSCH, Bd. I, Berl. 1876, z. B. S. 2, Z. 8: *ἁπλῆ μυριάς*, Z. 11—13: *διπλῆ μυριάς*, S. 6, Z. 22: *τριπλῆ μυριάς*, S. 22, Z. 6: *τετραπλῆ μυριάς*, S. 24, Z. 19: *τρισκαιδεκαπλῆ μ.*, S. 4, Z. 15: *μυριάδες ὁμώνυμοι τῷ Z*, S. 18, Z. 16ff.: *μ. ὁμώνυμοι τῷ K.* — 253 PAPPUS[113], lib. II, § 5ff., ed. HULTSCH, S. 6—18.

doch anzunehmen, daß er sich hierbei an seinen Autor angelehnt hat. Jedenfalls wurde so einigermaßen das Auftreten unbestimmter Größen wie das des ς in der Diophantischen Algebra (zweite Hälfte des dritten Jahrhunderts n. Chr.) vorbereitet (vgl. S. 5—7). Bekannte Größen werden aber auch noch bei DIOPHANT, wie in der ganzen Folgezeit bis VIETA, durch bestimmte Zahlen ausgedrückt; nur einmal spricht DIOPHANT von einem beliebigen Vielfachen der Unbekannten, wie wir von einem *n*-fachen.[254]

Mit dem Eintritte in das Mittelalter ist ein Fortschritt in der Verwendung von Buchstabengrößen unverkennbar. LEONARDO von Pisa (1228, *Liber abbaci*) gebrauchte im Anschluß an griechisch-arabische Muster bei arithmetischen Beweisen Buchstaben und zwar wie EUKLID unter dem geometrischen Bilde von Linien, indes ohne sie daneben zu zeichnen. Auch finden wir bereits bei ihm Sätze wie: „a Pferde fressen b Gerste in c Tagen“ und „d Pferde fressen e Gerste in f Tagen“, woraus die Gleichheit der Produkte *.a.e.c.* und *.d.b.f.* gefolgert wird (die Punkte zwischen den Faktoren sind keine Multiplikationszeichen, sondern nur Trennungspunkte, durch die jede Buchstabenzahl, wie *.a.*, *.b.*, eingeschlossen wird, um sie aus dem Zusammenhang der übrigen herauszuheben).[255] Besonders in dem algebraischen Teil des *Liber abbaci*,[256] in dem die Lösung der quadratischen Gleichung und ein großes Übungsmaterial quadratischer Wortaufgaben gegeben wird, macht LEONARDO von Buchstabenzahlen starken Gebrauch, zumeist bei allgemeinen Beweisführungen. Einen noch viel größeren Umfang nimmt die Verwendung allgemeiner Buchstabenzahlen bei seinem Zeitgenossen JORDANUS NEMORARIUS († 1237?) an; ja im Texte seiner Schriften erscheinen sogar ausschließlich Buchstaben, Zahlen höchstens am Rande bei Beispielen. Man könnte JORDANUS als den Begründer einer allgemeinen Buchstabenrechnung bezeichnen, wenn ihm nicht das Wichtigste bei der Benutzung von Buchstaben, nämlich Operationszeichen und andere Rechnungssymbole, vollständig gefehlt hätten. Die Addition drückte JORDANUS NEMORARIUS durch einfaches Nebeneinanderschreiben aus. Bei allen anderen Rechenoperationen versagt dieses Hilfsmittel: es bleibt ihm nichts anderes übrig, als für das Resultat der gerade vorliegenden Operation einen neuen Buchstaben einzuführen. So muß er beim Weiterschreiten der Rechnung zu immer neuen Buchstaben greifen,[257] und

254 DIOPHANT, lib. II, 8, 9, ed. TANNERY I[124], Leipzig 1893, S. 90, Z. 14, bzw. S. 92, Z. 5: ἀπὸ ςῶν ὅσων = *a quotlibet x*. — 255 *Scritti* I[130], 131 ff. — 256 *Scritti* I[130], von S. 406 ab. — 257 Vgl. P. TREUTLEIN[1535], Abh. Gesch. Math. 2, 1879, S. 132—133, und M. CURTZE, Z. Math. Phys. 36, Leipzig 1891, Hist.-lit. Abt., S. 1—3[1535].

es ist klar, daß schließlich der Leser den Faden verliert, also gerade der Vorteil der Buchstabenformeln, die hohe Übersichtlichkeit, nicht erreicht wird. Eine nicht unbedeutende Gewandtheit, mit solchen allgemeinen Zahlen zu rechnen, zeigt sich auch im *Algorismus de minutiis* des Meister GERNARDUS (dreizehntes Jahrhundert).[258] Bei ORESME (1323?—1382, Bischof von Lisieux) werden ganz gelegentlich den Buchstaben schon Zahlenkoeffizienten vorgesetzt.[259] Ähnlich wie JORDANUS NEMORARIUS muß auch noch DE' BELDOMANDI († 1428; Prof. in Padua) im *Algorismus de integris* von 1410 verfahren[I 405]. Wohl im Gefühl der Unzulänglichkeit vermeidet LUCA PACIOLI, den wir als den Verfasser des bedeutendsten Rechenwerkes seiner Zeit (1494, *Summa*[I 18]) schätzen gelernt haben, die Verwendung allgemeiner Größen in der *Summa* gänzlich. Nur zuweilen zieht er in einer anderen Schrift Buchstaben heran (*Divina proportione*, Venet. 1509, geschrieben 1497);[260] es geschieht aber in einem Falle, wo weitere Rechnungsoperationen nicht wahrgenommen zu werden brauchen — etwa so, wie der deutsche Mathematiker GRAMMATEUS († 1525, Universitätslehrer in Wien) sich an einer Stelle im Rechenbuch von 1518 den Satz erlaubt: Wie sich hadt a zum b also hat sich c zum d. Auch wie sich had a zũ c also had sich b zum d.[261] Einzelne Stellen dieser Art finden sich auch bei CHR. RUDOLFF 1525,[262] bei TARTAGLIA 1556[263] und bei G. CARDANO 1570;[264] bei dem letzteren kann man einen leisen Anfang algebraischen Rechnens mit Buchstabengrößen erkennen, wenn er schreibt, daß $R\!\!\!/\, \frac{a}{b}$ gleich $\frac{R\!\!\!/\, a}{R\!\!\!/\, b}$ ist, d. h. $\sqrt{\frac{a}{b}} = \frac{\sqrt{a}}{\sqrt{b}}$, und ebenso für die dritten Wurzeln.

In der Entwicklung der Coß, wie die Algebra um die Wende des fünfzehnten Jahrhunderts bis über die Mitte des sechzehnten hinaus genannt wurde (siehe S. 8; ferner S. 139ff.), bildeten sich

258 G. ENESTRÖM, Bibl. math. 14_3[1995], 1914, S. 99ff. — 259 *Algorismus Proportionum*, ed. CURTZE[I 999], z. B. S. 22: *Verbi gratia.sit.c.ſesquialtera et.h.ſesquitertia et quod.e.sit.4.et.g.tres tunc patet quod.4.a.excedunt.3.a.in ſesquitertia* . . ., und öfter auf dieser Seite; ferner S. 23 u. 24. Vgl. auch M. CURTZE, Z. Math. Phys. 13, 1868 Suppl. S. 103—104. — 260 CANTOR, 2^2, S. 343. — 261 Rechenbuch v. 1518[158a], Bl. Ciij r⁰. — 262 Behend vnnd Hubsch Rechnung[835], Bl. Giij v⁰, Z. 22: $\sqrt{c} + \sqrt{d}$. — 263 *General trattato*[I 59] II, Buch 7, cap. 1, Section 25, S. 109 v⁰ unten. — 264 *De Aliza regula*[642], Basel 1570, am Schluß, S. 111, Z. 15. Eine andere Stelle mit Buchstabenzahlen findet sich schon vorher im 18. Kapitel der *regula Aliza*. Vgl. J. W. L. GLAISHER[115], Messenger Math. 56, 1921, S. 156, § 185. Durch weitere Belege, daselbst § 203 und 204, weist GLAISHER nach, daß CARDANO in der Zeit vom Erscheinen der *Ars magna* 1545[280] bis zu 1570 erhebliche Fortschritte in der algebraischen Symbolisierung gemacht hat.

Rechenzeichen, wie das Plus- und Minuszeichen (S. 15—20), der verlängerte Bruchstrich (S. 29), und Aufgaben aus dieser Zeit sehen modernen Rechnungen bereits im allgemeinen ähnlich. Die symbolische Formelsprache erreicht bei den Cossisten einen hohen Grad der Vollkommenheit. Aber man blieb bei der Verwendung reiner Zahlenkoeffizienten stehen; die einzigen durch Buchstaben ausgedrückten Größen waren die Unbekannte in Gleichungen und ihre Potenzen, die man, ähnlich wie DIOPHANT (S. 5—7), mit besonderen Zeichen andeutete (vgl. S. 55, 140 ff.). Allerdings konnte man mit Hilfe dieser Zeichen bis zu einem gewissen Grade auch algebraisch-formelhaft wie mit allgemeinen Größen rechnen. Man trennte, schon seit dem Ende des fünfzehnten Jahrhunderts, das formale Rechnen mit den *signa* als eine Art Vorkursus von der Behandlung der Gleichungslehre ab, so in der Dresdener Handschrift C. 80[265] (um 1481), in CHUQUETS *Triparty* (1484),[266] bei INITIUS ALGEBRAS (1524),[267] in CHR. RUDOLFFS Behend vnnd Hubsch Rechnung (1525)[268] und späteren (vgl. S. 123). Bei diesen Rechnungen war es gleichgültig, ob die Zeichen 𝔵𝔢 (= cosa oder radix), ʒ (= zensus), 𝔠𝔢 (= cubus) usw. die Unbekannte x mit ihren Potenzen x^2, x^3 ... oder eine andere allgemeine Größe bedeuteten. Diese Übungen gehen wohl schon auf arabische Gewohnheit zurück.

Einen weiteren Fortschritt in der Buchstabenschrift brachte die Einführung zweiter und weiterer Unbekannten. Das Bedürfnis hierzu war schon sehr frühzeitig eingetreten. Im Papyrus Rhind wird nur eine Unbekannte verwendet, *'ḥ'* (= Haufen; vgl. S. 9); aber schon in dem auch aus dem mittleren Reich (20.—15. Jahrh. v. Chr.) stammenden Berliner Papyrus 6619[18] erscheinen zwei Unbekannte, „Haufen 1" und „anderer Haufen".[269] DIOPHANT (zweite Hälfte des 3. Jahrhunderts n. Chr.) kennt noch keine Bezeichnung für eine zweite Unbekannte; er schiebt aber zuweilen Zwischenrechnungen ein, in denen er eine solche neue Unbekannte aufstellt und errechnet, aber er nennt sie dabei wieder ς (vgl. S. 5), von der Hauptunbekannten (*πρῶτος ἀριθμός*) durch den Zusatz *δεύτερος* unterschieden. In dem griechisch geschriebenen ägyptischen Papyrus Michigan 620 (3. Jahrhundert n. Chr.),[270] von dem man noch nicht weiß, ob er vor- oder nachdiophantisch ist, werden bis zu vier Unbekannte nebeneinander

265 E. WAPPLER, Programm 1887[43], S. 31. — 266 *Triparty*[119], S. 736—742. — 267 Ed. M. CURTZE[63], S. 499—519. — 268 5. u. 6. Kapitel[835], Bl. Dij r⁰—Eiij r⁰. — 269 K. VOGEL, *Die Algebra der Ägypter des mittleren Reiches*, Archeion 12, 1930, S. 151. Hierzu T. E. PEET, *Mathematics in Ancient Egypt*, The Bulletin of the JOHN RYLANDS Library 15, 1931, S.-A. S. 14. — 270 Vgl. Anm. 3.

benutzt und teils wie bei Diophant, teils durch symbolische Anordnung dargestellt. Die indischen Farbenbezeichnungen für mehrere Unbekannte wurden S. 12 erwähnt; sie fanden in der späteren Mathematik keine Fortsetzung. Erst in arabischen Abhandlungen beginnt die eigentliche Geschichte der zweiten Unbekannten. Fr. Woepcke[271] weist auf eine Leidener Handschrift hin (1. Hälfte des XI. Jahrh. oder früher), in der sich eine Aufgabe mit zwei Unbekannten findet; die Bezeichnung der ersten übersetzt er mit *chose* (arabisch *šai'*, lat. *res*, ital. *cosa*, vgl. S. 55, 140ff.), die zweite mit *partie*. Ein weiteres Beispiel liefert Alkarḫī (um 1010, Bagdad);[272] neben *partie* nennt hier Woepcke die zweite Unbekannte auch *mesure*. Mehrfach Gebrauch von einer zweiten Unbekannten macht Leonardo von Pisa (*Liber abbaci* 1202), z. T. ohne ein neues Wort für sie einzuführen. Die Gleichung

$$\left(\tfrac{1}{3}x^2+1\right)\left(\tfrac{1}{4}x^2+2\right)=x^2+13\,,$$ [273]

modern geschrieben, löst er, indem er x^2 (bei ihm *census* genannt) als neue Unbekannte einführt und wieder *res* nennt: *pone pro ipso censu rem.* Selten gebraucht er für die zweite Unbekannte *causa*[809]. Weiter geht Luca Pacioli (*Summa* 1494[I 18]). An mehreren Stellen weist dieser auf Vorgänger hin, die die Bezeichnung *cosa seconda* benutzt hätten;[274] er selbst wählt das Wort *quantita*. Und wie er die erste Unbekannte *cosa* durch *co* andeutet, so verwendet er für *quantita* eine Ligatur, die wie *Φ*ᵃ oder *qp*ᵃ, in der 2. Auflage der *Summa* von 1523 wie $\overline{q\beta}^a$ aussieht. Diese Zeichen ermöglichen ihm eine symbolische Schreibweise. Die zweite Potenz (unser x^2) hat die Abkürzung *ce* (*census*); y^2 drückt Pacioli mit ihrer Hilfe aus durch *ce. de qp*ᵃ. Seine nachfolgenden Rechnungen[275] sind leicht zu verstehen:

		modern
1. *co.* $\tilde{m}$. 1 *qp*ᵃ		$x - y\,,$
1. *co.* $\tilde{p}$. 1 *qp*ᵃ		$x + y$
1. *ce.* $\tilde{m}$. 1 *ce. de qp*ᵃ	36	$x^2 - y^2 = 36$
℞. *ce.* $\tilde{m}$. 36.	1. *co. de qp*ᵃ	$\sqrt{x^2 - 36} = y\,.$

[271] Journ. Asiat. 4_5 II 2, 1854, S. 380. — [272] *Al-Fachrī*, Auszug von Fr. Woepcke I 1325, S. 11 und 139f. — [273] *Scritti* I 30, S. 422, Z. 28—29: *Multiplicavi terciam census et denarium in quartam ejus, et duos denarios, et provenit census, et augmentum 13 denariorum. Pone pro ipso censu rem* ... — [274] *Summa* 118, dist. VIII, tract. 6, Bl. 148 v⁰. („Die älteren Lehrbücher sagen gewöhnlich erste und zweite *cosa* für die Unbekannten. Die Neueren sagen lieber *cosa* für die eine Unbekannte, *quantita* für die andere"); ferner Bl. 191 v⁰, 192 v⁰. Vgl. Glaisher 115, S. 51. — [275] *Summa* 118, 1494, Bl. 91 v⁰. Schon Bl. 91 r⁰ findet sich eine Aufgabe mit zwei Unbekannten, später noch sehr oft. Vgl. Glaisher 115, S. 42ff.

Die Kenntnis der Neuerung PACIOLIs kam auch zu den deutschen Cossisten. CHR. RUDOLFF beherrscht die Methode und schätzt sie;[276] in seiner Behend vnnd hubsch Rechnung von 1525 benutzt er sie auch wiederholt.[277] Sein Fachwort ist ebenfalls *quantitas*, das er stark abkürzt, öfters sogar nur mit *q*.[278]

Bei CARDANO, *Practica arithmeticae* 1539, tritt ein weiterer Fortschritt insofern ein, daß auch das Produkt der beiden Unbekannten (unser xy) gebildet wird und zwar durch einfaches Aneinanderschreiben *co. quan.* Das Beispiel

20. *quã. aequãtur* 1 *co. quã. p̃.* 12. *co.*

lautet modern

$$20y = 1xy + 12x.$$ [279]

Die zweite Unbekannte war so häufig in Übung gekommen, daß CARDANO sie in seiner *Ars magna* (1545) ohne jede Erläuterung einführt.[280] Die erste Unbekannte heißt in diesem Werk nicht mehr *cosa*, sondern *res* oder *positio*, für die zweite bleibt *quantitas*. Die Abkürzung wird so weit getrieben, daß CARDANO unser xy mit *quantitas rei* bezeichnet. So hat die Aufgabengruppe: $ax = xy + by$ die Überschrift: *res aequalis quantitati rei & quantitatibus.*[281] Zumeist wird aber ausführlich *productum ex quantitate in rem* oder *productum rei in quantitatem* gesagt. Einmal tritt noch ein Koeffizient davor, wie $\frac{1}{2}$ *quant. pos.* ($\frac{1}{2}yx$).[282]

MICHAEL STIFEL (1544, *Arithmetica integra*)[I23] fußt auf RUDOLFF und CARDANO, nennt sie auch beide und kennt die Abkürzung *q* von RUDOLFF.[283] Aber er geht selbständig weit darüber hinaus und bezeichnet seinerseits die anderen Unbekannten mit *A, B, C* ... 1 𝔵

---

276 Rechnung[835], Bl. $\mathfrak{J}_{(VI)}$ v⁰, Z. 1ff., 4. „Diſs exempl wil habẽ zwo verborgne poſition, deñ ſo ich ·*ab*: ſetz 1 𝔵, müß ich *cd* auch etwas ſetzen. Durch was grundt vñ geſchicklichkeit die ander ſatzung geſchehen müſs, wil ich dir bericht geben zü end diſer erſten equation, durch die *regel quantitatis*, welche dañ iſt ein volkomenheit der Coſs. Ja warlich ein ſölche volkomenheit, on welche ſie nit vil mer gilt dan ein pfifferling". Vgl. auch Bl. $\mathfrak{K}_{(II)}$ r⁰, Z. 3—5. — 277 GLAISHER[115], § 63ff. — 278 Rechnung[835], Bl. $\mathfrak{K}_{(I)}$ v⁰, Z, 1; $\mathfrak{K}_{(II)}$ v⁰, Z. 1 v. u.; $\mathfrak{K}_{(III)}$ v⁰, Z. 1 v. u. u. ö. — 279 *Practica arithmetice generalis & mensurandi singularis*, Mediol. 1539, cap. 51, No. 3; Fol. I (8) v⁰, Z. 7; *Opera* 4[1558], p. 74, col. 1, Z. 12. — 280 *Artis magnae sive de regvlis algebraicis lib. unus, qui & totius operis de arithmetica, quod Opus Perfectum inscripsit, est in ordine Decimus*, Norimbergae 1545, cap. IX, *De secunda incognita quantitate non multiplicata*, Fol. 21 v⁰, Z. 20f. *Opera* 4[1558], S. 241, Col. 1, Z. 39f. — 281 Daselbst cap. 10 *De secunda quantitate multiplicata*, fol. 24 v, Z. 13; *Op.* 4, S. 244, Col. 2, Z. 39. — 282 Daselbst cap. 35, quaestio 14, fol. 63 r, Z. 30 u. v. in der Rechnung oben rechts, *Op.* 4, S. 284, Col. 2, Z. 8 und Mitte. — 283 *Arithm. integra*[123], fol. 252 v⁰, Z. 2.

nennt er die *prima cosa* oder *radix prius posita*; 1 *A* ist ihm dasselbe wie 1 *A* 𝔵, also 1 𝔵 *secunda*; ferner zählt er auf 1 *B* (*id est*, 1 *B* 𝔵), 1 *C* (*id est* 1 *C* 𝔵), 1 *D* &c.[284] In einigen Aufgaben treten 6 oder 7 Unbekannte auf.[285] Unser $x^2 + y^2 - 2xy$ schreibt Stifel

1 ȝ + 1 *A* ȝ − 2 𝔵 *A*.[285a]

In der volkstümlichen Deutschen Arithmetica[1421] von 1545 ersetzt er *cosa* durch *Summa*, — als Begriff einer unbekannten Menge ganz geschickt gewählt, — und schlägt als Symbol der Unbekannten vor 1 *Sum*;[286] 1 *Sum*: $\mathfrak{A}$; 1 *Sum*: $\mathfrak{B}$ &c.[287] In der Neubearbeitung der Rudolffschen Coß (1553)[1338] schreibt Stifel die weiteren Unbekannten und ihre Potenzen — als „Cossische progreß" —:[288]

$$\overset{0}{1} \,.\, 1\overset{1}{\mathfrak{A}} \,.\, 1\overset{2}{\mathfrak{A}}\mathfrak{A} \,.\, 1\mathfrak{A}\overset{3}{\mathfrak{A}}\mathfrak{A} \,.\, 1\mathfrak{A}\mathfrak{A}\overset{4}{\mathfrak{A}}\mathfrak{A} \,.$$

$$\overset{0}{1} \,.\, 1\overset{1}{\mathfrak{B}} \,.\, 1\mathfrak{B}\overset{2}{\mathfrak{B}} \,.\, 1\mathfrak{B}\mathfrak{B}\overset{3}{\mathfrak{B}} \,.\, 1\mathfrak{B}\mathfrak{B}\overset{4}{\mathfrak{B}}\mathfrak{B} \,.$$

$$\overset{0}{1} \,.\, 1\overset{1}{\mathfrak{C}} \,.\, 1\overset{2}{\mathfrak{C}}\mathfrak{C} \,.\, 1\mathfrak{C}\overset{3}{\mathfrak{C}}\mathfrak{C} \,.\, 1\mathfrak{C}\mathfrak{C}\overset{4}{\mathfrak{C}}\mathfrak{C} \,,$$

ohne aber mit diesen Formen zu rechnen.

Der ungemein wichtige und anscheinend so naheliegende Schritt, das symbolische Rechnen mit der Verwendung von Buchstabenkoeffizienten in Verbindung zu bringen, ist die Neuerung Vietas (*In artem analyticem isagoge*, Tours 1591[70]). Seine Buchstaben sind zunächst allgemeine Bezeichnungen für Linien, Flächen usw., nach dem Vorbild der griechischen Mathematiker; sie sind Ausdrücke für geometrische Größen, nicht für reine Zahlen. Daher kommt es, daß er so großes Gewicht auf Homogenität legt und streng darauf achtet, daß die Dimensionen seiner algebraischen Ausdrücke überall Einheitlichkeit zeigen. Hat er es z. B. mit einem Ausdruck wie $a + zb$ zu tun, so schreibt er *A planum* + *Z in B*, sieht also *Z* und *B* als Strecken, *A* als Fläche an, um die zweite Dimension zu wahren. (Vgl. die Beispiele S. 35.) Während sich aber die antike Mathematik von der Beschränkung auf drei Dimensionen nur sehr spät, wie in Diophants Algebra, freimachen konnte, überschritt Vieta die Raumanschauung ohne weiteres und stieg zu höheren Dimensionen auf, die nur noch algebraisch verstanden werden können. Wir finden

284 *Arithmetica integra*[123], fol. 251 v, Z. 8 v. u. — 285 Daselbst fol. 299 v⁰, 6 Unbek.; fol. 254 r⁰ sogar 7. — 285a Daselbst fol. 313 v⁰ an der Figur. Stifel unterscheidet zwischen 𝔵 *A* ($= xy$) und *A* 𝔵 ($= y$); 1 *A* ȝ ($= y^2$) und 8 ȝ *A* ($= 8x^2y$); z. B. fol. 312 v⁰ oben. — 286 Schon in der *Arithmetica integra*[123], fol. 272 r⁰ u. ö. — 287 Deutsche Arithmetica[1421], S. 20 v, S. 22 r. — 288 *Coß*[1338], Buch I, Kap. 5, Bl. 61 v⁰ u. 62 r⁰.

in seinen Beispielen Potenzen der Unbekannten bis zur neunten vor, wohlgemerkt unter Aufrechterhaltung dieser Höhe innerhalb des ganzen Ausdrucks. Auch in der Auswahl der zu benutzenden Buchstaben zeigt VIETA ein festes Prinzip. Er verwendet, wiederum vielleicht in Anlehnung an die griechische Mathematik, nur große Buchstaben. Als Zeichen der unbekannten Größen dienen ihm die Vokale *A, E, I, O, V, Y,* für die bekannten schreibt er die Konsonanten *B, G, D* usw.[289]

In numerischen Gleichungen benutzt VIETA, der älteren Schreibart folgend, *N* (= numerus), *Q* (= quadratum), *C* (= cubus) für die Unbekannte und ihre zweite und dritte Potenz. So folgt im *Supplementum geometriae* 1593[290] der allgemeinen Form der kubischen Gleichung

A cubus minus *Z* quadrato ter in *A* aequatur *Z* cubo

(d. i. $x^3 - 3r^2x = r^3$)

sofort das Zahlenbeispiel[291]

1 *C* — 3 *N* aequatur 1

(d. i. $x^3 - 3x = 1$).

An der Homogenität hielt auch P. FERMAT (1601—1665, Toulouse; Rat am Obersten Gerichtshof) fest. Ihre Beseitigung ist ein erheblicher Fortschritt in der Arithmetisierung, den man früher R. DESCARTES (1596—1650)[292] zuschrieb. Die Einführung einer Einheitsstrecke, die das Dimensionsprinzip zu vernachlässigen gestattet, findet sich aber schon bei R. BOMBELLI (*L'Algebra* 1572).[293]

Fehlten VIETA zu einer vollkommenen Algebra auch noch verschiedene Rechenzeichen, wie besonders unter den einfacheren ein

289 VIETA, *Isagoge*, 1591[70], Bl. 7 r°: *Quod opus, vt arte aliquá iuuetur, symbolo constanti & perpetuo ac benè conspicuo datae magnitudines ab incertis quaesititiis distinguantur, vt pote magnitudines quaesititias elemento A aliâue literâ vocali E, I, O, V, Y, datas elementis B, G, D aliisue consonis designando.* (Weil man, um durch irgend ein Hilfsmittel unterstützt zu werden, eines stets gleichen und anschaulichen Symbols bedarf, sollen die gegebenen Größen von den unbekannten unterschieden werden, etwa dadurch, daß man die gesuchten Größen mit dem Buchstaben *A* oder einem anderen Vokal *E, I, O, U, Y,* die gegebenen mit *B, G, D* oder anderen Konsonanten bezeichnet.) — 290 *Francisci Vietae Svpplementum Geometriae ex opere restitutae Mathematicae Analyseos, Seu Algebrâ nouâ,* Tvronis 1593, Blatt 17, Z. 23. Diese Schreibart kommt noch bei DESCARTES 1640 vor. *Œuvres* 3, 1899, S. 190, 196, 197. — 291 Daselbst Blatt 18 r, Z. 1. — 292 *La Géométrie*[96]. *Œuvres* 6[96], S. 371, Z. 30—31. — 293 *L'Algebra*[75], Bologna 1572, S. 40. Vgl. H. WIELEITNER, *Zur Frühgeschichte des Imaginären*, Jhrb. D. Math. Ver. 36, 1927, S. 83. Gleichungsbeispiele mit nichthomogener Anordnung finden sich schon in altbabylonischen Texten und bei HERON. (O. NEUGEBAUER[21], Quellen und Studien B. 1, 1930, S. 123f.) Vgl. Bd. III, Gleichungen.

Multiplikationszeichen, an dessen Stelle er sich mit der Präposition *in* begnügen mußte, so war doch grundsätzlich die Richtschnur für eine befriedigenden Weiterentwicklung gegeben. Es standen nur noch einzelne Verbesserungen aus. Zunächst ersetzte der Engländer TH. HARRIOT (1560—1621, Oxford) in seiner nachgelassenen, erst 1631 erschienenen *Artis analyticae praxis*[66] die großen Buchstaben VIETAs durch die kleinen; er wählte Kursivschrift, um die Formeln vom Text genügend abzuheben — und wurde damit für immer vorbildlich. Seine Neuerung führte sich rasch ein.[294] Vielleicht hatte er die Benutzung der kleinen Buchstaben von J. NEPER (1550 bis 1617) gelernt, der sie in seiner erst 1839 veröffentlichten *Ars logistica* (wahrscheinlich vor 1594 verfaßt) verwendet hatte.[295] HARRIOT folgte VIETA aber noch in der Verwertung der Vokale für unbekannte Größen.[296] JOHANN HUDDE (1618—1704, Amsterdam) ist der erste, der einer Buchstabengröße positive und negative Werte zuteilt.[606]

Für die Buchstabenwahl trat DESCARTES (1596—1650) eine bis heute gültige Änderung in der *Géométrie* von 1637[96], jenem Werke, das in der Geschichte der Mathematik eine ganz neue Epoche einleitete. Für die bekannten Größen bestimmte er die ersten Buchstaben, für die unbekannten die letzten Buchstaben des Alphabets. Unter diesen letzteren x, y, z errang sich das x eine Sonderstellung — der Grund hierfür ist nicht ganz geklärt. Man müßte z an der Spitze erwarten (S. 58).[296a]

Die deutschen Mathematiker des ausgehenden 15. und des 16. Jahrhunderts pflegten die Unbekannte und ihre Potenzen durch die Anfangsbuchstaben der für sie gebräuchlichen Wörter zu bezeichnen (vgl. die Tafel in der Besprechung der Potenzlehre, S. 141): so schrieben sie für die erste Potenz, die *cossa* und *radix* genannt wurde, ein 𝔵, anscheinend ein lateinisches r mit einem Schnörkel. Die Entstehungsgeschichte dieses Zeichens wird später (Potenzlehre) zu besprechen sein. Die zweite Potenz hatte das Symbol ʒ (zensus), die dritte ℭ (cubus) usw.

DESCARTES hat in seiner Jugend das algebraische Rechnen mit diesen Zeichen gelernt; er kannte sicherlich aus dem Studium der *Algebra* des CLAVIUS[297] diese Zeichen, insbesondere den Namen *radix*[298]

294 So sofort hinterher bei PIERRE HÉRIGONE 1634 *Cursus mathematicus*[147]. — 295 MARK NAPIER, *De arte logistica Joanni Naperi*[1403], Edinburgh 1839, S. 117 und oft. — 296 1631 *Artis anal. praxis* S. 4ff.[66]. — 296a G. ENESTRÖM, Bibl. math. 6, 1892, Rezension zu CANTOR, Bd. II, S. 92, Z. 4 v. u. — H. WIELEITNER[301], 1929, S. 93. — 297 *Algebra*, Romae 1608[72]. Vgl. zu dem Obigen: G. ENESTRÖM, Bibl. math. 6_3, 1905, S. 406. — 298 *Œuvres* 10[1842], S. 672, Z. 13—16.

oder *res* des Zeichens 𝔵, ja er hat selbst das cossische 𝔵 vor Abfassung seiner *Géométrie* persönlich vielfach benutzt.[299] Und nun ist die Vermutung geäußert worden,[300] daß der Bildanklang dieses 𝔵 an ein x, bzw. x ihn mehr oder weniger bewußt zur Bevorzugung des x geführt hat und dadurch vielleicht überhaupt zur Verwendung der letzten Buchstaben des Alphabets für die Unbekannten.[301] Dem ist indes zu entgegnen, daß DESCARTES selbst beim Schreiben, wie aus noch vorhandenen Briefen ersichtlich ist, die malkreuzähnliche Form des *x* benutzte, die gar keine Ähnlichkeit mit dem cossischen 𝔵 hat. Das moderne Kursiv-x bildete sich allerdings schon in der humanistischen Kursivschrift im 15. Jahrhundert heraus,[302] war aber noch im 16. Jahrhundert wenig verbreitet, wie aus der großen Hamilton-Sammlung (Staatsbibliothek Berlin) französischer und lateinischer Handschriften nachgewiesen werden kann.[303] Bei flüssigem Schreiben unterläuft eine Querverbindung der beiden Teile ɔ und *c* des x, so daß unsere moderne Schreibform 𝓍 entsteht,[304] die mit Beginn des 17. Jahrhunderts öfter auftritt und sich in seiner zweiten Hälfte durchsetzt. In dem Originaldruck der *Géométrie* (1637)[96] ist allerdings eine Kursivkreuzform x gewählt, die sich nur bei scharfem Zusehen von der modernen, aus zwei halbkreisartigen Zügen bestehenden Type unterscheidet, so daß ein Anklang an das 𝔵, immerhin schwach, vorhanden ist. Aber eine Stelle einer Abhandlung, die vor der *Géométrie* verfaßt ist,[305] zeigt ein *x* unmittelbar neben dem cossischen 𝔵: *AD* ∝ *x*𝔵. Hiernach müßte eine Verwechslungsmöglichkeit für DESCARTES überhaupt ausgeschlossen gelten; freilich sind an dieser Stelle *x*, *y*, *z* bekannte Größen, 𝔵 ist ein unbekannter Proportionalitätsfaktor.

In einer Abhandlung etwa aus dem Jahre 1628, *Regulae ad directionem ingenii*, hatte sich DESCARTES noch nicht für die Fest-

299 *Œuvres* 10[1842], S. 155—156, 234, 236, 238, 244, 247, 266—267, 275—276, 294 f., 299, 334. — 300 M. CURTZE denkt bei seiner Hypothese an einen Vergleich mit einem kleinen deutschen *x*. Vgl. M. CURTZE, *Die Algebra des Initius Algebra*[63], Abh. Gesch. Math. 13, 1902, S. 475 Anm. — 301 Vgl. zu dem Thema H. WIELEITNER, *Über das x der Mathematiker*, Arch. Gesch. Math. Nat. Techn. 12, 1929, S. 93—100. — 302 FRANZ STEFFENS, *Lateinische Paläographie*, 2. Aufl., Trier 1909, S. XXV: „*x wurde vielfach in anderer Weise als früher geschrieben; man setzte es nämlich aus einem umgekehrten c* (ɔ) *und einem gewöhnlichen c zusammen.*" — 303 Französische Handschriften des 16. Jahrh.: No. 236 (1578), 456(?), 580 (1570); Lateinische Handschrift 237(?). — 304 Lateinische Handschriften des 17. Jahrhunderts No. 95 (*Bovini colloquium*; verfaßt um 1588), französische Handschrift No. 52 (1642) vereinzelt. WIELEITNER[301] S. 99 gibt noch Beispiele aus 1614, 1639, 1642, 1643. — 305 *Œuvres* 10[1843], S. 299. Vgl. auch Bd. III, Anhang I, Beispiel 68g.

legung entschieden, daß x, y, z Unbekannte bedeuten sollen; hier sind a, b, c die Bekannten, A, B, C die Unbekannten.[306] In dem Nachlaß DESCARTES' wurde eine Anzahl kleiner Schriftstücke gefunden, die später als *Opuscula posthuma* und *Excerpta mathematica* veröffentlicht wurden (zuerst 1701);[307] sie stammen aus den Jahren 1629 bis 1640. Die älteren wie Nr. II,[308] Nr. III,[309] verwenden die cossischen Zeichen 𝔵, 𝔷, 𝔠𝔢. In der Abhandlung VI *Circuli quadratio*[310] (vor 1637) zählt DESCARTES eine Punktreihe auf einer Geraden auf: *a, b, c, d, e .... atque alia infinita vsque ad x*; hier ist ihm x also nicht eine unbekannte, sondern eine unbestimmte Größe. Als Unbekannte erscheint x erstmalig in einer Schrift über die Ovale, die auf 1629 angesetzt wird[311] — *Excerpta mathematica* Nr. X—XII —, daneben y als eine Art Parameter, der aus der vorgeschriebenen Lage der Kurve bestimmt ist.[312] Dies ist bisher die älteste Stelle, in der einer der letzten Buchstaben des Alphabets als Unbekanntensymbol bei DESCARTES auftritt. Charakteristisch ist, daß dieses nicht das z ist. Hervorzuheben ist ferner, daß x an dieser Stelle die Abszisse vorstellt. Der Gedanke, die letzten Buchstaben des Alphabets überhaupt für die unbekannten Größen vorzubehalten, war also um diese Zeit noch nicht geboren, aber vielleicht, wie das begleitende y beweist, im Keime schon angelegt.

In Abhandlungen nach 1637, dem Erscheinungsjahr der *Géométrie*, wird x als Unbekannte bevorzugt; so in der Abhandlung *Excerpta* Nr. IV *De partibus aliquotis numerorum* von 1638 (x zwölfmal), Nr. V *Radix Cubica binomiorum* von 1639, x ebenso oft, aber nur x, nicht y. Nur in einer kleinen Notiz *Tangens cycloidis* aus den Jahren 1638—1640, die DESCARTES — unter Benutzung seiner neuen Schreibweise — aus einer Schrift FERMATS entnommen hat, wird z allein gebraucht.[313]

---

306 *Œuvres* 10^{1842}, S. 455, Z. 11: „*Sed, facilitatis causa, vtemur characteribus a, b, c &c., ad magnitudines jam cognitas, & A, B, C &c, ad incognitas exprimendas*“. Zur Datierung vgl. *Œuvres* 10, S. 486 f. — 307 *Opuscula posthuma*, Amsterdam 1701; *Œuvres* 10^{1842}, S. 285—324. — 308 *Œuvres* 10^{1842}, S. 289—297. — 309 *Œuvres* 10^{1842}, S. 297—299. — 310 *Œuvres* 10^{1842}, S. 304—305. — 311 *Œuvres* 10^{1842}, S. 281, Z. 8. — 312 Vgl. *Œuvres* 10^{1842}, S. 310, Z. 1 v. u.: *Sintque x et y duae quantitates indeterminatae, quarum alterutra, manens indeterminata designabit omnia puncta lineae curvae, et altera determinabitur ex modo quo describi debet linea curva.* (Es seien x und y zwei unbestimmte Größen, deren eine, die unbestimmt bleibt, alle Punkte der Kurve anzeigt, deren andere aus der Art, wie die Kurve gezeichnet werden soll, bestimmt wird.) — 313 *Œuvres* 10^{1842}, S. 306—307, No. VII.

Wir verfolgen nun das Vorkommen der drei Unbekanntensymbole x, y, z in DESCARTES' *Géométrie* selbst.[313a] An keiner Stelle wird die Festlegung von a, b, c für die Bekannten, x, y, z für die Unbekannten irgendwie ausdrücklich angezeigt. Eine statistische Abzählung zeigt, daß das x etwa 282mal, y 428mal, z 267mal vorkommt, wenn xx (unser x^2) als einmal gerechnet wird. Trotzdem läßt sich nachweisen, daß x für DESCARTES die Hauptunbekannte, die Abszisse, ist, y die funktionalabhängige Größe — nur in einem Beispiel umgekehrt —, z oft nur ein Parameter, zuletzt eine Hilfsunbekannte bei Substitutionen in Gleichungen. Theoretisch müßte man erwarten, daß, wenn nun einmal die letzten Buchstaben des Alphabets für die Unbekannten vorbehalten sein sollen, dann auch z den Vorrang vor x und y haben müßte. Ganz doktrinär beginnt auch tatsächlich DESCARTES in der *Géométrie* mit dem z[314] bei 4 Gleichungsbeispielen und der eingehenden Behandlung der quadratischen Gleichung $z^2 = az + b^2$; folgerichtig kommt danach ein Beispiel mit y: $y^2 = -ay + b^2$[315] und zuletzt ein solches mit x: $x^4 = -ax^2 + b^2$.[316] Nach diesen algebraisch-technischen Vorbereitungen beginnt jetzt die Behandlung der bekannten Pappusaufgabe (vgl. Bd. VI, Analytische Geometrie), die der Drehpunkt fast der ganzen Abhandlung ist: sofort steht x an der Spitze! Eine veränderliche Strecke AB — wo A ein fester Punkt ist — wird als Abszisse gewählt und x genannt; eine in B schräg abgehende Strecke BC, die den Kurvenpunkt C liefert, als Ordinate und wird mit y bezeichnet.[317] Der Buchstabe z, der sofort zu dritt eingeführt wird, ist gar keine Unbekannte, sondern ein Parameter, der sich aus der Lage der gegebenen Geraden bestimmt! DESCARTES eliminiert dieses z auch nicht, sondern behält es bis zum Ende der behandelten Aufgabe bei. Die Beziehung zwischen x und y wird untersucht: „Man kann eine der beiden unbekannten Größen x oder y beliebig annehmen und die andere durch diese Gleichung zu bestimmen suchen . . ."[318] DESCARTES spricht also bewußt von nur zwei Unbekannten. Er erkennt sogar im Grunde genommen die Gleichwertigkeit der Abszisse x und der Ordinate y an, was von seinen Nachfolgern wenig beachtet wurde und erst

[313a] Vgl. J. TROPFKE, *Das x als Symbol der Unbekannten bei Descartes und seinen Nachfolgern*, Archeion 13, 1931, S. 300—319. — [314] *Œuvres* 6[96], S. 373, Z. 23: „*z ∞ b. C'est a dire: z que ie prens pour la quantité inconnuë, est égale à b*". — (Schlesinger[93] S. 5.) — [315] *Œuvres* 6[95], S. 376 (Schl. S. 6). — [316] S. 375 (Schl. S. 7). — [317] S. 383, Z. 4 (Schl. S. 13): „*Que le segment de la ligne A B, qui est entre les points A & B, soit nommé x, & que B C soit nommé y* . . .". — [318] S. 385, Z. 15ff. (Schl. S. 16).

55 Jahre später LEIBNIZ zu dem gemeinsamen Fachwort *coordinatae*[318a] bestimmt hat. Einmal faßt DESCARLES x geradezu als Funktion von y auf: „Indem man der Linie y der Reihe nach unendlich viele verschiedene Größen beilegt, erhält man auch unendlich viele für die Linie x, und auf diese Weise unendlich viel Punkte von der Beschaffenheit wie der mit C bezeichnete, mit Hilfe deren alsdann die gesuchte krumme Linie beschrieben werden kann.“[319] In einer zweiten Aufgabe, mit der Buch II der *Géométrie* beginnt, hat DESCARTES sofort wieder die gewohnte Ordnung, x ist Abszisse und y Ordinate. Er untersucht die funktionale Beziehung $y = f(x)$ und erkennt die dargestellte Kurve als Hyperbel.[320] Nunmehr nimmt DESCARTES das Pappusproblem von neuem auf,[321] um rechnerisch die Beziehung zwischen x und y zu entwickeln: er ändert die oben[319] angegebene Stellungnahme, bestimmt jetzt (wie wir) $y = f(x)$ und erhält den Ausdruck

$$y = m - \frac{n}{z} x + \sqrt{m^2 + o x + \frac{n}{m} x^2},$$

wo z immer noch der alte Parameter ist. In den weiteren Beispielen des Buches II, durch die das Normalenproblem erläutert wird, ist stets x Abszisse und y Ordinate.[322] In dem letzten dieser Beispiele wird plötzlich eine Hilfsunbekannte z eingeführt, durch die x und y ausgedrückt werden.[323] Bei der Behandlung der Ovale[324] kommt DESCARTES auf dieses Beispiel noch einmal zurück mit gleicher Verwendung von x, y, z.

In Buch I und II sind also x und y ziemlich gleichwertig benutzt; z spielt eine Nebenrolle. x ist die Abszisse, y die Ordinate. Nur an einer Stelle wird y als unabhängige Veränderliche angesehen, sonst stets x. Anders in Buch III, die DESCARTES' Behandlung der Gleichungen bringt. Hier herrscht das x unbedingt vor, wie das 𝔵 bei den Cossisten; y und z — in dieser Reihenfolge — sind nur Hilfsunbekannte, die durch Substitutionen die behandelten Gleichungen gefügiger machen sollen.

Lehnt man die Erklärung der Vorherrschaft des x aus einer gewissen Ähnlichkeit mit dem alten cossischen 𝔵 ab, so kann man

318a Acta Erud. Lips. 1692; LEIBNIZ, *Werke*[1786] 5[226], 1858, S. 268. — 319 S. 385 (Schl. S. 47). — 320 S. 393ff. (Schl. S. 23ff.). — 321 S. 396ff. (Schl. S. 26ff.). — 322 Zuweilen ist die Abszissenachse senkrecht und die Ordinatenachse horizontal. Die Figur S. 414 unten verrät aus der Buchstabenwahl ABC, daß $AB = MC = x$ die Abszisse und $BC = MA = q$ die Ordinate ist. — 323 S. 416 (Schl. S. 45 oben). $CM = x$ wird nicht besonders genannt. — 324 S. 424—434 (Schl. S. 51—58).

nur sagen: DESCARTES hat unter den Buchstaben x, y, z die erste ebenso bevorzugt, wie bei der Folge a, b, c das a.

In dem zur Erläuterung seines algebraischen Rechnens von einem anonymen, aber DESCARTES nahestehenden Verfasser geschriebenen *Calcul* (1638)[325] wird zunächst kein Unterschied zwischen bekannten und unbekannten Größen gemacht. Sobald aber gezeigt werden soll, wie man Unbekannte einzuführen hat, wird x bevorzugt.[326] In den am Schluß gegebenen Beispielen[327] kommt x 84 mal, y 24 mal, z 9 mal vor; x ist Abszisse, y Ordinate.[328]

Die Vorrangstellung des x verstärkt sich bei den Nachfolgern DESCARTES'. FRANZ VAN SCHOOTEN (1615—1660; Leiden), der das größte Verdienst um die Verbreitung der *Géométrie* und ihrer Gedankengänge hat, verwendet in seinen Kommentarien (1649)[93] von vornherein x[329]; er nimmt z nur, wenn er DESCARTES wörtlich zitiert oder eine von DESCARTES gegebene Gleichung weiter behandelt.[330] Wie dieser benutzt er z auch bei Substitution einer neuen Unbekannten in eine mit x geschriebene Hauptgleichung.[331] Übrigens erkennt SCHOOTEN in dem x tatsächlich das alte, ihm von seiner Lernzeit her geläufige cossische ꝛc wieder, das ihm auch verschiedentlich bei eigentlichem Rechnen entschlüpft.[332] So behandelt er[333] eine Aufgabe im rechtwinkligen Dreieck ABC mit der Höhe AD, in dem der Hypotenusenabschnitt DC und die Differenz der Katheten gegeben ist. Er setzt $DC = a$, die Differenz der Katheten $= CF$, $AB = x$ und stellt eine biquadratische Gleichung in x auf. Dann geht er zu einem Zahlenbeispiel über und schreibt[334] „*In numeris, esto* DC ∞ 5, CF ∞ 2, AB ∞ 1 ꝛc“: er identifiziert also glatt ꝛc mit x.[335] Im *Additamentum*[336] erscheint x 33 mal, y 22 mal, z 24 mal. Eine angehängte Abhandlung von FLORIMOND DE BEAUNE (1601—1652;

325 *Calcul de Mons. Des Cartes*[102], *Œuvres* 10[I 842], S. 659—680. — 326 *Œuvres* 10, S. 673, Z. 5f. — 327 *Œuvres* 10, S. 674—680. — 328 *Œuvres* 10, S. 675 bis 679. Exempel 3. — 329 *Geometria*[93] ed. 1649, S. 167: *pro lineâ AC pono quantitatem cognitam a ... pro BD quantitatem incognitam x ...* — 330 Daselbst, S. 172f., 193f. u. ö. — 331 S. 82, 242, 247 u. ö. — 332 So noch in der Ausgabe von 1659[93], Teil I, S. 293, 320, 353. — 333 *Geometria* 1649[93], S. 276. — 334 S. 277, Z. 14. — 335 Denselben Vorgang des glatten Austausches des ꝛc mit x kann man auch in der Amsterdamer Ausgabe 1701 *Opuscula posthuma*[307] nachweisen. Die Stelle eines Leidener Manuskriptes aus dem Nachlaß DESCARTES' (*Œuvres* 10[I 842], S. 298, Z. 8): „*numerus triangularis* ∞ $\frac{1}{2}$ (1 ʒ + 1 ꝛc)“, wird 1701 im Druck wiedergegeben durch:

$$\Delta\text{laris}\ \frac{x + xx}{2}\,.$$

— 336 *Geometria* 1649[93], S. 295—336.

Blois)[337] schließt sich zunächst eng an DESCARTES an, bei der Untersuchung aller möglichen Gleichungen quadratischer Art ist x Abszisse, y Ordinate.[338]

In der zweiten von FR. v. SCHOOTEN herausgegebenen lateinischen *Geometria* DESCARTES' von 1659/61 sind weitere Abhandlungen anderer Verfasser abgedruckt (HUDDE, HEURAET, BARTHOLINUS, DE WITT). JOHANN HUDDE (1628—1704; Amsterdam)[339] erklärt geradezu: *incognita quantitas* .., *quam semper nominabo x*" (die unbekannte Größe .., die ich immer x nennen werde")[340]; in abgeleiteter Gleichung tritt als zweite Unbekannte y auf,[341] wenn nötig auch z.[342] Auch in der zweiten Abhandlung wählt HUDDE als Hauptunbekannte das x. Bei HENR. HEURAET[343] ist ebenfalls x Abszisse, y Ordinate. ERASMUS BARTHOLINUS, der 1651 (Leiden) eine Vorlesung SCHOOTENS selbständig herausgegeben hatte, die SCHOOTEN 1661[344] abdruckt, nimmt aber in dem Abschnitt über die Gleichungen *De reductione aequationum*[345] grundsätzlich z. In zwei weiteren Abhandlungen[346] wird x bevorzugt, als zweite Unbekannte z[347] geschrieben; y tritt gar nicht auf. Auch JEAN PRESTET (1652—1690) benutzt in seinem *Élémens*[348] z vorzugsweise, wohl um die Vorschrift des Meisters, die letzten Buchstaben für die Unbekannten zu nehmen, auf das Strengste zu beachten, die jener aber selbst bei seiner Vorliebe für das x nicht konsequent durchgeführt hatte. J. H. RAHN (1622 bis 1676; Zürich) erwähnt die Unbekanntensymbole DESCARTES' in seiner *Algebra* (1659),[349] es „bedünke ihn aber bequemer zu sein, Bekanntes und Unbekanntes mit großen und kleinen Buchstaben zu unterscheiden". In den Textaufgaben bezeichnet RAHN tatsächlich die Unbekannten mit a, b, c ...; sobald eine bestimmt ist, setzt er für sie den großen Buchstaben. Wenn es sich aber allein um die

337 *Notae breves in Geometriam Renati Des Cartes, Geometria* 1649[93], S. 119 bis 161. — 338 Daselbst S. 145. — 339 JOH. HUDDE, Brief 14. VII. 1657, *De reductione aequationvm, Geometria* 1659[93], I, S. 406—506, Brief 6. II. 1658; *De maximis et minimis*, daselbst S. 507—516. — 340 Daselbst I, S. 408. — 341 Daselbst S. 436—439, 449—454, 455, 477, 478 u. ö. — 342 Daselbst S. 428. — 343 *De transmutatione curvarum linearum in rectas. Geometria* 1659[93], S. 517—520. — 344 FRANCISCI A SCHOOTEN *Principia matheseos universalis seu introdvctio ad geometriae methodum Renati Des Cartes*, editio secunda, priore correctior[94], S. 1—48. *Geometria* 1659, Band II, 1661[93]. — 345 Daselbst S. 42—47. — 346 Daselbst S. 64—152 (davon S. 49—64, Vorwort). — 347 Daselbst S. 113. — 348 JEAN PRESTET, *Élémens de mathematiques*, 1. Aufl. 1675 Paris, und in späteren Auflagen z. B. *Nouveaux Elemens des mathématiques*, Paris 1695, 3. Aufl., Bd. II, S. 2 ... *les connuës par les premières lettres a, b, c, d &c et les inconnuës par les dernières z, y, x, v &c.* — 349 JOH. HEINR. RAHN, Teutsche Algebra oder algebraische Rechenkunst, zusamt ihrem Gebrauch, Zürich 1659, S. 69, Z. 2 v. u.

Auflösung vorgelegter Gleichungen handelt, wendet RAHN wie DESCARTES für die Unbekannten die letzten Buchstaben des Alphabets an. Eine Bevorzugung des x tritt nicht ein, eher kann man dies von z behaupten. RAHN geht aber über die drei Zeichen x, y, z hinaus und verwendet auch die vorhergehenden Buchstaben, so z. B. substituiert er in $z^3 = pz - q$ die neuen Unbekannten t und u mittels $z = t + u$.[350]

Aber alle diese Ausnahmen bestätigen nur die Regel. Die überwiegende Mehrheit aller Mathematiker bis auf die heutige Zeit folgen DESCARTES in der Benutzung von x, y, z und in der Bevorzugung des x unter ihnen.[350a]

Die Benutzung von Buchstaben mit Indizes ist ein Beispiel von unbewußter Einführung einer neuen Schreibweise, die sich erst später und allmählich in der Hand eines genialen Mathematikers zu einem äußerst zweckmäßigen und bedeutungsvollen Hilfsmittel der Analysis herausgebildet hat. Den ersten Anfang finden wir bei S. STEVIN (1548 Brügge — 1620 Leiden), der gelegentlich punktierte Buchstaben $\dot{B}$, $\ddot{B}$ für zwei gleichberechtigte bei einer Dreieckskonstruktion erhaltene Punkte B gebraucht.[351] DESCARTES bezeichnet 1637[352] ähnlich mehrere Punkte einer Kurve, die er durch Konstruktion findet, mit C, $2C$, $3C$; S, $2S$, $3S$; T, $2T$, $3T$; V, $2V$, $3V$. Diese Schreibart wird oft nachgeahmt, so von LEIBNIZ in den Acta Eruditorum von 1682,[353] 1684[354] u. ö., auch von NEWTON in der ersten Auflage (1687) der *Principia*[355] u. a., schließlich noch von KAESTNER in seinen *Anfangsgründen* 1794.[356] G. W. LEIBNIZ (1646 Leipzig — 1716 Hannover) ist es, der ihre Fortbildungsfähigkeit

350 RAHN, S. 134, Z. 11; S. 161 wird n, u, s, t benutzt. Vgl. G. WERTHEIM[109], Bibl. math. 3_3, Leipzig 1902, S. 118—119. — 350a In der Anm. 313a angeführten Abhandlung sind noch die Schriften von NEWTON, LEIBNIZ und den BERNOULLIS untersucht. Die völlige Gleichstellung der beiden Variablen x und y wurde in der Behandlung der impliziten Gleichungen, besonders in der Differentialrechnung, erreicht. — 351 *Œuvres* éd. GIRARD[123], Leiden 1634, Teil II: *Cosmographie des triangles plats*, S.15. In einer deutschen anonymen Übersetzung, *Simonis Stevin Kurtzer doch gründlicher Bericht von Calculation der Tabularum Sinuum, Tangentium und Secantium*, Nürnberg 1628, S. 117 bis 120, werden die Punkte unter das B gesetzt: $\underset{\cdot}{B}$, $\underset{\cdot\cdot}{B}$. — 352 *Géométrie*[96], *Œuvres* 6[96], S. 479; Lat. Ausgabe der *Géométrie* DESCARTES' von 1649[93], S. 112. — 353 Daselbst Tafel IV, Fig. 1; Tafel XI; S. 188. — 354 Daselbst S. 322; vgl. auch Tab. IX, Fig. 3. — 355 *Philosophiae naturalis principia mathematica.* Londini 1687 (1685—1686 verfaßt; viele spätere Auflagen) S. 121, 238. — 356 Teil III, 1, *Anfangsgründe der Analysis endlicher Größen* (1. Aufl., Göttingen 1760; 2. Aufl. 1767), 3. Aufl. Göttingen 1794. Fig. 35 der Tab. IIII.

erkannte und sie zu der modernen kombinatorischen Verwendung nutzbar machte. In Schriften von 1673—74, dann in einem 1675 oder 1676 vollendeten Aufsatz *Compendium quadraturae arithmeticae* übernimmt er zunächst noch die Schootenschen numerierten Buchstaben; die Ziffern sind auf gleicher Höhe beigesetzt, aber nur halb so groß wie die Buchstaben: ${}_1C$, ${}_2C$ . . .[357] In einer geometrischen Abhandlung vom Jahre 1677 bezeichnet er alle Punkte einer und derselben Kurve mit solchen Buchstaben, ${}_1B$, ${}_2B$, ${}_3B$ . . ., denkt sich dann diese Kurve verschoben, so daß jeder ihrer Punkte seinerseits eine Kurve beschreibt, deren Punkte er nunmehr folgerichtig mit Doppelindizes andeutet, wie ${}_1\textcircled{{}_1D}$ oder ${}_1\overline{{}_1D}$. In einer Fortführung dieser Arbeit aus dem Jahre 1679 schreibt er die Punkte der Hauptkurve mit ${}_3b$, ${}_6b$, ${}_9b$ . . . allgemein $y\,b$, die Punkte in ihrer Gesamtheit mit $\overline{y}\,b$. Punkt ${}_3b$ bildet beim Verschieben die neuen Punkte $1\,{}_3b$, $2\,{}_3b$, $3\,{}_3b$, Punkt ${}_6b$ ebenso $1\,{}_6b$, $2\,{}_6b$, $3\,{}_6b$; die durch $\overline{y}\,b$ entstehende Fläche heißt $\overline{\overline{xy}}\,b$. Hier treten zum erstenmal größere und kleinere Ziffern auf. Seit 1675 überträgt Leibniz die Indexbezeichnung auf die Algebra, die ihm namentlich bei der Auflösung eines Systems linearer Gleichungen wesentliche Dienste leistet, wie wir S. 43 gesehen haben. Hierbei treten die Ziffern geradezu an die Stelle der Buchstaben, so daß die S. 43, 44 abgedruckte Schreibform entsteht, die schon in einem Brief vom Juni 1678 vorkommt. In einer Handschrift aus dem Anfang des Jahres 1684 wird die zweite Ziffer rechts unten an diese gesetzt, freilich dann in gleicher Größe 1_0, 2_1, 3_2.

Die Zeitgenossen erkannten leicht den Nutzen solcher neuen Symbole und nahmen sie bald auf; so bediente sich Newton (1643 bis 1727, Cambridge, London) ihrer in einer Abhandlung, *Methodus differentialis*, die 1711 erschien.[358]

Gestrichelte Buchstaben könnte man in Newtons Integral- und Differentialbezeichnungen (*De quadratura curvarum*, veröffentlicht 1704)[359]

$$\ldots \overset{''}{z},\ \overset{'}{z},\ z,\ \dot{z},\ \ddot{z},\ \dddot{z},\ \ddddot{z}\ \ldots$$

357 Vgl. für das Folgende D. Mahnke[233], Bibl. math. 13_3, 1912—1913, S. 250ff. und Isis[41], 9, 1927, S. 292—293. Auch im Briefe von 27. VIII. 1676 an Oldenburg (*Werke*[1786], 3. Folge, 1[232], 1849, S. 115) benutzt Leibniz Indizes links und rechts unten an den Buchstaben. Sogar senkrecht über den Buchstaben bringt er Indizes an (1696), *Werke*[1786], 3, Halle 1855[213], 1, S. 324. — 358 *Opuscula Neutoni*, ed. Fr. M. Castillon, Lausannae et Genevae 1744, I, S. 275ff.: A_1, A_2, A_3, B_1, B_2, B_3 . . . — 359 In der *Optik*, London 1704: *Opera, quae exstant omnia, commentariis illustravit Sam. Horsley*, I, London 1779.

erkennen oder in LEIBNIZens Klammerbuchstaben[360]

$$C\ (C)\ ((C)),\quad P\ (P)\ ((P)),$$

die er oft bei Figuren verwendet. Ausgedehnten Gebrauch gestrichelter Buchstaben in unserer Art weist die *Harmonia mensurarum* (1722) von R. COTES[361] auf; danach benutzt sie WILL. JONES in den Phil. Trans. 1747,[362] EULER 1748 in den Berliner Berichten,[363] dann LAGRANGE in den Miscellanea Taurinensia von 1766—1769,[364] ebenda LAPLACE,[365] der zu weiterer Unterscheidung daneben auch noch Buchstaben mit links gesetzten Zeichen[366] und mit mehrfachen Überstreichungen verwendet.[367]

Einfach überstrichene Buchstaben benutzte übrigens LEIBNIZ 1679 auch zuerst: $\bar{x}$, $\bar{y}$.[368]

B. Der Name Algebra.

Bereits zur Zeit PLATONS (429—348 v. Chr., Athen) teilte man die Lehre von den Zahlen in eine theoretische, Arithmetik, und eine praktische, Logistik.[369] Für die erste sind uns verschiedene Vertreter und ihre Werke bekannt, wie EUKLID (um 325 v. Chr., Alexandria), NIKOMACHOS von Gerasa (um 100 n. Chr.)[I 728], THEON von Smyrna (um 130 n. Chr.)[I 822], IAMBLICHOS (um 325 n. Chr.)[I 546]; von den Logistikern sind, abgesehen von geringen Bruchstücken bei THEON von Alexandrien (um 365 n. Chr.)[I 282] und EUTOKIOS (geb. 480 n. Chr. zu Askalon)[I 939], keine Schriften auf uns gekommen, wahrscheinlich auch sehr wenige vorhanden gewesen.[370] Denselben Unterschied können wir auch in der

---

360 *Werke*[I 786], 3. Folge, *Math. Schriften* ed. GERHARD II, 1[135], Fig. 1; 5, Fig. 121. — 361 R. COTES, *Harmonia mensurarum, sive Analysis et Synthesis per rationum et angulorum mensuras promotae; accedunt alia Opuscula mathematica.* Ed. ROB. SMITH, Cambridge 1722, II, S. 25f. — 362 Daselbst S. 564f. — 363 Hist. Ac. Sc., 1748 (Berlin 1750), S. 175 $x'\,y'$; $x''\,y''$; $x'''\,y'''$ für die Koordinaten gleichwertiger Punkte. — 364 Teil IV, 2, S. 42ff. — 365 Teil IV, 2, S. 173ff. — 366 Daselbst S. 305. — 367 Daselbst S. 185. — 368 *Math. Schriften*[I 786] 5[135], S. 185; 7, Figur 56. — 369 PLATON, *Gorgias* 451 *B* und *C*, ed. STALLBAUM, Gotha 1861, II, 1, S. 93—94; *Euthydemos* 290 *B*. Vgl. auch PROKLOS (410—485 Athen), *Procli Diadochi in primum Euclidis Elementorum librum commentarii*, ed. G. FRIEDLEIN, Leipzig 1873, S. 34, Z. 12, 15. — 370 DIOGENES LAERTIUS (um 200 n. Chr.) erwähnt einen sonst unbekannten APOLLODOROS als λογιστικός (*Vitae philosophorum* VIII, 12) und EUTOKIOS nennt die λογιστικά eines gewissen MAGNUS, die man beherrschen müsse, um die Multiplikation großer Zahlen in der Kreisberechnung des ARCHIMEDES verstehen zu können (*Archimedis Opera*[I 939], III[2], Leipzig 1915, S. 258, Z. 31). Übrigens kann man aus den Schriften HERONS und der byzantinischen Mathematiker viel für die alte Logistik herauslesen.

Geometrie bei den Alten nachweisen. Hier stand der theoretischen Geometrie die praktische Geodäsie gegenüber. Der eigentliche Mathematiker zog die theoretische Wissenschaft vor und überließ die praktische Seite den Rechenlehrern, Feldmessern u. a., die wiederum mit seltenen Ausnahmen nicht genügend wissenschaftliche Bildung besaßen, um Werke von solcher Bedeutung zu schreiben, daß sie der Nachwelt überliefert wurden.

Für die Buchstabenrechnung DIOPHANTS kannten die Griechen kein besonderes Wort; wohl aber hatten die Inder eine eigene Bezeichnung in dem Worte *avyakta-gaṇita* (Rechnung mit der Unbekannten), demgegenüber die niedere Rechenkunst *vyakta-gaṇita* (Rechnung mit bekannten Größen)[371] hieß. Von größerem geschichtlichem Interesse ist der Name, der bei den Arabern für die Gleichungslehre gebräuchlich war. Ihr ältestes mathematisches Lehrbuch, dessen Verfasser, MUḤAMMED IBN MŪSĀ ALḪWĀRAZMĪ, im ersten Viertel des neunten Jahrhunderts schrieb, behandelt das „Rechenverfahren der Ergänzung und Ausgleichung" (*ḥisāb alǵabr walmuḳābalah*). ALḪWĀRAZMĪ gibt darin eine Einführung in das angewandte Rechnen seiner Zeit und erläutert es durch eine Reihe von Musterbeispielen, die durch Gleichungen gelöst werden.[372]

371 COLEBROOKE[1111], S. 131, Anm. 3. B. DATTA, *The scope and development of the Hindu gaṇita*, Indian Hist. Quarterly 5, 1929, S. 509. — 372 ALḪWĀRAZMĪ will, wie er sagt, ein kurzgefaßtes Buch schreiben *von dem Rechenverfahren der Ergänzung und Ausgleichung mit Beschränkung auf das Anmutige und Hochgeschätzte des Rechenverfahrens für das, was die Leute fortwährend notwendig brauchen bei ihren Erbschaften und Vermächtnissen und bei ihren Teilungen und ihren Prozeßbescheiden und ihren Handelsgeschäften und bei allem, womit sie sich gegenseitig befassen, von der Ausmessung der Ländereien und der Herstellung der Kanäle und der Geometrie und anderem dergleichen nach seinen Gesichtspunkten und Arten.* Vgl. J. RUSKA, *Zur ältesten arabischen Algebra und Rechenkunst*[1137], S. 5. Die einzige erhaltene arabische Handschrift, um 1342 vollendet (Oxforder Handschrift CMXVIII Hunt. 214), ist durch FR. ROSEN mit einer englischen Übersetzung herausgegeben worden: *The Algebra of Mohammed ben Musa*, London 1831. J. RUSKA (s. oben) hat ROSENS Übersetzung in terminologischer Hinsicht stark beanstandet. Vgl. auch SUTERS Rezension zu RUSKA, Arch. Math. Phys. 28_3, 1919, S. 56—57. Drei lateinische Übersetzungen oder Bearbeitungen sind weiterhin bekannt: 1) von ROBERT VON CHESTER (ROBERTUS CASTRENSIS) aus dem Jahre 1145, mit englischer Übersetzung und einer Einleitung herausgegeben von L. C. KARPINSKI, New York 1915, *Robert of Chesters Latin Translation of the Algebra of Al-Khowarizmi*; vgl. auch Bibl. math. 11_3, 1910—1911, S. 125—131. 2) *Liber* MAUMETI *filii Moysi Alchoarismi*, vgl. G. LIBRI[824], *Histoire des sciences mathématiques en Italie*, Paris 1838, S. 253—297. 3) *Liber qui secundum Arabes vocatur algebra et almucabala*, vgl. BONCOMPAGNI, *Della vita e delle opere di Gherhardo Cremonese*, Rom 1851, S. 28—51. Die zweite ist wahrscheinlich

Ǵabr[373] (Ergänzung, in den lateinischen Übersetzungen *restauratio*) bedeutet, um modern zu sprechen, das Hinüberschaffen negativer Glieder auf die andere Seite einer Gleichung, so daß nur positive Glieder auftreten, *muḳābalah* (Ausgleichung; *oppositio*) das Vereinigen gleichartiger Glieder auf beiden Seiten zu einem Gliede.[374] In dem Beispiele[375] $13x - 5 = 7x + 4$ ist die linke Seite unvollständig, da ein *fehlendes* Glied vorkommt; sie muß also mit 5 *ergänzt* werden, die dann auch rechts *hinzuzufügen* ist. In $13x = 7x + 9$ ist rechts ein Überschuß vorhanden; daher *gleicht* Alḫwārazmī *mit dem Überschuß* aus, so daß $6x = 9$ entsteht. Dies wird auf $1x = 1\frac{1}{2}$ *zurückgeführt*. Ergibt sich in einem anderen Beispiel $\frac{3}{4}x = 6$, so wird zu $1x = 8$ *vervollständigt*. Daß Alḫwārazmī die Hauptfachwörter seines Buches nicht allgemein erklärt, sondern sich auf ihre Verwendung und Erläuterung an den Beispielen beschränkt, lehrt, daß diese Worte Fachausdrücke waren, die zu seiner Zeit allgemeine Geltung hatten. Wir werden später in der Lehre der Gleichungen die beiden Hauptoperationen bei Diophant (zweite Hälfte des dritten Jahrhunderts n. Chr.; Alexandria), ganz ähnliches Rechnen aber auch bei den Indern (Āryabhaṭa, geb. 476 n. Chr. und Brahmagupta, geb. 598 n. Ch.) wiederfinden. Da die griechischen Werke den Arabern erst im neunten und zehnten Jahrhundert durch eine rege Übersetzertätigkeit bekannt wurden, ist direkter griechischer Einfluß auf Alḫwārazmī nicht anzunehmen. Wohl aber stützte er sich als geborener Perser auf persische und indische Überlieferung, damit aber doch wiederum auf griechische und schließlich auch auf babylonische Wissenschaft.

Durch die große Verbreitung des viel benutzten Lehrbuches Alḫwārazmīs wurde allmählich die schließlich zum Titel gewordene Zusammenstellung *Alǵabr walmuḳābalah* zur Bezeichnung der Gleichungslehre überhaupt. Der arabische Doppelname gelangte mit dem zwölften und dreizehnten Jahrhundert in der latinisierten Form *Algebra et Almucabala* ins Abendland; so hat Leonardo von Pisa in seinem *Liber abbaci* (1228)[I 30] im 15. Kapitel einen Abschnitt mit der Überschrift: *Incipit pars tertia de solutione quarundam quaestionum*

eine Übersetzung von Gerhard von Cremona (1114—1187), die letzte eine Bearbeitung der zweiten. Vgl. A. A. Björnbo, *Gerhard von Cremonas Übersetzung von Alkwarizmis Algebra und von Euklids Elementen*, Bibl. math. 6_3, 1905, S. 239—241. — 373 S. Gandz, *The origine of the term ‚Algebre'*, Am. Math. Monthly 33, 1926, S. 437—440 nimmt für das Wort Algebra babylonischen Ursprung an (*gabrû* = einander entsprechen). — 374 Vgl. auch K. Vogel, *Die Algebra der Ägypter*[269], S. 131—132. — 375 Ruska[I 137], S. 10 Anm.

secundum Modum algebre et almuchabale.[376] Allmählich verliert sich die zweite Hälfte. Rafaele Canacci aus Florenz (vierzehntes Jahrhundert) ist Verfasser eines Buches mit dem Titel *Ragionamenti di algebra*; auf ihn geht vielleicht die Erzählung zurück, der Name *Algebra* stamme von dem arabischen Mathematiker Geber.[377] Das Wort *Algebra* allein benutzt auch Regiomontan (Joh. Müller aus Königsberg in Franken, 1436—1476; Wien, Italien, Nürnberg).[378] Luca Pacioli (1494, *Summa*[I 18]) kennt zwar beide Wörter noch,[379] bildet aber schon das Adjektivum *algebraticus.*[380] Im sechzehnten Jahrhundert tritt das zweite Wort *Almucabala* nur noch selten auf, wie bei Initius Algebras (um 1520).[63] Rudolff, Stifel, Scheybl, Cardano, Gemma Frisius u. a. haben nur Algebra. Seit Widman (1489, Rechenbuch[I 200]) findet sich Algebra auch in deutsch verfaßten Schriften. Zum letztenmal erscheint *Almucabala* in einem Buchtitel bei G. Gosselin 1577.[381] *Algebra* umfaßt jetzt zuweilen nicht nur die Gleichungslehre, sondern auch das allmählich aus ihr entstandene Rechnen mit Buchstabengrößen.

Andere, an das arabische *šai'* (= *res, cosa*) sich anlehnende Namen sind bei den älteren Italienern: *ars magna, practica speculativa, ars rei, ars rei et census, arte* oder *regola della cosa, ars cossica, ars cosae, cossa*, deutsch: die *Coß*.

Vieta nannte seine Wissenschaft *Logistica speciosa*, die benutzten Buchstabengrößen *species* (S. 70)[417]. Auch der Name *ars analytica* ist durch Vietas Titel *In artem analyticem isagoge* (Tours 1591 [70]) gebräuchlich geworden. Das Wort *Analysis* für Algebra findet sich seit Ausgang des siebzehnten Jahrhunderts, so bei S. Reyher (1697).[382] Schon bei Chr. von Wolff (1716[I 64]) nähert es sich mehr dem modernen Begriff und umfaßt die Buchstabenrechenkunst, die Gleichungslehre und die

376 *Scritti* I[180], S. 406; schon S. 353: *questiones . . . sunt in aliebra almuchabala.* — 377 Cantor, 2[2], S. 165. Vgl. L. C. Karpinski, *An Italian algebra of the fifteenth Century*, Bibl. math. 11_3, 1910—1911, S. 209. — 378 *De triangulis omnimodis libri quinque*, ed. Schöner, Nürnberg 1533 (verfaßt um 1464), Anhang S. 49, Z. 3ff. in seiner Streitschrift gegen Nicolaus Cusanus[I 557]: *Paucis enim ad modum artem Algebrae sive rei et census satis cognitam scio, qua quidem arte hoc in negocio usus sum.* — 379 *Summa*[I 18], Teil I, Dist. 8, tract. 4, Bl. 144 r°, Z. 25. — 380 Daselbst Bl. 144 v°, Z. 1 u. ö. Die Bildungen *Algebraiker, algebraisch* finden sich schon um 1000 n. Chr. bei den Arabern. Vgl. Ruska[I 137], S. 13. — 381 *De arte magna seu de occulta parte numerorum, quae et Algebra et Almucabala vulgo dicitur*, nach Nesselmann[I 316], S. 53. — 382 Samuel Reyher, In Teutscher Sprache vorgestellter Euclides, dessen .VI. erste Bücher, Kiel, Hamburg, Leipzig 1697, S. 87, Z. 7.

Differentialrechnung.[383] Die Verdeutschung Buchstabenrechnung stammt von J. C. STURM (1670, Archimedesübersetzung).[384]

Im Anschluß an das Vorhergehende seien noch einige andere Fachwörter besprochen, die in der Algebra eine Rolle spielen.

Das Wort Größe geht auf das Aristotelische *μέγεθος* zurück.[385] Es ist EUKLID schon in unserem abstrakten Sinne von Zahlengröße[386] durchaus geläufig.[387] Ohne Bedenken wird es auch in dieser Bedeutung durch das lateinische *magnitudo* wiedergegeben, so bei CASSIODORUS[388] (475—570). BOËTIUS unterscheidet zwischen geometrischen (stetigen) Größen, *essentiae continuae, magnitudines,* und (diskreten) Zahlengrößen, *essentiae disjunctae, multitudines,*[389] eine Festlegung, die bis auf die pythagoreische Schule zurückzuführen ist.[390] Im späteren Latein kommt *quantitas* auf, wie bei LEONARDO von Pisa (1228, *Liber abbaci*)[391] und JORDANUS NEMORARIUS († 1237?).[392] Im Deutschen ist Größe als mathematischer Terminus auch schon frühzeitig da; so übersetzt die *Geometria Culmensis*[393] (um 1400) das lateinische *famosa et nota quantitas* mit eyn gemeyne vnde offenbare grose. VIETA trennt noch genau zwischen arithmetischen und geometrischen Größen; erst seit DESCARTES verwischt sich die Schärfe des Unterschiedes (1637, *Géométrie*).[394] Die Bezeichnung Buchstabengrößen bildet sich nach französischem Vorbild; während P. VARIGNON im achtzehnten Jahrhundert (1734, *Élémens*)[395] und A. ARNAULD (1667, *Nouveaux Élémens*[I 1028]) *grandeurs générales* sagen, spricht D. F. RIVARD (1739, *Élémens*)[396] von *quantitéx littérales*. Im *Cursus mathematicus* von CASPAR SCHOTT (Frankfurt 1674) werden Ausdrücke

383 *Math. Lexikon*[I 64], Sp. 510. — 384 Daselbst, Vorbericht[I 611]. — 385 Bei ARISTOTELES sehr häufig in allgemeiner Bedeutung, vgl. ARISTOTELES Akademieausg.[I 6], 5, Berlin 1870, S. 449[a]; bei PLATON nur für Größen, die körperliche Ausdehnung haben, vgl. *Protagoras* 356, C, ed. HERMANN, III, Leipzig 1906, S. 192, Z. 9 v. u. — 386 Eine Definition des Begriffes Größe gibt EUKLID ebensowenig wie für den Begriff Verhältnis. Hierin scheint nicht Unvermögen oder Naivität zu liegen, sondern bewußte Absicht. Vgl. H. HASSE und H. SCHOLZ, *Die Grundlagenkrisis der griechischen Mathematik*, Charlottenburg 1928, S. 17. — 387 So *Elem.* V, Def. 3, ed. HEIBERG II[I 712], S. 3, Z. 6 u. ö. — 388 Ed. MIGNE[I 719], 70, S. 1215, z. B.: *ut magnitudo a ad magnitudinem b* . . . — 389 Ed. FRIEDLEIN[I 73], S. 8. — 390 Vgl. TH. L. HEATH, *Euclid*[I 988], I, S. 234f. — 391 *Scritti* I[130], S. 430, Z. 9 v. u. — 392 G. ENESTRÖM[I 71], Bibl. math. 8_3, 1907—1908, S. 137, Z. 33. — 393 *Geometria Culmensis*[I 319], S. 19/20. — 394 *Géométrie*[96], *Œuvres* 6[96], S. 320, Z. 12: *Ie ne craindray pas d'introduire ces termes d'Arithmétique en la Géométrie afin de me rendre plus intelligible.* — 395 P. VARIGNON († 1722), *Élémens de Mathématiques* (1. Aufl., Paris 1731), Amsterdam 1734. — 396 *Élémens de géométrie avec un abrégé d'arithmétique et d'algèbre*, Paris 1739. II, § 235.

wie $5x^3$, $12x$ *numeri algebraici*,[397] $5x^3 + 12x$ u. ä. *numeri algebraici compositi* genannt; DESCARTES und seine Nachfolger sagen hierfür *quantitates compositae*.[398] Das Wort Binom geht zurück auf EUKLID X, 36, wo ein Ausdruck von der Form $a + \sqrt{b}$ ἐκ δύο ὀνομάτων (*ex binis nominibus*) heißt.[399] In diesem Sinne wird *binomium* bei GERHARD von Cremona (1114—1187)[400] und bei LEONARDO von Pisa (1228, *Liber abbaci*),[401] dann in der Folgezeit bis zur DESCARTESschen Schule gebraucht. Seit TARTAGLIA tritt eine Verallgemeinerung ein, indem dieser (1560) für $ax^m + bx^n$ die Benennung *binomio de dignità algebratica* einführt,[402] nachdem er vorher Binom im Euklidischen Sinne[403] benutzt und ähnlich die Fortführungen Trinom, Multinom gebildet hat.[404] Die Erweiterung in der Bedeutung dehnt er auch auf Trinom aus; $ax^m - bx^n$ ist bei ihm aber noch nicht ein Binom, sondern heißt nach wie vor *residuum*. Seit STEVIN (1585) hat Binom unsere Bedeutung,[405] die einer algebraischen Summe aus zwei Gliedern. Im Lexikon von OZANAM[I276] (1691) kommt Binom und Polynom, auch Monom in modernem Sinne vor, Polynom schon bei VIETA 1591.[406] Multinomium, das STEVIN 1585[405] wieder aufnahm, hat sich nicht durchgesetzt.

Aggregat (vgl. I, S. 89) ist ursprünglich ein Ausdruck für eine Summe von Zahlen und wird so noch — im Deutschen zuerst bei WIDMAN im Rechenbuch von 1489[I493] — bis zum Ende des achtzehnten Jahrhunderts gebraucht. Erst im Wörterbuch von KLÜGEL (1803) tritt es für „algebraische Summe" ein, nimmt also auch negative Zahlen in sich auf.[407]

Koeffizient erscheint zum erstenmal bei VIETA als *longitudo coëfficiens* in einer 1591 veröffentlichten Abhandlung[408] (vgl. Bd. III, Gleichungen). Erst im achtzehnten Jahrhundert wird es auch in deutschen Schriften häufiger (1716, *Math. Lexikon* von CHR. v. WOLFF).[409]

397 Daselbst S. 530[I479]. — 398 *Geom.* 1659[93], II, S. 7, Z. 1 u. ö. Den Ausdruck *numerus algebricus* für ein algebraisches Aggregat benutzt auch DESCARTES gelegentlich (um 1620). Vgl. *Œuvres* 10[I842], 1908, S. 276, Z. 4. — 399 *Euclidis Opera*, lib. X, ed. HEIBERG, 3, Leipzig 1886, S. 108, Z. 15. — 400 *Anaritii in decem libros priores elementorum Euclidis commentarii*, ed. M. CURTZE, Leipzig 1899 (Übersetzung von GERHARD von Cremona, 1114—1187), S. 331. — 401 *Scritti*[I30], S. 357, Z. 3. — 402 *General trattato* II, 1560[159], Teil 6, Buch 1, Bl. 4 v°, Z. 11. — 403 I, 1556[159], Teil 2, Buch 5, Bl. 87 v°. — 404 Daselbst Bl. 94 v°, Z. 30. — 405 S. STEVIN, éd. GIRARD[I23], S. 6, Def. 26. — 406 *Isagoge*[70] *Opera*, ed. SCHOOTEN[127], S. 7, Z. 7; S. 12, Z. 8. — 407 I, 23, Z. 30[193]. — 408 *Ad logisticen speciosam notae priores*, 1591; *Opera*[128], S. 23, Z. 1 v. u.; auch *Isagoge*[70], cap. VIII, Nr. 20, *Opera*[127], S. 12, Z. 7, und dann häufiger. GIRARD (*Invention*[I23], 1629, Bl. 𝔄j v°) nennt den Multiplikanden *efficient* und den Multiplikator *coefficient*. — 409 Spalte 390 Mitte[164].

Das Wort numerisch (bei algebraischen Ausdrücken mit bestimmt gegebenen Zahlenkoeffizienten) verbreitet sich in der deutschen Fachsprache hauptsächlich durch KLÜGELS *Mathematisches Wörterbuch* (1808);[410] es ist in CHR. v. WOLFFS Schriften nicht zu finden.

Die Geschichte des Wortes Formel wird im Abschnitt Geometrie verfolgt werden, da es aus *forma* = *figura* entstanden ist.

Das Wort Einheit in der Zahlbedeutung, wofür früher *Unität*[411] — lat. *unitas*, gr. *ἕν*, *μονάς* — gesagt wurde, ist von CHR. v. WOLFF 1710 gewählt worden,[412] nachdem vorher LEIBNIZ[413] *Einigkeit*[414] (wie LUTHER) benutzt hatte.

Die Bezeichnung natürliche Zahlen für die Reihe der ganzen Zahlen findet sich schon bei BOËTIUS (480?—524 n. Chr.) als *numeri naturales.*[415] Bereits NIKOMACHOS (um 100 n. Chr.), dessen *Einführung* BOËTIUS übersetzte, sagt: *ὁ φυσικὸς στίχος* für die natürliche Zahlenreihe.[416]

Das Wort Glied entwickelt sich in der Theorie der Gleichungen (siehe diese). Seit VIETA war *species* üblich,[417] bei CLAVIUS (1608, *Algebra*) ist *terminus* ständiger Fachausdruck.[418] DESCARTES (1637) gebraucht *terme* wie wir, sowohl für Glieder eines algebraischen Ausdrucks wie für Glieder einer Gleichung.[419] HUDDE (1657) nennt die Teile eines additiv zusammengesetzten Gleichungsgliedes *membra.*[420]

C. Die Entwicklung des Zahlbegriffes.

I. Die Zahl Eins und die natürlichen Zahlen.

In der Geschichte der Zahlen und Zahlwörter (vgl. Bd. I, S. 3 ff.) wurde geschildert, wie die Reihe der ganzen Zahlen gebildet und ausgebaut wurde.

Von der Zählung gleichartiger konkreter Dinge geht der Zahlbegriff aus. Werden verschiedenartige Dinge zusammengezählt und

410 III, Leipzig 1808, 693 unten[193]. — 411 So 1518 GRAMMATEUS, Rechenbuch[158a], Bl. Giij v⁰, Z. 18: Numerus bedewt nichts anderes dan ain vnitet oder 1. — 412 *Anfangsgründe* 1710[124], I, S. 35, § 8; *Math. Lexikon*[164], Sp. 944: Numerus, eine Menge von Einheiten. — 413 Vgl. P. PIUR, *Studien zur sprachlichen Würdigung Christian von Wolffs*, Halle 1903, S. 53. — 414 So auch KOEBEL, *Rechenbuch* von 1514[193], Bl. (K 8) v⁰: aynigkeyt. — 415 *Instit. arithm.*[173] oft. — 416 *Introductio*, ed. HOCHE[1728], II, 8, 3, S. 88, Z. 21. — 417 So noch OUGHTRED, 1631, *Clavis*[1680], S. 50, Z. 25; *Opuscula mathematica*, Oxoniae 1676, S. 53. — 418 *Algebra*, Rom 1608[72], S. 40. — 419 *Œuvres* 6[96], S. 372, Z. 21, S. 374, Z. 18, S. 449, Z. 9: *le second terme de l'Equation*, in der lateinischen Ausgabe[93]: *terminus.* — 420 DESCARTES, *Geometria* 1659[93], I, S. 462.

wird schließlich von dem Begriff Ding überhaupt abgesehen, so entsteht der abstrakte Zahlbegriff in der natürlichen Zahlenreihe. Ihn hatte der Ägypter AHMES (Papyrus Rhind[I 381]; zwischen 1788 und 1580 v. Chr.) bereits erfaßt:[421] er addiert nicht nur (wie in Aufgabe 79) ganz verschiedenartige Dinge, wie Häuser, Katzen, Mäuse usw., sondern er hat sogar ein besonderes Wort für die abstrakte Einheit *wᶜt*. Die Einheit ist ihm aber ein relativer Begriff; gelegentlich führt er in seinen Hau-Rechnungen die Unbekannte Hau z. B. als eine Vierheit (P. Rhind Nr. 26) oder eine Siebenheit (P. Rh. Nr. 24) ein. Die ägyptische Zahlenschreibweise (vgl. Bd. I, S. 18) bei der 𓎆, 𓍢, 𓆼 usw. als neue Einheiten aufzufassen sind spiegelt dasselbe wieder. Der Babylonier geht darin noch weiter: er setzt für seine Zähleinheiten 1, 60, 60^2 usw. sogar dasselbe Zeichen 𒁹 (vgl. Bd. I, S. 17 f.). Damit wäre der Begriff der Abstraktheit der Zahl Eins bei beiden Völkern anerkannt. Die klassische Philosophie der Griechen versteht unter Zahl nur die natürlichen, d. h. die positiven ganzen Zahlen größer als 1.[422] Die Eins hat eine besondere Stellung: sie ist unteilbar, sie ist gar keine Zahl, da zur Zahl der Begriff der Vielheit gehört, sie ist der Ursprung aller Zahlen. So lehren wahrscheinlich schon die Altpythagoreer, vor allem PLATON (429—348 v. Chr.; Athen)[423] und ARISTOTELES (384—322 v. Chr.; Athen.)[424] Man zieht künstlich Parallelen zwischen Zeit, Raum und Zahl und vergleicht das Jetzt der Zeit, den Punkt im Raum mit der Eins unter den Zahlen. Wie die ersten beiden, Jetzt und Punkt, nicht weiter zerlegt werden können, so sei auch die Einheit unteilbar.[425] Zugleich wird auf den Unterschied hingewiesen, daß es zwischen zwei Punkten etwas Dazwischenliegendes gäbe, nicht aber zwischen 1 und 2.[426]

Auch bei EUKLID spielt die Eins durchaus eine Sonderrolle; nur so ist es zu erklären, daß in den Elementen VII, 9 u. 13 bewiesen wird, aus $a:b = c:d$ folge $a:c = b:d$, kurz darauf (VII, 15) aber dasselbe Theorem für $1:b = c:d$ noch einmal besonders dargelegt wird. EUKLID definiert auch zuerst die Einheit: *Μονάς ἐστιν*,

421 K. VOGEL, *Grundlagen*[I 154a], S. 7 f. — 422 Vgl. G. JUNGE, *Besonderheiten*[I 813], S. 251 f. TH. L. HEATH, *Euclid*[I 983], II, Cambridge 1908, S. 279. Der Charakter der natürlichen Zahlen wird von PLATON im *Phädon* besprochen; vgl. SETH DEMEL, *Platons Verhältnis zur Mathematik*, Leipzig 1929, S. 58—59. — 423 *Staat* 525 D, E, ed. HERMANN, 4[I 726], S. 215, Z. 3 ff. (auch *Phil.* 14 E ff.; *Parm.* 129 B ff.; *Theaitet* A f. u. ö.). Vgl. G. JUNGE[I 813], S. 265, Anm. zu S. 254. — 424 *Metaphysik*[16] 1015ᵇ, 16 f.; 1052ᵃ, 15 f.; 1087ᵇ, 5 f. — 425 *Physik*[16] 300ᵃ, 14. Vergleich mit der Eins *Physik* 220ᵃ, 4. G. JUNGE[I 813], S. 265, Anm. zu S. 255. — *Proclus*[369], S. 93, Z. 6—7. — 426 *Physik*[16] 227ᵃ, 32. *Metaphysik* 1085ᵃ, 3 f.

καθ' ἣν ἕκαστον τῶν ὄντων ἓν λέγεται[427] (Einheit ist das, wonach jedes Ding eins genannt wird), dann erst die Zahl: *Ἀριθμὸς δὲ τὸ ἐκ μονάδων συγκείμενον πλῆθος* (Zahl ist die aus Einheiten zusammengesetzte Menge). Allmählich erringt sich die Eins bei den griechischen Mathematikern die ihr zukommende Stellung. Der Neuplatoniker THEON von Smyrna (um 130 n. Chr.) versichert nach altem Vorbilde an einer Stelle:[428] *Οὔτε δὲ ἡ μονὰς ἀριθμὸς, ἀλλὰ ἀρχὴ ἀριθμοῦ* (Die Einheit ist nicht Zahl, sondern Ursprung der Zahl), zählt aber wenige Zeilen später[429] 1 unter den ungeraden Zahlen und kurz darauf sogar in der natürlichen Zahlenreihe selbst auf.[430] Man vergleiche auch die Bemerkung seines älteren Zeitgenossen NIKOMACHOS von Gerasa (um 100 n. Chr.), in der ebenfalls 1 als Zahl aufgefaßt wird. Hier erscheint jede Zahl als halbe Summe zweier, in der Zahlenreihe nach verschiedener Richtung gleich weit entfernter Zahlen; nur die Einheit sei hiervon ausgenommen, da sie nicht zwei Nachbarzahlen besitze, sich vielmehr nur als Hälfte der einzigen Nachbarzahl 2 ergäbe.[431]

Die altpythagoreische Weisheit von dem Wesen der Eins wird noch oft in der Folgezeit von gläubigen Schriftstellern vorgebracht. So berichtet MARTIANUS CAPELLA (um 470 n. Chr.)[432] und zählt dann folgerichtig 3 als erste ungerade Zahl auf;[433] so spricht BOËTIUS (480? Rom — 524 Pavia) von der Eins: *prima auctorum numerorum et genetrix pluralitatis*[434] (Die erste über den zusammengesetzten Zahlen und die Erzeugerin der Mehrheit), *cunctis mater*[435] (Allen die Mutter), *per se constantis quantitatis principium*[436] (An sich der Urgrund der bestimmten Größe); so heißt es in einer Handschrift des zwölften Jahrhunderts, die dem BOËTIUS untergeschoben wird:[437] *numerus non est, sed fons et origo numerorum* (Sie ist keine Zahl, sondern Quelle und Ursprung der Zahlen). Auch die arabische Gelehrsamkeit steht auf demselben Standpunkt, wie wir aus einer Bearbeitung des Rechenbuches des MUḤAMMAD IBN MŪSĀ ALḪWĀRAZMĪ (Anfang des neunten Jahrhunderts) ersehen; eine spätlateinische Übersetzung (zwölftes Jahrhundert) desselben sagt: *unum est radix universi numeri, et est*

---

427 EUKLID, *Elemente* VI, *Def.* 1, 2; ed. HEIBERG, 2[1712], S. 184. — 428 THEON SMYRNAEUS, ed. HILLER[1822], S. 24, Z. 23. — 429 Daselbst S. 28, Z. 5 und S. 32, Z. 11. — 430 Daselbst S. 33, Z. 4. — 431 NICOMACHUS, *Isagoge*[1728], lib. I, cap. VIII, 1—2, S. 14, Z. 13—18. Vgl. noch IAMBLICHUS, *Introductio*[1546], S. 11. — 432 *De Nuptiis*[1640], VII, § 731, ed. U. F. KOPP, S. 583; ferner § 745: *Monas quidem numerus non est* (Die Einheit ist keine Zahl). — 433 Daselbst § 733. — 434 *Institut. Arithm.*[173], S. 16, Z. 2—16. — 435 Daselbst S. 30, Z. 28. — 436 Daselbst S. 79, Z. 25. — 437 Daselbst S. 397, Z. 20.

extra numerum.[438] (Eins ist die Wurzel jeder Zahl, steht aber außerhalb der Zahlen.) Im Rechenbuch des ABŪ ZAKARIJJĀ ALḤAṢṢĀR (zwölftes Jahrhundert) wird ausdrücklich erklärt: *Die Eins ist keine Zahl.*[439] LEVI BEN GERSON (jüd. Gelehrter, 1288—1344, Avignon) dreht und windet sich in seinem *Werke des Rechners* (1921), um die neue Auffassung mit der althergebrachten zu vereinen:[440] *Eins ist die Grundlage jeder Zahl, sie ist die Ursache ihres Daseins, sie bringt alle Zahlen hervor, ist in allen enthalten und doch ihnen nicht gleichartig. Denn sie selbst ist keine Zahl, außer wenn sie geteilt wird, und dann ist sie nicht 1... Siehe, alle Zahlen haben einen Ursprung, von ihm gehen sie aus und zu ihm kehren sie zurück. Denn wenn man die Einer summiert bis zehn, so ist 10 wieder 1, und 20 wie 2 und 30 wie 3 . . . Also geht es weiter, bis man zu 100 kommt, dann ist dies 1 und 200 wie 2 usf. bis 1000, welches wiederum 1 ist. Und so ins Unendliche.* Gleiche Bemerkungen finden sich bei dem spätgriechischen Mathematiker PSELLOS (um 1092),[441] bei dem Perser BEHĀ EDDĪN (1547—1622)[442] und vielen anderen.[443] Hingegen hielten die christlichen Scholastiker meist mit N. ORESME (1323?—1382, Bischof von Lisieux) die Eins für eine wirkliche Zahl;[444] PROSDOCIMO DE' BELDOMANDI († 1428) erkennt sie im *Algorithmus de integris* von 1410 ausdrücklich an.[445]

Noch um die Mitte des siebzehnten Jahrhunderts ist der Streit nicht völlig ausgetragen. Denn JOHN WALLIS fühlte sich im 4. Kapitel seiner *Mathesis universalis* von 1657 veranlaßt, das Anrecht der Eins, eine wirkliche Zahl zu sein, eingehend und mit großem Aufwand von Dialektik zu verteidigen.[446]

Selbst 1740 schrieb BUFFON: „*l'unité n'est point un nombre*".[447]

STEVIN (1548—1620; Leiden) ist der erste hervorragende Mathematiker, der die Eins ausdrücklich als Zahl anerkennt.[448]

---

438 *Trattati* I[135], S. 2 und *The Algebra of Mohammed ben Musa*, ed. ROSEN[372], S. 5, Z. 7—8. — Nach RUSKA[1137], S. 71—73 ein Zusatz des arabischen Bearbeiters. ALḪWĀRAZMĪ selbst reiht die Eins ein. — 439 H. SUTER[1222], Bibl. math. 2_3, 1901, S. 14. — 440 LEVI BEN GERSON, *Sefer Maassei Choscheb*, *Die Praxis des Rechners* (aus dem Jahre 1321), herausg. und übersetzt von G. LANGE, Frankf. a. M. 1909, und J. CARLEBACH, *Lewi ben Gerson als Mathematiker*, Berlin 1910. Vgl. hier CARLEBACH, S. 181. — 441 CANTOR, I[3], S. 507. — 442 *Essenz der Rechenkunst*, ed. NESSELMANN[1564], Einleitung; Übersetzung S. 4. — 443 Weitere Literatur bei D. E. SMITH, *History* II[116], S. 27—28. — 444 H. WIELEITNER, *Über den Funktionsbegriff und die graphische Darstellung bei Oresme*, Bibl. math. 14_3, 1914, S. 234, Anm. 2. — 445 Ausg. Venet. 1540[1405], Bl. A ℭij v°, Z. 9 v. u. — 446 WALLIS, *Mathesis universalis sive arithmeticum opus integrum*, Oxonii 1657, S. 15—19; *Opera* I[204], S. 24—27. — 447 *La méthode des fluxions et des suites infinies par M. le chevalier Newton*, Paris 1740. Préface S. IX, Z. 6. — 448 *L'Arithmétique*, 1585[139], Explication zu Def. 2. *Œuvres*[123], S. 1 rechts

2. Die Zahl Null.

Man wird sich nicht wundern, daß es der Zahl Null noch viel schlimmer ergangen ist, indem sie auf ihre endgültige Anerkennung sogar bis zum siebzehnten Jahrhundert hat warten müssen.

Der Nullbegriff wird vorbereitet durch die Fehlzeichen der Ägypter und Babylonier.[449] Ein Fortschritt wird durch das indische Stellenwertsystem im Schreiben der Zahlen angebahnt.

Daß den Griechen der Begriff Null keine Zahl war, geht aus der oben angeführten Stelle des NIKOMACHOS[431], ferner daraus hervor, daß DIOPHANT die Wurzel Null bei Gleichungen nicht kannte. Die Theorie der Gleichungen liefert uns überhaupt stets die beste Gelegenheit zu erkennen, ob Null als wirkliche Zahl aufgefaßt wird oder nicht. Eine Gleichungslösung Null verwerfen die Araber, wie ALKARḪĪ (um 1010, Bagdad) in seinem Lehrbuch der Algebra *Alfaḫrī*,[450] aber auch die Gelehrten zu Ausgang des Mittelalters im Abendlande, wie der Franzose N. CHUQUET (1484, *Le Triparty en la science des nombres*)[451] und der Italiener LUCA PACIOLI (1494, *Summa*).[452] Erst GIRARD († 1632, Niederlande)[453] und besonders — durch die Erfindung der analytischen Geometrie (1637, *Géométrie*[II 96]) — DESCARTES veranlaßte hier allmählich eine Anschauungsänderung, die bekanntlich auch für die Anerkennung der negativen Zahlen von ausschlaggebender Bedeutung wurde. Nichtsdestoweniger bahnte sich schon früh ein formales Rechnen mit der Null an. NIKOMACHOS (um 100 n. Chr.) versichert: *Οὐδὲν οὐδενὶ συντιθὲν οὐδὲν ποιεῖ* (Null zu Null addiert gibt Null).[454] Vor allem sind es die Inder, die sich über kritische Bedenken, ob die Null anzuerkennen sei, glatt hinwegsetzten und mit ihr rechneten wie mit einer anderen Zahl. Wir wissen, daß sie sogar ein Zeichen für Null hatten (Bd. I, S. 21 ff.); wir kennen ferner die selbständige Stellung, die sie den negativen Größen einräumten (S. 11, 97). Im engen Zusammenhange damit steht die Bedeutung, die sie der Null beim Rechnen beilegten.[455] Schon BRAHMAGUPTA (geb. 598) beschäftigt sich mit dem Auftreten der Zahl

Z. 17 v. u.: „*La partie est de mesme matière qu'est son entier, unité est partie de multitude d'unitez. . . . Doncque la matière d'unité est nombre.* — 449 Vgl. Bd. I[3], S. 17, 18. — 450 *Extrait du Fakhrî*, p. p. WOEPCKE[I 1325], S. 11, letzte Zeilen. — 451 Im *Triparty*[I 19], S. 750, Z. 20 gibt CHUQUET die Gleichung $9x^2 = 5x^2$ als unmöglich aus, vgl. CANTOR, 2[2], S. 358. — 452 LUCA PACIOLI, *Summa*[I 18], S. 145; vgl. CANTOR, 2[2], S. 322. — 453 GIRARD, *Invention*, 1629[I 23], Bl. D, Abschnitt: *Des Equations ordonnés.* — 454 *Introductio*[I 728], lib. II, cap. VI, § 3; ed. HOCHE, S. 84, Z. 15. — 455 Vgl. B. DATTA, *Early history of the arithmetic of zero and infinity in India*, Bull. Calcutta Math. Soc. 18, 1927, S. 165—176.

Null in allen vier Rechnungsarten, auch beim Wurzelziehen.[456] MAHĀVĪRĀ (um 830 n. Chr.) gibt der Ansicht Ausdruck, daß eine Division mit Null gar keine Divison ist.[456a] Ganz modern klingen die Erörterungen BHĀSKARAS (geb. 1114) über Brüche, deren Nenner gleich Null ist:[457] „Solch eine Größe läßt keine Änderung zu, mag auch vieles hinzugesetzt oder weggenommen werden",[458] wozu sein Kommentator KRISHNA (siebzehntes Jahrhundert) bemerkt: „Je mehr der Divisor vermindert wird, um so mehr wird der Quotient vergrößert. Wird der Divisor auf das äußerste vermindert, so vergrößert sich der Quotient auf das äußerste. Aber solange er noch angegeben werden kann, er sei so oder so groß, ist er nicht auf das äußerste vergrößert; denn man kann alsdann eine noch größere Zahl angeben. Der Quotient ist also von unbestimmbarer Größe und wird mit Recht unendlich genannt."[459]

Von den indischen Kenntnissen gelangte nicht viel zu den Arabern, noch viel weniger über sie hinweg zum Abendland; hier mußte fast von neuem angefangen werden. Von dieser neuen Entwicklung sei einzelnes herausgehoben. Eine anonyme Abhandlung aus dem zwölften Jahrhundert[460] multipliziert ausdrücklich mit der Null und zählt auf: *Ter nihil nihil est* (Dreimal Null ist Null). Weiter geht LEONARDO von Pisa (1228, *Liber abbaci*);[461] er hat die quadratische Gleichung $x^2 - 4x + 4 = 0$ zu lösen und findet $x = 2 \pm \sqrt{4-4}$: *Extrahe 4 ex quadrato medietatis radicum scilicet de 4, remanet zephyrum; quo addito vel diminuto e medietate radicum redderis 2 pro radice positi census* (Ziehe 4 von dem Quadrat der halben Anzahl der x, d. i. 4, ab $[(\frac{4}{2})^2 - 4]$, bleibt Null; durch Addition oder Subtraktion dieses Wertes von der halben Anzahl der x wirst du 2 als Wurzel des angenommenen x^2 finden). Hier wird die Null radiziert, addiert und subtrahiert. Dasselbe Beispiel, nur anfangs erweitert zu $3x^2 + 12 = 12x$, rechnet NICOLAS CHUQUET (Lyon, † um 1500) in seinem *Triparty en la science des nombres*[462] (1484) vor und sagt in betreff des Wurzelwertes bei $x = 2 \pm \sqrt{4-4}$: *... reste . 0 . Donc ℞² . 0 . adioustee ou soustraicte auec . 2 . ou de . 2 . monte . 2 ., qui est le nōbᵉ. que lon demande* (... bleibt 0. Also $\sqrt{0}$. Hinzugefügt oder abgezogen mit 2 oder von 2, bleibt 2, welches die Zahl ist, die man sucht). Das Radizieren der Null wird

456 BRAHMAGUPTA, *Cuttaca*, ch. XVIII, sect. II, 31—36, ed. COLEBROOKE[1111], S. 339—340. — 456a Ed. RAṄGĀCĀRYĀ[1114], S. 67. — 457 BHĀSKARA, *Vīja ganita*, ch. I, sect. III, ed. COLEBROOKE[1111], S. 136—138. — 458 Daselbst S. 138. — 459 Daselbst S. 137, Anm. 2; vgl. CANTOR, 1[3], S. 616. — 460 Clm 13021, ed. M. CURTZE[187], Abh. Gesch. Math. 8, 1898, S. 10. — 461 *Scritti*[180], S. 421, Z. 26. — 462 Ed. MARRE[119], S. 805, Z. 31 f.

also hier mehr betont als bei LEONARDO. Bei einem anderen Beispiel will CHUQUET 5 Zahlen gewisser Art suchen und findet 30, 20, 10, 0, -10: *Et Je trouue .30.20.10.0. et moiñs .10., qui sont ces cinq nombres que Je vouloye auoir.*[463] (Und ich finde 30, 20, 10, 0 und -10, welches die fünf Zahlen sind, die ich haben wollte.) In der Potenzlehre macht, wie wir sehen werden, CHUQUET erhebliche Fortschritte; er bildet sich sogar eine eigene Bezeichnung in 12^3, 12^2, 12^1 für $12x^3$, $12x^2$, $12x$, und dabei scheut er nicht vor 12^0 für 12 zurück:[464] soweit ist er schon mit der Null und ihrer Verwendung vertraut. Allerdings hatte sein Werk geringen Einfluß auf die Zeitgenossen, da es bis auf die Neuzeit ungedruckt blieb.[465] Aber andere Mathematiker sind nicht weniger frei im Gebrauch der Null. PROSDOCIMO DE' BELDOMANDI (Padua, † 1428) äußerst sich in seinem Rechenbuch von 1410[466] über das Multiplizieren mit der Null: *Sciendum, quod ex ductu cifra in cifram uel alicuius figurae significatiue in cifram siue e contra semper prouenit cifra siue figura nihili.* (Wisse, daß bei der Multiplikation von Null mit Null oder einer wirklichen Zahl mit Null oder, sei es umgekehrt, immer Null herauskommt.) In dem Rechenbuch von PHILIPP CALANDRI (Florenz 1491[142]) wird die Null vor echte Brüche gesetzt, damit die Form von gemischten Zahlen entsteht; statt $\frac{3}{8}$ durch 60 wird gerechnet: $0\frac{3}{8}/60 = 0\frac{3}{480} = \frac{1}{160}$, und ebenso wird $\frac{2}{5}$ durch $\frac{7}{9}$ gelöst durch $0\frac{18}{35}$.[467] M. STIFEL (um 1487—1567) ist der erste, der eine Gleichung auf Null bringt;[468] an einer anderen Stelle[469] will STIFEL $x^3 + 1$ mit der vollen Form vergleichen und schreibt:

$$x^3 + 0x^2 + 0x + 1 .$$

N. TARTAGLIA (1501—1557) rechnet Subtraktionsbeispiele folgender Art vor:[470]

$$\begin{array}{lcl} \sqrt{45} + 0 & \qquad & \sqrt{45} - 0 \\ \sqrt{5} \;\, + 3 & & \sqrt{5} \;\, + 3 \\ \hline \sqrt{20} - 3 & & \sqrt{20} - 3 . \end{array}$$

463 *Triparty*[119], S. 641, Z. 29—30. Ähnlich S. 778 oben bei der schlecht gewählten Gleichung $\sqrt{\frac{12x}{3x}} = \sqrt{5}$, die er mit $x = 0$ löst. Vgl. G. ENESTRÖM, Bibl. math. 8_3, 1907—1908, S. 203. — 464 *Triparty*[119], S. 737—738. — 465 Mehrere Kapitel aus dem *Triparty*[119] übernahm E. DE LA ROCHE in seiner Schrift *Larismethique* (Lyon, 1520). — 466 *Algorithmus de integris*[1405], B VII v°. — 467 D. E. SMITH, *Rara arithmetica*, 1908[117], S. 47. — 468 *Arithmetica integra* 1544[123], Bl. 283, Z. 9 v. u. — 469 *Arithm. integra*[123], Bl. 317[b], Z. 16, 21, 28. — 470 *General trattato*[159], II. Teil, 1556, Bl. 89[a] am Rande.

G. CARDANO (1501—1576) schreibt Gleichungen hin,[471] wie

$$x^3 = 0 + x \qquad x^3 = 213 + 0x,$$

wobei wir nur seine (und oben STIFELS) Symbole durch die heutigen ersetzt haben.

Wir erkennen, daß das Feld allmählich vorbereitet wurde und die völlige Anerkennung der Null nur eine Frage der Zeit war. Aber noch WALLIS erklärte 1697: *Nullum non est numerus* (Null ist keine Zahl).[472]

3. Das Unendliche.

Eine Ahnung des Unendlichkeitsbegriffes dürfte keinem Volke abzusprechen sein, nur fällt sein Maßstab je nach dem Bildungsstand verschieden aus (I, S. 5—6). Während das Unmeßbare bei geringster Kulturstufe bereits vor den Tausenden beginnt, schoben die Griechen diesen Begriff so weit hinaus, daß ARCHIMEDES (287—212 v. Chr., Syrakus) zu zeigen unternahm, die Zahlenreihe besitze keine obere Grenze und man könne selbst das, was den irdischen Menschen am größten erscheint, die Anzahl der Sandkörner, die das Weltall in Fixsternweite erfüllen würden, noch in Zahlen ausdrücken.[I 11] Bei keinem älteren Volke dürfte aber die Betrachtung großer Zahlen, ja des Unendlichen, so gepflegt worden sein wie bei den Chinesen und Indern. Bei ihnen war sie geradezu ein fester Bestandteil in ihren religiösen Anschauungen; in keiner erhabeneren Weise konnten sie sich von ihren Gottheiten eine Vorstellung machen, als wenn sie sich deren Anzahl, Macht und Mittel in übergroßen Zahlen versinnbildlichten.

Wissenschaftliche Betrachtungen des Unendlichen, des Unendlichgroßen wie des Unendlichkleinen, stellte man schon in der Schule von Elea (Süditalien; fünftes Jahrhundert v. Chr.) an. Berühmt wurden vor allem ZENONS Paradoxa über Achilles und die Schildkröte, sowie über den fliegenden Pfeil.[473] Diese Erörterungen wurden in der Schule PLATONS und ARISTOTELES'[474] (viertes Jahrhundert

471 *De aliza regula libellus*[642], Basel 1570, S. 107, Z. 24, S. 108, Z. 21. — 472 *Mathesis univ.*[446], S. 19. *Opera* I, 1695[204], S. 27. — 473 Vgl. P. TANNERY, *Pour l'histoire de la science hellènique*[I 727]. *De Thalès à Empédocle*, Paris 1887, S. 247—261, sowie die mit reichen Literaturangaben versehenen Aufsätze von FL. CAJORI, *The history of Zenos arguments on motion*, Americ. Mathem. Monthly 22, 1915, S. 1—6, 39—47, 77—82, 109—115, 143—149, 179—186, 253—258, 292—297; *The purpose of Zenos arguments on motion*, Isis 3, 1920, S. 7—20. Spuren von ZENOS Trugschluß vom fliegenden Pfeil finden sich 100 Jahre später in China. G. JUNGE, *Besonderheiten*[I 813], S. 171 u. — 474 G. JUNGE, *Besonderheiten*[I 813], S. 162 f.

v. Chr.) fortgesetzt. Grenzübergänge, unendliche Annäherungen wurden seit PLATON für überaus bedenklich gehalten und in der strengen Mathematik als unstatthaft erklärt. Die sehr große Vorsicht und Sorgfalt, die man danach bei solchen Problemen walten ließ, führte zu der Exhaustionsmethode,[475] die den Begriff Unendlich vollständig vermied. Ihr Erfinder ist wahrscheinlich EUDOXOS von Knidos (um 408—355 v. Chr.; Schüler des ARCHYTAS und PLATON), der sie jedenfalls wiederholt benutzte. Mit größter Gewandtheit verwertet ARCHIMEDES dies Verfahren, wenn es gilt, absolut strenge Beweise zu geben. Doch scheute er sich in seiner *Ephodos*[476] auch nicht, infinitesimale Verfahren bei Berechnungen — ähnlich dem Prinzip des CAVALIERI — anzuwenden, die als Grundlage unserer Integralrechnung zu betrachten sind. ARCHIMEDES drang damit zu gültigen Ergebnissen vor, fühlte sich aber verpflichtet, nachträglich deren Richtigkeit durch einen Exhaustionsbeweis darzulegen.

Der Begriff des Unendlichen war also den Griechen nicht fremd. EUKLID gebraucht das Wort *ἄπειρον* wiederholt, allerdings zumeist an Stellen, die zu den historisch älteren Teilen seiner Elemente[477] gehören. Das Unendlichkleine war dem griechischen Mathematiker auch nicht ungewohnt; das zeigen die Volumenberechnungen des ARCHIMEDES, der die Körper in flächenhafte Scheiben zerlegt, das zeigt der ganz modern klingende Ausdruck bei ihm „kleiner als jede vorgelegte Größe“, den er wiederholt verwendet.[478] Hätte PLATON seinen übertriebenen Warnungsruf nicht ertönen lassen, wäre vielleicht die Infinitesimalrechnung schon im Altertum viel weiter vorgeschritten. PLATONS Kritik an der Einführung transfiniter Prozesse mit infinitisimalen Elementen führte zu der Aufstellung der Theorie des EUDOXOS für das Verhältnis irrationaler Größen (vgl. S. 84f.), die einen theoretisch einwandfreien Ausweg bot. Eine ähnliche Lage trat in der modernen Zeit an der Wende des 18. Jahrhunderts ein, als

---

475 G. JUNGE, *Besonderheiten*[1813], S. 150ff. — HELM. HASSE und H. SCHOLZ[386], besonders in der zweiten Abhandlung von SCHOLZ, *Warum haben die Griechen die Irrationalzahlen nicht aufgebaut?* — 476 *Ἀρχιμήδους περὶ τῶν μηχανικῶν θεωρημάτων πρὸς Ἐρατοσθένην ἔφοδος* (Handschrift Nr. 355, 4°, Konstantinopel; 1905 durch HEIBERG gefunden). *Archimedis Opera* II[2] [111], S. 425—504, deutsch von J. L. HEIBERG und H. G. ZEUTHEN, *Des Archimedes Methodenlehre von den mechanischen Lehrsätzen an Eratosthenes*, Bibl. math. 7_3, 1905—1906, S. 321 bis 363. — 477 G. JUNGE, *Besonderheiten*[1813], S. 170, Anm. zu S. 164. — 478 *Con. et Sphaer.* 19, 20, *Opera omnia* ed. J. L. HEIBERG, I[2], Leipzig 1910, S. 336, Z. 8—9; S. 340, Z. 9—10: . . . *ἐλάσσονι παντὸς τοῦ προτεθέντος στερεοῦ μεγέθεος*; ferner *Plan. Aequil.* II, 6, *Opera*[111] II[2], S. 182, Z. 20—21: *Ephodos* 15, *Opera*, II[476], S. 500, Z. 29—30.

EULER und die BERNOULLIS die von NEWTON und LEIBNIZ in neuer Form geschaffene Infinitesimalrechnung zu rascher Hochblüte brachten und nun CAUCHY, ABEL, WEIERSTRASS in scharfer Kritik der ungenügenden Grundlage feste Fundamente zu einwandfreiem Aufbau schufen.

Eine große Rolle spielte das Unendliche in den fein verästelten Diskussionen der christlichen Scholastiker des dreizehnten und vierzehnten Jahrhunderts. Dort wurden Begriffe gebildet,[479] denen eine Auferstehung erst wieder in GEORG CANTORS Mengenlehre (von 1877 an) beschieden war.[479a] Schon BRADWARDINUS (1290?—1349; Prof. an der Universität Oxford, dann Hofgeistlicher in London) unterschied in seinem *Tractatus de continuo* richtig zwischen *transfinit* und *infinit.*[480]

Weniger philosophisch als geometrisch sind die Unendlichkeitsuntersuchungen DESARGUES' (1593—1662; Lyon, Paris; Baumeister). Ihm verdankt man die Einführung des unendlichfernen Punktes einer Geraden, in dem sich ihre Parallelen schneiden.[481] Von größter Wichtigkeit aber sind die Arbeiten JOH. KEPLERS (1615[482] und 1616[483]) und BON. CAVALIERIS (1635);[484] diese bildeten die unmittelbare Fortsetzung eines Teils der scholastischen Begriffsbildungen.[485] Sie leiteten die Infinitesimalrechnungen ein, die LEIBNIZ und NEWTON in der letzten Hälfte des siebzehnten Jahrhunderts aufbauten.

Ein formaler Fortschritt findet sich 1655[204] bei JOHN WALLIS (1616—1703, Oxford). Hatten KEPLER, CAVALIERI und ihre Nach-

---

479 Siehe die 7 Noten über die bei verschiedenen Scholastikern von ARISTOTELES abweichende Behandlung des potentiellen und aktuellen Unendlich (*infinitum in fieri*, bzw. *infinitum in facto esse*), die vielleicht mit dem englischen Franziskaner, RICCARDUS DE MEDIA VILLA begann, bei P. DUHEM, *Études sur Léonard de Vinci*, 2e serie, Paris 1910, S. 388—407. — 479a G. CANTOR, *Gesammelte Abhandlungen*, hrsg. von E. ZERMELO, Berlin 1932. — 480 CANTOR, 2^2, S. 119. — 481 G. DESARGUES, *Brouillon proiect d'une atteinte aux euenemens des rencontres d'un cone avec un plan*, Paris 1639; éd. POUDRA, Paris 1864, Bd. I, S. 104. Deutsch von M. ZACHARIAS, *Erster Entwurf eines Versuchs über die Ergebnisse des Zusammentreffens eines Kegels mit einer Ebene*, Berlin 1922, OSTWALDS Klass. Nr. 197. — 482 *Nova stereometria doliorum vinariorum* . . . Linz 1615 = *Opera omnia*, ed. CH. FRISCH, 4^{1264}, Frankf. u. Erlangen 1863, S. 551f. Deutsch von R. KLUG, OSTWALDS Klass. Nr. 165. — S. darüber besonders H. WIELEITNER in der Keplerfestschrift, Regensburg 1931, S. 279—313. — 483 Außzug aus der Vralten Messe Kunst Archimedis, Linz 1616 = *Opera omnia*, ed. CH. FRISCH, 5, 1864, S. 495—613. Vgl. H. WIELEITNER, *Keplers „Archimedische Stereometrie"*, Unt. Bl. Math. Nat. 36, 1930, S. 176—185. — 484 *Geometria indivisibilibus continuorum nova quadam ratione promota*, Bologna 1635 (erste Niederschrift 1626); 2. Aufl. 1653. — 485 Vgl. auch C. R. WALLNER, *Die Wandlungen des Indivisibilienbegriffes von Cavalieri bis Wallis*, Bibl. math. 4_3, 1905, S. 368—407.

folger hauptsächlich Betrachtungen geometrischer Art angestellt, so vollführt WALLIS den Grenzübergang auf arithmetischem Wege, indem er die Fläche oder den Körper als algebraische Summe der Elementarteile aufsucht und den Grenzwert als Ergebnis eines unendlichen Rechenprozesses hinstellt. Hierbei stellt sich ihm auch die Notwendigkeit ein, für den Begriff des Unendlichen ein symbolartiges Zeichen zu schaffen: ∞ (vgl. S. 41); Formeln wie $\frac{1}{0} = \infty$, $\frac{1}{\infty} = 0$ sind ihm geläufig.

In elementaren Unterrichtswerken erscheint das Rechnen mit ∞ erst im achtzehnten Jahrhundert und auch da nur selten; KARSTEN[486] räumt in seinem *Lehrbegriff der gesamten Mathematik* (1786) den Ausdrücken $\frac{a}{\infty}$, $\frac{a}{0}$, $\frac{0}{0}$, $\frac{\infty}{\infty}$, $0 . \infty$, einen ganzen Abschnitt ein.

Das Wort unendlich im mathematischen Sinne benutzt ALB. DÜRER 1525;[487] endlich findet sich erst später, so bei REYHER 1699.[488]

4. Die gebrochenen Zahlen.

Der Ägypter rechnete bereits im mittleren Reich (19. Jhr. v. Chr.) in umfangreicher Art mit Brüchen. Der Papyrus Rhind geht schon weit über rein praktische Mathematik hinaus und läßt erkennen, daß AHMES den Begriff des allgemeinen Bruches bereits klar erfaßt hat.[489] Ähnliche Gewandtheit in der Bruchrechnung zeigten die Sumerer. Dort herrschte der Algorithmus der Stammbruchsumme (vgl. Bd. I, S. 150 f.), hier die geschmeidigere Form der Sexagesimalbrüche (vgl. Bd. I, S. 52 f.). Es wäre zu verwundern, wenn nicht auch in Griechenland, wo Handel und Verkehr und daher kaufmännisches Rechnen ebenso blühte, die Bruchrechnung in gleichem Maße ausgebildet gewesen wäre.[490] Aber die rein-wissenschaftliche Arithmetik der Griechen, besonders seit PLATON (429—348 v. Chr.; Athen), hatte einen theoretischen Zahlbegriff aufgebaut, der unter *ἀριθμός* nur die natürlichen Zahlen erfaßte.[491] Die Brüche wurden in das angewandte Rechnen, die Logistik, verwiesen, wie die irrationalen Zahlen in die Geometrie. Aber es gelingt der klassischen Arithmetik doch, die Bruchlehre auch mit Hilfe dieser ganzen Zahlen allein zu erfassen: statt des $a = \frac{3}{5} b$ des praktischen Rechnens sagt der griechische Arithmetiker $5a = 3b$. In den Büchern

[486] Teil II[I 313], § 27—42. — [487] Vnderweysung[I 320], Nürnberg 1525, Bl. C 1, Z. 1: eyn vnentliche zal. — [488] Euklidübersetzung[383], S. 2, Nr. VII: Die endliche fläche wird von Strichen eingeschrenket. — [489] Vgl. K. VOGEL, *Grundlagen*[I 154a], S. 21 ff., besonders S. 45—47. — [490] Vgl. H. SCHOLZ, S. 65 f.[475]. — [491] Vgl. G. JUNGE, *Besonderheiten*[I 313], S. 251 f.

VII—IX der *Elemente* (325 v. Chr.) bringt EUKLID Sätze, die, in unsere algebraische Sprache umgesetzt, die Lehre von den Brüchen wissenschaftlich behandeln. Als Werkzeug dazu dient das Verhältnis und die Proportion, aber immer nur ganzer Zahlen. An solchen Proportionen wird das Kürzen und Erweitern der Brüche gelehrt. Die Multiplikation zweier Brüche wird als „Zusammensetzen zweier Verhältnisse" aufgefaßt. Das Fachwort hierfür *συντιθέναι*[492] bedeutet auch Addieren;[492a] daher nennt EUKLID zwei zusammengesetzte gleiche Verhältnisse $a^2:b^2$ auch das doppelte[493] Verhältnis von $a:b$, ebenso $a^3:b^3$ das dreifache. Das wäre also das Potenzieren von Brüchen; die Umkehrung führt zum Radizieren. ARCHIMEDES (um 287 bis 212 v. Chr.; Syrakus) nennt demgemäß $a^{3/2}:b^{3/2}$ das $1^1/_2$-fache Verhältnis.[494] Das Potenzieren erscheint auch in Form einer stetigen Proportion; aus $a:b = b:c$ folgt $a^2:b^2 = a:c$ und aus $a:b = b:c = c:d$ ebenso $a^3:b^3 = a:d$.[495]

Die erste uns erhaltene wissenschaftliche Arbeit, in der wirklich mit Brüchen gerechnet wird, ist die Kreismessung des ARCHIMEDES[496] (vgl. Bd. IV, Geometrie B. 9).

Bei DIOPHANT (2. Hälfte des 3. Jahrhunderts n. Chr.) haben die Brüche selbständigen Zahlenwert erhalten; wenn er seine Aufgabe beginnt mit: *Εὑρεῖν ἀριθμόν* oder: *Εὑρεῖν ἀριθμούς* (Eine Zahl, bzw. Zahlen zu finden . . .), so erkennen wir an verschiedenen Stellen

492 EUKLID, *Elem.* VIII, 5; *Opera* 2^{1712}, S. 286, Z. 2. — 492a Dieses Zusammensetzen zweier Verhältnisse $a_1 : a_2$ und $b_1 : b_2$ zu $a_1 b_1 : a_2 b_2$ wird später tatsächlich mit ‚Addieren von Verhältnissen' bezeichnet (JORDANUS NEMORARIUS, vgl. S. 166). Es findet Anwendung in der zusammengesetzten Regeldetri, aber auch in geometrischen Flächensätzen, z. B.: die Flächen zweier Parallelogramme, die einen Winkel gemeinsam haben, verhalten sich wie die Produkte der den gleichen Winkel einschließenden Seiten (EUKLID, VI, 13; ed. HEIBERG, 2^{1712}, S. 146). Eine Andeutung der Subtraktion zweier Verhältnisse liegt in der Umkehrung dieses Parallelogrammsatzes (EUKLID, *Data* 68; *Opera* 6, ed. H. MENGE, *Euclidis Data cum commentario Marini et scholiis antiquis*, S. 126, Z. 11—14): Ist das Verhältnis der Flächen zweier Parallelogramme bekannt, die einen Winkel gemeinsam haben, ferner auch das Verhältnis des einen Paares entsprechender Seiten, die den gleichen Winkel einschließen, so ist das Verhältnis der andern beiden entsprechenden Seiten auch bekannt. Klarer drückt das ein Lemma des PAPPUS zu den *Conica* der APOLLONIOS aus (*Apollonii Pergaei quae Graece exstant cum commentariis antiquis*, ed. HEIBERG, 2 Bde., Leipzig 1891/3, 2, S. 148, Z. 6—10): Ist $A:B$ ein zusammengesetztes Verhältnis aus $\Gamma:\Delta$ und $E:Z$, so ist $\Gamma:\Delta$ ein zusammengesetztes Verhältnis aus $A:B$ und $Z:E$. Vgl. Anm. 975. — 493 *διπλασίων λόγος*, EUKLID, *Elem.* VIII, 11; *Opera* 2^{1712}, S. 302, Z. 22. — 494 *ἡμιόλιος λόγος*. ARCHIMEDES, *Opera* $1^{2\,478}$, S. 210, Z. 14, 22; S. 214, Z. 19, 29; S. 216, Z. 8; S. 218, Z. 14, 17. — 495 EUKLID V, Def. 9 und 10; *Opera* 2^{1712}, S. 4, Z. 8—14. — 496 *Opera* $1^{2,\,478}$, S. 232—243.

aus den Lösungen, daß darunter Brüche mit einbegriffen sind, ihm also *ἀριϑμοί* diejenigen Zahlen sind, die wir heute rationale nennen.[497]

5. Die irrationalen Zahlen.

Viel umfassender ist die Geschichte der Entwicklung des Irrationalen; bei ihr handelt es sich um eine Zeit, die mit dem ersten Auftreten wissenschaftlicher Mathematik bei griechischen Gelehrten beginnt und bis in die neueste Zeit hineinreicht.

Wie hoch auch die Lehre vom Irrationalen von den Griechen[498] ausgebildet wurde, so gelangten diese doch nicht zur wirklichen Aufstellung des arithmetischen Begriffes der irrationalen Zahl: der Grieche kennt nur die irrationale Strecke. Geometrisch war der Weg, auf welchem die Pythagoreische Schule zur ersten Irrationalität, der Diagonale des Einheitsquadrates, gelangte, geometrisch die Durchführung, die uns im zehnten Buch der Elemente Euklids entgegentritt. Aus dem erregten Widerspruch der Sophisten (wie Zenons) kann man schließen, welch tiefen Eindruck die neue, bald aus der Geheimlehre der Pythagoreer in die Öffentlichkeit gelangte Wahrheit auf die gelehrte Mitwelt machte, daß wohl jeder Zahl eine Strecke, nicht aber jeder Strecke eine Zahl entspreche.

Die Lehre des Pythagoras glaubte die Zahl als Beherrscherin aller Beziehungen aufstellen zu können. In der Akustik in überraschender Weise begründet, sucht die Pythagoreische Zahlenmystik auch in andere Gebiete einzudringen. Hierzu bot sich auch in der Geometrie Gelegenheit. Während aber zum Beispiel das rechtwinklige Dreieck mit den Seiten 3, 4, 5 in ihr System paßte, scheiterten alle Versuche an dem anscheinend viel einfacheren Verhältnis zwischen der Diagonale und der Seite eines Quadrates. Man konnte trotz aller Bemühungen nur zu Näherungswerten gelangen, wie 3:2, 7:5; vielleicht geht auf die Pythagoreer das Bildungsgesetz solcher Näherungsbrüche zurück, die wir aus dem Kettenbruch

$$1 + \cfrac{1}{2 + \cfrac{1}{2 + \cfrac{1}{2}\ldots}}$$

erhalten:

$$\frac{3}{2},\ \frac{7}{5},\ \frac{17}{12},\ \frac{41}{29},\ \ldots\ \frac{z_p}{n_p},$$

497 Vgl. Nesselmann[I 316], S. 310. — 498 Vgl. G. Junge, *Besonderheiten*[I 813], S. 256—268. — Helm. Hasse und Heinr. Scholz, *Die Grundlagenkrisis der griechischen Mathematik*[386], S. 1—34 und H. Scholz[475]; S. 35—72.

wo $z_p = 2\,z_{p-1} + z_{p-2}$ $\quad n_p = 2\,n_{p-1} + n_{p-2}$

und

$$n_p = z_{p-1} + n_{p-1},$$

das zu

$$z_p^2 = 2 \cdot n_p^2 \pm 1,$$

$$\frac{z_p}{n_p} \approx \sqrt{2}$$

führt und von THEON VON Smyrna (um 120 n. Chr.) überliefert wird[499]. Wann in der Pythagoreischen Schule schließlich der Beweis glückte, daß das Verhältnis der Diagonale zur Quadratseite, also $\sqrt{2}$, überhaupt nicht in ganzen Zahlen ausdrückbar sei, wird sich nicht mehr feststellen lassen. Er muß gegen Ende des fünften Jahrhunderts v. Chr. gelungen sein, da bestimmte Überlieferung vorliegt,[500] daß THEODOROS von Kyrene, der Lehrer PLATONs (429—348 Athen), die Irrationalität von $\sqrt{3}$, $\sqrt{5}$ bis $\sqrt{17}$ und damit induktiv von allen weiteren Nichtquadratzahlen[501] nachwies. Man hat Grund zur Annahme, daß der von ARISTOTELES (384—322 v. Chr.) angedeutete Beweis,[502] der sich auch in einigen EUKLIDhandschriften[503] findet, der altertümliche ist. Diese Beweisführung ist indirekt. Haben Diagonale und Seite das Verhältnis $d:s$ in ganzen, teilerfremden Zahlen, so ist $d^2 = 2\,s^2$, also d eine gerade Zahl; setzt man daher $d = 2\,\delta$, so ergibt sich $4\,\delta^2 = 2\,s^2$ und $2\,\delta^2 = s^2$. Hieraus folgt wieder, daß s eine gerade Zahl ist. Beide Zahlen d und s können aber nicht gerade sein, da sie als teilerfremd angenommen wurden. Für ARISTOTELES ist die eigenartige Beziehung der Quadratdiagonale zur Seite ein Lieblingsbeispiel, auf das er an nicht weniger als 26 Stellen Bezug nimmt.[504] PLATON, dem wir die obige Nachricht über seinen Lehrer THEODOROS von

499 *Theonis expositio*, ed. HILLER[1822], S. 43, 5f. Vgl. G. JUNGE, *Wann haben die Griechen das Irrationale entdeckt?* Novae Symbolae Ioachimicae, Halle, 1907, S. 237. FR. HULTSCH, *Die Pythagoreischen Reihen der Seiten und Diagonalen von Quadraten und ihre Umbildung zu einer Doppelreihe ganzer Zahlen.* Bibl. math. 1_3, 1900, S. 11—12. CANTOR, 1^3, S. 436. H. VOGT, *Die Entdeckungsgeschichte des Irrationalen nach Platon und anderen Quellen des 4. Jahrhunderts,* Bibl. math. 10_3, 1909—1910, S. 97f. — 500 PLATON, *Theätet,* 147, D., ed. STALLBAUM, VIII, 1, Gotha 1869, S. 62—63. Vgl. H. VOGT[499], S. 99; ferner G. JUNGE in W. THOMSON, *The commentary of Pappus on book X of Euclid's elements, Arabic text and translation, with Introductory remarks, notes, and a glossary of technical terms,* Cambridge, 1930, S. 15f. — 501 H. VOGT[499], S. 108 bis 111. Daß THEODOROS nur zufällig mit $\sqrt{17}$ aufhörte, geht aus einer Platostelle hervor: ἐν δὲ ταύτῃ πως ἐνέσχετο (damit ließ er es zufällig genug sein). *Theätet* 147. E. *Dialogi* I, ed. WOHLRAB[1379], S. 272, Z. 4. — 502 ARISTOTELES, *Analytica pr.* I, 23 u. 44, ed. BEKKER[16], 41ᵃ, 26—27 und 50ᵃ, 37—38. — 503 *Elementa*, ed. HEIBERG 3, Leipzig 1886[399], *Appendix* S. 408—413. — 504 G. JUNGE[499], S. 239—240.

Kyrene verdanken, zeigt auch an anderer Stelle, daß er das Irrationale kennt,[505] ja, er ist es vermutlich selbst gewesen, der die Entdeckungen des Theodoros in persönlichem Verkehr an den älteren Theätet weiter übermittelt hat.[506] Im Zahlenreich der jüngeren Pythagoreer muß nach der Entdeckung des Irrationalen eine furchtbare Umwälzung entstanden sein: eine scharfe Kluft öffnete sich ihnen zwischen Quadratzahlen und Nichtquadratzahlen (heteromeken Zahlen), ein Gegensatz, der ihnen so wichtig erschien, daß sie ihn in ihre Kategorientafel (vgl. I, S. 121) aufnahmen. Durch Theätet von Athen fand die Lehre der irrationalen Größen außerordentliche Förderung; er untersuchte ihre verschiedenen Arten und führte ihre Einteilung durch.[507] Die Proportionslehre, die bisher nur auf kommensurablen Größen aufgebaut war, mußte neu begründet werden. Eudoxos von Knidos (410—356 v. Chr.), der zuerst Studien in Unteritalien bei den Pythagoreern getrieben, dann als älterer Mann Platons Schule aufgesucht hatte, griff hier mit einer neuen Theorie ein.

Die Definition einer Proportion $A:B = C:D$, die bisher nur für ganze Zahlen galt, war auf irrationale Strecken zu erweitern, also die Gleichheit zweier Verhältnisse für diese ganz neu zu definieren. Nach einer Andeutung bei Aristoteles[508] lag schon ein älterer Versuch hierfür vor. Das Verfahren, den größten gemeinsamen Teiler zweier ganzen Zahlen zu finden, war bereits vor Aristoteles bekannt (vgl. Bd. I, S. 135): es ist unser moderner Kettenbruchalgorithmus. Aristoteles nennt ihn *ἀνταναίρεσις*. Er definiert: zwei Verhältnisse $a:b$ und $c:d$ sind gleich, wenn beide Verhältnisse dieselbe *ἀνταναίρεσις* haben, oder wie wir es sagen: die Brüche $\frac{a}{b}$ und $\frac{c}{d}$ dieselbe Kettenbruchentwicklung geben. Bei Brüchen wird die Entwicklung abbrechen, bei Irrationalzahlen unbegrenzt werden. Die Definition ist richtig. Aber einmal will der griechische Mathematiker keine unendlichen Folgen, dann paßte diese rein arithmetische Erklärung nicht in die geometrische Behandlung, die Eudoxos beabsichtigte. Seine neue Definition ist eine der scharfsinnigsten Geistestaten, nur formal verschieden von der Dedekindschen Theorie, die die Irrationalzahl als Schnitt zwischen zwei wohldefinierten Mengen einander ausschließender Zahlenfolgen auffaßt.[509] Euklid,

505 *Staat,* VIII, 546 C. ed. Hermann, Bd. IV[1726], S. 236, Z. 4ff. — Vgl. H. Vogt[499], Bibl. math. 10_3, S. 131f., E. Hoppe, *Mathematik und Astronomie im klassischen Altertum*[1283], S. 141—143. — 506 H. Vogt[499], Bibl. math. 10_3, S. 141. — 507 H. Vogt[499], Bibl. math. 10_3, S. 114. — 508 Top. VIII 3, p. 158, b 29ff.; G. Junge, *Besonderheiten*[1813], S. 256. — 509 *Stetigkeit und irrationale Zahlen,* Braunschweig 1872.

der im 5. Buch streng dem EUDOXOS folgt, sagt in Def. 5: In gleichem Verhältnis sind vier Größen, die erste zur zweiten und die dritte zur vierten, wenn die erste und dritte mit derselben (ganzen) Zahl multipliziert immer größer ist, bzw. kleiner oder ebenso groß als die zweite und vierte, mit einer zweiten gleichen (ganzen) Zahl multipliziert.

Sind a, b, c, d die vier Größen, so ist Gleichheit der Verhältnisse $a:b$ und $c:d$[510] vorhanden, wenn für beliebige ganzzahlige n und m immer zugleich

$$\begin{array}{lll} 1)\ na > mb & \text{und} & 1^a)\ nc > md \\ 2)\ na = mb & \text{und} & 2^a)\ nc = md \\ 3)\ na < mb & \text{und} & 3^a)\ nc < md \end{array}$$

ist. Wir wählen zur Erläuterung die Bruchform, hier bedeutet

$$2')\ \frac{a}{b} = \frac{m}{n} \quad \text{und} \quad 2a')\ \frac{c}{d} = \frac{m}{n},$$

daß es sich um den Sonderfall handelt, in dem $\frac{a}{b}$ und $\frac{c}{d}$ rationale Verhältnisse darstellen.

Ist $na > mb$, so heißt das

$$1')\ \frac{a}{b} > \frac{m}{n}.$$

Zugleich soll sein $nc > md$, also

$$1^{a\prime})\ \frac{c}{d} > \frac{m}{n}.$$

Sämtliche denkbaren Brüche $\frac{m}{n}$, die kleiner als $\frac{a}{b}$ sind, sind auch kleiner als $\frac{c}{d}$; ebenso folgt aus

$$3')\ \frac{a}{b} < \frac{m}{n} \qquad 3a')\ \frac{c}{d} < \frac{m}{n},$$

daß alle denkbaren Brüche $\frac{m}{n}$, die größer als $\frac{a}{b}$, auch zugleich größer als $\frac{c}{d}$ sind. Besteht 1) und 3) gleichzeitig, dann gibt es keinen Bruch $\frac{m}{n}$, der größer ist als der eine Bruch $\frac{a}{b}$ und gleichzeitig kleiner als der andere Bruch $\frac{c}{d}$ — bzw. umgekehrt —, der also zwischen den beiden Brüchen $\frac{a}{b}$ und $\frac{c}{d}$ liegt, d. h. $\frac{a}{b}$ und $\frac{c}{d}$ sind

510 Eine Definition des Verhältnisses (λόγος) wird von EUDOXOS gar nicht gegeben. V. Defin. 3 ist erst späterer Zusatz. Ähnlich fehlt auch eine Definition der Größe, für die das Wort μέγεθος erstmalig in V. Def. 1 bei EUKLID[1712] auftritt.

gleich. Mit anderen, modernen Worten: Zwei irrationale Größen sind gleich, wenn es keine rationale Größe gibt, die zwischen ihnen liegt. Die unendliche Menge der rationalen Zahlen ist mithin in zwei Teilmengen geteilt; die Elemente der einen Teilmenge sind stets kleiner als die irrationale Größe $\left(\frac{a}{b}\right)$, die Elemente der anderen Teilmenge stets größer: Der Schnitt zwischen beiden Untermengen ist die zu definierende Irrationalzahl. Und das sagt DEDEKIND.

Der Unterschied[511] liegt nur darin: DEDEKIND definiert die beiden sich ausschließenden Teilmengen rationaler Zahlen und nennt den durch sie entstehenden Schnitt Irrationalzahl, er bildet diesen Begriff erst, er will die vorhandene Lücke zwischen den rationalen Zahlen durch einen höheren Zahlbegriff ausfüllen. EUDOXOS hat die irrationale Größe als geometrisches Gebilde fertig vor sich und erklärt sie nachträglich aus ihrer Größenbeziehung zu den beiden Teilmengen von Brüchen — natürlich ersetzt dabei EUDOXOS den Begriff Bruch, den er theoretisch nicht anerkennt, durch die Verhältnisbeziehungen, bzw. Produktgleichungen ganzer Zahlen.

EUDOXOS hat mit seiner Lehre in der Arithmetisierung der Mathematik,[512] die erst die moderne Wissenschaft vollendet, einen kräftigen Schritt vorwärts getan. Er muß sich aber auch der Erweiterung des Zahlbegriffes bewußt gewesen sein. Dies verrät die Einführung des Wortes *μέγεθος* (Größe) für seine neuartigen Zahlengebilde; es heißt darnach kurz *τὸ AB*, *τὸ A* in EUKL. Buch V. In EUKL. Buch I—V wird das geometrische Grundelement *εὐθεῖα* (Strecke) genannt, kurz: *ἡ BΓ*, *ἡ Γ*; in VI—IX sagt EUKLID *ἀριθμός* (ganze Zahl): *οἱ ABΓΔ*, *ὁ E*. Die allgemeinen Festsetzungen in Buch X, das die Lehre der irrationalen Größen aufbaut, bringt wieder *μέγεθος*: *τὸ Γ*, *τὰ AB, Γ*, bei der geometrischen Behandlung der Irrationallinien heißt es aber dann: *ἡ ΔΓ*, *αἱ ABΓ* (scil. *εὐθεῖαι*).

Im Grunde genommen hat EUDOXOS sonach den Begriff der reellen Zahl gefunden. Auch PLATON hat im vorgerückten Alter, wie neuerdings wahrscheinlich gemacht wird,[512a] den neuen Zahlbegriff in seinen Ideenzahlen erfaßt. Der starke Widerspruch ARISTOTELES' drängte aber diese arithmetische Entwicklung zurück,

[511] Vgl. G. JUNGE[1813], S. 260; S. 267 Anm. zu S. 260; HASSE und SCHOLZ[386], S. 21—24. — [512] Vgl. G. A. MILLER, *Arithmetization in the History of Mathematics.* Proc. National Ac. Sc. U.S.A. 11, 1925, S. 546—548, gekürzt Science 62, 1925, S. 328f. — [512a] O. TOEPLITZ, *Das Verhältnis von Mathematik und Ideenlehre bei Plato,* Qu. u. Stud. Gesch. Math. B. 1, 1929, S. 3—33; J. STENGEL, *Zur Theorie des Logos bei Aristoteles.* daselbst S. 34—66.

auf 2000 Jahre. Ebenso ist es auch durch ARISTOTELES der antiken heliozentrischen Lehre gegangen.

Die Theorie des EUDOXOS ist vielfach nicht verstanden worden — und hat manchen Verbesserungsversuch erleiden müssen. Der erste, der ihren hohen wissenschaftlichen Wert voll erfaßt und gewürdigt hat, ist ISAAK BARROW (1630—1677), der Lehrer NEWTONS.[513]

Mit dieser neuen Definition wird nun in Buch V und VI die Proportionslehre aufgebaut. Trotz der einwandfreien Ergebnisse bleibt doch den griechischen Mathematikern vor dieser Arithmetisierung ihrer Geometrie eine gewisse Scheu. Um in dem gefährlich gewordenen Gebiete nicht anzustoßen, wurden rein geometrische Beweise bevorzugt, wie beim Quadratensatz am rechtwinkligen Dreieck; in der Geometrie fühlte man sich sicherer. Die Zusammenstellung der Elemente mußte einer vollständigen Revision unterzogen werden. Ihre Durchführung ist ein Verdienst EUKLIDS (um 325 v. Chr.), der im 10. Buche seines Werkes vollendete Aufbau der Irrationalentheorie eine Schöpfung THEÄTETS. Wie die Leistungen dieser beiden Führer in dem neuen Vorstoßgebiet der griechischen Mathematik gegeneinander abzugrenzen sind, wird sich jetzt wohl nicht mehr feststellen lassen.[513a] Die Verdichtung der anfangs gewonnenen Einzeltatsachen zu dem allgemeinen Satz (EUKL. X, 9), daß zwei Größen, deren Quadrate sich wie zwei nichtquadratische Zahlen verhalten, inkommensurabel zueinander sind, muß noch für THEODOR von Kyrene in Anspruch genommen werden.[514] EUKLID hat die Klassifikation der irrationalen Linien vollendet und die Theorie durch Verbindung mit der Grundlegung des EUDOXOS abgeschlossen. Die scharfsinnige griechische Irrationalitätslehre tritt uns in seinem zehnten Buch in einer so großartigen, durch ihr geometrisches Gewand jetzt freilich äußerst befremdlichen Form entgegen, daß fast zwei Jahrtausende verstrichen, bevor auf dieser Grundlage weitergearbeitet wurde.[515]

513 *Mathematical Lectures read (1664—1666) in the public schooles at the University of Cambridge*, translated by JOHN KIRKBY, London 1734. Vgl. J. M. CHILD, *The geometrical Lectures of Isaak Barrow*, Chicago and London 1916. H. SCHOLZ[475], S. 49. — 513a Vgl. G. JUNGE[500], S. 17f. — 514 H. VOGT[499], Bibl. math. 10_3, 1909—1910, S. 110. — 515 Vgl. auch H. G. ZEUTHEN, *Sur la constitution des livres arithmétiques des Éléments d'Euclide et leur rapport à la question de l'irrationalité.* Overs. Vidensk. Selsk. Forh. Kjöbenh. 1910, S. 395—433. Ders., *Sur les connaissances géométriques des Grecs avant la réforme platonicienne de la géométrie*, ebenda 1913, S. 413—473. Ders., *Sur l'origine historique de la connaissance des quantités irrationelles*, ebenda 1915, S. 333—362. Ders. in *Die Kultur der Gegenwart* III, 1: *Die Mathematik im Altertum und Mittelalter*, Leipzig 1912, S. 33—50. H. VOGT, *Zur Entdeckungsgeschichte des Irrationalen*, Bibl. math. 14_3, 1914/15, S. 9—29. EVA SACHS, *De Theaeteto Atheniensi mathe-*

EUKLID behandelt, gemäß seiner geometrischen Auffassung, nur Irrationalitäten, die mit Zirkel und Lineal konstruierbar sind, die also — nach unserer algebraischen Ausdrucksweise — aus Quadratwurzeln, mehrfachen Quadratwurzeln (wie vierten Wurzeln usw.) oder additiven und multiplikativen Aggregaten derselben bestehen (vgl. S. 191 ff.). Ein Zahlbegriff ist nicht mit ihnen verbunden; es geht das aus EUKL. X, 7 auf das klarste hervor: *τὰ ἀσύμμετρα μεγέθη πρὸς ἄλληλα λόγον οὐκ ἔχει, ὃν ἀριθμὸς πρὸς ἀριθμόν.*[516] (Inkommensurable Größen verhalten sich nicht wie Zahlen zueinander.) Auch DIOPHANT (zweite Hälfte des dritten Jahrhunderts n. Chr.) erkennt solche Größen nicht als Zahlen an und läßt sie nicht als Wurzeln seiner quadratischen Gleichungen gelten, sondern legt den auftretenden Konstanten solche Beschränkungen auf, daß nur rationale Wurzeln möglich sind. Aufgabe 30 im ersten Buch seiner *Ἀριθμητικῶν βιβλία*[517] sucht zwei Zahlen zu bestimmen, deren Summe und Produkt gegebenen Größen gleich sei. Verwandeln wir seine Darstellung in die Form moderner Algebra, so löst er die Gleichungen

$$x + y = a \quad \text{und} \quad xy = b$$

durch die Werte $x = \frac{1}{2}a + \sqrt{(\frac{1}{2}a)^2 - b}$ und $y = \frac{1}{2}a - \sqrt{(\frac{1}{2}a)^2 - b}$. Diese Ausdrücke werden nur rational, wenn $(\frac{1}{2}a)^2 - b$ eine Quadratzahl ist; daher fügt DIOPHANT die notwendige Bedingung hinzu, daß „das Quadrat der halben Summe der Zahlen deren Produkt um ein Quadrat übertreffen muß".[518]

Liegt die Notwendigkeit vor, mit Irrationalitäten zu rechnen, wie in der Kreisberechnung des ARCHIMEDES, so treten als Ersatz Ungleichheiten ganzzahliger Verhältnisse ein, deren Grenzen immer enger zu ziehen die Kunst des Rechners ist.

Von einer Fortführung der Euklidischen Theorie durch APOLLONIOS von Perge (zwischen 250—200 v. Chr. in Alexandria, dann in Pergamon) weiß ein arabischer Gelehrter zu erzählen; es ist uns nicht mit Sicherheit bekannt, was für Leistungen das sind.[519]

Altindische Geometrie ist aber noch zu erwähnen. Der Quadratensatz am rechtwinkligen Dreieck, die Fundgrube des Irrationalen,[520]

---

matico, Inaug.-Diss., Berlin 1914, G. JUNGE[500], S. 17 ff. — **516** *Elementa*, ed. HEIBERG 3[399], S. 22, Z. 4—5. — **517** Ed. TANNERY[I 124], Leipzig 1893, S. 60—62; WERTHEIM (deutsch), Leipzig 1890[I 787], S. 35. — **518** Ed. TANNERY, S. 60, Z. 25; S. 62, Z. 2: *Δεῖ δὴ τῶν εὑρισκομένων τὸν ἀπὸ τοῦ ἡμίσεος τοῦ συναμφοτέρου τετράγωνον τοῦ ὑπ' αὐτῶν ὑπερέχειν τετραγώνῳ* (ähnlich in I, 31, 33; IV, 38, 40). — **519** G. JUNGE[500], S. 11, 26 f. — **520** Die Inder hatten für die irrationalen Wurzeln bereits in der Śulva-Sūtra (5—4. Jahrh. v. Chr. nach BÜRK[998]; vor dem 2. Jahrh. n. Chr. nach KAYE[I 122]) ein eigenes Fachwort: *caraṇī* (vgl. S. 12, 180). Vgl. B. DATTA,

ist ihr in Einzelbeispielen vor der Zeit des PYTHAGORAS, vielleicht schon im achten Jahrhundert v. Chr. bekannt gewesen (vgl. Band Geometrie).[521] Mindestens gleichzeitig mit PYTHAGORAS haben die alten Inder den allgemeinen Quadratensatz am rechtwinkligen Dreieck, wie seinen Sonderfall am gleichschenklig-rechtwinkligen bereits vollständig klar und bestimmt ausgesprochen, so daß also sicher auf diesem Gebiet die alten Inder nicht Schüler der Griechen sind. Aber umgekehrt auch nicht — ein himmelweiter Unterschied liegt zwischen beiden Behandlungsarten. Der Inder braucht seine Geometrie nur zu praktischen Bauzwecken. Opfer an die Götter sind nur gültig, wenn die Altäre gewisse uralte Flächenvorschriften aufweisen; diese muß der Baumeister, geleitet vom Priester, erfüllen. Sätze von der Flächenlehre gliedern sich zu einer Art Sakralgeometrie aneinander. Bei tastenden Versuchen fand man mehrere rechtwinklige Dreiecke mit ganzzahligen Seiten, bei denen der Quadratensatz zutrifft. Schnell ist der Inder zur Verallgemeinerung auf alle rechtwinkligen Dreiecke bereit; an einen Beweis irgendwelcher Art für seine Behauptung denkt er nicht im geringsten. In naiver Sicherheit konstruiert und rechnet er im allgemeinen Fall sorglos darauf los. Näherungswerte, merkwürdig genaue, deren Herkunft nicht bekannt ist, vielleicht babylonischen Ursprungs (vgl. S. 168), werden handwerksmäßig als genau verwendet. Von der unvollständigen Induktion des indischen Geistes hebt sich die streng deduktive Behandlung mathematischer Probleme in der griechischen Mathematik scharf ab. Das Irrationale hat der Inder nicht entdecken können: dazu gehörte die kritisch-philosophische Schulung des griechischen Genius. —

Diese hohe Einschätzung der griechischen Leistungen beeinträchtigt auch nicht, daß weit über ein Jahrtausend vorher die Ägypter und die Babylonier den Begriff der Quadratwurzel kannten, daß die Babylonier Näherungsberechnungen für sie anwandten, den pythagoreischen Lehrsatz verwerteten und quadratische Gleichungen lösten.[521a] Sicherlich flossen solche Kenntnisse nach Griechenland und Indien ab. Aber eine Theorie des Irrationalen entstand nur in der griechischen Mathematik.

Mit EUKLIDS Elementen übernahmen die Araber die griechische Irrationalitätslehre. Eingehend kommentiert ANNAIRĪZĪ (um 900 n. Chr.)

The Hindu contributions to mathematics. Bull. Math. Assoc. University of Allahabad, Vol. I/II (1927—29), S. (31). — [521] Vgl. H. VOGT, *Haben die alten Inder den Pythagoreischen Lehrsatz und das Irrationale gekannt?* Bibl. math. 7_3, 1906—1907, S. 6f. C. MÜLLER, *Die Mathematik der Sulvasûtra. Eine Studie zur Geschichte indischer Mathematik.* Abh. math. Semin. Hamburg, 7, 1930, S. 172—204. — [521a] Vgl. die Besprechung in den späteren Kapiteln.

das zehnte Buch EUKLIDS.[522] Diesem wird auch weiterhin regstes Interesse entgegengebracht.[523] Zu besserem Verständnis tragen die Zahlenbeispiele bei, die ein späterer Kommentator ABŪ MUḤAMMAD BEN 'ABD ALBĀQĪ ALBAGDĀDĪ (um 1100 n. Chr.)[524] den einzelnen Euklidischen Sätzen beifügt: das geometrische Gewand wird allmählich abgestreift und das reine Rechnen mit Wurzelgrößen beginnt. GERHARD von Cremona (1114—1187, Toledo) übersetzt den Kommentar des ANNAIRĪZĪ[522], er oder einer seiner Abschreiber fügt die Übersetzung des zweitgenannten Kommentators hinzu.[525] Wie weit das Rechnen mit irrationalen Zahlen bereits bei den Arabern ausgebildet war, können wir aus dem *Liber abbaci* (1228) des LEONARDO von Pisa abschätzen, dem die arabischen Quellen zu Gebote standen. LEONARDO erkennt die Wurzelgrößen, die er als *numeri surdi* (*surdus*; arabisch *aṣanun* = stumm, unaussprechbar) bezeichnet, schon so vollständig als Zahlen an, daß er bei Gleichungen irrationale Werte als Lösung zuläßt und sie durch Einsetzen als richtig nachweist, so bei den Beispielen, die wir in unserer Art schreiben:

$$x^2 = 2x + 6 \quad \text{mit der Lösung} \quad x = 1 + \sqrt{7},$$ [526]

$$(2x)^2 = 20 \quad \text{„ „ „} \quad x = \sqrt{5} \text{ u. a.}$$ [527]

Ja, er duldet innerhalb der Gleichung irrationale Koeffizienten, wie in:

$$x(x + \sqrt{10}) = 9x \quad \text{mit} \quad x = 9 - \sqrt{10},$$ [528]

$$x(x + \sqrt{10}) = 9x^2 \quad \text{mit} \quad x = \sqrt{\tfrac{10}{64}},$$

$$x(x + \sqrt{10}) = 20 \quad \text{mit} \quad x = \sqrt{10}.$$

Er bildet auch solche Gleichungen mit zwei Unbekannten:[529]

$$x + y = 10, \qquad x\sqrt{10} = y^2,$$

die er auf $x^2 - (20 + \sqrt{10})x + 100 = 0$ zurückführt und durch:

$$x = 10 + \sqrt{2\tfrac{1}{2}} - \sqrt{2\tfrac{1}{2} + \sqrt{1000}}, \quad y = \sqrt{2\tfrac{1}{2} + \sqrt{1000}} - \sqrt{2\tfrac{1}{2}}$$

auflöst.

Durch LEONARDOS wertvolles Buch und wahrscheinlich noch durch andere uns bis jetzt nicht bekannte Bearbeitungen arabischer Schriften, dann durch direktes Studium der Elemente EUKLIDS dringt

522 *Anaritius*, ed. CURTZE[400], S. 211—252. — 523 H. SUTER, *Über einige noch nicht sicher gestellte Autorennamen in den Übersetzungen des Gerhard von Cremona*, Bibl. math. 4_3, 1903, S. 22ff. — 524 H. SUTER, *Über den Kommentar des Muhammed ben 'Abdelbāqī zum zehnten Buche des Euklides*, Bibl. math. 7_3, 1906—1907, S. 234—251. — 525 *Anaritius*, ed. CURTZE[400], S. 252ff. — 526 *Scritti* I[130], S. 420, Z. 5 v. u. — 527 S. 422, Z. 18. — 528 S. 426 Mitte. — 529 S. 430, Z. 6ff.

das Irrationale zum Abendland. In einem Münchener Manuskript, das ein Frater Fridericus zwischen 1455 und 1464 geschrieben hat,[530] wird versichert: *Qui in surdis atque additis et diminutis et binomiis et residuis et lineis ceteris irrationalibus agere nescit, nihil in Arismetrica egregii nouit.* (Wer mit den surdischen Zahlen, ihrem Addieren und Subtrahieren, den Binomien und Residuen — vgl. Wurzellehre — und den anderen irrationalen Größen nicht umzugehen weiß, versteht in der Arithmetik nichts Besonderes.)[531] Frater Fridericus kommt beim Lösen einer angewandten Aufgabe mit ungeeigneten Zahlen auf die Gleichung

$$\frac{15}{x} + \frac{17}{x+3} = 7\,,$$

die die irrationale Lösung

$$x = \frac{11}{14} + \sqrt{\frac{1381}{196}}$$

liefert; er räumt ein, daß diese Lösung für die vorliegende Aufgabe, die ganze Zahlen verlange, keinen Wert hat, hebt aber hervor, daß die Gleichung durch Einsetzen des gefundenen Wertes befriedigt wird. Die Lösung bezeichnet er, wie Leonardo, als *numerus surdus*, fügt aber unter Berufung auf Euklid, lib. X, *ubi de his lineis irrationalibus agit*[532] (wo er von diesen irrationalen Linien handelt), hinzu: *Surdus numerus non est numerus. Nam numerus est, quem unitas mensurat* (die surdische Zahl ist keine Zahl; denn Zahl ist nur, was durch die Einheit gemessen wird).[533] Weniger scharf in der Aberkennung des Zahlencharakters ist Regiomontanus (1436 bis 1476) gegenüber den Irrationalitäten. Er nennt die rationalen Zahlen *numeri vulgares*, die irrationalen *numeri in potentia.* Im fünfzehnten Jahrhundert wird durch Einführung eines Wurzelzeichens ℞, das wir erstmalig bei Regiomontanus antreffen,[534] die Behandlung der Wurzelgrößen wesentlich erleichtert, besonders seitdem man durch Hinzufügen von Indizes auch höhere Wurzeln kurz anzudeuten lernte (vgl. Wurzellehre). Aus denselben Quellen, die Frater Fridericus kennt, schöpfen Nicolas Chuquet (1484 *Le Triparty*)[535] und Luca Pacioli (1494 *Summa*);[536] beide widmen der Wurzellehre größere Abschnitte ihrer Werke und fördern sie durch fortschreitende Arithmetisierung.

530 M. Curtze, Abh. Gesch. Math.[837] 7, 1895, S. 59—61. — 531 Daselbst S. 64, Z. 20—21. — 532 Daselbst S. 60, Z. 10. — 533 Daselbst S. 61, Z. 1. — 534 M. Curtze, Bibl. math. 1_3, 1900, S. 506. — 535 Teil II[119], S. 654—659, 693—736. — 536 *Summa*[118], Teil I, dist. 8, tract. 2—4, Bl. 115 v°—144 r°.

Auf viel höherem Standpunkt steht MICHAEL STIFEL (1486/87 bis 1567 Jena; protest. Prediger an verschiedenen Orten).[537] Selbst der griechischen Sprache nicht mächtig, arbeitete er die Elemente EUKLIDS im Originaltext mit Unterstützung gelehrter Freunde durch und machte besonders das zehnte Buch in so genialer Weise zu seinem geistigen Eigentum, daß sich ihm der wirkliche Zahlbegriff des Irrationalen erschloß. Gab PACIOLI nur die Sätze EUKLIDS in arithmetischer Form, so ging STIFEL über EUKLIDS zweite Wurzeln hinaus, indem er Irrationalitäten beliebig hoher Stufen definierte und deren mögliche Zusammensetzungen besprach. Er bezeichnet seine neuen Zahlen als *numeri irrationales*, und wenn er auch sagt: *irrationalis numerus non est numerus*, so meint er doch damit, wie aus den sich anschließenden Sätzen ohne Zweifel hervorgeht, sie seien keine Rationalzahlen.[538] Ihre Eigenschaft als Zahl erkennt er im Gegenteil so klar, daß er ihnen geradeso wie den Rationalzahlen einen bestimmten Platz in der Zahlenreihe anweist.[539]

Noch immer aber hatte der Irrationalitätsbegriff seine größte Allgemeinheit nicht erreicht. STIFEL und seine Zeit kannten als einziges Irrationalitätsproblem das Ziehen beliebig hoher Wurzeln — von der fernliegenden Kreisquadratur abgesehen — und das Rechnen mit ihnen innerhalb der vier Spezies. Der neue Zahlbegriff wuchs in der Theorie der Gleichungen zur allgemeinen algebraischen, dann zur transzendenten Zahl aus. Dazu verhalf ihm die Eröffnung neuer Gebiete der Mathematik, der analytischen Geometrie DESCARTES' (1637) einerseits, der Infinitesimalrechnung LEIBNIZ' und NEWTONS anderseits. DESCARTES stellte durch seine graphische Darstellung engste Verbindung zwischen Geometrie und Algebra her; die Irrationalitäten, die in der Geometrie völlig definiert sind, finden bei

537 *Arithmetica integra*[123], Nürnberg 1544, Buch II, Bl. 103—223; vgl. dazu CANTOR, 2[2], S. 438; P. TREUTLEIN, *Die deutsche Coß*[57], S. 44ff. — 538 *Ar. int.*[123], Bl. 103 r°, Z. 7 v. u.: *Sicut igitur infinitus numerus nō est numerus: sic irrationalis numerus non est uerus numerus, et latet sub quadam infinitatis nebula . . . Deinde, si numeri irrationales essent numeri ueri, tunc aut essent integri, aut essent fracti . . .* (Wie das Unendliche keine Zahl ist, so ist auch die Irrationalzahl keine wahre Zahl, sie verbirgt sich gleichsam hinter dem Nebel unendlicher Ferne. . . . Wenn die Irrationalzahlen wirkliche Zahlen wären, dann müßten sie entweder ganz oder gebrochen sein. . . .) — 539 *Ar. integr.*[123], Bl. 103 v° und 104 v°: *Item licet infiniti numeri fracti cadant inter quoslibet duos numeros immediatos, quemadmodum etiam infiniti numeri irrationales cadunt inter quoslibet duos numeros integros immediatos.* (Ebenso wie die unbestimmten Brüche zwischen zwei benachbarte ganze Zahlen fallen, so fallen auch die unbestimmten Irrationalzahlen zwischen zwei benachbarte ganze Zahlen.)

ihm dadurch ohne weiteres Anerkennung in der Zahlenlehre.[540] NEWTON ging in seinen Vorlesungen (etwa 1673) von dieser Identität zwischen Strecke und Zahl, als der Definition der letzteren, aus;[541] ihm schließen sich die Späteren ohne weiteres an, wie CHR. VON WOLFF in seinen zwischen 1713 und 1750 weit verbreiteten *Elementa*:[542] *Quidquid refertur ad unitatem ut linea recta ad aliam rectam, numerus dicitur.* (Was sich auf die Einheit bezieht, wie eine Strecke zu einer anderen, wird Zahl genannt.) Man suchte durch eine unendliche Reihe von Rechenschritten (etwa durch Dezimalbrüche oder Kettenbrüche) mittels rationaler Zahlen sich der festzulegenden Stelle auf der Zahlengeraden möglichst zu nähern, ja die irrationale Zahl durch den betreffenden Algorithmus geradezu zu definieren, unbekümmert um den unerläßlichen Nachweis, ob nun auch wirklich jedem solchen Algorithmus ein bestimmter Linienpunkt entspreche. G. CANTOR[543] hat 1872 zuerst gezeigt, daß ein derartiger Beweis überhaupt nicht möglich ist, daß vielmehr diese Zuordnung der Punkte einer Geraden zu der Zahlenreihe ein geometrisches Axiom ist. Daher sind in neuester Zeit rein arithmetische Definitionen des allgemeinen Zahlbegriffes gegeben worden, zuerst von K. WEIERSTRASS in seinen Vorlesungen über analytische Funktionen[544] auf Grund von Summenbildungen, dann von G. CANTOR 1872[545] mit Hilfe der sogenannten Fundamentalreihe und gleichzeitig von R. DEDEKIND,[509] der die Irrationalzahl als Schnitt zwischen zwei wohldefinierten Mengen einander ausschließender rationaler Zahlenmengen auffaßt.[546] (Vgl. S. 84—86.)

Innerhalb der irrationalen Zahlen entsteht der Unterschied zwischen algebraischen und transzendenten Zahlen. In der analytischen Geometrie trennte DESCARTES (1637) bereits die mechanischen Kurven, wie er unsere transzendenten Kurven nennt, von den übrigen ab.[547] Definiert hat diesen Begriff aber erst LEIBNIZ (1686): „Transzendente sind solche Größen, die durch keinerlei

540 Vgl. H. G. ZEUTHEN, *Geschichte der Mathematik im XVI. u. XVII. Jahrhundert*, deutsche Ausgabe v. R. MEYER, Abh. Gesch. Math. 17, 1903, S. 204 bis 205. — 541 *Arithmetica universalis, sive de compositione et resolutione arithmetica liber*, Cantabrigiae 1707, S. 3 (Vorlesungen NEWTONS 1673—1683, von W. WHISTON veröffentlicht). — 542 *Elementa Matheseos universae*[1494], Bd. I, Def. 8, S. 21. — 543 *Über die Ausdehnung eines Satzes aus der Theorie der trigonometrischen Reihen*, Math. Ann. 5, Leipzig 1872, S. 128. — 544 Erst 1872 durch E. KOSSACK veröffentlicht: *Die Elemente der Arithmetik*, Programm, Berlin, Werdersches Gymnasium. — 545 Math. Ann. 5[543], 1872, S. 123ff. — 546 Vgl. O. STOLZ, *Vorlesungen über allgemeine Arithmetik*, 2 Teile, Leipzig 1885—86, Bd. I, Abschn. VII, S. 97ff. O. STOLZ und J. A. GMEINER, *Theoretische Arithmetik*, Leipzig 1911—1915, II^2, S. 46ff. — 547 *Géométrie*[96], *Œuvres*[96] 6, S. 390.

Gleichungen bestimmten Grades erklärt werden, vielmehr über jede algebraische Gleichung hinausgehen."[548] Die endgültige Aufstellung und Erledigung des Problems ist erst im neunzehnten Jahrhundert vollzogen worden. Eine algebraische Zahl x wird definiert als Wurzel einer Gleichung

$$\alpha_n x^n + \alpha_{n-1} x^{n-1} + \alpha_{n-2} x^{n-2} + \ldots\ldots + \alpha_1 x + \alpha_0 = 0,$$

in der die α_i rationale Größen sind. Es fragt sich nun, ob es noch andere irrationale Zahlen gibt, die nicht einer solchen Gleichung genügen. Die Existenz solcher Zahlen wies zum erstenmal J. LIOUVILLE (1844)[549] auf Grund schwieriger Kettenbruchverfahren, einfacher später G. CANTOR (1874) nach.[550] Damit war der Unterschied zwischen algebraischen und transzendenten Zahlen auf das schärfste festgelegt.

Wir haben noch über die auftretenden Kunstwörter zu sprechen.

Die Pythagoreer nannten unsere irrationalen Quadratwurzeln *ἄῤῥητοι* (unaussprechbar), die rationalen Zahlen demgemäß *ῥητοί*; THEODOROS von Kyrene bildete neben diesen die neuen Fachwörter *σύμμετρος* und *οὐ σύμμετρος*, bzw. *ἀσύμμετρος* (meßbar — nicht meßbar). THEÄTET betrachtete neben den einfachen Quadratwurzeln auch Zusammensetzungen derselben, wie $\sqrt{a} \pm \sqrt{b}$, $\sqrt{\sqrt{a}}$, also Zahlen, die nicht mehr zum Quadrat erhoben (*δυνάμει*) rationale (*ῥητοί*) Zahlen liefern; er schuf für diese neue Zahlenart das Wort *ἄλογοι* und unterschied die bisher bekannten Zahlen in *ῥητοὶ μήκει* (ausdrückbar in der Länge), d. h. die rationalen Zahlen, und *ῥητοὶ δυνάμει* (ausdrückbar erst im Quadrat), d. h. die einfachen Quadratwurzeln. Das Wort *ἄῤῥητος* fällt demnach fort.[551] EUKLID folgte im Sprachgebrauch dem THEÄTET; behielt aber den Gegensatz *σύμμετρος* — *ἀσύμμετρος* bei, den THEODOROS geprägt hatte,[551a] so daß sein *ἀσύμμετρος* unserem irrational gleichwertig ist. Die

548 *De Geometria recondita et analysi indivisibilium atque infinitorum*, Act. Erud., Lips. 1686, S. 294, Z. 11 v. u. LEIBNIZ, *Werke*, ed. GERHARDT, 2. Abt., 1, Halle 1858[135], S. 228, Z. 4 v. u.: *Caeterum placet hoc loco, ut magis profutura dicamus, fontem aperire Transcendentium quantitatum, cur nimirum quaedam problemata neque sint plana ... aut ullius certi gradus, sed omnem aequationem Algebraicam transcendant.* — 549 Kurze Mitteilung in Compt. rend. Ac. sc. Paris, Bd. 18, 1844, S. 883—885; *Sur des classes très-étendues de quantités dont la valeur n'est ni algébrique, ni même réductible à des irrationnelles algébriques.* J. math. p. appl. Paris, Bd. XVI, 1851, S. 133ff. — 550 *Über eine Eigenschaft des Inbegriffes aller reellen algebraischen Zahlen.* J. r. ang. Math. 77, Berlin 1874, S. 258ff. — 551 H. VOGT, Bibl. math. 10_3[499], 1909—1910, S. 142—155. — 551a Vgl. G. JUNGE[500], S. 21ff.

späteren lateinischen Übersetzungen geben diese Unterscheidungen nicht immer scharf wieder. MARTIANUS CAPELLA (um 470 n. Chr.) übersetzt *ἄλογος* mit *irrationabilis*,[552] CASSIODORUS (475—570 n. Chr.) *σύμμετρος* — *ἀσύμμετρος* mit *rationalis* — *irrationalis*.[553] Für das Euklidische *σύμμετρος* sagt BOËTIUS (480—524) *commensurabilis*.[554] GERHARD von Cremona (1114—1187, Toledo), der aus dem Arabischen übersetzt, drückt denselben Begriff durch *communicans* aus; für das auch bei ihm vorkommende *irrationalis*[555] wählt er öfter, einem arabischen Kunstwort folgend, *surdus*.[556] LEONARDO von Pisa (1228, *Liber abbaci*) hat *communicans*, *ratiocinatus*, *inratiocinatus*, *inrationatus*[557] und vor allem *surdus*;[558] in seiner *Practica geometriae* kommt *rationabilis* vor.[559] Interessant ist bei ihm *riti*[560] für *ῥητοί*, das er wahrscheinlich in Konstantinopel mündlich kennen lernte.[561] BRADWARDINUS (1290?—1349; Oxford, London) gebraucht abwechselnd *assimetrus* und *irrationalis* (*Geometria speculativa*).[562] Wir finden *irrationalis* von N. ORESME (um 1323?—1382, zuletzt Bischof in Lisieux) im *Algorismus proportionum*[563] bevorzugt und ebenso bei ALBERT VON SACHSEN (1365 erster Rektor der Wiener Universität, † 1390 als Bischof von Halberstadt)[564] und anderen Scholastikern. *Surdus* kehrt im fünfzehnten und sechzehnten Jahrhundert oft wieder; so in RUDOLFFs *Coß* von 1525[565]. STIFEL verdeutscht es sogar und spricht von ſurdiſchen Zahlen. Bei beiden findet sich aber auch *rationalis* und *irrationalis*.[565]

Das Wort algebraisch im modernen Sinne stammt von LEIBNIZ. Die Kurven, die er in einer als Manuskript aufgefundenen Abhandlung, *Compendium quadraturae arithmeticae*, analytische nennt,[566] bezeichnet er 1684 in einem Aufsatz, *De Dimensionibus*

552 *De nuptiis*[1640], IX, S. 992. — 553 Ed. MIGNE, Bd. 70[1719], 1865, S. 1213, Z. 20 v. u: *Geometria dividitur in magnitudinem rationalem et irrationalem*; Z. 14 v. u.: *irrationales, quarum mensurae quantitas cognita non habetur.* — 554 *Inst. arithm.*[173] I, 18, 19, ed. FRIEDLEIN, S. 37, Z. 23, S. 39, Z. 14. — 555 *Anaritius*[400], ed. CURTZE, S. 214, Z. 6. — 556 *Anaritius*[400], ed. CURTZE, S. 253. *Liber trium fratrum*, ed. CURTZE[1272], S. 157. Auch in der Übersetzung der Algebra ALḪWĀRAZMĪs, *Liber Maumeti*[372], S. 269, 270. Betr. des arabischen Wortes für *surdus*, vgl. J. RUSKA[1187], S. 64 Anm. — 557 *Scritti* I[130], S. 356 und 357. — 558 *Scritti* I[130], S. 353, Z. 13. — 559 *Scritti* II[1694], S. 72, Z. 4. — 560 *Scritti* I[130], S. 356, Z. 29, 32. — 561 P. TANNERY, zitiert von G. ENESTRÖM, Bibl. math. 5_3, 1904, S. 415. — 562 CANTOR, 2^2, S. 117. — 563 *Algorismus Proportionum*[1999], ed. M. CURTZE, Berlin 1868, S. 13. — 564 *De proportione dyametri ad costam ejusdem*, Z. Math. Phys. 32, Leipzig 1887, Hist.-lit. Abt., z. B. S. 44, 6^a. — 565 RUDOLFFs *Coß*, 1525[1835], lib. I, cap. 7; STIFELs Neubearbeitung, 1553[1838], Bl. Ciiij v°. — 566 LEIBNIZ, *Werke*, ed. GERHARDT, 2. Abt., 1[135], Halle 1858, S. 103.

figurarum als algebraische;[567] das Wort ist bei ihm auch schon für 1682 nachweisbar.[568] Auch das Wort transzendent ist sein Eigentum (1682).[569] In deutschen Schriften kommt das Wort transzendent zuerst bei Chr. v. Wolff (1716) vor.[570] In der Verbindung transzendente und algebraische Funktionen lernen wir die beiden Wörter 1724 bei Johann Bernoulli I kennen.[571] Größere Verbreitung gewann diese Einteilung durch Eulers *Introductio* von 1748;[572] die algebraischen Funktionen teilt Euler weiter in rationale und irrationale ein.[573] Am eingehendsten und geschicktesten unter den älteren Lehrbüchern des neunzehnten Jahrhunderts wird der Unterschied zwischen transzendenten und algebraischen Funktionen in E. G. Fischers *Lehrbuch der Mathematik*[1454] (1824) klar gemacht.[574]

6. Die negativen Zahlen.

Wenn auch im Lehrsystem der Arithmetik die negativen Zahlen den gebrochenen vorangehen, so war doch der Gang der historischen Entwicklung umgekehrt. Rein negative Größen haben die Griechen noch nicht gekannt. Der erste, bei dem wir sie vermuten könnten, wäre Diophant von Alexandria (zweite Hälfte des dritten Jahrhunderts n. Chr.), derselbe, in dessen Werk wir zum erstenmal die Erweiterung des Zahlbegriffes von den ganzen zu den rationalen Zahlen fanden. Diophant unterscheidet zwar „hinzuzufügende" (*ὕπαρξις, ὑπάρχοντα*) und „abzuziehende" (*λεῖψις, λείποντα*) Zahlen; für die letzteren besitzt er sogar ein eigenes Zeichen ⋔ (vgl. S. 6). Ja, er gibt die Regel

567 Act. Erud., Leipzig 1684, S. 233; Leibniz, *Werke*, 2. Abt., 1[135], S. 123: ... *curvas ex illarum numero, quarum natura seu relatio inter ordinatam et abscissam per aequationem Algebraicam seu certi gradus exprimi potest, quas Cartesius appellat Geometricas, ego ob graves rationes Algebraicas appellare soleo.* ... (Kurven aus der Zahl derjenigen, deren Natur oder Beziehung zwischen Ordinate und Abszisse durch eine algebraische Gleichung, d. h. durch eine Gleichung bestimmten Grades ausgedrückt werden kann, pflege ich aus gewichtigen Gründen algebraische zu nennen.) — 568 Acta Erud. 1682, *De vera proportione circuli ad quadratum circumscriptum in numeris rationalibus*, S. 43, Z. 31; *Werke*, 2. Abt., 1[135], S. 119, Z. 3 v. u. — 569 Acta Erud. 1682[568], S. 43, Z. 28, 35, 36; *Werke*, 2. Abt., 1[135], S. 119, Z. 5 v. u. — 570 *Math. Lexikon*[164], Sp. 24. — 571 Acta Erud. 1724, S. 356, Überschrift, *Joh. Bernoulli methodus commoda et naturalis reducendi quadraturas transcendentes cujusvis gradus ad longitudines curvarum algebraicarum.* Joh. Bernoulli[197], *Opera* 2[197], S. 591; dann *Méthode pour trouver les tautochrones, dans des milieux résistans, comme le quarré de vîtesse*; Hist. Mém. math. phys. Ac. sc., Paris 1730 (1732), S. 79; *Opera* 3, S. 174, Déf. III. — 572 I, 1, § 7, S. 5[1259]. — 573 Daselbst S. 6. — 574 Vgl. besonders die *Anmerkungen zu seinem Lehrbuch der Mathematik*, 3 Hefte, Berlin 1820—1824, Buch V, S. 92ff.

für die Multiplikation von positiven und negativen Größen untereinander an. Nichtsdestoweniger ist ihm der abstrakte Begriff wirklicher negativer Zahlen fremd; er rechnet nur mit Differenzen, die einen positiven Wert haben, nie mit solchen, bei denen der Subtrahendus den Minuendus übersteigt. Noch klarer tritt dieser Mangel rein negativer Zahlen in der Behandlung der Gleichungen hervor. DIOPHANT sieht negative Lösungen durchaus als unstatthaft (*ἀδύνατος, ἄτοπος*) an; er trifft für die vorhandenen Koeffizienten derartige Bestimmungen (*προσδιορισμός*), daß Negatives vermieden wird.[575]

Auf einer viel höheren Stufe befindet sich das indische Rechnen (vgl. S. 10—14). Ein Pünktchen (BRAHMAGUPTA, geb. 598),[576] das über eine Zahl gesetzt wird, macht diese in ihren Rechnungen zu einer rein negativen. Im Bakhṣālibruchstück steht statt dessen ein Kreuzchen neben der Zahl,[577] das vielleicht ein Abkömmling des DIOPHANTschen ⋔ ist. Die Inder besitzen für positive und negative Größen sogar Wörter, die sich mit unserem „Vermögen", bzw. „Schulden" decken;[578] auch kennen sie die Erklärung durch den Gegensatz in der Richtung einer Strecke.[579] Sie rechnen mit den positiven und negativen Größen in allen Rechnungsarten,[580] die Doppeldeutigkeit einer Quadratwurzel ist ihnen nicht unbekannt. Von Quadratwurzeln aus negativen Zahlen sagt MAHĀVĪRĀ (um 830 n. Chr.): „Es liegt in der Natur der Sache, daß eine negative Größe kein Quadrat ist, also keine Quadratwurzel hat."[580] Bei Gleichungen lassen sie negative Lösungen zu, vernachlässigen sie freilich zuweilen mit der Begründung: „Absolute negative Zahlen werden von den Leuten nicht gebilligt."[581]

Auf diesen Höhepunkt erhob sich die abendländische Mathematik erst im sechzehnten und siebzehnten Jahrhundert. Bei den Arabern galten negative Lösungen für unzulässig, wie u. a. das Lehrbuch der Algebra von ALKARḪĪ (um 1010 n. Chr.; Bagdad) zeigt.[582] Auch LEONARDO von Pisa kennt keine negativen Gleichungswurzeln. Eine spezielle, schlecht gestellte Aufgabe aus der Gesellschaftsrechnung (in einer *Flos* betitelten Abhandlung etwa aus der Zeit

575 Vgl. DIOPHANT[I 124], I, 5, 6, 8, 9, 14, 16, 17, 20, 23, 24, II, 6; NESSELMANN[I 316], S. 311—312. — 576 Z. B. H. TH. COLEBROOKE[I 111], S. 352; G. R. KAYE[I 122], Tafel 26 (α), Nr. 4. — 577 Vgl. R. HOERNLE[I 115], S. 36 links, Z. 10. — 578 BHĀSKARA (geb. 1114), *Vījagaṇita*, ch. I, sect. II, 3, ed. COLEBROOKE[I 111], S. 131, Anm. 1. — 579 BHĀSKARA, *Līlāvatī*, ch. VI, 166, ed. COLEBROOKE[I 111], S. 71. — 580 Ed. RAṄGĀCĀRYA[I 114], S. 7f., 50.—52. — 581 BHĀSKARA, *Vījagaṇita*, ch. V, 140, ed. COLEBROOKE[I 111], S. 217; *People do not approve a negative absolute number*; vgl. CANTOR, 1^3, S. 622. — 582 *Extrait du Fakhrî*, éd. WOEPCKE[I 1325], Paris 1853, S. 11, letzter Abschnitt.

um 1225), die eine negative Lösung hätte, wird von ihm als *insolubilis* bezeichnet; allerdings fügt er hinzu, daß sie einen Sinn habe, wenn der in Rede stehende Anteil eines Gesellschafters eine Schuld sei.[583] Er rechnet vielmehr überall wie DIOPHANT ohne den wirklichen Begriff negativer Größen mit „hinzuzufügenden" (*addita*) und „abzuziehenden" (*diminuta*) Größen und kennt ebenso wie jener das allgemeine Multiplikationsgesetz für zwei Binome.[584] Ein Fortschritt ist bei dem Franzosen CHUQUET († um 1500; Lyon, Paris) zu verzeichnen in Aufgaben, die sich in einem Anhange zu seinem Werk *Le Triparty en la Science des Nombres* (1484) vorfinden. Bei einer von diesen handelt es sich um die Zerlegung der Zahl 20 nach gewissen Vorschriften; CHUQUET erhält als Lösung $-7\frac{3}{11}$ und $+27\frac{3}{11}$ und setzt nun die Richtigkeit seiner Auffassung über die Gültigkeit dieser Werte auseinander, obgleich „andere Autoren solche Zahlen für unmöglich hielten".[585] In einem schon früher (vgl. S. 76) erwähnten Beispiel 30, 20, 10, 0, -10 wird eine negative Lösung gleichwertig mit der Zahl 0 und positiven Werten angeführt. INITIUS ALGEBRAS, dessen Lebenszeit wie Wirken (etwa erstes Drittel des sechzehnten Jahrhunderts) noch unaufgeklärt ist, rechnet, wohl mehr unbewußt als bewußt, fast modern mit negativen Größen, ja sogar nur mit den Vorzeichen allein, wie unsere Schüler es zuweilen in der unzulässig ausgedrückten Regel $+ \cdot - = -$ machen (vgl. S. 26).[586] Zu besserer Klarheit ringt sich MICHAEL STIFEL (1486/87 — Jena 1567)[587] durch, wenn er auch, wie alle seine Landsleute, bei Gleichungen nur positive Wurzelwerte benutzt. STIFEL erklärt die negativen Zahlen oder, wie er sagt, die *absurden* Zahlen für kleiner als Null[588] und lehrt, daß die Zahl 0 sich in der Zahlenreihe mitten zwischen beiden Zahlenarten befinde.[589] Er rechnet mit negativen Zahlen in seiner

583 *Scritti* II[1694], S. 238, Z. 23: *Hanc quidem quaestionem insolubilem esse monstrabo, nisi concedatur primum hominem habere debitum.* — 584 *Liber abbaci* (1228); *Scritti* I[130], S. 369 unten. — 585 CHUQUET, *Triparty*[119], Anhang; Bulletino BONCOMPAGNI XIV, Rom 1881, S. 419, Aufg. 14: *Ainsi ce calcule est vray, que aulcuns tiannent Impo*$\underline{\text{ble}}$. — 586 Ed. M. CURTZE[63], Abh. Gesch. Math. 13, 1902, S. 445, Z. 1 v. u., S. 509, Anm. 1. — 587 Vgl. E. HOPPE, Unterrichtsbl. 32, 1926, S. 376—377. — 588 *Arithmetica integra*, 1544[128], Bl. 48 r⁰, Z. 2—3: *Finguntur numeri minores nihilo, ut sunt 0—3.* (Wir denken uns die Zahlen kleiner als Null, wie 0—3) und S. 249 r⁰, Z. 6—7 v. u.: *Finguntur ... numeri infra 0, id est, infra nihil* (Wir denken uns die Zahlen unter 0, d. i. unter Nichts). — 589 Daselbst Bl. 249 v⁰, Z. 5 ff.: *Si ille numerus à quo fieri debet subtractio, esset aequalis ei qui subtrahitur ... tunc relinqueretur 0 i. e. nihil* (*quod mediat inter numeros ueros et numeros absurdos*) (Wenn jene Zahl, von der die Subtraktion vorgenommen werden soll, gleich ist der, die abgezogen wird, dann würde 0 übrig bleiben, das ist Nichts, das zwischen den

Arithmetica integra (1544)[I 23] genau wie wir,[590] ist also weiter als CARDANO, STEVIN und viele Späteren. Negative Exponenten[591] hat nicht einmal DESCARTES. Durch die Anerkennung der negativen Zahlen vermag STIFEL die bis dahin immer streng geschiedenen Unterfälle der quadratischen Gleichung: $x^2 + ax = b$, $x^2 + b = ax$, $x^2 = ax + b$, wo a und b positive Zahlen sind, in die eine Form $x^2 = px + q$, p und q positiv oder negativ, zu bringen und einheitlich zu lösen (vgl. Bd. III, B. 4a). Natürlich weiß STIFEL, daß eine negative Zahl addieren dasselbe ist wie eine positive Zahl subtrahieren.[592] Sein Zeitgenosse, der Italiener G. CARDANO, äußert gelegentlich dasselbe,[593] läßt selbst negative Gleichungslösungen unter dem Namen *numeri ficti* (im Gegensatz zu *numeri veri*) zu; in ihrer Erklärung verhält er sich wie LEONARDO von Pisa.[594] Der Holländer S. STEVIN (1585, *L'Arithmétique*) weiß, daß es Gleichungen mit „Auflösungen durch Minus" gibt;[595] er benutzt die Kenntnis, daß negative Zahlen addieren dasselbe ist wie positive subtrahieren, zu einer weiteren Vereinfachung der STIFELschen Lösung der quadratischen Gleichung.[596] Wie weit entfernt indes die Mathematiker selbst am Schluß des sechzehnten Jahrhunderts noch von der Erkenntnis der Gleichwertigkeit der positiven und negativen Zahlen waren, dafür ist uns der große Algebraiker VIETA (1540—1603; Paris, franz. Staatsbeamter) ein Beispiel, der negative Gleichungslösungen noch grundsätzlich ausschließt,[597] und weiter der Engländer TH. HARRIOT (1560—1621, Oxford), der beweisen zu können glaubte, daß Gleichungen nur positive Wurzeln besitzen dürfen.[598] Ein Umschwung trat im siebzehnten Jahrhundert ein. PETER ROTHE (1608)[599] und

wirklichen und den ‚absurden' Zahlen in der Mitte liegt). — 590 Daselbst Fol. 250 r°, Z. 3 v. u.: *necesse erit ut additione minuantur, ut* -6 *ad* -4, *facit* -10. Fol. 250 r°, Z. 23: *Quando subtraho* -6 *de* -24, *tunc remanet* -18. Fol. 250 v°, Z. 12 f.: *Si enim* -24 *diuisum per* -6 *facit* $+4$, *ergo* $+4$ *&* -6 *inter se multiplicata, faciunt* -24. — 591 Daselbst Fol. 249 v°, Z. 11 v. u. Vgl. S. 156 u. — 592 Daselbst Fol. 250 v°, Z. 4—5: *Talis autem subtractio, est additio, in numeris absurdis.* — 593 *Ars magna*[280] 1545, fol. 39 v°; Basileae 1570, S. 78; *Opera* IV[I 558], S. 260 links. — 594 *Practica arithmetica* 1539[279], vgl. CANTOR, 2², S. 502; *Ars magna*[280], 1545, cap. I, § 5—6, S. 4—5; *Werke* 1663[I 558], IV, S. 223, wo für die Gleichung $x^3 = 12x + 16$ sowohl $x = 4$ als auch $x = -2$ zugelassen wird. Vgl. auch GLAISHER[115], S. 66 f.; § 47. — 595 STEVIN[I 23, II 139], I, S. 77, Abschnitt: *Des Solutions, que l'on peut faire par* —. — 596 Vgl. H. WIELEITNER, *Über die Fortschritte, die Simon Stevin in der Lösung der quadratischen Gleichung erzielte.* Sitzgsber. Phys. Med. Soc. Erlangen 58/59, 1926/27, S. 174. — 597 Vgl. CANTOR, 2², S. 636. — 598 HARRIOT, *Artis analyticae praxis*[66], sect. VI, probl. I, Lemma, S. 89—90; vgl. CANTOR, 2², S. 792. — 599 *Arithmetica philosophica* Oder schöne newe wolgegründte Überauskünstliche Rechnung der Coß oder Algebra, Nürnberg 1608, S. 16, Z. 1—12.

ALBERT GIRARD[600] (1629) mußten negative Lösungen als vollwertig annehmen, besonders bei Aufstellung der Sätze, daß jede Gleichung so viel Wurzeln besitzt, wie ihr Grad anzeigt, und daß die Gleichungskoeffizienten sich als symmetrische Funktionen verschieden hohen Grades aus den Wurzeln herstellen lassen. Ausdrücke bei GIRARD, wie 7— —2,[601] modern 7 − (− 2), bedeuten einen wesentlichen Fortschritt. Bei ihm wird auch die geometrische Deutung negativer Größen als entgegengesetzt gerichteter Strecken deutlich ausgesprochen. Bei der Aufgabe, durch einen Punkt der Halbierungslinie eines rechten Winkels eine Gerade so zu legen, daß die zwischen den Schenkeln befindliche Strecke eine bestimmte Größe hat, führt GIRARD als Unbekannte das auf dem einen Schenkel von einem bestimmten Punkte aus abgeschnittene Stück ein und erhält eine Gleichung vierten Grades, die er löst. Je nach dem erhaltenen Vorzeichen der Wurzel trägt er die berechnete Strecke von dem bestimmten Schenkelpunkt aus nach rechts oder links hin ab.[602] DESCARTES (*Géométrie* 1637)[603] folgt ihm hierin bei Ordinaten nach,[604] doch nutzt er diese Möglichkeiten nicht für negative Abszissen aus. Erst J. WALLIS (1616—1703; Oxford) machte 1656 umfassenden Gebrauch von negativen Ordinaten und Abszissen, so daß bei ihm Kurven auch im vierten Quadranten betrachtet werden.[605] Den Schritt, einem und demselben Buchstaben positiven und negativen Wert zu verleihen, tat 1657 JOHANN HUDDE (1628—1704, Amsterdam).[606] Bei DESCARTES hat noch jeder Buchstabe nur positiven Wert; soll einmal ein Buchstabe sowohl positiven wie negativen Wert haben können, so läßt DESCARTES überhaupt das Vorzeichen fort und setzt an seine Stelle einen Punkt[607] (vgl. S. 25). JOHN WALLIS[608] definierte die positiven und negativen Zahlen als einander entgegengesetzt wie Gewinn und Verlust; an anderer Stelle aber erkannte er sie auf Grund der Ungleichungen

---

600 *Invention nouv.*[123], E_4 u., Theorem. II. — 601 *Invention*[123], S. 𝔈j, Z. 8 v. u. — 602 Vgl. H. G. ZEUTHEN, *Gesch. Math. 16./17. Jahrh.*[540], S. 110. GIRARD, *Invention*[123], Bl. 𝔉 3 v⁰: *La solution par moins s'explique en Géométrie rétrogardant & le moins recule là où le + avance.* — 603 *Œuvres* 6[96], S. 383, Z. 27; S. 409—410. — 604 Daselbst S. 375. Vgl. H. WIELEITNER, *Geschichte der Mathematik* II, 2[161], S. 13. — 605 H. WIELEITNER, a. a. O., S. 21. A. PRAG, *John Wallis* (1616—1703), Quellen und Studien B 1, S. 403 unten. — 606 *De reductione aequationum*[339], *Epistola* I, *Regula* XI, S. 439, Z. 27: *Brevitatis causâ quantitatem cognitam* 2^{di} *termini, adfectam suis signis + & − vocabo p.* (Der Kürze halber werde ich die bekannte Größe des zweiten Gliedes mit ihrem Vorzeichen + oder − behaftet, *p* nennen.) — 607 *Géométrie, Œuvres* 6[96], S. 457, Z. 23—28. — 608 WALLIS, *Opera mathematica* I[204], S. 409, Prop. 104.

$$\frac{1}{4} < \frac{1}{3} < \frac{1}{2} < \frac{1}{1} < \frac{1}{0} < \frac{1}{-1} \cdots$$

für größer als unendlich.[608a] Zu Zweifeln, ob wirklich die negativen Zahlen kleiner als Null sind, führt auch die oberflächliche Betrachtung einer Proportion, wie

$$1 : -1 = -1 : 1,$$

gemäß der ein fallendes Verhältnis gleich einem steigenden sein müßte. Hier gaben erst Männer, wie ROLLE (1690),[609] NEWTON (1707),[610] LEIBNIZ (1712),[611] MACLAURIN (1748),[612] D'ALEMBERT (1751/1781),[613] die nötige Aufklärung. Noch CHRISTIAN VON WOLFF (1717)[614] kann sich von der Alleinherrschaft der positiven Größen nicht befreien und stellt die negativen Größen als *das Nichtvorhandensein der wahren Größen,* als selbst nicht wahre Größen hin. EULER (1755)[615] machte zuerst darauf aufmerksam, daß zwischen den positiven und negativen Größen ein zweifacher Zusammenhang, sowohl durch 0 als auch durch ∞ hindurch, besteht, so daß er die Ansicht STIFELs mit der von WALLIS in Übereinstimmung brachte.

Das achtzehnte Jahrhundert krankt daran, daß eine allgemein befriedigende Einführung der negativen Größen fehlt. Die Zeichen + und − werden beim Rechnen verwendet und dann ganz unvermittelt zur Bezeichnung positiver und negativer Zahlen benutzt. Man beachtet nicht die Notwendigkeit, die Zulässigkeit des Rechnens mit ihnen, wie die Multiplikationsgesetze, zu prüfen und zu beweisen. In diesem Gefühl der Unzulänglichkeit werden die negativen Größen von vielen kritischen Mathematikern des achtzehnten Jahrhunderts besonders in England zurückgewiesen, so von ROBERT SIMSON (1687 bis 1768, Glasgow),[616] F. MASÈRES (1758),[617] W. FREND (1796).[618]

608a *Arithmetica infinitorum*[108], *Opera* I, 409, pr. 104. — 609 M. ROLLE, *Traité d'algèbre, ou principes généraux pour résoudre les questions de mathématiques,* Paris 1690, Livre I, Observat., S. 14—22. — 610 *Arithmetica universalis*[541], 1707, S. 3. — 611 Act. Erud. 1712, S. 167—169: *Observatio, quod rationes sive proportiones non habeant locum circa quantitates nihilo minores; et de vero sensu methodi infinitesimalis;* LEIBNIZ, *Werke*, 2. Abt., 1[195], Halle 1858, S. 387—389. — 612 C. MACLAURIN, *A treatise of algebra*, London 1748, P. I, chap. 2, § 7, S. 6/7. — 613 Vgl. das Wort *négatif* in der *Encyclopédie ou Dictionnaire raisonnée des sciences, des arts et de métiers*, herausgeg. von D. DIDEROT und J. D'ALEMBERT, Paris 1751—1781; die mathematischen Beiträge auch gesondert in *Encyclopédie méthodique. Mathématiques*, I—III. Paris 1784—1789. — 614 CHR. v. WOLFF, *Elementa analyseos math.*[1494], 1717, § 18: *Sunt ideo quantitates privativae verarum, per quas intelliguntur, defectus; consequenter non quantitates verae.* — 615 EULER, *Institutiones calculi differentialis*[196], 1755, artic. 98—101, S. 87—90. — 616 CANTOR, 4, S. 80. — 617 Daselbst S. 80, 149. — 618 Daselbst S. 87.

Kant hat sich in einer Schrift von 1763 auch mit den negativen Zahlen, und zwar in fast moderner Weise, beschäftigt und sucht sie für die Philosophie nutzbar zu machen.[619] Erst das neunzehnte Jahrhundert — den Anfang machte G. S. Klügel 1795 in einem Aufsatz: *Über die Lehre von den entgegengesetzten Größen*[620] — brachte die Grundlegung der Arithmetik: der Zahlbegriff wird erweitert, um auch die negativen Zahlen aufzunehmen, das Rechnen mit ihnen scharf begründet. Martin Ohms Abhandlung, *Kritische Beleuchtung der Mathematik* (Berlin 1819), sein *Versuch eines vollkommen konsequenten Systems* der Mathematik (1822)[1684] brachen die Bahn; das Hauptverdienst in der Neugestaltung dieser Lehre gebührt Hermann Hankel (1839—1873).[621]

Die Fachwörter positiv und negativ sind ziemlich willkürlich einander gegenübergestellt. Ursprünglich waren es zwei gleichwertige Gegensätze *positiv* und *privativ*, bzw. *affirmativ* und *negativ*, die dem „Hinlegen und Wegnehmen", bzw. „Bejahen und Verneinen" entsprechen. Beide Paare, streng auseinandergehalten, finden sich schon in rein mathematischer Bedeutung in einem Sammelband von Manuskripten (Dresdener Codex C. 80), der, wie man nachgewiesen hat, in dem Besitze Widmans von Eger (s. o. S. 16) gewesen und vielleicht von diesem oder auf seine Anregung hin zusammengestellt worden ist.[622] Bei späteren Mathematikern fängt bald eine Vermischung der beiden Gegensatzpaare an. So spricht Initius Algebras (um 1524) von *quantitates additae ac diminutae*,[623] ferner von *numeri affirmativi vel privativi* und von quantitaten der negation vnd affirmation.[624] So erwähnt der Tübinger Professor Johannes Scheybl (1494 bis 1570) in der algebraischen Einleitung seiner Ausgabe der ersten sechs Bücher Euklids (1550)[68] das *signum affirmativum* und *privativum vel negativum*,[625] Petrus Ramus (1515—1572, Paris) sagt wieder folgerichtiger: *E duabus negatis fit affirmativus* (1569).[626] Denselben Gegensatz *affirmativus* — *negatus* benutzt Vieta 1591 in seiner *Isagoge*,[627]

619 *Versuch, den Begriff der negativen Größen in die Weltweisheit einzuführen.* Vgl. H. Breidenbach, *Kant und die negativen Zahlen*, Z. math. nat. Unterr. 55, 1924, S. 112—114. — **620** Arch. r. ang. Math. 1, Leipzig 1795, S. 309—319, 470—481. — **621** *Theorie der complexen Zahlensysteme, insbesondere der gemeinen imaginären Zahlen und der Hamiltonschen Quaternionen, nebst ihrer geometrischen Darstellung*, Leipzig 1867. — **622** Vgl. E. Wappler[43], *Geschichte der deutschen Algebra*, S. 31, Nr. 2. — **623** Diesen Gegensatz hat schon Leonardo von Pisa im *Liber abbaci* von 1228; *Scritti* I[30], S. 369 unten. — **624** Ed. M. Curtze[163], Abh. Gesch. Math. 13, 1902, S. 499. — **625** P. Treutlein, *Coß*[57], S. 39. — **626** *Scholae mathematicae*[1636], S. 269. — **627** *Isagoge*[70], VIII, 5.

dann OUGHTRED (1631)[628] und WALLIS (1657),[629] während bei KEPLER (1627)[630] und HARRIOT (1632) *positivus* — *privativus* bevorzugt wird.[631] Der uns so geläufig gewordene Gegensatz *positif* — *négatif* findet sich erstmalig bei einem Schüler VIETAS, DE BEAUGRAND (1638).[632] Bei DESCARTES kommen entsprechende Fachwörter überhaupt nicht vor; eine positive Gleichungswurzel nennt er *racine vraie*, eine negative *racine fausse.*[633] Oft treten als Ersatz auch ganz andere Wörter ein, wie bei NEPER (1650—1717) *abundantes* und *defectivi numeri.*[634]

In deutschen Schriften tritt positiv und negativ seit Beginn des achtzehnten Jahrhunderts auf (v. WOLFF 1716, *Math. Lexikon*[I64]). Sehr verschiedenartig sind die Verdeutschungsversuche. STIFEL (*Deutsche Arithmetica* 1545[I421]) gebraucht *zugesetzte* und *abgezogene* Zahlen. In STURMS *Mathesis* von 1707[I413] wird $+a$ mit *Sache*, $-a$ mit *Mangel* wiedergegeben. Besser sind KÄSTNERS Vorschläge (*Anfangsgründe*, 2. Aufl. 1764[I396]) *bejahend* und *verneinend*, die G. S. KLÜGEL[635] in *bejaht* und *verneint* umänderte. Das neunzehnte Jahrhundert nahm keinen dieser Verdeutschungsversuche an, ließ vielmehr den nicht folgerichtigen Gegensatz positiv-negativ zum allgemein angenommenen terminus technicus erstarren.

7. Die komplexen Zahlen.

Die imaginären Zahlen bilden in der Geschichte der Mathematik das Gegenstück zu den negativen Zahlen. Beide wurden bei ihrem ersten Auftreten als *unmögliche* Zahlen bezeichnet, mit beiden begann man, ohne sie anzuerkennen, mehr oder minder vorsichtig zu rechnen, wie uns DIOPHANT einerseits, CARDANO, BOMBELLI u. a. anderseits lehren, beiden verhalf die alle Erwartungen übertreffende Verwendbarkeit mit ihren unanfechtbaren Resultaten endlich zur völligen Anerkennung und geometrischen Deutung.

Das älteste Auftreten einer imaginären Wurzel ist dem griechischen Altertum zu entnehmen. HERON (erstes Jahrhundert v. Chr.), der einzige uns in seinen Schriften bekannte Vertreter der griechischen Geodäsie, d. i. der rechnenden Geometrie, gibt[636] bei Berechnung

628 *Clavis*[I680], S. 2: *affirmatio* — *negatio*, S. 7, Z. 6 v. u.: *adfirmata* — *negata*. — 629 WALLIS kennt auch *positivus* — *ablativus*, zieht aber *affirmativus* — *negativus* vor. Vgl. *Opera*, I[204], S. 70; *Mathesis universalis*[446], cap. XV. — 630 *Tabulae Rudolphinae*[I348], S. 9. — 631 Vgl. WALLIS, *Opera* II[I682], 1693, S. 138. — 632 *Œuvres* de DESCARTES, 5[144], Paris 1903, S. 504. — 633 *Œuvres* 6[96], S. 445. — 634 NEPER, *Descriptio* 1614[106], S. 5, Z. 1—3. — 635 *Analytische Trigonometrie*, Braunschweig 1770. — 636 HERON, *Stereometr.* I, 33 u. 34; *Opera* 5, *Heronis quae feruntur Stereometrica et de mensuris. Scholia*, ed. J. L. HEIBERG, Leipzig 1914, S. 34; vgl. S. 35, Z. 10.

eines Pyramidenstumpfes mit quadratischem Querschnitt in einem Beispiel für die Seiten des Grund- und Deckquadrates und für die schräge Kante falsch gewählte Zahlenwerte, die im Laufe der Rechnung zu einer Wurzel $\sqrt{81-144}$ führen. Unter Vernachlässigung des Vorzeichens rechnet er von hier ab mit $\sqrt{63}$ weiter; ob aus Versehen, ob in Nichterkenntnis der Unmöglichkeit, ist nicht klar. Aus DIOPHANTS Werken (zweite Hälfte des dritten Jahrhunderts n. Chr., Alexandria — *ἀριθμητικῶν βιβλία ϛ'*) wissen wir, daß die griechischen Arithmetiker ihren Gleichungen einen *προσδιορισμός*, eine Koeffizientenbeschränkung, auferlegten, um die für sie nicht geltenden Wurzelwerte zu vermeiden. Die bei quadratischen Gleichungen aufgestellte Bedingung, daß, etwa bei $\sqrt{\left(\frac{a}{2}\right)^2 - b}$, $\left(\frac{a}{2}\right)^2$ die Größe b um eine Quadratzahl übertreffen muß (vgl. S. 88, 97), schließt nicht nur Irrationalitäten, sondern zugleich auch negative und imaginäre Lösungen aus.

Sicher steht für die Inder fest, daß sie die Unmöglichkeit einer Quadratwurzel aus negativen Zahlen erkannt haben. Ähnlich wie MAHĀVĪRĀ (um 830 n. Chr.)[580] — vgl. S. 97 — sagt BHĀSKARA (geb. 1114): „Das Quadrat einer positiven oder einer negativen Größe ist positiv, und die Wurzel einer positiven Größe doppeldeutig, positiv und negativ. Es gibt aber keine Quadratwurzel aus einer negativen Größe; denn diese ist kein Quadrat."[637]

Die Araber hatten keine Veranlassung, solchen Fragen näher zu treten, da sie die Algebra mit einer geometrischen Methode verbanden, bei der naturgemäß imaginäre Größen nicht auftreten können. LEONARDO von Pisa (1228, *Liber abbaci*), der aus arabischen Quellen schöpft, hebt bei quadratischen Gleichungen ausdrücklich hervor, daß eine Lösung unmöglich ist, wenn $\left(\frac{a}{2}\right)^2 < b$ ist.[638] Dasselbe betont

637 BHĀSKARA, *Vījagaṇita*, ch. I, sect. II, 10; ed. COLEBROOKE[1111], S. 135: *The square of an affirmative or of a negative quantity is affirmative; and the root of an affirmative quantity is two-fold, positive and negative. There is no square-root of a negative quantity: for it is not a square.* — 638 *Scritti* I[130], S. 409, Z. 9—11: *Et cum occurrerit, quod census et numerus equentur radicibus, scias hoc fieri non posse, nisi numerus fiat equalis, uel minor quadrato medietatis radicum* (Wenn es sich trifft, daß x^2 und eine Konstante gleich einer Anzahl der x ist $[x^2 + b = ax]$, so wisse, daß dies nur möglich ist, wenn die Konstante gleich oder kleiner als das Quadrat der halben Anzahl der x $\left[\text{nämlich } \left(\frac{a}{2}\right)^2\right]$ ist).

Chuquet in dem *Triparty* von 1484[639] und Luca Pacioli in der *Summa* von 1494.[640]

Die wirkliche Geschichte dieser neuen Zahlen beginnt erst mit dem sechzehnten Jahrhundert bei den Schwierigkeiten, die sich im casus irreducibilis der Gleichungen dritten Grades ergaben.[641] G. Cardano (1501—1576; Mailand, Bologna, Rom) hatte von N. Tartaglia (1449? Brescia — 1557 Venedig) im Jahre 1539 die Lösung der kubischen Gleichung $x^3 + ax = b$, wo a und b positiv sind,

$$x = \sqrt[3]{\frac{b}{2} + \sqrt{\frac{b^2}{4} - \frac{a^3}{27}}} + \sqrt[3]{\frac{b}{2} - \sqrt{\frac{b^2}{4} - \frac{a^3}{27}}}$$

erhalten (vgl. Bd. III, B. 5. I). Den Fall $x^3 = ax + b$ löste er allein, kam aber natürlich in Schwierigkeiten, wenn $\frac{a^3}{27} > \frac{b^2}{4}$ ist. Eine Anfrage bei Tartaglia, was da zu machen sei, beantwortete dieser mit nichtssagenden Worten: er wußte eben sich selbst nicht zu helfen. Cardano vermied in seiner *Ars magna* von 1545,[280] in der bekanntlich die Lösung der kubischen Gleichung zum erstenmal veröffentlicht wurde, wie auch in seiner späteren Schrift *De regula Aliza*[642] von 1570 vorsichtig Aufgaben dieser Art. In der *Practica arithmeticae* von 1539[279] hielt er imaginäre Lösungen bei Besprechung der quadratischen Gleichung einfach für unmöglich.[643] Noch 1570, in der genannten Schrift *De regula Aliza*, erklärt er, daß es nach der gebräuchlichen Auffassung keine Wurzeln aus negativen Zahlen gibt.[644] Aber im 37. Kapitel seiner *Ars magna* von 1545[280] macht er den ersten Versuch, mit imaginären Wurzeln zu rechnen. Er will in einer Aufgabe die Zahl 40 so in zwei Faktoren spalten, daß deren Summe 10 beträgt, also in moderner Form die Gleichung $x(10 - x) = 40$ lösen. Dabei ergeben sich die beiden Werte $5 + \sqrt{-15}$ und $5 - \sqrt{-15}$; Cardano nennt diese Lösung *per radicem m.* Zur

639 Ed. Marre[I 19], S. 805. Chuquet findet bei dem Beispiel $4 + x^2 = 3x$ die Wurzel $x = \frac{3}{2} \pm \sqrt{2\frac{1}{4} - 4}$ und sagt: „*Il senß que ceste raiß est impossible*“. — 640 *Summa*, Venedig 1494[I 18], Teil I, Dist. 8, tract. 5, Bl. 147 v⁰. — 641 Vgl. zu dem Folgenden H. Wieleitner, *Zur Frühgeschichte des Imaginären*[293], S. 74 bis 88, die eine genaue Literaturangabe gibt. — 642 *Opus novum de proportionibus numerorum ... praeterea Artis magnae, sive de regulis algebraicis liber unus ... Item. De Aliza regula liber ... nunc demum in lucem edita*, Basileae 1570. — *Opera* IV[I 558], fol. 377—432. — 643 *Pract. Ar.*[279], cap. 49, § 4; Cardano, *Opera*[I 558], IV, S. 72. — 644 Ausgabe von 1570[642]. S. 15, Z. 4 v. u.: *℞p: est p: ℞m: quadrata nulla est iuxta usum communem* (die Quadratwurzel aus einer positiven Zahl ist positiv, die Quadratwurzel aus einer negativen Zahl ist keine nach dem allgemeinen Gebrauch). Vgl. G. Eneström, Bibl. Math. 13_3, 1912 bis 1913, S. 163.

Probe multipliziert er sie nach den üblichen Regeln miteinander und erhält tatsächlich 40, wie verlangt. Dieses gewagten Schrittes ist er sich anscheinend voll bewußt; denn er fügt hinzu, daß diese *radices minus* nur rein formale (*vere sophisticae*, ausgeklügelte, gekünstelte) Größen seien, die nicht unter den Gesetzen der Rechenoperationen ständen, auch keine Deutung zuließen[645] und macht den Unterschied *minus purum* und *minus sophisticum*.

Es ist wahrscheinlich gemacht worden,[646] daß diese Bemerkungen gar nicht Eigentum Cardanos sind. An der Universität Bologna wurde im 16. Jahrhundert ganz besonders die Mathematik gepflegt; im Mittelpunkt standen Untersuchungen über die kubische Gleichung, insbesondere über den *casus irreducibilis*. An hervorragender Stelle lehrte unter den dortigen Gelehrten der Ingenieur Rafael Bombelli: Von ihm erschien 1572 ein wichtiges Werk *L'Algebra*,[75] in dem Anweisungen über die Lösung des *casus irredicibilis* gegeben werden und in umfangreichem Maße mit imaginären Größen gerechnet wird. Der Druck erfolgte sehr verspätet; ein Exemplar des Manuskriptes, das jetzt noch in Bologna aufbewahrt wird, stammt aus der Zeit um 1550. Cardano war im Jahre 1543, also vor Erscheinen seiner *Ars magna* (1545), vorübergehend in Bologna, von 1562—1570 nahm er dort dauernden Aufenthalt. Die Vorarbeiten Bombellis werden 1543 schon im Gange gewesen sein; von ihnen erhielt Cardano aber wohl nur einige Andeutungen. Später, nach Studium der *Algebra* (1572) oder vorher schon nach Einsichtnahme des Manuskriptes bei seinem längeren Aufenthalt, schrieb Cardano selbst noch eine Abhandlung über die neuen imaginären Größen *Sermo de plus et minus*, die in seinem Nachlasse († 1576) gefunden, aber erst 1663[647] veröffentlicht wurde, eine recht verworrene, unfertige und wenig sachliche Besprechung des Bombellischen Rechnens, in die nur schwer Sinn hineinzubringen ist.[648]

Die Lösung Bombellis für den *casus irreducibilis* wird bei der Geschichte der kubischen Gleichung (Bd. III, B. 5. I.) zu besprechen sein. Die mathematische Schreibart des Druckes von 1572 ist, wohl zumeist aus technischen Gründen, eine andere als im Manuskript von 1550. Die (vgl. S. 34) als Klammern vom Drucker benutzten

645 *Ars magna*[280], cap. 37, S. 66, Z. 20: 5. p: ℞ m: 15. et 5. m: ℞ m: 15.: *quantitati, quae uere est sophistica, quoniam per eam, non ut in puro m: nec in alijs operationes exercere licet, nec uenari quid sit.* — 646 Durch P. Cossali 1799 und E. Bortolotti seit 1923. Die genaue Literatur bei Wieleitner[293], S. 75, Anm. 2, S. 77, Anm. 3. — 647 Cardano, *Opera* IV[1558], S. 435—439. — 648 Wieleitner[293], S. 85—87.

Zeichen L und ⅃ sind im Manuskript als ausführliche Strichanordnung vorhanden. $\sqrt[3]{52+\sqrt{-2209}}$ sieht im Manuskript folgendermaßen aus:[649]

$$R^3\,\underline{|52\,p.\,R\,\underline{|0\,m.\,2209|}|}$$

Bedauerlich, daß die glückliche Exponentenbezeichnung in R^3 im Druck fortfiel und eine Wiedererfindung (vgl. S. 185 ff.) nötig wurde. Im Druck steht

R. c. L 52 *p. di m. R. q.* 2209 ⅃

p. ist *più* (lat. plus), *m. meno* (lat. minus). Bombelli bezeichnet die neuen Wurzelgrößen, wenn sie addiert werden, mit *più di meno*, wenn sie subtrahiert werden, mit *meno di meno*, wohl ganz willkürlich,[650] und benutzt die Abkürzungen *p. di m. R. q.* und *m. di m. R. q.* oder kurz *p. di m.* und *m. di m.* wie Vorzeichen, so daß er schließlich *p. di m.* 2 und *m. di m.* 2 für unser $+2i$ und $-2i$ schreibt. Aus seinem umfangreichen Rechnen mit den neuen Größen leitet sich Bombelli, der mehr ein Praktiker, als ein theoretisch die Zulässigkeit prüfender Mathematiker ist, in glücklicher Weise Rechenregeln[651] ab. Die erste

più uia più di meno, fa più di meno

können wir wiedergeben mit $(+)\cdot(+i)=(+i)$,[652] die anderen sieben in derselben Umschrift

$$\begin{array}{ll} & (+i)\cdot(+i)=(-) \\ (-)\cdot(+i)=(-i) & (+i)\cdot(-i)=(+) \\ (+)\cdot(-i)=(-i) & (-i)\cdot(+i)=(+) \\ (-)\cdot(-i)=(+i) & (-i)\cdot(-i)=(-). \end{array}$$

Diesen Vorbereitungen folgt eine reiche Sammlung an Übungsbeispielen, von leichteren zu schwereren ansteigend, aber immer nur dritte Wurzeln aus komplexen Zahlen, wie er sie an der Ferroschen Formel kennengelernt hatte. Er multipliziert solche Wurzeln mit gleichartigen, mit sich selbst, mit den konjugierten Werten, so

S. 174, Z. 9: $\sqrt[3]{4-i\sqrt{6}}\cdot\sqrt[3]{2-i\sqrt{5}}$,

S. 174, Z. 26: $\sqrt[3]{3+i\sqrt{10}}\cdot\sqrt[3]{3-i\sqrt{10}}=\sqrt[3]{19}$,

S. 177, Z. 4 v. u.: $\left(\sqrt[3]{2+i}+\sqrt[3]{2-i}+2\right)^2$.

649 Wieleitner[293] gibt S. 78 den Abdruck nach einer Photographie Bortolottis. — 650 Wieleitner[293] S. 80 gegen Bortolotti, der Abkürzungen von *più radice di meno* und *meno radice di meno* annimmt. — 651 Bombelli, *L'Algebra*[75] S. 169 die letzten acht Zeilen. — 652 H. Wieleitner[293], S. 80.

Ein besonderer Abschnitt ist dem Dividieren gewidmet:

S. 186, Z. 26 f.: $\dfrac{\sqrt[3]{24} + i\sqrt[3]{48}}{2 + \sqrt{2}}$,

S. 187, Z. 5: $\dfrac{\sqrt[3]{2 + 11i} + \sqrt[3]{2 - 11i}}{\sqrt[3]{2}}$,

S. 187, Z. 11: $\dfrac{10}{\sqrt[3]{2 + 11i}}$,

S. 187, Z. 18 f.: $\dfrac{12}{\sqrt[3]{2 + 11i} + \sqrt[3]{2 - 11i}}$,

S. 189, Z. 13 f.: $\dfrac{\sqrt[3]{4 + i\sqrt{11}}}{\sqrt[3]{2 + i\sqrt{2}} - \sqrt[3]{2 - i\sqrt{2}}}$.

Dann folgt das Addieren, zunächst in einfacher Anordnung wie S. 190, Z. 15, 17: $8i + (-5i) = +3i$; $-12i + (-6i) = -18i$.

Schließlich bringt er aber Beispiele wie

S. 191, Z. 9 f.: $\sqrt[3]{4 + i\sqrt{11}} + \sqrt[3]{5 - i\sqrt{704}} = \sqrt[3]{72 - i\sqrt{2816}}$.

Jetzt gibt er Anwendung auf quadratische und kubische Gleichungen mit negativer Diskriminante: er löst u. a.

$x^2 + 20 = 8x$ mit $4 + 2i$ und $4 - 2i$,[653]

$x^3 = 15x + 4$ mit $\sqrt[3]{2 + 11i} + \sqrt[3]{2 - 11i} = 2 + i + 2 - i = 4$,[654]

$x^3 + 2 = 3x$ mit der Wurzel 1, 1, -2,[655]

bei gleichzeitiger Betrachtung von $x^3 - 2 = 3x$.

Über diese Versuchsperiode gelangte man bis zum Ende des achtzehnten Jahrhunderts nicht hinaus. Manche Algebraiker wie Vieta (1540—1603 Paris; Staatsbeamter) sprechen auch nicht einmal gelegentlich von imaginären Lösungen. Andere wie Stevin (1548—1620, Leiden) geben offen zu, daß man dieser Schwierigkeiten noch nicht Herr sei (1585).[656] Girard († 1633; Niederlande), der sie *solutions enveloppées* nennt,[657] kann nur mit ihrer Heranziehung seinen allgemeinen Satz aussprechen, daß eine Gleichung n^{ten} Grades n Wurzeln habe; er sieht aber ihre Berechtigung nur eben darin, daß solche Sätze in ihrer vollen Allgemeinheit aufrecht erhalten werden können.[658] Für die Gleichung $x^4 = 4x - 3$ gibt er die vier

653 *L'Algebra*[75], S. 262, Z. 10 v. u. ff. — 654 *L'Algebra*[75], S. 293, Z. 32 v. u. ff. — 655 *L'Algebra*[75], S. 301. — 656 Stevin[123], I, S. 71, Z. 3 v. u. ff. bis S. 72, Z. 11. — 657 *Invention*[123] 1629, Bl ℱ 1 v°. — 658 Daselbst, Bl. ℱ, Z. 6 v. u.: *On pourroit dire à quoy sert ces solutions qui sont impossibles, je respond pour*

Wurzeln an 1, 1, $-1+\sqrt{-2}$, $-1-\sqrt{-2}$ und stellt dabei die Beziehung auf $(-1+\sqrt{-2})\cdot(-1-\sqrt{-2}) = 3$.[659] Bei OUGHTRED (1631)[I680] werden imaginäre Wurzeln gar nicht erwähnt. DESCARTES, der schon vor GIRARD von imaginären Wurzeln wenigstens gesprochen hat,[660] gesteht in seiner *Géométrie* von 1637 unumwunden ein, daß man sich von solchen Größen noch keine Vorstellung machen könne.[661] WALLIS wollte die imaginäre Größe $\sqrt{-bc}$ als die mittlere Proportionale zwischen einer positiven und einer negativen Größe auffassen. Eine geometrische Darstellung (*Algebra* 1685)[662] gelang ihm nicht ganz befriedigend. Sie wurde jedenfalls nicht beachtet oder gar weitergeführt. Die 3 Wurzelwerte für $r^3 = \pm 8$ gibt WALLIS richtig an.[663] LEIBNIZ (1646—1716) berechnet

$$\sqrt{1+\sqrt{-3}}+\sqrt{1-\sqrt{-3}}=\sqrt{6}$$

bei der Lösung kubischer Gleichungen im Anschluß an das Studium BOMBELLIS (Sommer 1675)[664] und gibt die Beziehung:

$$x^4+a^4=\left(x+a\sqrt{-\sqrt{-1}}\right)\cdot\left(x-a\sqrt{-\sqrt{-1}}\right)\cdot\left(x+a\sqrt{\sqrt{-1}}\right)\cdot\left(x-a\sqrt{\sqrt{-1}}\right),$$

auf die er 1702 bei der Zerlegung eines Bruches in Partialbrüche kommt.[665] Sonderbar mutet uns die mystische Schilderung der imaginären Wurzeln an, die LEIBNIZ eine „feine und wunderbare Zuflucht des göttlichen Geistes, beinahe ein Zwitterwesen zwischen Sein und Nichtsein“ nennt.[666] Sehr wichtig ist eine in demselben

---

trois choses, pour la certitude de la reigle generale, & qu'il ny a point d'autre solutions, & pour son utilité usw. — **659** *Invention*[128], Bl. ꝼ r°. — **660** G. ENESTRÖM, Bibl. math. 6_3, 1905, S. 317. — **661** *Œuvres de* DESCARTES 6[96], S. 453, Z. 1 u. ... *mais qu'il n'y a quelquefois aucune quantité, qui corresponde à celles qu'on imagine* ... (... aber zunächst gibt es noch keine Größe, die unserer Vorstellung entspräche ...). — **662** *A treatise of algebra*[1682], Cap. 66—69, S. 264 bis 273; *Opera* II[1682], 1693, S. 286—295. Vgl. G. ENESTRÖM, Bibl. math. 7_3, 1906/07, S. 263—269; A. PRAG[605], S. 404—405. — **663** *Algebra*, Cap. 49, Lat. Ausgabe 1693, S. 193—194. — **664** Brief an HUYGENS (1675); LEIBNIZ, *Werke*, 3. Folge[121], 1. Abt., 2, Berl. 1850, S. 12. — **665** Acta Eruditorum, Leipzig 1702, *Specimen novum analyseos pro scientia infiniti circa summas et quadraturas*, S. 218 unten; *Werke*, 3. Folge, 2. Abt., I[135], S. 360, Z. 1—2. — **666** LEIBNIZ, *Werke*, 3. Folge, 2. Abt., I[135], S. 357: *Itaque elegans et mirabile effugium reperit in illo Analyseos miraculo, idealis mundi monstro, pene inter Ens et non-Ens Amphibio, quod radicem imaginariam appellamus;* vgl. auch *Mathesis universalis*, pars superior; LEIBNIZ, *Werke*, 3. Folge, 2. Abt., III[1786], S. 69: *Ex irrationalibus oriuntur quantitates impossibiles seu imaginariae, quarum mira est natura, et tamen non contemnenda utilitas; etsi enim ipsae per se aliquid impossibile significent, tamen non tantum ostendunt fontem impossibilitatis, et quomodo quaestio corrigi potuerit, ne esset impossibilis, sed etiam interventu ipsarum exprimi possunt quantitates reales.* (Den Wurzelgrößen

Jahre (1702) erschienene Abhandlung von JOHANN BERNOULLI I (1667 bis 1748 Basel), die zum erstenmal das Imaginäre auch in höhere Gebiete der Mathematik einführt, indem sie einen Zusammenhang zwischen dem Arcustangens und dem Logarithmus eines imaginären Argumentes herstellt.[667] Von solchen Logarithmen setzt 1712 LEIBNIZ auseinander, daß sie weder positiv noch negativ, daher allein imaginär sein könnten[611, 1458]. In der Theorie der Gleichungen hatte inzwischen NEWTON das Auftreten imaginärer Größen verfolgt und den Versuch gemacht, die Anzahl solcher Wurzeln für eine vorliegende Gleichung festzustellen,[668] Untersuchungen, die dann von anderen englischen Mathematikern, wie COLIN MACLAURIN (1727, 1729)[669] und G. CAMPBELL (1728)[670] weitergeführt wurden. 1714 fand ROGER COTES (1682—1716, Cambridge) bei der Zerlegung des Binoms $a^n \pm b^n$ (n eine positive ganze Zahl) den Zusammenhang zwischen der trigonometrischen und der Exponentialfunktion (veröffentlicht in der nach seinem Tode 1722 erschienenen *Harmonia mensurarum*).[671] EULER kannte bereits 1728 die Beziehung $i \log i = -\frac{\pi}{2}$ oder, was dasselbe ist, $i^i = e^{-\frac{\pi}{2}}$.[672] Nach anderer Richtung machte sich A. DE MOIVRE (1667—1754, franz. Emigrant, London) verdient. Es gelang ihm mit Hilfe trigonometrischer Funktionen, n^{te} Wurzeln zu ziehen, zunächst in speziellen Ausdrücken wie:

$$y = \sqrt[n]{a + bi} + \sqrt[n]{a - bi}.$$

entspringen die unmöglichen oder imaginären Größen, deren Eigenschaft wunderbar, deren Nutzen nicht zu verachten ist. Wenngleich sie an sich etwas Unmögliches bedeuten, zeigen sie nicht nur den Grund der Unmöglichkeit, sondern auch, wie die Aufgabe geändert werden kann, um nicht unmöglich zu sein; ja mit ihrer Hilfe können auch reelle Größen ausgedrückt werden.) — 667 *Solution d'un problème concernant le calcul intégral avec quelques abregées par raport à ce calcul*, Hist. Mém. math. phys. Ac. sc. Paris 1702 (1704), S. 289 bis 297; JOH. BERNOULLI, *Opera* I, 1742[197], S. 393—400; vgl. CANTOR, 3^2, S. 362. — 668 NEWTON, *Arithmetica universalis* 1707[541], S. 242ff. — 669 *Equations with impossible roots*, Phil. trans. R. Soc. Lond. 1726, Vol. 34, S. 104—112; *The roots of equations, with the demonstration of other rules in Algebra*, Phil. trans. R. Soc. Lond. 1729/30, Vol. 36, S. 59—96. — 670 *A method for determining the number of impossible roots in adfected equations*, Phil. trans. R. Soc. London 1728, Vol. 35, S. 515—531. — 671 *Harmonia mensurarum*, Cambridge 1722[361], S. 28. Vgl. Bd. VI in der Geschichte der höheren Reihen. — 672 Brief vom 10. XII. 1728, vgl. G. ENESTRÖM, Bibl. math. 13_2, 1899, S. 46 und Bibl. math. 4_3, 1903, S. 359. Vgl. R. C. ARCHIBALD, *Historical notes on the relation* $e^{-\frac{\pi}{2}} = i^i$. Americ. Math. Monthly 28, 1921, S. 116—121. FAGNANO hatte schon 1719 eine versteckte Andeutung gegeben. Genaueres bei O. RUPP, *Über die Analogie zwischen Kreis und Hyperbel mit Berücksichtigung neuer Quellen*,

1707[673] deutete er seine Entdeckung an Zahlenbeispielen an, die die Kenntnis der allgemeinen Formel, n ungerade,

$$(-1)^{\frac{n-1}{2}} \cdot \sin \varphi = \tfrac{1}{2} \sqrt[n]{\sin n \varphi + i \cos n \varphi} + \tfrac{1}{2} \sqrt[n]{\sin n \varphi - i \cos n \varphi}$$

verraten. Er spricht sich aber hier — wohl absichtlich, um seine Entdeckung für sich zu behalten — ebensowenig klar aus wie in seinen *Miscellanea analytica* von 1730,[674] wo er auf die Entwicklung

$$\cos \varphi = \tfrac{1}{2} (\cos n \varphi + i \sin n \varphi)^{\frac{1}{n}} + \tfrac{1}{2} (\cos n \varphi - i \sin n \varphi)^{\frac{1}{n}}$$

hindeutet. In einer Abhandlung von 1738[675] zieht DE MOIVRE auch einfache allgemeine Wurzeln von der Form $\sqrt[n]{a + b i}$ heran. Seine umständliche Lösungsvorschrift deckt sich nur inhaltlich mit dem jetzt nach ihm benannten Satz:

$$(\cos \alpha + i \sin \alpha)^n = \cos n \alpha + i \sin n \alpha .$$

Die heutige Fassung bringt erst L. EULER 1748;[676] ebenso verdankt man EULER auch ihren ersten endgültigen Beweis für positive und negative, rationale und irrationale n, den er 1749 mit Hilfe der Differentialrechnung liefert.[677] Der Name MOIVREsche Formel ist erst mit dem neunzehnten Jahrhundert allgemein üblich geworden,[678] nachdem CHR. v. WOLFF in einem Referat 1707 die Bezeichnung *Theorema Moivreanum* geprägt hatte.[679]

Schon 1739 war EULER auf einen Zusammenhang der trigonometrischen Funktionen mit der Funktion e^x gestoßen, indem er Formeln wie:

Arch. Gesch. Math. Nat. Techn. 13_4, 1930, S. 148ff. — 673 Phil. Trans. 25, 1707, No. 309, *Aequationum quarundam potestatis tertiae, quintae, septimae, nonae et superiorum ad infinitum usque pergenda, in terminis finitis, ad instar regularum pro Cubicis quae vocantur Cardani, resolutio analytica*, S. 2368—2371; vgl. A. v. BRAUNMÜHL, Bibl. math. 2_3, 1901, *Zur Geschichte der Entstehung des sogenannten Moivreschen Satzes*, S. 97ff. — 674 *Miscellanea analytica de seriebus et quadraturis*, London 1730, S. 1. — 675 *De reductione radicalium ad simpliciores terminos, seu de extrahenda radice quacunque data ex Binomio* $a + \sqrt{+b}$, *vel* $a + \sqrt{-b}$, Phil. Trans. 40, 1738, No. 451, S. 463—478. — 676 *Introductio*[1259], cap. VIII. — 677 Hist. Mém. Ac. Berlin, V, 1749 (1751): *Recherches sur les racines imaginaires des équations*, S. 267—268. — 678 A. L. CRELLE, *Lehrbuch der Elemente der Geometrie und der ebenen und sphärischen Trigonometrie*, Berlin, I, 1826, II, 1827; I, § 335; K. D. VON MÜNCHOW, *Grundlehren der ebenen und sphärischen Trigonometrie*, Bonn 1826, § 137, S. 217. — 679 *Acta Eruditorum* 1707, S. 88, Z. 3 v. u.

$$\frac{\pi\sqrt{-q}}{\sin(\pi\sqrt{-q})} = \frac{2e^{\pi\sqrt{q}}\cdot\pi\sqrt{q}}{e^{2\pi\sqrt{q}}-1},$$

$$\frac{\pi\sqrt{-q}}{\operatorname{tang}(\pi\sqrt{-q})} = \frac{\left(e^{2\pi\sqrt{q}}+1\right)\cdot\pi\sqrt{q}}{e^{2\pi\sqrt{q}}-1},$$

ableitete.[680] In einem Brief vom 18. X. 1740 teilt er JOHANN BERNOULLI I die Formel:

$$2\cos x = e^{x\sqrt{-1}} + e^{-x\sqrt{-1}}$$

mit.[681] Weitere Entdeckungen, die die Funktionen $\sin x$ und $\cos x$ schon klarer mit e^x verbinden, veröffentlichte er 1743.[682] Ihre endgültige Form $\cos\alpha + i\sin\alpha = e^{i\alpha}$, oder

$$\sin\alpha = \frac{e^{i\alpha}-e^{-i\alpha}}{2i}, \qquad \cos\alpha = \frac{e^{i\alpha}+e^{-i\alpha}}{2}$$

erhielten diese Beziehungen wieder erst in der *Introductio*[1259] von 1748.[683] 1743 hatte NIC. BERNOULLI (1687—1759)[684] und 1746 D'ALEMBERT (1717—1783; Paris, Akad.) den allgemeinen Satz ausgesprochen, daß jede Funktion von beliebig vielen Veränderlichen $x_n + y_n i$ stets auf die Form $p + qi$ gebracht werden könne.[685] Bündiger ist die Herleitung, die EULER 1749 für diesen Satz gab, indem er die Reihe der algebraischen Operationen, dann alle damals bekannten transzendenten Funktionen daraufhin einzeln behandelte.[686] Besonderes Interesse widmete EULER den Logarithmen imaginären Argumentes, einem Thema, das seit LEIBNIZ (vgl. S. 107) nicht zur Ruhe gekommen war; er wies nach, daß $\log a$ immer unendlich viele Werte besitzt, von denen nur dann einer reell ist, wenn a reell und größer oder gleich 0 ist.[687]

680 Comm. Ac. Petrop. 1740 (1750), XII, S. 66. — 681 G. ENESTRÖM, Bibl. math. 11_2, 1897, S. 48. — 682 *Miscellanea Berol.*, VII, 1743, S. 172ff. — 683 Daselbst[1259], cap. VIII. — 684 P. H. VON FUSS, *Correspondence math. et phys. de quelques célèbres géomètres du XVIII siècle*, Petersburg 1843, Bd. II, S. 703, Z. 5—12, Brief an EULER vom 6. IV. 1743: „*Concedatur (quod nemo negabit), omnem quantitatem imaginariam considerari posse instar functionis alicujus vel aggregati plurium functionum quantitatis vel quantitatum hanc formam habentium $b \pm \sqrt{-a}$, ubi b significat quantitatem realem vel o et a quantitatem realem affirmativam; jam vero omnes potestates, radices, functiones binomii $b \pm \sqrt{-a}$, et aggregata plurium ejus modi functionum, ad simile binomium reduci possum.*" Vgl. A. AGOSTINI, *Notizie Storiche sopra una proprietà dei numeri complessi*, Boll. dell' Unione Mat. Ital. 3, 1924, No. 3. — 685 *Recherches sur le calcul intégral; première partie. De l'intégration des fractions rationelles.* Hist. de l'Acad. d. Berlin 1746, Bd. II (1748), S. 195, Nr. 5: *Une fonction quelconque de tant et de telles grandeurs imaginaires, qu'on voudra, peut toujours être supposée égale à $p + q\sqrt{-1}$, p et q étant des quantités réelles.* — 686 Hist. Ac. Berlin, V, 1749 (1751), S. 265—288. Vgl. auch Anm. 1459. — 687 Daselbst S. 137—179.

Wir sehen aus dieser kurzen, natürlich nur die Hauptpunkte berührenden Übersicht, welchen großen Aufschwung das formale Rechnen mit imaginären Größen genommen hatte. Man muß die Wichtigkeit der erhaltenen Resultate, aber auch die Größe der Unbefangenheit bewundern, mit der man sich gestattete, die imaginären Größen ohne eigentliche Grundlage zu verwenden. Erst das Ende des achtzehnten Jahrhunderts brachte eine Wendung zu größerer Strenge. Der Versuch, die imaginären Größen geometrisch zu deuten,[687a] den WALLIS 1685 unternommen hatte[662] (vgl. S. 106), war nicht völlig gelungen. Es bedurfte mehr als eines Ansatzes, bis unsere heutige Anschauung von der komplexen Zahlenebene zur allgemeinen Geltung kam. Zum erstenmal ist die unter dem Namen GAUSS bekannte Darstellung komplexer Größen, wie man neuerdings gefunden hat, von dem Norweger CASPAR WESSEL (1745—1818, Feldmesser) vorgeschlagen worden; eine von ihm vollständig ausgearbeitete Theorie findet sich unter den Abhandlungen der dänischen Akademie von 1798 (verfaßt 1797, gedruckt 1799).[688] Spuren derselben geometrischen Deutung sind in der GAUSSschen Dissertation von 1799 enthalten; Andeutungen reichen bis vor 1796.[689] Ausführlich — und zum drittenmal unabhängig — hat 1806 J. R. ARGAND (geb. 1768 Genf) das gleiche Thema behandelt, aber in einem Werke,[690] das selbst in Frankreich wenig verbreitet war und erst 1874 durch einen Neudruck der Vergessenheit entrissen wurde. Gleichzeitig[691] hatte auch A. Q. BUÉE die von WALLIS[662] angeregte Anordnung verwertet, daß, wenn $+1$ und -1 von einem Punkte einer Geraden entgegengesetzt abgetragen werden, dann $\sqrt{-1}$ in demselben Punkte dazu senkrecht steht. Die ARGANDsche Theorie, die an Klarheit der Auffassung der Theorie WESSELs nachsteht,[692] tauchte noch einige Male auf; so, nicht unabhängig von ARGAND, bei J. F. FRANÇAIS (Lehrer an der Kriegsschule zu Metz),[693] dem gegenüber ARGAND sofort sein

687a Vgl. RUPP[672], S. 320ff.; PRAG[605], S. 403f. — 688 Vgl. Samling Danske Vidensk. Selskabs Skrifter (2), V, 1799, S. 496—518. Französische Übersetzung: *Essai sur la représentation analytique de la direction*, Copenhague 1897. — 689 Vgl. P. STÄCKEL, *C. F. Gauss als Geometer: Materialien für eine wissenschaftliche Biographie von Gauss*, hrsg. v. F. KLEIN, M. BRENDEL und L. SCHLESINGER, Bd. V, Leipzig 1918, S. 77—80; A. FRÄNKEL, *Zahlbegriff und Algebra bei Gauss, Materialien*, Bd. VIII, Leipzig 1920, S. 21ff. — 690 J. R. ARGAND, *Essai sur une manière de représenter les quantités imaginaires dans les constructions géométriques*, Paris 1806; Neudruck 1874 durch G. J. HOUËL (vgl. besonders das Vorwort von HOUËL). — 691 *P. I. Mémoire sur les quantités imaginaires*, Phil. Transact. London 1806, S. 27ff. — 692 Vgl. A. FRAENKEL[689], S. 37. — 693 *Nouveaux principes de géométrie de position, et interprétation géométrique des symboles imaginaires*, Ann. math. p. appl. 4, Nismes 1813—14, S. 61—71.

Vorrecht wahrte,[694] ferner in England bei JOHN WARREN,[695] dann wieder in Frankreich bei C. V. MOURREY.[695] Bei den zwei letzten Autoren läßt sich zunächst kein Zusammenhang mit ARGAND nachweisen. Aber zu weiterer Verbreitung gelangte die komplexe Zahlenebene erst durch GAUSS in seinem Fundamentalwerk *Theoria residuorum biquadraticorum II* (1832);[696] ein Brief von GAUSS an BESSEL aus dem Jahre 1811, gedruckt erst 1880, gibt bereits wichtige Ausführungen über den Gegenstand.[697] Ihr ist daher bis auf den heutigen Tag der Name der GAUSSschen Zahlenebene geblieben; die Vorarbeiten wurden gänzlich übersehen, wenn auch 1847 A. L. CAUCHY (1789—1857, Paris) bereits auf die Verdienste ARGANDs wiederum aufmerksam gemacht hatte,[698] dessen Theorie er aber 1844[699] anscheinend selbst noch nicht kannte.

Die hohe Bedeutung des GAUSSschen Werkes liegt darin, daß in ihm der allgemeine Begriff der komplexen Zahl streng aufgestellt und die Berechtigung seiner Anwendung für alle arithmetischen Operationen dargelegt wird. Die Bezeichnung „unmögliche Zahlen" weist GAUSS zurück. Nach seinen Untersuchungen in der Theorie der quadratischen Reste erzwangen vorzüglich die Arbeiten ABELs und JACOBIs über die elliptischen Funktionen die Anerkennung der komplexen Zahlen und die Ebenbürtigkeit der reellen und imaginären Größen. Nunmehr war die Grundlage geschaffen, auf die die gesamte Funktionentheorie und Größenlehre für ihre weitere Entwicklung sicher gestützt werden konnte.[700] Während GAUSS die Zuhilfenahme geometrischer Betrachtungen noch nicht vermeiden konnte, hat 1833 W. R. HAMILTON[701] die völlige Arithmetisierung der

---

694 Daselbst S. 135—147: *Essai sur une manière de représenter les quantités imaginaires, dans les constructions géométriques.* — 695 Nach HOUËLs Vorrede[690]. — 696 *Theoria residuorum biquadraticorum commentatio prima*, Comm. Gott. VI, 1828, *Werke* 2[I 756], S. 65—92; *commentatio secunda*, Comm. Gott. VII, 1832, *Werke* 2[I 756], S. 93—168. Vgl. GAUSS, Selbstanzeige, Gött. gel. Anzeigen, 1831, S. 628—638; GAUSS' *Werke*, 2[I 756], S. 175; P. STAECKEL[689], S 83; A. FRAENKEL[689], S. 26f. — 697 Vgl. P. STAECKEL[689], S. 81; A. FRAENKEL[689], S. 24. — 698 *Exercices*[698], 4, Paris 1847, S. 157, 213, 220. — 699 *Exercices d'Analysen et de Physique math.* 3, Paris 1844, S. 361ff. — 700 Vgl. W. BEMAN, *A chapter in the history of mathematics*, Proc. Americ. assoc. advanc. sc. 46, Detroit 1897, S. 33—50; derselbe, *Un chapitre de l'histoire des mathématiques*, Enseign. math. 1, 1899, S. 162—184. G. LORIA, *L'enigma dei numeri immaginari attraverso i secoli*, Scientia 21, Bologna 1917, S. 101—121; derselbe, *Lo spettro dell' immaginario in geometria*, Scientia 22, 1917, S. 3—15. — 701 *Theory of conjugate functions, or algebraic couples;* Trans. Irish Acad., 17 (1837), S. 293ff. (gelesen 4. Nov. 1833 und 1. Juni 1835); *Lectures on quaternions*, Dublin 1853, Vorrede, darnach DE MORGAN, *Trigonometry and double algebra*, London 1849.

komplexen Zahlen durchgeführt, die dann 1887 von L. KRONECKER[702] weitgehend verallgemeinert wurde.

Die Aufstellung des allgemeinsten Begriffes komplexer Zahlen ist eine Errungenschaft des neunzehnten Jahrhunderts allein. GAUSS hatte die Einheiten $+1$, -1, $+i$, $-i$, also die Wurzeln der Gleichung $x^4 - 1 = 0$, zugrunde gelegt. P. G. LEJEUNE DIRICHLET (1805—1859; Berlin, Göttingen) bildete die neue Lehre aus und schuf durch sie eine vollständige Zahlentheorie, die jener der reellen Zahlen entspricht.[703] Hatte darauf FRIEDRICH EISENSTEIN (1823 bis 1852, Berlin) die GAUSSschen Untersuchungen so abgeändert, daß er die Wurzeln der Gleichung $x^3 - 1 = 0$ als Grundeinheiten wählte, so gingen E. E. KUMMER (1810—1893; Breslau, Berlin) zu $x^n - 1 = 0$, R. DEDEKIND (1831—1916; Braunschweig) und L. KRONECKER (1823—1891, Berlin) sogar zu allgemeinen algebraischen Gleichungen über. Indessen hatte schon GAUSS dargelegt, daß der Zahlkörper seiner komplexen Zahlen für alle möglichen Gleichungen, deren Koeffizienten diesem Gebiete angehörten, nur wieder Zahlen desselben Gebietes lieferte. Außerdem ließ sich nachweisen (K. WEIERSTRASS in seinen Vorlesungen von 1863 an), daß im Reiche der hyperkomplexen Zahlen einzelne arithmetische Grundgesetze ihre Gültigkeit verlieren, so die assoziativen, kommutativen und distributiven Gesetze oder der Satz, daß ein Produkt nur verschwindet, wenn ein Faktor gleich Null ist.[704] Spezielle hyperkomplexe Zahlengebilde besitzen in Einzelgebieten immerhin ganz gute Verwertbarkeit, so die 1853 durch W. R. HAMILTON (1805—1865, Dublin)[701] eingeführten Quaternionen[705] in der Theorie der Vektoren und Tensoren. Die Theorie ganz allgemeiner extensiver Größen be-

---

702 *Ein Fundamentalsatz der allgemeinen Arithmetik*, J. r. ang. Math. 100 (1887), S. 490f. — 703 *Untersuchungen über die Theorie der complexen Zahlen*, Ber. Ak. Berlin, 1841, S. 141—161 = *Werke*, ed. L. KRONECKER, I, Berlin 1889, S. 509 bis 532, und Ber. Ak. Berlin, 1841, S. 190—194 = *Werke* I, S. 503—508. *Zur Theorie der complexen Einheiten*, Ber. Ak. Berlin, 1846, S. 103—107 = *Werke* I, S. 639 bis 644. — 704 K. WEIERSTRASS, *Zur Theorie der aus n-Haupteinheiten gebildeten complexen Größen*, Gött. Nachr. 1884, X, S. 395—419. Vgl. E. KOSSAK[544], *Elemente*, S. 24f.; H. HANKEL[621], S. 107; L. BIEBERBACH, *Zur Theorie der komplexen Zahlen*, Math. Ztschr. 2, 1918, S. 171—179. — Von der Unmöglichkeit, die arithmetischen Grundgesetze bei hyperkomplexen Zahlen aufrecht zu erhalten, scheint GAUSS auch schon Kenntnis gehabt zu haben; vgl. FRAENKEL[689], S. 47. — 705 GAUSS hatte bereits 1819 oder 1820 diese Quaternionen aufgestellt, wie aus seinem Nachlaß hervorgeht. vgl. Gött. gel. Anzeigen 1898, math.-phys. Klasse, S. 8, Anm. 1. Eingehende Darstellung der Quaternionen siehe bei HANKEL[621], Abschn. VIII—XI. Vgl. auch P. STAECKEL[689], S. 87—88.

handelt H. GRASSMANN 1844 und mit noch schärferer Grundlage 1862.[706]

Das für den Aufbau einer allgemeinen Algebra so wichtige Prinzip der Permanenz der formalen Rechengesetze stellte H. HANKEL 1867 auf; es lautet in seiner ursprünglichen Fassung:[707] *Wenn zwei in allgemeinen Zeichen der arithmetica universalis ausgedrückte Formen einander gleich sind, so sollen sie einander auch gleich bleiben, wenn die Zeichen aufhören, einfache Größen zu bezeichnen, und daher auch die Operationen einen irgendwelchen anderen Inhalt bekommen.*

An Einzelheiten ist nachzuholen:

Der erste, der einem einzelnen Buchstaben auch imaginäre Werte beilegte, war A. G. KÄSTNER, der in seinen *Anfangsgründen* von 1760 den Ausdruck $b + f\overset{a}{\sqrt{-1}}$ mit $b + f\pi$ bezeichnet.[708]

Der Buchstabe i für $\sqrt{-1}$ ist durch GAUSS (1801) Gemeingut geworden;[709] doch ist er nicht sein Eigentum. EULER benutzte ihn bereits 1777 (gedruckt 1794).[710] C. WESSEL[698] hatte dafür ε gewählt. Das i nahm nach GAUSS zuerst C. KRAMP 1808 auf.[711] CAUCHY gebrauchte i erst 1847.[699] Der Vorschlag, für $+i$ und $-i$ überhaupt neue Vorzeichen zu setzen, wurde zuerst von ARGAND[690] gemacht, drang aber nicht durch. Die Bezeichnung imaginäre Einheit ist von GAUSS gewählt,[712] ebenso auch laterale Einheit.[713] GAUSS legte überhaupt außerordentlichen Wert darauf, gerade hier die geeigneten Bezeichnungen aufzustellen.[714] Auch das Wort komplex

---

706 *Die lineale Ausdehnungslehre*, Leipzig 1844, 2. Aufl., Leipzig 1878; Neubearbeitung *Die Ausdehnungslehre*, Berlin 1862. — 707 HANKEL[621], Abschn. I, § 3: *Princip der Permanenz formaler Gesetze*, S. 11, Z. 25—29. Vgl. über die Vorgeschichte A. Voss, *Über das Wesen der Mathematik*, 2. Aufl., Leipzig 1913, S. 39. — 708 *Anfangsgründe der Analysis endlicher Größen*[356], 1. Aufl., Göttingen 1760, S. 133; 2. Aufl., Göttingen 1767, S. 136, § 265. — 709 *Disquisitiones arithmeticae*[1 1157], sect. VII, 337; GAUSS, *Werke*, 1[1 766], S. 414. — 710 L. EULER, *Institutiones calculi integralis* (1. Aufl., St. Petersburg 1768/69); 2. Aufl. Petersburg 1792/94, vol. IV, Petersb. 1794, S. 184 in einer daselbst abgedruckten Abhandlung *De formulis differentialibus* ... vom 5. Mai 1777 (deutsch von Jos. SALOMON, 4 Bde., Wien 1828—1830). — 711 C. KRAMP, *Élémens*[199], S. 19, Z. 11 v. u. — 712 *Theoria resid. biquadr.* II[696], *Werke*, 2[1 756], S. 102, Z. 2. — 713 Gött. gel. Anzeigen 1831[696], S. 638; *Werke*, 2[1 756], S. 178. — 714 GAUSS[696], *Werke*, 2[1 756], S. 110: *Difficultates, quibus theoria quantitatum imaginarium involuta putatur, ad magnam partem denominationibus parum idoneis originem traxerunt (quum adeo quidam usi sint nomine absono quantitatum impossibilium).* (Die Schwierigkeiten, in die die Theorie der imaginären Größen verwickelt ist, nahmen ihren Ausgang zum großen Teil in den wenig geeigneten Bezeichnungen; so gebrauchten sogar manche mit Vorliebe den häßlichen Namen ‚unmögliche' Größen.)

ist erst seit GAUSS (1831) ein fester Kunstausdruck;[715] bis dahin hatte man, GAUSS eingeschlossen, das Wort imaginär auch im weiteren Sinne gebraucht. Leider ist dies auch heute noch vielfach üblich, und man pflegt häufig für komplexe Zahlen ohne reellen Bestandteil rein imaginär zu sagen.

Der Gegensatz reell-imaginär erscheint zum erstenmal in DESCARTES' *Géométrie* 1637.[716] OUGHTRED (engl. Landpfarrer, 1574 bis 1660) nennt 1631 noch die negativen Wurzeln einer Gleichung *imaginariae*.[717] Imaginär dringt erst in der zweiten Hälfte des achtzehnten Jahrhunderts auch in die deutsch geschriebenen Schriften ein.[718]

Die Bezeichnung konjugiert (*conjugué*) für $a + bi$ und $a - bi$ stammt von A. L. CAUCHY (1821).[719] Von ARGAND (1814/15)[720] wurde für $\sqrt{a^2 + b^2}$ das Wort Modulus eingeführt, das aber erst durch CAUCHY Verbreitung fand.[721] K. WEIERSTRASS sagte dafür (in seinen Vorlesungen) besser absoluter Betrag, mit dem Symbol $|a + bi|$[95], da Modulus schon in der Logarithmenlehre gebraucht wird. Das

---

715 *Theoria resid. biquadrat.*[696], II, Abschn. 30; Gött. Comm., Vol. VII, 1828—31; GAUSS, *Werke*, 2[1756], S. 102: *Tales numeros vocabimus numeros integros complexos, ita quidem, ut reales complexis non opponantur, sed tamquam species sub his contineri censeantur.* (Solche Zahlen wollen wir ganze komplexe Zahlen nennen und zwar so, daß die reellen nicht den komplexen entgegengesetzt, sondern gleichsam als eine Unterart von ihnen aufgefaßt werden.) — 716 DESCARTES, *Œuvres*, 6[96], S. 453 u.: *Au reste, tant les vrayes racines que les fausses ne sont pas toujours réelles, mais quelquefois seulement imaginaires: c'est-à-dire qu'on peut bien tousiours en imaginer autant que i'ay dit en chaque Equation, mais qu'il n'y a quelquefois aucune quantité qui corresponde à celles qu'on imagine.* (Übrigens sind sowohl die wahren [positiven] wie die falschen [negativen] Wurzeln nicht immer ‚wirklich', sondern oft nur ‚denkbar'; d. h. man kann sich soviel denken, wie ich für jede Gleichung behauptet habe, aber es gibt nicht immer eine Größe, die denen entspricht, die man sich denkt.) In einer kleinen Schrift über graphische Lösung kubischer und biquadratischer Gleichungen aus den Jahren 1628—29 versteht DESCARTES unter *imaginariae* auch noch die negativen Wurzeln. *Œuvres*, 10[1842], S. 346, Z. 11. Ebenso in einem Brief aus 1619, *Œuvres*, 10, S. 157, Z. 6. — 717 Vgl. WALLIS, *Opera*, II[1682], *Algebra*, S. 72. — 718 Z. B. EULER, *Algebra*[165], St.-Petersburg 1770, I, § 143, S. 85: *imaginäre Zahlen.* J. A. CH. MICHELSEN, Berlin 1788, Übersetzung der EULERschen *Introductio*, hat nur noch selten *unmögliche Größen*, z. B. I. Vorwort, S. VIII, Z. 6 v. u., S. IX, Z. 12, sonst immer *imaginär*. — 719 *Cours d'analyse de l'école royale polytechnique. I. Partie: Analyse algébrique*, Paris 1821, cap. 7, § 1, S. 180. — 720 *Réflexions sur la nouvelle théorie des imaginaires; suivies d'une application à la démonstration d'un théorème d'analise*, Ann. math. pures et appl. 5, 1814/15, S. 208. — 721 *Cours d'analyse*[719], § 2, S. 183.

Quadrat hiervon ($a^2 + b^2$) nannte Gauss in der angeführten Schrift von 1828/32 Norm.[722]

Die Darstellung $a + bi = r (\cos\varphi + i \sin\varphi)$ erscheint zuerst bei Euler und d'Alembert; den Faktor $\cos\varphi + i \sin\varphi$ nennt Cauchy 1821 *expression réduite*,[721] M. Cantor 1855 Richtungskoeffizient.[723]

Die Ausdrücke *distributiv* und *commutativ* führt Servois (1814) ein.[724] Der Begriff *associativ* ist bei Hamilton in festem Gebrauch.[725]

D. Die algebraischen Operationen.

I. Addition, Subtraktion, Multiplikation, Division.

Die algebraischen Grundoperationen haben sich bei der Behandlung der Gleichungen entwickelt. Naturgemäß traten zunächst die Addition, Subtraktion und Multiplikation auf. Die Division von Polynomen erschien nicht vor dem sechzehnten Jahrhundert; sie stellte sich erst ein, als die Theorie der Gleichungen so weit vorgeschritten war, daß man durch Abspaltung von zusammengesetzten Faktoren Gleichungen höherer Grade auf solche niedrigeren Grades zurückzuführen suchte.

Diophant ist der älteste Schriftsteller (zweite Hälfte des dritten Jahrhunderts n. Chr.), bei dem wir die drei ersten Operationen in rein algebraischem Gewande antreffen. In der Einleitung seiner *Ἀριθμητικῶν βιβλία ϛ'* betonte er die Wichtigkeit dieser Vorübungen für jeden, der sich der Lehre von den Gleichungen widmen will: „Wesentlich ist es für den Anfänger in unserer Wissenschaft, sich in der Addition, Subtraktion und Multiplikation mit Zahlenausdrücken[763] zu üben, und zwar sowohl, wie man eine Reihe positiver und negativer Größen mit ungleichen Zahlenfaktoren zu anderen Ausdrücken addiert, seien diese rein positiv oder auch aus positiven und negativen Größen zusammengesetzt, als auch, wie man von einer Reihe positiver und negativer Größen andere Ausdrücke subtrahiert, die aus positiven oder aus positiven und negativen Größen bestehen."[726]

---

722 *Theoria resid. biquadr.* II[712]; *Werke*, 2[1756], S. 103, Z. 18. — 723 M. Cantor, *Grundzüge einer Elementararithmetik*, Heidelberg 1855. — 724 *Essai sur un nouveau mode d'exposition des principes du calcul différentiel*, Ann. de Math. p. et appl. 5, Nismes 1814/15, S. 98, Z. 11, 23. — 725 Z. B. *Lectures of quaternions*[701], Dublin 1853, S. 103, Z. 15 u. ö. — 726 Diophant, Def. X, ed. Tannery[1124], S. 14, Z. 3—10; ed. Wertheim[1787], S. 7: *Καλῶς οὖν ἔχει ἐναρχόμενον τῆς πραγματείας συνθέσει καὶ ἀφαιρέσει καὶ πολλαπλασιασμοῖς τοῖς περὶ τὰ εἴδη*

Im weiteren Verlauf des Werkes haben wir allen Grund, die Gewandtheit zu bewundern, mit der DIOPHANT selbst diese Operationen fortgesetzt vornimmt. Er kennt sonach die Addition und Subtraktion positiver und negativer Größen, selbstverständlich immer mit der Einschränkung, daß die Endresultate positiv bleiben, da er den Begriff rein negativer Größen (vgl. S. 96f.) nicht besitzt. DIOPHANT multipliziert aber auch Summen und Differenzen seiner „hinzuzufügenden" und „abzuziehenden" Zahlen miteinander und kommt dabei zur Aufstellung des allgemeinen Multiplikationsgesetzes: „Eine abzuziehende Zahl, mit einer abzuziehenden vervielfacht, gibt eine hinzuzufügende, eine abzuziehende Zahl mit einer hinzuzufügenden eine abzuziehende."[727]

Die Entstehung von DIOPHANTs rein algebraischem Rechnen, über das nach ihm weder die Inder noch die Araber noch die Mathematiker des Mittelalters bis zum Ende des fünfzehnten Jahrhunderts hinauskamen, ist nur wenig aufgeklärt. Algebraiker vor DIOPHANT sind uns nicht bekannt, wenigstens Schriften algebraischen Inhalts nicht erhalten, bis auf Bruchstücke auf dem Michiganpapyrus 620[3], der aber ebenso gut nachdiophantisch als vordiophantisch sein kann (vgl. Bd. III, B. 2.); vielleicht, daß einige Stellen in anderen Schriftstellern wie das „Epanthem" des THYMARIDAS (vgl. Bd. III) algebraisch zu verstehen sind. HERONs *Vermessungslehre* gibt Andeutungen (vgl. S. 133). Es scheint, als ob die Vorgeschichte griechischer Algebra in der geometrischen Behandlung der Zahlenlehre zu suchen sei, die bis in die Zeit der Altpythagoreer, vielleicht sogar bis Babylon hinaufreicht. Wir lernen diese geometrische Methode der älteren Griechen, soweit sie auf die vier Rechnungsarten Bezug hat, in EUKLIDs Elementen (um 325 v. Chr.), lib. II, 1—10 kennen. Aus ihnen können wir die folgenden algebraischen Sätze herauslesen:

1) $ab + ac + ad + \ldots\ldots = a(b + c + d + \ldots\ldots)$,

2) $(a + b)^2 = (a + b) \cdot a + (a + b) \cdot b$,

3) $(a + b) \cdot a = ab + a^2$,

4) $(a + b)^2 = a^2 + b^2 + 2ab$,

5) $ab + \left(\frac{a - b}{2}\right)^2 = \left(\frac{a + b}{2}\right)^2$,

γεγυμνάσθαι, καὶ πῶς εἴδη ὑπάρχοντα καὶ λείποντα μὴ ὁμοπληθῆ προσθῇς ἑτέροις εἴδεσιν, ἤτοι καὶ αὐτοῖς ὑπάρχουσιν, ἢ καὶ ὁμοίως ὑπάρχουσι καὶ λείπουσι, καὶ πῶς ἀπὸ ὑπαρχόντων εἰδῶν καὶ ἑτέρων λειπόντων ὑφέλῃς ἕτερα ἤτοι ὑπάρχοντα, ἢ καὶ ὁμοίως ὑπάρχοντα καὶ λείποντα. — **727** DIOPH., Def. IX, ed. TANNERY[1724], S. 12, Z. 19—21, ed. WERTHEIM[1787], S. 6: *Λεῖψις ἐπὶ λεῖψιν πολλαπλασιασθεῖσα ποιεῖ ὕπαρξιν, λεῖψις δὲ ἐπὶ ὕπαρξιν ποιεῖ λεῖψιν.*

$$6)\ (a+b)\cdot b+\tfrac{1}{4}a^2=\left(\frac{a}{2}+b\right)^2,$$

$$7)\ a^2+b^2=2ab+(a-b)^2,$$

$$8)\ 4ab+(a-b)^2=(a+b)^2,$$

$$9)\ a^2+b^2=2\cdot\left(\frac{a+b}{2}\right)^2+2\cdot\left(\frac{a-b}{2}\right)^2,$$

$$10)\ b^2+(a+b)^2=2\cdot\left(\frac{a}{2}\right)^2+2\cdot\left(\frac{a}{2}+b\right)^2.$$

Die geometrische Form von 4) ist uns aus dem modernen Schullehrstoff bekannt. Satz 1) lautet z. B. bei EUKLID: „Wenn zwei gerade Linien gegeben sind und die eine von ihnen in beliebig viel Teile zerschnitten wird, so ist das Rechteck aus beiden Geraden gleich den Rechtecken aus der ungeteilten Geraden und den einzelnen Abschnitten der anderen.“

Wir finden demnach in diesem Satze 1) das Multiplizieren von Polynomen mit Monomen angedeutet, aber auch das Herausnehmen eines den einzelnen Summanden gemeinsamen Faktors (Heraussetzen, Ausklammern). In der Vermutung, daß die älteren griechischen Mathematiker in dieser geometrischen Einkleidung rein algebraische Operationen vorzunehmen verstanden, werden wir dadurch bestärkt, daß ein arabischer Kommentator ANNAIRĪZĪ (ANARITIUS, um 900 n. Chr.) uns von HERON (Alexandria, erstes Jahrhundert v. Chr.) erzählt, er habe bereits feste Fachausdrücke für diese algebraischen Operationen (in der lateinischen Übersetzung: *compositio* = Klammerausmultiplizieren, *dissolutio* = Heraussetzen) besessen.[728] Feste Fachausdrücke bilden sich erst, wenn eine beträchtliche Zeit hindurch die ihnen zukommenden Operationen ständig ausgeführt worden sind.

Sicherlich sind diese zehn Sätze EUKLIDS nur eine Auswahl des zu seiner Zeit vorhandenen Bestandes. Er zog wohl nur jene Regeln heran, auf die er sich bei Ableitungen in späteren Sätzen seines Werkes zu beziehen hatte. Man wird nicht weit vom Richtigen entfernt sein, wenn man annimmt, daß in ähnlicher Weise die antike Mathematik weiter ausgebaut worden war, besonders nach PLATON, und sich auch andere allgemeine Sätze, wie $(a \pm b)\cdot(c \pm d)$ als geometrische Lehrsätze eingestellt hatten. Dadurch war ein geometrischer Algorithmus entstanden, der einen vollständigen Ersatz für die algebraische Analysis, wenigstens in der ersten Zeit, zu bieten vermochte;

728 *Anaritii commentarii*, ed. M. CURTZE[400], S. 89. Das deutsche Fachwort Heraussetzen erscheint erst im neunzehnten Jahrhundert, so bei M. OHM, *Die reine Elementarmathematik*, Berlin 1825/39, I, 1, S. 192. Ausklammern ist ein ganz junger Ausdruck.

aus ihm schälte sich allmählich die abstrakte algebraische Operation immer mehr heraus und machte sich endlich von der geometrischen Form ganz frei. Der Abschluß dieses Prozesses war bis zur Zeit DIOPHANTS (zweite Hälfte des dritten Jahrhunderts n. Chr.) erreicht. Doch kann der geschärfte Blick des Historikers schon aus EUKLIDS Elementen Beispiele der beginnenden, bzw. fortschreitenden Arithmetisierung herauslesen. Während im zweiten Buch noch streng an der geometrischen Form festgehalten wird, zeigt uns das siebente bis zehnte Buch erheblich stärkere arithmetische Züge; den Entwicklungsgang verraten aber noch die beigefügten Strecken, durch die die Zahlengrößen versinnbildet werden. Wörter wie „Flächenzahl" für ein Produkt zweier Zahlen, „Körperzahlen" für ein solches aus drei Faktoren sind aus offenbar geometrischen Fachwörtern zu arithmetischen Kunstausdrücken geworden. Ja, es werden, was die Geometrie nie vermag, Produkte aus mehr als drei Faktoren betrachtet. Der Hauptsatz der Multiplikation $a \cdot b = b \cdot a$ (EUKLID, lib. VII, 16) hat sich seines geometrischen Kleides fast ganz entledigt; er steht als abstraktes Theorem für zwei reine Zahlen vor uns. Weitere wichtige Belege für die hier geschilderte Entstehung der Diophantischen Algebra werden wir in der Lehre der quadratischen Gleichungen erhalten (vgl. Bd. III). Eine geometrische Lösung war wahrscheinlich schon vor EUKLIDS Zeit für sie entdeckt worden; vielleicht hatte bereits EUKLID (325 v. Chr.), sicher aber HERON (erstes Jahrhundert v. Chr.) eine einfache Rechenregel besessen, die aus der geometrischen Konstruktion abgeleitet war.[729] Vorgänger waren nach den neuesten Keilschriftfunden bereits die Babylonier (vgl. S. 10).

Einblick in die Gewandtheit, mit der DIOPHANT algebraisches Rechnen vornahm, gewinnen wir aus folgender in unseren Zeichen geschriebenen Zusammenstellung,[730] in der der links vom Gleichheitszeichen stehende Ausdruck die Ausgangsform, der rechtsstehende die Umwandlung DIOPHANTS angibt:

DIOPHANT IV. 25 $\frac{8}{x^2+x} + 1 = \frac{x^2+x+8}{x^2+x}$;

VI. 19 $\frac{2x^3+3x^2+x}{x^2+2x+1} + \frac{2x+1}{x+1} = \frac{2x^3+5x^2+4x+1}{x^2+2x+1}$;

VI. 21 $\frac{8}{(x^2-2)^3} + \frac{8}{(x^2-2)^2} + \frac{2}{x^2-2} = \frac{2x^4}{(x^2-2)^3}$;

729 HERON, *Vermessungslehre*, *Opera* III[1 308], S. 148. Vgl. H. G. ZEUTHEN, *Sur l'origine de l'algèbre*, Meddel. Kgl. Danske Vidensk. Selsk. (math.-fys.) II, 4 1919), 70 S. — 730 C. BÜSCHEL, *Die Arithmetik des Diophant von Alexandria*[1 947].

$$\text{IV. 36}\quad \frac{3x}{x-3}+\frac{4x}{x-4} = \frac{7x^2-24x}{x^2+12-7x};$$

$$\text{VI. 12}\quad \left(\frac{144}{x^4+900-60x^2}\right)\cdot 30+\frac{60}{x^2-30} = \frac{60x^2+2520}{x^4+900-60x^2};$$

$$\text{VI. 13}\quad \frac{96}{x^4+36-12x^2}-\frac{12}{6-x^2} = \frac{12x^2+24}{x^4+36-12x^2};$$

$$\text{IV. 36}\quad \frac{3x}{x-3}\cdot\frac{4x}{x-4} = \frac{12x^2}{x^2+12-7x}.$$

Ferner behandelt DIOPHANT folgende Proportionen:

$$\text{IV. 33}\quad (x+1):1 = (3x-1):\left(\frac{7x}{3}-1\right),$$

$$\left(\frac{7x}{3}-1\right)\cdot(x+1) = (3x-1)\cdot 1,$$

$$\frac{7x^2}{3}+\frac{4x}{3}-1 = 3x-1,$$

$$7x^2+4x = 9x,$$

$$x = \tfrac{5}{7};$$

$$\text{IV. 39}\quad (6x+12):(x^2-3) < 2:1,$$

$$(6x+12)\cdot 1 < (x^2-3)\cdot 2,$$

$$6x+12 < 2x^2-6,$$

$$6x+18 < 2x^2.$$

In IV. 36 (viertes Beispiel oben) führt DIOPHANT die Regel an: „Wenn man derartige Brüche addieren soll, so ist jeder Zähler mit dem Nenner des anderen Bruches zu multiplizieren. Gemeinschaftlicher Nenner wird das Produkt der beiden Nenner.“ In IV. 9 heißt es bei einem Ausdruck $4x^2+6x+2$, er sei eine zusammengesetzte Zahl, σύνϑετος ἀριϑμός, nämlich aus den Faktoren $(4x+2)$ und $(x+1)$. Danach verwandelt DIOPHANT $\frac{4x^2+6x+2}{x+1}$ in $4x+2$ und ähnlich in derselben Aufgabe $\frac{2x^3+5x^2+4x+1}{x^2+2x+1}$ in $2x+1$.

Neben den algebraischen Sätzen EUKLIDS (vgl. S. 119) kennt DIOPHANT noch die Bildung der dritten Potenz $(a \pm b)^3$, z. B. in IV. 27[I 124] (WERTHEIM[I 787], IV. 28) u. ö., ferner (III. 15) $a^2(a+1)^2 + a^2 + (a+1)^2 = (a^2+(a+1))^2$.

Die bekannte Identität

$$(a^2+b^2)(c^2+d^2) = (a^2c^2 \pm 2abcd + b^2d^2) + (a^2d^2 \mp 2abcd + b^2c^2)$$
$$= (ac \pm bd)^2 + (ad \mp bc)^2$$

findet sich auch schon bei ihm — III. 19[I 124] (WERTHEIM[I 787], III. 22) — und wird an dem Beispiel gezeigt $65 = 13\cdot 5 = (3^2+2^2)\cdot(2^2+1^2)$

$= (3 \cdot 2 \pm 2 \cdot 1)^2 + (3 \cdot 1 \mp 2 \cdot 2)^2$, woraus für 65 entweder $8^2 + 1^2$ oder $4^2 + 7^2$ folgt.[731]

Die Beziehung $(a + b + c)^2 = a^2 + b^2 + c^2 + 2ab + 2ac + 2bc$ erscheint in der ARCHIMEDES-Abhandlung über das Siebeneck, die in einer arabischen Übersetzung des ṮĀBIT IBN QURRAH (836 bis 901, Bagdad) erhalten ist.[732] Danach verfahren auch die Inder beim Quadrieren dreiziffriger Zahlen, wie 131^2, 132^2, 555^2, z. B. MAHĀVĪRĀ (um 830 n. Chr.).[733]

Man muß annehmen,[734] daß die Inder von Diophantischer Gleichungsbehandlung nicht unbeeinflußt waren. Nach indischen Quellen, später auch nach dem Diophantischen Originalwerk selbst, arbeiteten die Araber,[735] durch die das Wissen beider Völker in das Mittelalter hinübergerettet wurde. Bei LEONARDO von Pisa (1228, *Liber abbaci*) — und bei diesem liegt bestimmt arabische Anleihe vor — ist auch das zehnte Buch EUKLIDs des geometrischen Gewandes entkleidet, mit Ausnahme der Beweise. Er übernimmt die Diophantische Multiplikationsregel fast wörtlich[736] und wendet sie auf Aufgaben mit irrationalen Zahlen an, wie $(3 - \sqrt{5})\ (6 - \sqrt{20})$. Im Abendland wurde die Algebra erst langsam, dann aber schneller und schneller der Vervollkommnung entgegengeführt. Marksteine in dem weiteren Entwicklungsgange bildet die Behandlung der Gleichungen bei den deutschen Mathematikern des sechzehnten Jahrhunderts, die sogenannte *Coß* (S. 8, 139 ff.), in der die vier Rechnungsarten nicht mehr mit alleinigem Hinweis auf den Endzweck, die Lösung von Gleichungen, sondern als besondere Kapitel gelehrt wurden (S. 50),[737] dann vor allem die Einführung allgemeiner Buchstabenkoeffizienten durch VIETA (vgl. S. 53), die eine methodische Behandlung der vier Rechnungsarten einleitete. Als wichtig für die Anfangsperiode moderner Algebra sind weiter die Lehrbücher von OUGHTRED (*Clavis mathematicae* 1631[I 680]) und HARRIOT (*Artis analyticae praxis* 1631[66])

731 Übersetzung von WERTHEIM[I 787], S. 111; vgl. auch VI, 15, WERTHEIM S. 277. — 732 C. SCHOY, *Die trigonometrischen Lehren des persischen Astronomen Abu'l-Raiḥān Muh. ibn Aḥmed Al-Bīrūnī, dargestellt nach Al-Qānūn Al-Mas'ūdī.* Nach dem Tode des Verfassers herausgegeben von J. RUSKA und H. WIELEITNER, Hannover 1927, S. 81, Z. 15. — 733 Ed. RAṄGĀCĀRYA[I 114], S. 13. — 734 G. R. KAYE, *Indian Mathematics*[I 122], 1915, S. 16 f. — 735 MUHAMMED BEN MUSA, ed. ROSEN, S. 21 ff.[I 137]. Vgl. J. RUSKA[I 137], S. 113. — 736 *Scritti* I[130], S. 309 unten. — 737 GRAMMATEUS, Rechenbuch 1518[158a], Bl. Giij unter der Überschrift: Ain Algorithmus in gantzen/nutz den regeln Cosse; RUDOLFF, 1525, *Coß*[I 835], Buch I, Kap. 5, Bl. Dij; STIFEL, 1544, *Arithm. integra*[I 28], III. Buch; J. SCHEYBL, *Euclidis Megarensis ... sex libri priores*, 1750[68], ferner der französische Nachdruck *Algebrae compendiosa facilisque descriptio*, 1551[67] u. a.

zu nennen, die eine eingehende Darstellung sowohl der uns hier angehenden Elemente des algebraischen Rechnens als auch der damals bekannten weiteren Resultate in vollkommenerer Darstellungsform bieten.

Die geometrische Behandlung algebraischer Sätze wird getreu nach EUKLID bis in die neuere Zeit in den Lehrbüchern vorgeführt. Erst allmählich entstand ein Kampf gegen sie; sie wurden entweder, wie J. CH. STURM 1670[738] es macht, rücksichtslos in algebraische Form umgegossen oder schließlich in der Geometrie ganz unterdrückt. Treffend für die Entwicklung im sechzehnten und siebzehnten Jahrhundert sind die Worte, mit denen L. W. GILBERT 1798 in seinem Elementarbuch[739] gegen die mißbräuchliche Aufnahme solcher algebraisch-geometrischen Sätze sich wendet: „Sie sind jedesmal, besonders auf arithmetischem Wege (durch die einfachste Buchstabenrechnung) so leicht zu finden, daß es in der Tat unnötig und schädlich ist, mit ihnen die geometrischen Werke zu überfüllen. Sie haben in der geometrischen Analysis einen ähnlichen Nutzen, wie die Verwandlung einer Formel in die andere in der Buchstabenrechnung, und billig nimmt man daher diese bey jener zu Hilfe. CLAVIUS, GREGOR VON ST. VINCENZ und selbst TACQUET standen noch in der Meinung, die Regeln der Buchstabenrechnung müßten aus diesen geometrischen Sätzen abgeleitet und durch sie bewiesen werden; ein sonderbarer Wahn, welcher zeigt, wie sehr noch vor hundert Jahren die arithmetischen Wissenschaften in ihrer Kindheit lagen."

Über Einzelheiten ist noch besonders zu berichten:

In der Zusammenstellung der Euklidischen geometrisch-algebraischen Operationen fällt das Fehlen der Formel $(a+b)(a-b) = a^2 - b^2$ auf; sie kann aber abgeleitet werden aus Satz 8, S. 120: wenn man $a+b=u$ und $a-b=v$ setzt, wodurch $(u+v)(u-v)+v^2=u^2$ entsteht. In klar ausgesprochener Form finden wir sie erst bei JORDANUS NEMORARIUS († 1237?) im Buche *De numeris datis*:[740] *Quod fit ex composito in eorum differentiam, est quod addit quadratum majoris super quadratum minoris.* [Was aus der Summe $(a+b)$ und Differenz $(a-b)$ beim Multiplizieren $(a+b)\cdot(a-b)$ wird, das ist, was das Quadrat des Größeren hinzufügt über das Quadrat des

738 JOHANN CHRISTOPH STURM, Teutscher Archimedes, Nürnberg 1670[1611], S. 45ff. — 739 *Die Geometrie nach Legendre, v. Swinden, Gregorius a St. Vincentio und den Alten*, Teil I, Halle 1798, Buch III. Lehrsatz 11, Anm., S. 280. — 740 IV, 7, ed. CURTZE[1535], Z. Math. Phys. 36, 1891, Hist.-lit. Abt., S. 124, Z. 16.

Kleineren $(a^2 - b^2)$.] Aber dieser Satz ist JORDANUS so wenig geläufig, daß er ihn an anderer Stelle[741] bei der Aufgabe $x + y = 10$, $x^2 - y^2 = 80$ übersieht und nur auf umständlichem Wege zu einer Lösung kommt. In geometrischem Gewande kannte aber der jüdische Gelehrte ABRAHAM BAR CHIJJA, gen. SAVASORDA (um 1100 n. Chr., Barcelona) bereits die Beziehung $\frac{x^2 - y^2}{x + y} = x - y$.[742] Bei schärferem Hinsehen kann man indes unsere Formel doch im klassischen Altertum auffinden. BOËTIUS (480 Rom — 524 Pavia) gibt in seiner *Institutio arithmetica*[743] die Zahlenregel $a^2 = (a - b)(a + b) + b^2$, die sich mit unserer Formel deckt, und nennt sie *regula Nicomachi*. Bei NIKOMACHOS (100 n. Chr.) findet sich nun der Satz: „In einer stetigen arithmetischen Proportion ist das Quadrat des Mittelgliedes, vermindert um das Produkt der äußeren Glieder, gleich dem Quadrat der konstanten Differenz.“[744] Der Zusatz *καὶ τοὺς πολλοὺς λεληϑός* (von vielen übersehen) zeigt, daß NIKOMACHOS die Regel sich selbst zuschreibt. Die Zahlen 7, 5, 3 stehen in stetiger arithmetischer Proportion, da $7 - 5 = 5 - 3$; in der Tat ist, seinem Satze entsprechend, $5^2 - 7 \cdot 3 = 2^2$. Sind allgemein $(a + b)$, a, $(a - b)$ solche Zahlen, so findet man sofort in $a^2 - (a + b)(a - b) = b^2$ unseren gesuchten Satz.

In dem schweren Gewande irrationaler Größen $(a + \sqrt{b})(a - \sqrt{b})$ wird die Formel übrigens auch im 114. Satz des zehnten Buches der Euklidischen Elemente behandelt; allerdings werden Zweifel geäußert, ob diese letzten Sätze Nr. 112—115 in Buch X. echt sind.[745] Ausführlich wurde dieser 114. Satz von LEONARDO von Pisa (1228) wiedergegeben.[746]

Eine Zusammenstellung der Rechenregeln für alle vier Grundoperationen mit positiven und negativen Zahlen gibt der Italiener LUCA PACIOLI in seinem Lehrbuch, der *Summa* von 1494. Die Multiplikationsregeln stehen bei ihm in der Form kurzer Merksätze an erster Stelle:[747]

Piu via piu sempre fa piu	Plus mal Plus macht immer plus,
Meno via meno sempre fa piu	Minus mal Minus macht immer plus,
Piu via meno sempre fa meno	Plus mal Minus macht immer minus,
Meno via piu similiter anche meno.	Minus mal Plus ähnlich auch minus.

In gleicher Kürze folgen dann die Divisionsregeln[748] und nun

741 I, 14. — 742 *Liber embadorum*[1485], I, 18. — 743 Ed. FRIEDLEIN[178], S. 143. — 744 Ed. HOCHE[1728], S. 125. — 745 Vgl. EUCLID, ed. HEIBERG, 4, Leipzig 1885, S. 357 Anm. — 746 *Scritti* I[130], S. 371, Z. 3. — 747 *Summa*[118], dist. IX, tract. 1, Bl. 112 v⁰. — 748 Daselbst Bl. 113 v⁰.

erst diejenigen für die Addition[749] und Subtraktion.[750] Die Additionsregeln haben den Wortlaut:

Piu cō piu gionto fa sempre piu	Plus zu Plus addiert gibt immer plus,
Meno cō meno gionto fa ancor men.	Minus zu Minus addiert gibt auch minus,
Piu cō meno gionto sempre se abatte e fara la magiore denominatione	Plus zu Minus addiert zieht immer ab und gibt das Vorzeichen der größeren Zahl,
Meno cō piu quello medesimo che. p̄. cō. m̄.	Minus zu Plus (wird) ebenso (addiert), wie Plus zu Minus.

Noch kürzer werden diese Regeln, wenn die Worte Plus und Minus durch die Zeichen + und — ersetzt werden, wie das leider auch im modernen Schulunterricht noch zuweilen vorkommt. So verfährt eine lateinisch geschriebene, um 1500 entstandene Algebrahandschrift: *Regulę Cosę vel Algobrę*, die in Wien aufbewahrt wird,[751] und gibt daher die Additionsregeln in folgender Form:

$\left.\begin{matrix}+\text{ et }+\\-\text{ et }-\end{matrix}\right\rangle$ *facit* $\left.\begin{matrix}+\\-\end{matrix}\right\rangle$ *addatur non habendo respectu quis numerus sit superior Si fuerit* $\left\langle\begin{matrix}+\text{ et }-\\-\text{ et }+\end{matrix}\right\rangle$ *simpliciter subtrahatur brevior numerus a majori et residuo sua ascribatur nota.* $\left(\begin{matrix}+\text{ und }+\\-\text{ und }-\end{matrix}\right\rangle$ gibt $\left.\begin{matrix}+\\-\end{matrix}\right\rangle$; man addiere, ohne Rücksicht darauf zu nehmen, welches die größere Zahl sei. Wenn $\left\langle\begin{matrix}+\text{ und }-\\-\text{ und }+\end{matrix}\right\rangle$ vorliegt, so subtrahiere man einfach die kleinere Zahl von der größeren und gebe dem Rest das Zeichen der letzteren.) Ähnlich für die Subtraktion. Ganz kurz sind die Multiplikationsregeln:

+ *per* + *vel* — *per* — *surgit* +
+ *per* — *vel* — *per* + *crescit* —.

Initius Algebras (erstes Drittel des sechzehnten Jahrhunderts) faßt sie zusammen in: *univocum univoce ductum fuerit positivi* (!) (Gleichnamiges mit Gleichnamigem multipliziert gibt Positives).[752]

Der Wiener Gelehrte Chr. Rudolff (erste Hälfte des sechzehnten Jahrhunderts) benutzte in seinem Buche über die Coß (1525[1460]) das eben genannte Manuskript und übernahm aus ihm die obige Fassung.[753] In dem Rechenbuch eines anderen Wiener Gelehrten, des Grammateus (1518[158a]) — dem ersten deutschen gedruckten Lehrbuch, in dem

[749] Daselbst Bl. 114 r⁰. — [750] Daselbst Bl. 115 r⁰. — [751] Wiener Handschrift Nr. 5277, vgl. C. J. Gerhardt, *Zur Geschichte der Algebra in Deutschland*, Teil II, Monatsber. Ak. Berlin 1870, S. 143—147. Cantor 2², S. 240, 424. Die Handschrift hat der Verfasser einsehen können. — [752] Ed. Curtze[63], Abh. Gesch. Math. 13, 1902, S. 505. — [753] Rudolffs *Coß*, 1525[835], Buch I, Kap. 5 unter Addirn, Bl. Diij v⁰ usw.

Kapitel über Algebra veröffentlicht wurden — werden schon die Einzelregeln zu allgemeineren zusammengefaßt; so für das Addieren: So die zaichē anainander vngleich sein subtrahire alle mal das klainer von dem grössern vnnd zum übrigen setz der grössern zal zaichen.[754] Ein weiterer Fortschritt ist bei Stifel (1486/87—1567, lutherischer Prediger an verschiedenen Orten) zu verzeichnen, wenn er die für die Praxis bequeme Vorschrift gibt: Jch soll subtrahiren ... setz die angezeygte zal flugs hernach mit disem vorteyl. wa ich + hab / da setze jch —. vnd wa jch — hab / da setz ich +. so ist das subtrahiren geschehen.[755] Auf derselben Stufe steht Stifels allgemeine Multiplikationsregel: *Eadem signa ponunt signum additorum: diuersa uero signa ponunt signum subtractorum,*[756] die wir ähnlich schon oben bei Initius Algebras (um 1524) anführten.

Beweise für diese Regeln werden, entsprechend dem Charakter aller damaligen Lehrbücher, nicht gegeben. Luca Pacioli (*Summa* 1494[I 18]) versucht zwar die Multiplikationsregel zu erklären;[757] die meisten Verfasser lassen sich aber auch nicht einmal darauf ein. G. Cardano (1570) will sogar die Unrichtigkeit der Regel $-a \cdot -b = +ab$ beweisen.[758] Ch. Clavius (1537 Bamberg — 1612 Rom; Jesuit, zuletzt Lehrer der Math. im Ordenshause zu Rom), dessen *Algebra* (Rom 1608[72]) sich sehr eng Stifels *Arithmetica integra* (1544) anschließt, versteigt sich bei den Multiplikationsregeln algebraischer Größen zu dem Ausruf: „Auf eine Begründung dieser Regel bei der Multiplikation cossischer Zahlen und der Zeichen + und — scheint man verzichten zu müssen. Man hat es der Ohnmacht des menschlichen Geistes zuzuschreiben, daß er es nicht begreifen kann, warum dies richtig sei. An der Richtigkeit der gegebenen Multiplikationsvorschrift ist indes nicht zu zweifeln, da sie durch viele Beispiele erhärtet ist."[759]

Kein Versuch, die Zeichenregeln zu beweisen, konnte vor endgültiger befriedigender Definition der negativen Größen zum Ziele führen und diese erfolgte erst im neunzehnten Jahrhundert. Wir erwähnen einige aus der neueren Zeit, da sie im Unterricht zu-

---

754 Grammateus[I 58a] Bl. Giiij r⁰. — 755 Stifels Bearbeitung von Rudolffs *Coß*[I 338], Königsberg 1553, Bl. 72 r⁰, Z. 1—4. — 756 *Arithmetica integra*[I 23], Buch III, Bl. 238 r⁰, Z. 7—8. — 757 *Summa*[I 18], I, dist. VIII, tract. I, Bl. 113 r⁰ u. 113 v⁰. — 758 *De regula Aliza*, 1570[642], S. 46. Vgl. G. Eneström, Bibl. math. 11_3, 1910—1911, S. 165. — 759 Clavius, *Werke*[1630], Mainz 1612, Bd. II, Algebrae caput VI, letzte Zeilen, S. 17: *Causa autem huius rei in multiplicationem numerorum Cossicorum et signorum + et — reiicienda videtur: et debilitas ingenii humani accusanda, quod capere non potest, quo pacto id verum esse possit. Neque enim de ratione praedictae multiplicationis dubitandum est, cum illa per multa exempla sit confirmata.*

weilen Verwendung finden können. N. SAUNDERSON (1682—1739, Cambridge)[760] multipliziert 1740 die Glieder der arithmetischen Reihe 3, 0, $-$ 3 mit $+$ 4 und erhält, da die neuen Zahlen wieder eine arithmetische Reihe bilden müssen, 12, 0 und für das dritte Glied $-$ 12, so daß $-3\cdot+4=-12$ sein muß; multipliziert er nun mit $-$ 4, so erhält er ebenso $-$ 12, 0 und $+$ 12, also $-4\cdot-3=+12$. A. C. CLAIRAUT (1713—1765) setzt in seiner *Algebra* von 1746[761] in $(a-b)(c-d)=ac-bc-ad+bd$ sowohl a wie c gleich Null; dadurch bleibt $-b\cdot-d=+b\cdot d$. LAPLACE (1749—1827) geht 1795[762] von $-a\cdot(b-b)=0$ aus, zerlegt in $(-a\cdot+b)+(-a\cdot-b)=0$ und zeigt so, daß aus $-a\cdot+b=-ab$ auch $-a\cdot-b=+ab$ folgt.

Die Anordnung der Rechnung in der Ausführung der Multiplikation ist bei den Cossisten von der unsrigen nicht verschieden (vgl. den Anhang II in Bd. III, Nr. 28, 31c).

Was die Behandlung der Division bei algebraischen Ausdrücken betrifft, so erledigte sich diese, solange der Divisor ein Monom ist, nach der von LUCA PACIOLI gegebenen Regel.[763] Ist der Divisor zusammengesetzt, so treten Bruchformen auf, und diese unterliegen den gleichen Regeln, nach denen die gewöhnlichen Brüche des gemeinen Rechnens behandelt werden. Vielfach haben die Cossisten des sechzehnten Jahrhunderts diesen algebraischen Brüchen besondere Kapitel gewidmet; so GRAMMATEUS (1518),[764] RUDOLFF (1525),[765] STIFEL (1544).[766] In diesen werden die vier Rechnungsarten in Brüchen gelehrt, dabei auch das Heben durch einzelne Zahlen oder einzelne Potenzen der Unbekannten. Die wirkliche Ausführung einer Divisionsaufgabe, in der Dividendus und Divisor Polynome sind, ist bei den älteren Cossisten, wie GRAMMATEUS (1518[I 58a]), RUDOLFF (1525[835]), nicht nachzuweisen. Sie scheint eine der vielen Ergänzungen zu sein, die MICHAEL STIFEL der Elementaralgebra hinzufügte. In seinen Beispielen aus der *Arithmetica integra* (1544),[767] wie der Neuausgabe der RUDOLFFschen *Coß* (1553),[768] be-

760 *Elements of Algebra*, Cambridge 1740, I, Art. 6, deutsch von JOH. PHIL. GRÜSON I, S. 113 nach FL. CAJORI in CANTOR 4[1], S. 83. — 761 *Éléments d'algèbre*, Paris 1746, I, Art. 60, S. 69. — 762 *Leçons de mathématiques, données à l'École Normale en 1795*, J. Éc. Polyt., 7—8 cah., T. II, Paris 1812, S. 30. — 763 DIOPHANT hatte diese Regeln für die Division nicht ausdrücklich gegeben, weil sie, wie er meinte, dem Schüler schon aus den vorgetragenen Multiplikationsregeln klar sein müssen; vgl. NESSELMANN[I 316], S. 288. — 764 GRAMMATEUS, Bl. Hij[I 58a]: Ain algorithmus in brůchen dienendt den regeln Cosse. — 765 *Coß*[835], Buch I, Kap. 6 (Bl. C v°): Lernt algorithmum de additis et diminutis in prüchen. — 766 *Arithmetica integra*[I 23], III, Bl. 239 v°: *De minutiis numerorum cossicorum.* — 767 *Arithm. integra*[23], III, S. 239. — 768 Bl. 74ff.[I 338].

fremdet uns noch die der damaligen Zeit eigentümliche Art des Dividierens, das sog. Überwärtsdividieren (vgl. Bd. I, S. 106f.). Da der Portugiese PEDRO NUÑEZ (1502—1577) in seiner *Algebra* von 1567[769] das heutige Unterwärtsdividieren bevorzugt, haben seine Rechnungen durchaus modernes Aussehen (siehe Bd. III, Anh. II, Nr. 54), ebenso die Aufgaben, die WALLIS[770] in Anlehnung an OUGHTRED (1574—1660, Pfarrer in einem englischen Landort) vorführt.[771] Mit solchen Divisionen sucht SIMON STEVIN (1548 Brügge — 1620 Leiden; Kaufmann, später im Staatsdienst als Ingenieur) in dem 1585 gedruckten Werk: *L'arithmétique contenant les computations des nombres arithm. ou vulgaires* usw.[772] den gemeinsamen Teiler zwischen zwei gegebenen Polynomen, wie zwischen $(x^3 + x^2)$ und $(x^2 + 7x + 6)$. Er scheint die Ausführung solcher Aufgaben selbst aufgefunden zu haben, da er besonders angibt, er habe sie bei Vorgängern, wie PEDRO NUÑEZ, nicht gefunden. In dem angeführten Fall dividiert STEVIN $(x^3 + x^2)$ durch $(x^2 + 7x + 6)$ und erhält x mit dem Rest $-6x^2 - 6x$; indem er jetzt $x^2 + 7x + 6$ durch $-6x^2 - 6x$ dividiert, kommt er zu dem Quotienten $-\frac{1}{6}$ mit dem Rest $6x + 6$. Dieser geht in $-6x^2 - 6x$ auf, ist also der gemeinsame Teiler. JOH. HUDDE (1628—1704) lehrt den gemeinsamen Teiler zwischen zwei Polynomen mit Hilfe einer Eliminationsmethode finden.[773] Liegt $x^3 - ax^2 - 2abx + 2a^2b$ und $x^4 - b^2x^2 - a^2x^2 + a^2b^2$ vor, so setzt er beide Ausdrücke gleich Null. Nach Multiplikation der ersten Gleichung mit x vergleicht er beide Werte von x^4 miteinander, entfernt x^3 mit der ersten Gleichung, erhält schließlich $x = a$ und damit den gemeinsamen Teiler $x - a$. Wie STEVIN gingen F. v. SCHOOTEN 1659[774] und M. ROLLE 1690[775] vor. HUDDES Eliminationsmethode benutzte dann LEIBNIZ 1683[776] zu einem weiter zielenden Zwecke, nämlich um festzustellen, unter welchen Bedingungen zwei Gleichungen

$$x^5 + bx^4 + cx^3 + dx^2 + ex + f = 0$$
$$x^5 + lx^4 + mx^3 + nx^2 + px + q = 0$$

769 PEDRO NUÑEZ, *Libro de Algebra*[76], Bl. 32 r°. — 770 WALLIS, *Algebra*, *Opera* II[1682], 1693, S. 75, 76. — 771 In den gedruckten Werken von OUGHTRED finden sich solche Beispiele nicht. Die *Clavis mathematicae* von 1631[1680], cap. V, § 7, S. 11 enthält nur einfachste Fälle, wie $(ax - bx):(a - b)$, $(ax + x):x$. — 772 STEVIN[139], I, S. 56, probl. 53: *Estant donnez deux multinomies algebraiques. Trouver leur plus grande commune mesure.* — 773 DESCARTES, *Geometria*[93] von 1659, Anhang: JOH. HUDDENII *Epist.* I, S. 422ff.[339]. — 774 Daselbst[93] II, S. 21ff. — 775 *Traité d'algèbre*[603], Paris 1690, Livre III, 2, Règle 2, S. 175—176. — 776 *Briefwechsel*[225], S. 447—448. Vgl. G. ENESTRÖM, Bibl. math. 13_3, S. 173.

eine gemeinsame Wurzel besitzen; seine Rechnungen wurden aber nicht von ihm veröffentlicht.

Daß die Division $\frac{a^n - b^n}{a - b}$ bei der Ausführung keinen Rest gibt, ist in EUKLIDS Summation der geometrischen Reihe (*El.* IX. 35) enthalten, ohne daß es jedoch den damaligen Mathematikern in dieser Auffassung zum Bewußtsein gekommen wäre. DIOPHANT (zweite Hälfte des dritten Jahrhunderts n. Chr.) kennt den Sonderfall $\frac{a^3 - b^3}{a - b} = a^2 + a b + b^2$; er benutzt ihn wenigstens ohne direkte Anführung in der achten Aufgabe seines fünften Buches,[777] während sich die entsprechende Formel $\frac{a^3 + b^3}{a + b} = a^2 - a b + b^2$ bei ihm nicht nachweisen läßt. Die allgemeinen Divisionen $\frac{a^n \pm b^n}{a \pm b}$ treten uns erst im sechzehnten Jahrhundert entgegen, wie bei dem Italiener CARDANO (vgl. Bd. III, Anh. II, Nr. 50c) in der *Practica Arithmeticae* von 1539.[778] Auch sein aus der Geschichte der kubischen Gleichung bekannter Gegner TARTAGLIA muß diese Kenntnis besessen haben, da er in seinem *General trattato* von 1556[779] gelegentlich bemerkt, daß eine Division wie $\frac{243 - 25}{\sqrt[10]{243} + \sqrt[10]{25}}$ stets aufginge.[779a] Eine Zusammenstellung der drei möglichen Formeln gab 1685 WALLIS (1616—1703, Prof. der Geom. in Oxford) in seiner *Algebra*,[780] dann KÄSTNER 1760.[781]

Die Vorschrift, daß man vor Beginn der Division nach den Potenzen eines und desselben passenden Buchstabens ordnen müsse, treffen wir in NEWTONS *Arithmetica universalis* 1707 an,[782] zugleich mit der Bemerkung, daß man dann die Division sowohl bei den Gliedern höchster als bei denen niedrigster Ordnung beginnen könne.[783] Die schulmäßige Behandlung des Stoffes geben wieder KÄSTNERS *Anfangsgründe* von 1760.[784]

Eine wichtige Neuerung war die Fortsetzung einer nicht aufgehenden Divisionsaufgabe bis ins Unendliche. Diesen Schritt tat zum erstenmal gelegentlich WALLIS (1616—1703) in der

---

777 DIOPHANT, V, 8, ed. TANNERY[I 124], S. 324—326; WERTHEIM[I 787], S. 200—201; vgl. NESSELMANN[I 316], S. 448. — 778 Kap. XXII[279], § 11—15; *Opera*[I 558], Lugdun. 1663, IV, S. 29. — 779 *General trattato*[I 59], Parte II, S. 153[a]. Einige solche Beispiele schon 1547. Vgl. G. ENESTRÖM, 7_3, 1906—1907, S. 90. — 779a Hierher gehört auch die Formel FERROS in Anm. 1204. — 780 *Algebra*[I 682], *Opera math.* II[I 682], S. 363—364. — 781 III, 1, *Analysis der endlichen Größen*[856], 3. Aufl. 1794, S. 158. — 782 Daselbst S. 27[541]. — 783 Daselbst S. 30. — 784 III[I 356], 1, 3. Aufl. 1794, S. 2—6.

Mathesis universalis von 1657,[785] dann bewußt NICOLAUS MERCATOR (1620 Holstein — 1687 Paris; bis 1683 in London). In einer Schrift *Logarithmotechnia* von 1668[786] verwandelte MERCATOR auf diesem Wege den Bruch $\frac{1}{1+a}$ in die unendliche Reihe $1 - a + a^2 - a^3 + a^4 - \ldots$. Vor MERCATOR wäre noch NEWTON (1643—1727) zu nennen, wofern man von dem Erscheinen im Druck absieht. NEWTON hatte nämlich eine Abhandlung *De analysi per aequationes numero terminorum infinitas* verfaßt und 1669 seinen Freunden vorgelegt.[787] Aus späteren Notizen (Brief vom 24. Okt. 1676 an OLDENBURG)[788] läßt sich nachweisen, daß sie etwa 1665 oder 1666 geschrieben sein muß; ihr Druck erfolgte freilich erst im achtzehnten Jahrhundert.[787] In dieser Schrift, die die wichtigsten Reihenuntersuchungen NEWTONS enthält, hatte er auch den Bruch $\frac{1}{1+x^2}$ in zwei verschiedene Reihen mit Hilfe des Dividierens aufgelöst, einmal in:

$$\frac{1}{1+x^2} = 1 - x^2 + x^4 - x^6 + \ldots,$$

dann auch in:

$$\frac{1}{x^2+1} = x^{-2} - x^{-4} + x^{-6} - \ldots,$$

von denen die erste Entwicklung bei hinlänglich kleinem x, die zweite bei hinlänglich großem x zu nehmen sei.[789] Nach einer Mitteilung von LEIBNIZ[789a] soll JOHANN HUDDE diese Division schon 1662 gekannt haben.

Was die äußere Form des Rechnens in den vier Spezies mit allgemeinen Zahlengrößen angeht, so ist die moderne Schreibart und

---

785 *Mathesis universalis*[446], Cap. 33, Prop. 68, S. 302—304. Vgl. G. ENESTRÖM, Bibl. math. 7_3, 1906—1907, S. 299. A. PRAG[605], S. 400 u. — 786 N. MERCATOR, *Logarithmotechnia, sive methodus construendi logarithmos nova accurata et facilis scripto antehac communicata, anno sc. 1667 Nonis Augusti, cui nunc accedit vera quadratura hyperbolae et inventio summae logarithmorum*, London 1668; Abdruck bei FR. MASÈRES, *Scriptores Logarithmici, mentioned in D. Huttons preface to his addition of Sherwins mathematical tables*, London 1791 (1807), I (1791), S. 167 bis 196. — 787 I. NEWTON, *De analysi per aequationes numero terminorum infinitas.* Um 1665/66 verfaßt[788], 1669 BARROW u. a. in einer Abschrift durch COLLINS bekanntgegeben. Abdruck in WALLIS' *Algebra* 1685[I 682], cap. 95, S. 341—347. Druck von W. JONES, *I. Newton, Analysis per quantitatum series, fluxiones ac differentias cum enumeratione linearum tertii ordinis*, London 1711; durch FR. M. CASTILLION, *Opuscula Newtonis*, Lausanne 1744[358], I, 3—28; durch J. B. BIOT et F. LEFORT in *Commercium epistolicum*[179], Paris 1856. — 788 *Commercium epistolicum*[179], S. 125, Z. 8—9. — 789 Daselbst S. 58, Z. 2—1 v. u.: *Priori modo procede, cum x est satis parva, posteriori cum satis magna supponitur.* — 789a LEIBNIZ, *Werke*[1786] I, 1, 1849[232], S. 149 u.

Anordnung seit DESCARTES' *Géométrie* (1637[94]) üblich geworden. Die von Schülern und Anhängern DESCARTES' im siebzehnten Jahrhundert herausgegebenen Ergänzungs- und Erläuterungsschriften, wie die anonyme Einleitungsschrift zu seiner Geometrie *Calcul*[102] *de Mons. Des Cartes* (1638)[790] und die *Introductio* von BARTHOLINUS[791] (1651), machen geradezu den Eindruck von Urbildern unserer heutigen Schulbücher.[792]

Die methodische Durcharbeitung des Lehrstoffes, den das algebraische Rechnen bietet, die Herleitung und Aufstellung des Formelsystems, die Darbietung von ausreichendem Übungsmaterial bringt erst das neunzehnte Jahrhundert. Vorbildlich ist trotz seiner übergroßen Breite THIBAUTS *Grundriß der reinen Mathematik* (1801)[123] geworden. Noch in E. GOTTFR. FISCHERS vorzüglichem *Lehrbuch*[793] fehlt es an dem erforderlichen Übungsstoff.

2. Die Potenzierung.

a) Begriff, Zeichen, Name der Potenzen.

In der altpythagoreischen Schule (viertes bis fünftes Jahrhundert v. Chr.) fanden die Anregungen, die gelehrte Reisende aus Babylonien und Ägypten mitbrachten, fruchtbarsten Boden. Wir wissen, zu welch wichtigem und allgemeinem Lehrsatz durch die Pythagoräische Schule jene einfache, in Babylon und Ägypten[794] bekannte Erfahrungstatsache wurde, daß ein Dreieck mit den drei Seiten 3, 4, 5 rechtwinklig ist. Aus dem Morgenlande bezog die älteste griechische Wissenschaft auch die Urbegriffe von Quadrat- und Kubikzahlen, deren Kenntnis wir in Babylon schon für das dritte Jahrtausend v. Chr. als sicher vorhanden annehmen konnten (vgl. I, S. 141). Auch in Ägypten ist der Begriff der Quadratzahl nachzuweisen,[795] allerdings nicht theoretisch, sondern rein praktisch. Mit Hilfe einer Sammlung solcher Zahlen konnte man quadratische Flächen aus der Seite und umgekehrt berechnen. Sogar ein Zeichen, das das quadratische Verhältnis andeutet, kommt vor, auch ein Fachwort für Quadrieren, das als *šnj* (= vorübergehen) gelesen wird[796] (vgl. S. 167).

790 *Œuvres de Descartes,* 10[1842], S. 659—680. — 791 ER. BARTHOLINUS, *Introductio*[94]; DESCARTES, *Geometria*[98], ed. SCHOOTEN 1659—61, 2, S. 1—47. — 792 Vgl. H. WIELEITNER, *Über zwei algebraische Einleitungen zu Descartes' „Géométrie"*, Blätter f. d. bayr. Gymn.-Schulw. 49, 1913, S. 299f. — 793 *Lehrbuch der Elementarmathematik*[1454], Bd. II, Berlin 1822, S. 199—260. — 794 Vgl. K. VOGEL, *Algebra der Ägypter*[269], S. 152—153. — 795 Papyrus Moskau (12. Dynastie; um 2000 v. Chr.). Vgl. E. PEET[1381], S. 20, Nr. 4. — K. VOGEL, *Der Moskauer mathematische Papyrus*, Arch. Gesch. Math. Nat. Techn. 13, 1931, S. 454f. W. W. STRUVE[18], S. 31. — 796 Vgl. VOGEL[795], S. 459 u. S. 462, Z. 7—12; W. W. STRUVE[18], S. 31.

In eigenartiger Weise verbanden die Pythagoreer Zahlenlehre und Geometrie. Die beiden Worte *δύναμις* und *τετράγωνος*[797] sind in ihrer schließlich unterschiedlosen Verwendung eine charakteristische Folge dieser Betrachtungsweise. Letzteres hat offenbar geometrischen, ersteres rein arithmetischen Ursprung; dieses entspricht unserem „Quadrat", das wir wie die Griechen auch für die Zahl a^2 gebrauchen, jenes dem Ausdruck „(zweite) Potenz". Bald entlehnte die Arithmetik auch das Wort *κύβος* der Geometrie, um die dritte Potenz zu bezeichnen. Es geschah dies vor Euklids (ca. 325 v. Chr.) Zeit, da es in seinen Elementen (Buch VII, Erkl.) wie ein längst üblicher Fachausdruck benutzt wird.

Solcher Art sind die Uranfänge der Potenzlehre. Wann eine Fortführung auf höhere Potenzen vorgenommen wurde, weiß man nicht. Schwer war der Schritt jedenfalls, da eine völlige Loslösung von geometrischer Anschauung für die vierte und erst recht für eine höhere Potenz Vorbedingung war. Bei Heron (um 100 v. Chr.) sehen wir schon einen großen Schritt getan, da bei ihm das Wort *δυναμοδύναμις* für die vierte Potenz nachgewiesen werden kann.[798] Aber erst durch Diophant (zweite Hälfte des dritten Jahrhunderts n. Chr.) erfahren wir Bestimmteres (vgl. S. 6). Die vierte Potenz heißt in seinem Lehrbuch der Algebra[1124] (*Ἀριθμητικῶν βιβλία*), wie bei Heron, *δυναμοδύναμις*, die fünfte Potenz *δυναμόκυβος*, die sechste *κυβόκυβος*. Sogar für die reziproken Werte sind Fachausdrücke vorhanden: *ἀριθμοστόν* $= \frac{1}{x}$, *δυναμοστόν* $= \frac{1}{x^2}$, *κυβοστόν* $= \frac{1}{x^3}$, ..., *κυβοκυβοστόν* $= \frac{1}{x^6}$. Wohlgemerkt gelten alle diese Potenzbezeichnungen allein für die Potenzen der Unbekannten, deren erste Potenz, wie wir wissen (vgl. S. 5), kurz *ἀριθμός* hieß. Nur für die zweite Potenz gibt es bei bestimmten Zahlen in dem oben erwähnten, jetzt anders benutzten *τετράγωνος*[799] ein eigenes Fachwort. Diese Beschränkung des Potenzbegriffes auf die Unbekannte ist übrigens eine charakteristische Erscheinung der antiken, mittelalterlichen und neuzeitlichen Algebra bis zum ausgehenden sechzehnten Jahrhundert;

797 *Τετράγωνος* scil. *ἀριθμός*, während das geometrische Quadrat *τετράγωνον* scil. *σχῆμα* (Figur) hieß; Nesselmann[1316], S. 158, Anm. 20. *Δύναμις*, *δύνασθαι* kommt schon bei Hippokrates (um 440 v. Chr.) vor[1379], danach bei Platon (429—348 v. Chr.). *Theaitet* 147 D ff. (*Dialogi* I, ed. M. Wohlrab[1379], S. 272, Z. 1 v. u., S. 273, Z. 5 v. o. u. öfters). Platon bildet das Verbum *δυναστεύεσθαι* für Quadrieren. *Republik* 546 B (*Dialogi* IV, ed. O. F. Hermann[1726], S. 236, Z. 2). Die Benutzung der Präposition *ἀπό* beim Quadrieren geht auch auf Platon zurück[1379]. — 798 *Vermessungslehre*, *Heronis opera* 3[1308], S. 48, Z. 11, 19, 21. — 799 Nesselmann[1316], S. 295.

erst Vieta (1591, *Isagoge*[70]) ermöglichte durch Einführung allgemeiner Buchstabengrößen (vgl. S. 53) an Stelle der numerischen Koeffizienten eine eigentliche Potenzlehre.

Der wesentliche Unterschied zwischen der indischen und griechischen Potenzlehre liegt in der Bildung der Potenzbezeichnungen. In beiden Fällen werden die Namen der niedrigeren Potenzen nebeneinandergestellt; aber während Diophant hierbei die Addition der Exponenten benutzt, wie wir sagen würden — *δυναμόκυβος* $= x^{3+2} = x^5$ —, verwendet der Inder die Multiplikation. Erinnern wir uns (vgl. S. 11—12), daß die Inder (Brahmagupta, geb. 598 n. Chr.) die zweite Potenz mit *va*, die dritte mit *gha* andeuteten, so ist bei ihnen *va gha* nicht die fünfte, sondern die sechste Potenz $x^{2 \cdot 3}$; ähnlich ist *va va* $= x^4$, *va va va* $= x^8$, *gha gha* $= x^9$. Die Handlichkeit der gewählten Symbole gestattet zugleich auch ein leichtes Hinausgehen über die sechste Potenz, die Diophant nicht überstiegen hatte.

Dieser Zwiespalt zwischen der griechischen und indischen Namengebung erbte sich durch die Araber, denen beide Quellen vorlagen, bis tief in das Mittelalter hinein fort und führte oftmals zu großen Verwirrungen, da das eintretende lateinische Wort *Quadratocubus* bei den einen die sechste,[800] bei den anderen die fünfte Potenz war.[801] Die Mehrzahl der arabischen Mathematiker wählte die indische Art; so z. B. Muḥammad ibn Mūsā Alḫwārazmī[372] (Anfang des neunten Jahrhunderts; Bagdad). Der streng nach griechischen Mustern arbeitende Alkarḫī[I 1325] (um 1010; Bagdad) schloß sich hingegen Diophant an. Auch in den anderen Bezeichnungen tritt bei den arabischen Mathematikern eine Verschiebung ein. Nennt Diophant die erste Potenz der Unbekannten *ἀριθμός* (= Zahl), so heißen jetzt häufig die in einer Gleichung auftretenden Konstanten einfach *Zahlen* (Diophant = *μονάδες*, in lateinischen Übersetzungen: *numeri*); der indischen Gewohnheit folgend (vgl. S. 11 *rūpakā* = Münzen) benutzen aber auch viele für die bekannten Größen die landesübliche Münzbenennung „Dirhem" (lat. *dragma*, Drachme),[802] ein Wort, das bei Übersetzern und späteren mittelalterlichen Mathematikern schließlich die ursprüngliche Bedeutung ganz verloren hat.

Eigenartige Verwicklungen in der Bezeichnung der Unbekannten x und ihrer Potenz x^2 erscheinen bei den älteren arabischen Mathematikern wie Alḫwārazmī,[803] die sich vielleicht nach indischer

800 Pacioli[I 18], Stifel[I 23], Nuñez[76], Tartaglia[159], Cardano[280], Recorde[65], Clavius[72], Descartes[96], Leibniz. — **801** Vieta[70], Oughtred[1680]. — **802** Im Papyrus Michigan 620 kommt neben *μονάδες* auch eine ς-ähnliche Abkürzung von *δραχμή* vor.[3]. — **803** Vgl. über die Terminologie der quadratischen Gleichungen

Mathematik richten und die griechische Algebra DIOPHANTS noch nicht unmittelbar kennen. Einmal bevorzugt man als Hauptunbekannte x^2; man nennt sie *māl* (Vermögen, Geldsumme), so wie wir oft in eingekleideten Aufgaben von einer gewissen, zu suchenden ‚Summe Geldes' zu sprechen pflegen. An den quadratischen Charakter wird nicht gedacht. Das, was wir x nennen, muß dann naturgemäß die Quadratwurzel dieser ‚Summe Geldes' sein, *ğidr*, entsprechend dem indischen *mūla* (= Pflanzenwurzel, Quadratwurzel). Diese Wurzel, unser x, wird rechnerisch aus der aufgestellten Gleichung zuerst gesucht, dann die unbekannte Geldsumme, unser x^2, durch Quadrieren gefunden. Aus dieser indisch-arabischen Gewohnheit ist das Wort Wurzel allmählich zum Begriff Gleichungswurzel ausgewachsen. Daneben befindet sich aber bei ALḪWĀRAZMĪ ein besonderes Wort für unsere unbekannte Größe, *schai'* (= Ding, Sache, ein ‚Etwas'),[804] das vielleicht in einer besonderen arabischen oder etwa schon indischen Lehrschule gebräuchlich geworden war. *Schai'* wird mehr als Hilfsgröße bei Ableitung des Ansatzes gebraucht; es kann ebensogut für *māl* (unser x^2) wie für *ğidr* (unser x) eintreten.[805] Erst als im zehnten Jahrhundert die Araber (ALKARḪĪ) unmittelbare Kenntnis der Diophantischen Schriften erhielten, wurden ihre Bezeichnungen den hier vorkommenden Fachwörtern angepaßt: *māl* tritt für δύναμις ein, nimmt also endgültig die Bedeutung der zweiten Potenz der Unbekannten an,[806] *ğidr* und *schai'* vertreten diese selbst. *Ka'b* (Würfel) für x^3 verrät sofort die Anlehnung an κύβος. Indischen Ursprungs, wenn nicht gemeinsame spätgriechische, uns unbekannte Quellen vorliegen, ist die zuweilen in arabischen Schriften auftretende Benutzung von Abkürzungen für die Potenzbezeichnungen, die in deren Anfangsbuchstaben bestehen.[807]

Bei Übersetzungen, bzw. Bearbeitungen der arabischen Schriften in lateinischer Sprache suchte man die Originalwörter möglichst getreu wiederzugeben. Mit dem Worte *radix*, das allgemein — so bei JOHANNES von Sevilla (tätig zwischen 1135 und 1153), GERHARD

in ALḪWĀRAZMĪs *Algebra* J. RUSKA[I 137], Sitzb. Heidelberger Ak., Phil.-hist. Kl., 1917, 2, S. 61f. und H. SUTER, Arch. Math. Phys. 28_8, 1919, S. 57—61, Rezension zu RUSKA[I 137]. — **804** Vgl. das τί (etwas), das HERON zur Bezeichnung der vierten unbekannten Größe in einer Proportion gebraucht. *Opera* 3[I 308], S. 156, Z. 15; S. 184, Z. 1, 8. — **805** J. RUSKA[I 137], S. 66—67. — **806** Da δύναμις in der Bedeutung x^2 schon von EUKLID gebraucht wurde und zugleich auch im allgemeinen Sprachgebrauch „Vermögen" bedeutete, wäre es nicht auffallend, wenn ALḪWĀRAZMĪ ebenfalls beide Bedeutungen nebeneinander zuließe. Vgl. H. SUTER[803], Rezension zu RUSKA[I 137], S. 58. — **807** Vgl. Anm. 10.

von Cremona (1114—1187, Toledo), LEONARDO von Pisa (1228, *Liber abbaci*[I 30]) — für *ǵiḏr*, die erste Potenz der Unbekannten, eintrat, traf man eine gute Wahl. *Schai'* wurde mit *res* (sog. Rechenbuch des JOHANNES von Sevilla;[808] GERHARD von Cremona, LEONARDO von Pisa) wiedergegeben, später auch mit *causa.* Bei LEONARDO von Pisa kommt *causa* nur selten vor,[809] dann aber mit einem bestimmten Zweck: er bezeichnet mit dem neuen Wort eine zweite Unbekannte, nachdem er die erste wie gewöhnlich *res* genannt hatte. Aus *causa* entwickelte sich später über das italienische *cosa* hinweg das deutsche Wort Coß (s. S. 139 ff.). Für *māl* wählte GERHARD von Cremona[810] und nach ihm LEONARDO[811] das Wort *census*, ROBERT von Chester (1183) *substantia.*[812] Für x^3 bleibt *cubus* allein möglich. Die absoluten Zahlen pflegten durch Hinzufügung von *numerus* oder *dragma* gekennzeichnet zu werden, blieben aber zuweilen auch ohne Zusatz.[813] LEONARDO von Pisa verwendet für *dragma*, das bei ihm selten ist,[814] *denarius* (*dīnār* aus arabischen Quellen). Eine Sonderstellung nimmt PLATO von Tivoli ein, der in seiner 1145 beendeten Übersetzung des *Liber embadorum* ABRAHAM BAR CHIJJAS, genannt SAVASORDA (um 1100 n. Chr.), *latus* (Seite) für die erste Potenz von x, *embadum* (Inhalt) für die zweite nimmt.[815] Der verschiedene Gebrauch von *schai'* überträgt sich auf *res*, das demnach zuweilen, freilich recht selten, x^2 bedeuten kann[808]. LEONARDO von Pisa sieht in *res* aber **stets** die erste Potenz der Unbekannten, in *census* die zweite. Bei einer Gleichung vierten Grades

$$(\tfrac{1}{3}x^2 + 1)(\tfrac{1}{4}x^2 + 2) = x^2 + 13,$$

in der er anscheinend x^2 mit *res* bezeichnet, führt er nur für x^2 (*census*) eine neue Unbekannte ein: *Pone pro ipso censu rem*[816] (vgl. S. 51). Allerdings mag die alte arabische Gewohnheit durchleuchten, auch für *māl* gelegentlich *schai'* zu nehmen. *Radix* und *res* benutzt

808 Sogen. Rechenbuch des JOHANNES von Sevilla[I 35], z. B. S. 112 daselbst: *Quaeritur ergo, quae res cum . X . radicibus suis idem decies accepta radice sua efficiat 39* ($x^2 + 10x = 39$). — 809 *Scritti* II[I 694], S. 236, Z. 18: *Posui pro primo numero causam et pro quinto rem*; auch S. 459, Z. 2. — 810 CANTOR, 1^3, S. 804. — 811 *Scritti* I[I 30], S. 407, Z. 1: *Quadratus, qui census dicitur ...* — 812 L. C. KARPINSKI[372], Bibl. math. 11_3, 1910—1911, S. 129, Z. 1. — 813 Vgl. die lat. Übersetzung von ALḪWĀRAZMĪS *Algebra*[372] in LIBRI, Bd. I, Note XII, in der sich alle drei Arten finden: 1) S. 254, Z. 15: *Census equatur radicibus, et census aequatur numero et radices aequantur numero.* 2) S. 255, Z. 19: *Census et decem radices equantur triginta novem dragmis.* 3) S. 256, Z. 3: *Duo census et decem radices equantur quadraginta octo.* — 814 *Scritti* I[I 30], S. 419, Z. 7 v. u. — 815 Vgl. M. CURTZE[I 466], Bibl. math. 1_3, 1900, S. 322, Anm. 1. — 816 *Scritti* I[I 30], S. 422, Z. 15.

LEONARDO für die erste Potenz der Unbekannten[817] fast ganz wahllos; er entscheidet sich für *res*, wenn gleichzeitig Quadratwurzeln auftreten, die ebenfalls *radix* heißen.[818] Für die höheren Potenzen von x wählt er: x^4 *census census*,[819] x^6 *census census census*[820] und *cubicubus*,[821] x^8 *census census census census.*[822] Gelegenheit für x^5 und x^7 hat er leider nicht.

Die Wortreihe *radix, census, cubus* hielt sich in mathematischen Abhandlungen durch das ganze Mittelalter hindurch, fast solange überhaupt in lateinischer Sprache geschrieben wurde; *radix* ist noch heute in dem modernen „Wurzel einer Gleichung" wiederzufinden. Weniger zäh war das Wort *res*, das mit *radix* im Wettstreit lag. Es tritt allmählich so in den Hintergrund, daß seine Benutzung in Schriften aus dem Schluß des fünfzehnten und Anfang des sechzehnten Jahrhunderts geradezu auffällt.[823] Hiermit ging aber nicht etwa eine Bevorzugung von *radix* Hand in Hand; der Grund, warum *res* verdrängt wurde, war ein anderer. Italienisch geschriebene Abhandlungen hatten das lateinische *res* durch *cosa* übersetzt. So findet sich in einem Manuskript, das wahrscheinlich dem fünfzehnten Jahrhundert angehört,[824] die Reihe: *cosa, quadrato censo* (*quadrato, censo*), *censo cubo* (*cubo*), *censo di censo, censo di cubo.*[825] Das in Bd. III,

817 *Scritti* I, S. 410, Z. 3: *Pone pro majori parte radicem, quam appellabis rem.* — **818** Z. B. I, S. 422 u. wird die rechte Seite der Gleichung $\frac{5}{12}x - 4 = \sqrt{x}$ wiedergegeben mit: *Quae sunt radix positae rei*; ferner S. 452, Z. 5: *Erunt radix 20 minus 4 rebus, et radix 20 et 4 rerum, equales 2 rebus*, d. h. $\sqrt{20 - 4x} + \sqrt{20 + 4x} = 2x$. — **819** I, S. 446, Z. 19. — **820** Daselbst Z. 18. — **821** Daselbst Z. 22. — **822** I, S. 447, Z. 12 v. u. — **823** In einem Briefe an den Astronomen GIOV. BIANCHINI (1464) zählt REGIOMONTAN die um die Mitte des fünfzehnten Jahrhunderts in Deutschland gebräuchlichen Potenzbezeichnungen auf: *res, census, cubus, census de censu, cubus de censu, cubi cubus* (Abh. Gesch. Math. 12, 1902[1333a], S. 256). In den Rechnungen schreibt REGIOMONTANUS anfangs die Unbekannte deutlich als *res*, dann kürzt er es aber bald mit einem verschnörkelten *r* ab. Vgl. Tafel S. 17. Mit den späteren cossischen Zeichen hat REGIOMONTANS Abkürzung noch nichts zu tun; kürzt er doch *census* für x^2 mit einem ebenso verschnörkelten *c* ab, wie es später die Cossisten mit *cubus* ($= x^3$) machten und für x^2 ein ȝ (= *zensus*) schrieben. Bei den eigentlichen Cossisten tritt *res* im Vergleich zu *cosa* selten auf; Dresdener lat. Algebra[1482] (Manuskript C. 80) um 1480, WAPPLER[43], S. 13ff.: *valor rei*; S. 15, Z. 10: *compendium de* ȝ *et re.*; GRAMMATEUS (1518) Rechenbuch[158a], F (7) v°, Z. 1 v. u.: von ainem Ding oder de re. — **824** Abgedruckt von Libri, *Histoire des Sciences mathématiques en Italie, depuis la renaissance des lettres jusqu'à la fin du dix-septième siècle*, Paris 1837—41; 2. Aufl., Halle 1865, Bd. III, S. 288—336. — **825** Merkwürdig ist das Auftreten der Diophantischen Bezeichnungsweise *censo di cubo* für x^5, womit zumeist bei den anderen italienischen Mathematikern x^6 gemeint wird. Auch eine andere italienische Algebra desselben Jahrhunderts ist noch bekannt, in der *cubo di censo* x^5 bedeutet; vgl. L. C. KARPINSKI[377],

Anh. II, Nr. 31 gegebene Beispiel aus diesem Manuskript zeigt die Verwendung dieser Ausdrücke; bei der absoluten Zahl steht die Münzbezeichnung *lire* (an Stelle des lat.-arabischen *dragma*). Statt der ausgeschriebenen Wörter werden bei späteren italienischen Schriftstellern die Anfangssilben benutzt. Vertreter dieser Periode sind uns nur dem Namen nach, sehr selten in ihren Schriften erhalten, da sie, durch die *Summa* des Luca Pacioli von 1494 verdrängt, im Dunkel der Vergangenheit verschwunden sind. Bei Pacioli selbst sehen wir die Reihe der Potenzbezeichnungen bereits so gewählt, daß sie beliebig weit fortgesetzt werden kann. Sie lautet[826] mit Anführung der beim Rechnen ständig gebrauchten Abkürzungen:

numero	$= n^0.$	$= x^0,$	censo de cubo	$=$ *ce. cu.*	$= x^6,$
cosa	$=$ *co.*	$= x^1,$	secundo relato	$= 2^0.\ r^0.$	$= x^7,$
censo	$=$ *ce.*	$= x^2,$	censo de censo de censo	$=$ *ce. ce. ce.*	$= x^8,$
cubo	$=$ *cu.*	$= x^3,$	⋮		
censo de censo	$=$ *ce. ce.*	$= x^4,$	terzo relato	$= 3^0.\ r^0.$	$= x^{11}.$
primo relato	$= p^0.\ r^0.$	$= x^5,$	⋮		

An einigen wenigen Stellen benutzt Pacioli für x, das ja auch als *radix* bekannt ist, ein ℞ mit beigefügten, nicht folgerichtig zählenden Indizes, indem ℞ *prima*, ℞ *secunda*, ℞ *terza etc. fin.* ℞ 30° die Reihe x^0, x^1, $x^2 \ldots x^{29}$ bedeuten soll.[827]

Unbekannt ist die Bedeutung des Wortes *relato*, das übrigens schon in den beiden erwähnten[824, 825] Manuskripten aus dem fünfzehnten Jahrhundert vorkommt.[828] Neu dürfte wohl die Verwendung von *relato* in Verbindung mit den Ordinalzahlen *primo, secundo, terzo* bei Potenzen sein, deren Exponenten die Reihe der Primzahlen 5, 7, 11 usw. sind. Die Zählung der Primzahlen 5, 7 als erste, zweite steht sicher irgendwie im Zusammenhang mit den Potenzbezeichnungen eines spätgriechischen, sonst nicht hervorgetretenen Schriftstellers Psellos (Ende des elften Jahrhunderts), der *ἄλογος πρῶτος* für x^5, *ἄλογος δεύτερος* für x^7 setzt[829], wo *ἄλογος* das arabische *aṣannu*

Bibl. math. 11_3, 1910—1911, S. 215. — **826** *Summa*[118], S. 67 v⁰ am Rand, bis x^{29}. — **827** *Summa*[118], Bl. 67 v⁰ — ℞ 3ᵃ. *via* ℞ 4ᵃ *fa.* ℞ 6ᵃ (Bl. 143ᵃ, 143ᵇ) soll heißen $x^2 \cdot x^3 = x^5$. — **828** Z. B. Libri III[824], S. 333, Z. 13, 14: *E radice relata de* 5153632 *è* 22, d. h. $\sqrt[5]{5153632} = 22$. Karpinski[825], S. 215, Z. 3 v. u. In einer um 1456 verfaßten Schrift des Astronomen G. Bianchini bedeutet *radix relata*, *radix cubice relata*, *radix relata relatarum* die Wurzeln $\sqrt[2]{x^5}$, $\sqrt[3]{x^7}$, $\sqrt[5]{x^{12}}$. Bei Ghaligai, *Practica d'arithmetica*, Florenz 1548, Bl. 71ᵇ, wird *relato* bei der 5. Potenz, *pronico* bei der 7. Potenz benutzt. Vgl. G. Eneström, Bibl. math. 11_3, 1910—1911, S. 353—354. — **829** Diophant, *Opera*[1124], éd. Tannery 2, S. 38, Z. 2f. Psellos schrieb einen Brief über Diophant und teilt darin die obigen

(unaussprechbar) ist. Die Übersetzung mit *relato* ist zweifelhaft; hierfür wäre vielleicht das indische *ghāta,* S. 12, Z. 2, heranzuziehen.

Aus Italien flossen nun etwa um die Mitte des fünfzehnten Jahrhunderts mathematische Kenntnisse, besonders der Gleichungslehre, nach Deutschland und riefen dort eine selbständige Weiterentwicklung, die bis zum Ende des sechzehnten Jahrhunderts reicht, hervor. Dem Studium der italienischen Schriften, bzw. der mündlichen Lehre italienischer Gelehrten, deren Ruf viele Wißbegierige an ihre Universitäten zog, entlehnte man sowohl die Art der Behandlung der Gleichungen als auch die hierbei üblichen Fachausdrücke. Die Hauptrolle bei diesen spielte natürlich die unbekannte Größe — *cosa* — selbst; sie bildete den Stempel der neuen Wissenschaft. Man übernahm nicht nur ihren Namen — (so heißt die Unbekannte im deutschen Rechenbuch des JOHANNES WIDMAN von Eger: ⁊ cossa,[830] später verdeutscht: ⁊ Coß (RIESE 1524,[831] RUDOLFF 1525[832]), — sondern benannte nach ihr auch das gesamte neuartige Rechnen. In diesem Sinne spricht WIDMAN (1489) von einer Regula Cosse[833] und benennt sich eine Wiener Handschrift[751], die zu Beginn des sechzehnten Jahrhunderts entstanden ist, *Regulę Cosę uel Algobrę.* Das Rechenbuch des GRAMMATEUS (HEINRICH SCHREYBER aus Erfurt), geschrieben 1518[158a], ist das älteste gedruckte deutsche Lehrbuch, das einen, wenn auch kurzgefaßten algebraischen Abschnitt enthält. Auf diesen bezieht sich der Verfasser, wenn in dem den Inhalt ankündigenden Titel von etlichen Regeln Cosse die Rede ist. Von diesem Werkchen berichtet auch der berühmte Rechenmeister ADAM RIESE[833a] (1492—1559, Annaberg) und erzählt, daß darin Aufgaben „durch Coß" gelöst seien. In der Tat erfährt jede Aufgabe bei GRAMMATEUS eine zweifache Behandlung, eine in der bis dahin üblichen Art und Weise, zumeist nach der Regeldetri, dann eine zweite, die stets die Überschrift Durch Coss trägt. Das Wort „Coß"

Bezeichnungen als alexandrinisch mit. Abdruck des Briefes durch P. TANNERY. Ἄλογος auch bei GEORGIOS PACHYMERES (1242—1310). *Diophant*[1124] 2, S. 80, Z. 8. — **830** WIDMAN[1200], Bl. Ej v⁰ bei der algebraischen Behandlung einer geometrischen Aufgabe. — **831** B. BERLET, *Adam Riese, sein Leben, seine Rechenbücher und seine Art zu rechnen*; *die Coß von Adam Riese,* Leipzig-Frankfurt a. M. 1892, S. 35. Vgl. auch B. BERLET, *Über Adam Riese,* Programm Annaberg 1855 und *Die Coß von Adam Riese,* Programm Annaberg 1860. Das Manuskript der *Algebra* RIESES, das um 1524 verfaßt ist, wird in der Kirchen- und Schulbibliothek zu Marienberg aufbewahrt. — **832** RUDOLFFS *Coß*[835], 1525, lib. I, cap. 5, Bl. Dij r⁰. M. STIFEL versucht in seiner Deutschen Arithmetica[421], Bl. 8 v⁰, vergeblich die Verdeutschung Sum für die Unbekannte einzuführen; x^2 nennt er Sum Sum usf. Für x^8 schreibt er schließlich ⁊ Sum: ſ·ſ·ſ·ſ·ſ·ſ·ſ· (Bl. 59 v⁰). — **833** Unter der Regula Falsi, Bl. B (7) v⁰. — **833a** BERLET[831], S. 35.

umfaßt schließlich die Lehre von den Potenzen der Unbekannten, den „cossischen Zahlen“,[834] und die Lehre von den Gleichungen. In so erweiterter Bedeutung wird es Allgemeingut der Mathematiker der damaligen Zeit, besonders durch das vielgelesene Werk[835] des Wiener Gelehrten CHRISTOPH RUDOLFF, eines Schülers des GRAMMATEUS, das 1525 erschien und das wir kurz „RUDOLFFs *Coß*“ nennen.

Die nicht zu unterschätzenden Verdienste der Cossisten sind zweifacher Art. Einmal lösten sie von der Gleichungslehre das technische Rechnen mit Potenzen als besonderes Lehrkapitel ab;[836] sie sind dadurch also Begründer einer eigentlichen Potenzlehre. Dann aber schufen sie sich für ihr Rechnen eine neuartige Zeichensprache und legten so das Fundament für unsere heutige symbolische Algebra.

Um die Entwicklung der in der Coß gebräuchlichen Symbole, die wir zunächst behandeln wollen, besser zu erkennen, sind die in den einzelnen Schriften verwendeten Zeichen umstehend zusammengestellt. Das älteste Dokument deutscher Algebra ist ein Münchener Manuskriptenband (Cod. lat. 14908),[837] der in der Zeit zwischen 1455 und 1464 entstanden ist und aus verschiedenen mathematischen Abhandlungen, zumeist derselben Hand (wechselnd in lateinischer und deutscher Sprache) besteht. Neben Schriften über Geometrie und über die Lehre vom gemeinen Rechnen findet sich darin ein kurzes deutsches Bruchstück algebraischen Inhaltes, datiert vom Jahre 1461, das ein Auszug aus der Algebra des MUḤAMMAD IBN MŪSĀ ALḪWĀRAZMĪ zu sein scheint, da nicht nur die Wortreihe *numerus*, bzw. *dragma*, *radix*, *census* und die ganze Behandlungsweise der vorkommenden quadratischen Gleichungen, sondern auch die in den Beispielen gewählten Zahlengrößen auf MUḤAMMADs Schrift hin-

834 Ein Ausdruck von STIFEL, *Arithmetica integra*[123], Nürnberg 1544, Bl. 237 r°, *De numeris cossicis*. — 835 Behend vnnd Hubsch Rechnung durch die kunstreichen regeln Algebre / so gemeincklich die Coss genent werden ... Zůsamenbracht durch Christoffen Růdolff vom Jawer (Straßburg 1525). Aus der Inhaltsangabe: Diß bůch wirt geteilt in zwen teil. Der erst beschleüst acht algorithmos mitt etlichen andern vorleüfften / so zů erlernung der Coss nottürfftig sein. Der ander zeigt an die reglē der Coss / je eine in sunderheit erklert mit vil vnd mancherley schönen exempln. — 836 Geringe Ansätze hierzu finden sich bei den italienischen Mathematikern; vgl. G. ENESTRÖM, Bibl. math. 11_3, 1910—1911, S. 353. — 837 Bericht von C. J. GERHARDT in den Monatsber. Ak. Berl. 1870, S. 141 u. 143. Genauer Abdruck der algebraischen Abhandlungen durch M. CURTZE, Abh. Gesch. Math. 7[1463], 1895, S. 31—74. Vgl. auch Arch. Math. Ph. 13_2, 1895, S. 388—406 u. Bibl. math. 9[1722], 1895, S. 37—42. — Die Mehrzahl der Abhandlungen sind von einem Benediktinermönch, Frater FRIDERICUS, zwischen 1455 und 1464 geschrieben. Der Verfasser hat den Münchener Manuskriptenband selbst eingesehen.

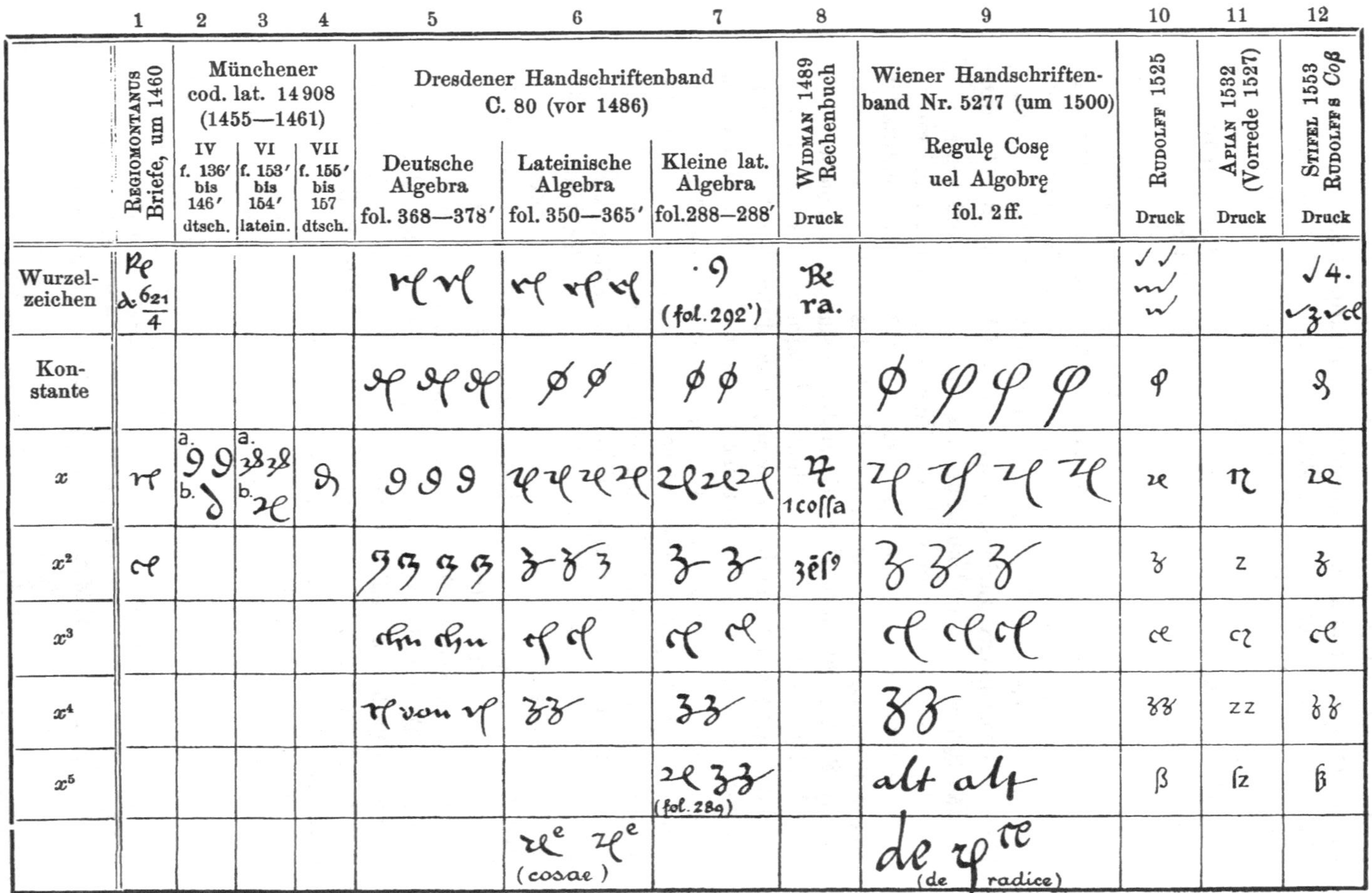

NB. Cod. Dresd. C. 80 fol. 289, 292′ sind etwas spätere Eintragungen.

weisen. Abkürzungen oder Zeichen werden nicht gebraucht. Eine zweite deutsche Algebraschrift desselben Manuskriptenbandes (Abh. IV nach der Zählung von CURTZE), etwa auf dieselbe Zeit zu datieren, weist durch die Reihe *numerus*, *cosa*, *censo*, *cubo*, *censo di censo*, die sonderbarerweise mit *duplex cubo* $= x^5$, *cubo di cubo* $= x^6$ fortfährt, deutlich auf italienischen Ursprung. Dieses Manuskript enthält für *cosa* ein Zeichen, das einem ϑ ähnlich ist (vgl. Tafel S. 141, C. 2a). Der Schreiber übersetzt *numerus* mit ʒal und *cosa* mit ding[838] und verwendet dann im Text ausschließlich das deutsche Wort ding; es scheint ihm besonders zuzusagen, da sein Anfangsbuchstabe mit dem aus italienischer Quelle übernommenen, eben erwähnten Zeichen übereinzustimmen scheint. Es fällt aber auf, daß das d in ding zumeist eine andere Linienführung (vgl. Tafel S. 141, C. 2b) zeigt als das Symbol für die Unbekannte, so daß das letztere keine Abkürzung von Ding zu sein braucht. Eine im Münchener Band weiter folgende kleine lateinische Aufgabensammlung (Nr. V nach CURTZE),[839] von anderer Hand herstammend, schreibt das Wort *res* stets aus; die auf S. 17 u. 29 angeführten Bruchstriche sind ihr entnommen. In der ebenfalls lateinischen Abhandlung VI wird *res* nur einmal ausgeschrieben,[840] sonst durch ein Symbol (vgl. Tafel S. 141, C. 3) angedeutet, das wiederum das italienische Zeichen für *cosa* abspiegelt, aber offenbar durch eine andere Bezugsquelle hindurch als bei Abhandlung Nr. IV. Es ist diesmal von dem Schreiber, der über die Herkunft unklar ist, vielleicht dem *r* in *res* angelehnt. Ein einziges Mal, unter etwa 60, nimmt — offenbar aus Unachtsamkeit — das Symbol die Form ϰ an (Tafel C. 3b; vgl. ferner den Hinweis auf S. 55).[841] Abhandlung VII stammt von demselben Schreiber wie V und VI — er nennt sich an einer Stelle Frater FRIDERICUS Ordinis S. Benedicti — mit der Jahresangabe 1456; sie gibt Aufgaben zu IV und verwendet für die Unbekannte ein Zeichen (vgl. Tafel S. 141, C. 4), das einem *d* viel ähnlicher geworden ist. Aus einer Stelle[842] geht hervor, daß es indes noch *cosa* gelesen wird. Auf einem im Manuskriptenband lose eingelegten Zettel derselben Hand[843] ist *cosa* auch mit deutlich geschriebenem *co* abgekürzt.

Ein zweiter Manuskriptband, aus den achtziger Jahren des fünfzehnten Jahrhunderts stammend, ist in Dresden (C. 80) aufbewahrt.[844]

---

838 M. CURTZE, Abh. Gesch. Math.[837], S. 51, Z. 14, 21: Dem ding, id eſt coſa; das coſa, id eſt ding. — 839 CURTZE, S. 58. — 840 CURTZE, S. 70, Z. 2. — 841 Originalhandschrift Bl. 154ᵃ (Zählung nach CURTZE), vorletzte Zeile rechts unten. — 842 CURTZE, S. 73, Z. 5. — 843 CURTZE, S. 73, Z. 18f. — 844 Abgedruckt durch E. WAPPLER, Abh. Gesch. Math. 9, 1899[1482], S. 537—554. Vgl. auch Programm

Es ist dies das schon öfter (S. 16f., Anm. 862) erwähnte Exemplar, das bereits Widman (1489, s. S. 13[1200]) besessen und benutzt hatte, das auch, wie ebenso sicher festgestellt ist, in den Händen von Grammateus († 1525; Universitätslehrer in Wien[158a]) und Adam Riese (1492—1559, Annaberg[831]) gewesen ist. In ihm sind drei Algebrahandschriften, eine deutsche[845] und zwei lateinische, eine größere und eine kleinere,[846] zu unterscheiden. Die deutschen Fachwörter der ersten heißen: zall, dingk, zensi, chubi, wurzell von der wurzell, von denen das letztere unten erklärt wird. Die Zeichen, die in der deutschen Abhandlung gebraucht werden, sind anscheinend verschieden von denen der anderen Abhandlungen. Fassen wir zunächst das Zeichen der Unbekannten in der deutschen Algebra ins Auge (vgl. Tafel S. 141, C. 5), so wird es sich als ein *d* (= Ding) deuten lassen können, wie es auch von Curtze und Cantor geschehen ist; größere Wahrscheinlichkeit aber liegt darin — besonders wenn man die Schlinge rechts oben betrachtet, die man bei einem *d* eher links unten erwartet —, es als ein *co* anzusehen und in ihm die italienische Abkürzung für *cosa* wiederzuerkennen. Das Zeichen der Konstanten (vgl. Tafel B. 5) ist ohne Zweifel als ein *d* (= *dragma*) zu lesen, dem nur noch ein häufig auftretender Schnörkel angefügt ist (vgl. ce). Das Zeichen für x^2 (Tafel D. 5) ist ein *c*, Abkürzung von *census*, ähnlich wie bei Regiomontanus (vgl. Anm. 823), während hierfür in den lateinischen Abhandlungen ein *z* eintritt, wie bei den späteren Cossisten, da ce bei ihnen für x^3 steht. Der Verfasser der deutschen Algebra muß als Vorlage italienische Manuskripte, vielleicht Nachschriften von Vorlesungen, gehabt und ihnen seine Zeichen entnommen haben; es kann sein, daß er ihre Ableitung gar nicht erfaßt hat. Die in Italien seit langer Zeit blühende Algebra wird solche Abkürzungszeichen ausgiebig benutzt haben; oftmaliger Gebrauch kann aber leicht die anfangs erkennbaren Buchstaben so abschleifen, daß die Herkunft nur dem Kundigen klar ist, zumal in einer Zeit, die Vervielfältigung durch Druck noch gar nicht kannte und in der des schnelleren Schreibens wegen Ligaturen in ausgedehntem Maße verwendet wurden. Ein Gelehrter vom Schlage des Pacioli war sich ihrer Deutung bewußt und ließ beim Abdruck seiner *Summa* 1494 das ursprüngliche *co* (vgl. S. 138) wiederherstellen; ein deutscher Bearbeiter wird sich nur schwer mit ihnen zurecht gefunden, ja sie gar nicht

Gymnasium Zwickau 1887[43] und Z. Math. Phys. 45, 1900, Hist.-lit. Abt., S. 7—9[51] und S. 47—56, *Zur Geschichte der Mathematik im 15. Jahrhundert.* — Auch diesen Handschriftenband hat Verf. einsehen können. — 845 Handschrift C. 80, fol. 368—378′. — 846 Handschrift C. 80, fol. 350—365′, bzw. 288—288′.

verstanden haben. Der Unerfahrenheit des Verfassers der kleinen deutschen Algebra im Dresdener Codex ist sicher auch das eigentümliche Zeichen und Wort für x^4 zuzuschreiben. In seinem Original kann nur ein doppeltes *c* (Tafel D. 5) gestanden haben; in Tafel F. 5 kennt man das *c*, dessen Schnörkel nur etwas anders gezogen ist, wieder heraus. Anderseits ist aber auch Ähnlichkeit mit dem Wurzelzeichen Tafel A. 5 vorhanden; folglich las und schrieb der deutsche Abschreiber das Symbol für x^4: wurzell von der wurzell.

Bestätigt wird die Deutung des Zeichens für die Unbekannte als *co*, wenn man die Zeichen der lateinischen Algebra desselben Dresdener Bandes prüft (Tafel C. 6, 7). Aus der ganzen Behandlung des in dieser Handschrift gebotenen Stoffes können wir auf einen viel befähigteren und gelehrteren Verfasser schließen. Sein Zeichen für unser x kann als ein *co* gedeutet werden, in dem das *o* nach rechts geschlungen ist; bemerkenswert ist ein leichter Knick am *c* links unten, der, auf den ersten Seiten der Handschrift nur schwach angedeutet, allmählich immer schärfer ausgeeckt wird, so daß schließlich die Form ꝝ entsteht (vgl. S. 55 unten). Die Unbekannte heißt *res siue* ꝝ *siue radix*,[847] wo für ꝝ die Form C. 6 der Tafel zu nehmen ist. Schon aus dieser Zusammenstellung ist ersichtlich, daß das ꝝ *cosa* gelesen wird: falls es *radix* bedeutete, müßte der Verfasser es *res siue r a d i x siue radix* gelesen haben wollen. Daß der Verfasser sich aber voll bewußt ist, eine Abkürzung von *cosa* vor sich zu haben, geht ferner ohne weiteres daraus hervor, daß er zuweilen die Flexionsendung des Genetivs — *cosae* — rechts oben beifügt (Tafel H. 6)[848] — wie auch übrigens Widman (vgl. S. 145 und Anm. 851). Es kann keine Abkürzung *r* von *radix* sein, weil erstens die Genetivflexionsendung von *radix* nicht *e* ist, — bzw. wie bei Widman[851] die Akkusativendung nicht *am* — zweitens, weil ein wirkliches *r* als Anfangsbuchstabe von *radix* in ganz anderem Sinne, nämlich im Sinne von Quadratwurzel (Tafel A. 6), an mehreren anderen Stellen[849] dieser lateinischen Algebra anzutreffen ist. Nur dadurch, daß das charakteristische, beim Lösen von Gleichungen fast ausschließlich benutzte Zeichen der Unbekannten ꝝ *cosa* bedeutet und so gelesen wird, ist verständlich, daß die Gleichungslehre der damaligen Zeit den Namen ‚Lehre von der Coß' oder kurz ‚die Coß' annahm und lange Zeit behielt; eine ähnliche Entwicklung des Wortsinnes beobachtet man an ‚Ziffer' (Bd. I, S. 14—15) und ‚Algebra' (S. 64 f.).

847 Wappler[43], S. 21, Z. 7. — 848 Wappler[43], S. 14, Z. 3: *Radix residui debet de medietate cosa*^{e} *tolli*, S. 21, Z. 18: *Remanet valor 1 cosa*^{e}. — 849 Wappler[43], S. 21, 29 u. ö.

Daß die schließlich üblich gewordene Form des Unbekanntensymbols tatsächlich mit einem *r* übereinstimmt, wie es damals geschrieben wurde, ist gar nicht zu bestreiten,[850] muß aber erklärt werden. Die Kenntnis von der Herkunft des ꝵ schwand nach und nach, besonders bei den nicht sprachlich geschulten Rechenmeistern, die wohl etwas lateinisch kannten, nicht aber das italienische Wort *cosa*: sie suchten sich das merkwürdige Unbekanntenzeichen zu erklären, brachten die *r*-ähnliche Form in Verbindung mit dem sehr oft für die Unbekannte verwendeten Wort *radix* und schrieben die *r*-Form immer schärfer.

Die falsche Lesung des Zeichens für *cosa* als *r* setzt sofort bei den Benutzern des Dresdener Handschriftbandes C. 80 ein. Begünstigt wurde dieses Mißverständnis dadurch, daß damals das Studium der Algebra ALḪWĀRAZMĪs (S. 140) eifrig betrieben wurde und aus diesem das Wort *radix* für die Unbekannte jedem Mathematiker geläufig war. WIDMAN, vielleicht der erste Besitzer dieses Dresdener Sammelbandes, hat in seinen handschriftlichen Zusätzen zu den beiden Algebraabhandlungen in C. 80 (vgl. S. 16 f.) die Zeichen der Handschrift übernommen bis auf das Symbol der konstanten Größe (*dragma*) — Tafel B. 5 —, das bei ihm wie in Tafel B. 6, 7 ein schräg durchstrichenes Ringelchen ist; das Zeichen der Unbekannten ist dem späteren ꝵ sehr ähnlich. WIDMAN weiß aber genau, daß es *cosa* zu lesen ist; denn in eigenen handschriftlichen Randbemerkungen fügt auch er Beugungsendungen hinzu.[851] Die ständige Benutzung von + und — und großen Bruchstrichen läßt seine Rechnungen ganz modern erscheinen (vgl. die Tafel S. 16 Nr. 5). In seinem Rechenbuch von 1489[1200] vermeidet er algebraisches Rechnen fast völlig; nur an einer einzigen Stelle,[852] bei Behandlung einer geometrischen Aufgabe, die ziemlich flüchtig durchgeführt ist, findet sich eine Letter für das Unbekanntenzeichen, wie sie in der Tafel C. 8 angegeben ist; sie sieht einem *r* (*radix*), aber auch einem *n* (*numerus*) ähnlich und ersetzt das unmittelbar vorher benutzte ʅ coſſa (vgl. Bd. III, Anh. II, Nr. 41 b). An der ungefügen Form dürfte mehr der Buchdrucker als WIDMAN schuld sein.

Ein zweiter Benutzer des Dresdener Manuskriptes ist ADAM RIESE. Seine Schrift über die Regeln der Coß (1524 verfaßt), die sich der

---

850 Vgl. H. WIELEITNER[301], Arch. Gesch. Math., Nat.-Techn. 12_3, S. 96—97. — 851 WAPPLER[51], Z. Math. Phys. 45, 1900, Hist.-lit. Abt., S. 9: *Vnde ex multiplicacione co^e in co^{am} fit* ʒ, *ex co in* ʒ *fit cu, ex co in cu fit* ʒʒ, *ex* ʒ *in* ʒ *fit* ʒʒ *et cetera* (für *co*, *cu*, ʒ stehen die Zeichen der Tafel). Ferner WAPPLER, Programm[43] 1887, S. 31, Z. 6 (C. 80, fol. 282, Z. 6); *quadratum illius co^e*. — 852 Bl. (𝔈 1) r[01200].

Quelle sehr eng anschließt und zum Teil nur eine Übersetzung darstellt, ist von ihm nicht durch Druck veröffentlicht[831], sondern überhaupt erst in jüngster Zeit bekannt geworden.[853] Das von RIESE benutzte Symbol für die Unbekannte nähert sich noch mehr der Linienführung des 𝔵; bei der Aufzählung seiner Potenzzeichen nennt er es Radix ader Coß. Die wurtzel oder das dingk genannt welches geschwengert etzliche Zal zu tragen;[854] jedenfalls zieht RIESE die Benennung *radix* vor.

Neben den Münchener und Dresdener Handschriften gibt es noch eine Wiener Algebraabhandlung *Regulę Cosę uel Algobrę*[751], deren Entstehung etwas später, etwa um 1500, anzusetzen ist. Das Zeichen der Unbekannten (vgl. Tafel C. 9) ist hier das der Dresdener Algebra. Wenn auch einigemal im Anfang das *c* ohne Knick gezogen ist, so ist doch aus einer Überschrift auf der Rückseite des Blattes 2 durch die beigefügte Endung *ce* (Tafel H. 9) klar, daß das Zeichen bestimmt *radix* gelesen wurde; zuweilen wird sogar *radix* ausgeschrieben.

Auf ein wirkliches *r* (S. 141, Tafel C. 11), dem nur noch derselbe Schnörkel angehängt ist, den das *c* für cubus ständig besitzt (𝔠𝔢), der auch oft bei Münzbezeichnungen als Abkürzungszeichen vorkommt, treffen wir in dem Rechenbuch des APIAN[855] (1495—1552, Prof. in Ingolstadt) von 1527; auch hier wird im Text ausschließlich das Wort *radix* benutzt.

In dem Lehrbuch der Algebra, das CHR. RUDOLFF von Jauer 1525 erscheinen ließ[835], wird als Letter für das Unbekanntensymbol die *r*-ähnliche Form 𝔵 aus der lateinischen Dresdener Algebra C. 80 benutzt, die nunmehr allgemeinere Verbreitung erfuhr und sich im Laufe des sechzehnten Jahrhunderts nicht mehr veränderte. Zur Anerkennung verhalfen ihr hauptsächlich die Lehrbücher, die MICHAEL STIFEL (1544 *Arithmetica integra*[123], 1553 Neuausgabe der RUDOLFFschen *Coß*[1338]), der bedeutendste unter den Cossisten, verfaßte. Bei STIFEL ist die Auffassung als *r* und die entsprechende Lesart als *radix* so befestigt,[856] daß er gelegentlich sein Zeichen 𝔵 sogar im

[853] Das Manuskript muß aber bei anderen Mathematikern im Umlauf gewesen sein; so hat es wohl STIFEL in Händen gehabt, der sich verschiedentlich auf RIESEsche Aufgaben bezieht: *Arithmetica integra*[123], fol. 262 r° und v°, 263 r°, 264 v° und öfters führt STIFEL *Adamus Gigas* an. Die Übereinstimmung mit dem Manuskript RIESES wäre noch zu untersuchen. — [854] BERLET 1892[831], S. 35. — [855] Bl. Ziij[1446]. — [856] Vgl. *Arithmetica integra*[123] III, Bl. 227 v°, Z. 11: *Inuenturus numerus inueniendum absconditum, ponat loco illius 1 Cofs (nos autem ponimus 1 𝔵)* [Wer eine zu findende unbekannte Zahl finden will, der setze an Stelle derselben 1 Coß (wir aber setzen 1 𝔵)]; *Arith. int.* III,

Sinne von Quadratwurzel benutzt;[857] ja einmal wird in seiner *Arithmetica integra*, aber wohl durch Irrtum des Setzers, 2 Groschen abgekürzt mit 2 *g℞*.[858] Ein anderer Cossist, JOHANN SCHEYBL (1494—1570), geht so weit, daß er für die Unbekannte geradezu *ra* schreibt.[859]

Bei der Vergleichung der in der Coß gebräuchlichen Potenzzeichen haben wir bisher nur auf das Symbol der Unbekannten selbst unser Hauptaugenmerk gerichtet, da es die interessantesten Wandlungen zeigte. Über die übrigen Zeichen bleibt nur wenig zu sagen. Für die höheren Potenzen sind sie an sich klar. Das Symbol der konstanten Größen konnte als Anfangsbuchstabe von *dragma* (S. 143), als *d* mit einem Schnörkel, gedeutet werden. Eine Bestätigung für diese Annahme findet man in der folgenden Bemerkung, die RUDOLFF der Aufführung und Erklärung seiner Zeichen, also auch seinem als *dragma* gelesenen, *φ*-ähnlichen Buchstaben, beifügt,[860] seine Vorgänger hätten die Potenzen der Unbekannten von kürtz wegen mit einem character: genomen von anfang des worts oder namens: also verzeichnet. Die verschiedenen Formen, die in den einzelnen Handschriften (vgl. die Tafel) gebräuchlich waren, lassen sich dadurch sehr leicht in Übereinstimmung bringen, daß man den griechischen Buchstaben *φ* in den beiden Formen *φ* und *Φ* zum Vergleich heranzieht; es ist also nicht nötig, eine durchstrichene Null herauszuerkennen, die als Zeichen der nullten Potenz (x^0) erklärt werden könnte.[861] Der letztere Erklärungsversuch dieses Dragmazeichens ist nicht erst in neuester

S. 228 r⁰, Z. 7 v. u.: *Docet autem regula, primo ponendum esse 1 cossam seu* (*ut nos facimus*) *1 radicem* ... [Die Regel lehrt, zuerst setze man 1 Coß oder (wie wir es machen) 1 Wurzel ...]; *Arith. int.* III, S. 235 r⁰, Z. 28: ... *Ut 10 ℞ fl sunt decem radices seu lineae decem florenorum* ...; *Coß* 1553[1338], Bl. 59 v⁰, Z. 1—3: So wirt nu die Radix verzeichnet mit einem R, also ℞. Heyset Radix ... — **857** So *Arithm. integra*[123], Bl. 233 v⁰, Z. 25: *Quaerenda erit 1 ℞ de quotiente hoc 12 ℞ − 36* ... — **858** Bl. 233 r⁰, Z. 7. — **859** SCHEUBELIUS, *Algebrae compendiosa facilisque descriptio*, 1551[67], S. 3ff. — **860** RUDOLFFS *Coß*[835], Blatt Dij v⁰. — **861** CANTOR, 2^2, S. 243. In der Wiener Handschrift Nr. 5277[751] (um 1500) kommen beide Zeichen für *dragma* vor, im Text die *φ*-ähnliche Form; auf der Einleitungsseite, die eine Zusammenstellung der cossischen Potenzsymbole in hervorhebender Schrift gibt, erscheint die durchstrichene Null, ähnlich einem *Φ*. Offenbar ist die Bedeutung des *φ* als *d* ganz verloren gegangen. Der Verfasser sieht in ihm ein dem griechischen *φ* ähnliches Zeichen und wählt nun an dieser hervortretenden Stelle die Unzialform. An die Erkenntnis, daß der Konstanten die Zahl 0 zuerteilt werden kann, wenn man die anderen cossischen Potenzsymbole der Reihe nach den natürlichen Zahlen 1, 2, 3 ... zuordnet — wie bei STIFEL 1553 in seiner Ausgabe von RUDOLFFS *Coß*[1338], fol. 68, Z. 8 — ist für diese Schriften noch nicht zu denken, so daß die bewußte Benutzung einer durchstrichenen Null ausgeschlossen ist.

Zeit gemacht worden, sondern liegt gewiß auch der Potenzbezeichnung PIETRO CATALDIS († 1626 in Bologna) zugrunde, der statt $x^0, x^1, x^2, x^3 \ldots$ die durchstrichenen Ziffern 0̸ 1̸ 2̸ 3̸ . . . gebraucht. Im übrigen verschwindet das Dragmazeichen allmählich aus der Gleichungslehre.[862] In der Tat ist es ja auch überflüssig; denn, wenn sämtliche Potenzen der Unbekannten ihre eigenen Zeichen haben, können die alleinstehenden Zahlen nur als Konstanten aufgefaßt werden. STIFEL scheint der erste zu sein (wenigstens in einem Druckwerk), der die Entbehrlichkeit des φ — er schreibt 𝔇 — grundsätzlich anerkennt und es in seinen Rechnungen wegläßt, höchstens hin und wieder im Text statt des Wortes „Konstante" heranzieht.[863]

Bei LUCA PACIOLI (*Summa* 1494[I 18]) sahen wir (S. 138) eine Erweiterung der Potenzreihe für beliebige Werte vorgenommen; auch die deutsche Coß kennt eine solche, aber mit etwas abweichenden Benennungen. Ein Zusatz zur kleinen lateinischen Algebra im Dresdener Codex C. 80 (um 1480),[864] *Algorithmus de additis et minutis,* zählt auf:

$$x^1 = \text{𝔵}; \quad x^2 = \text{𝔷}; \quad x^3 = \text{𝔠𝔢}; \quad x^4 = \text{𝔷𝔷}; \quad x^5 = \text{𝔵𝔷𝔷}; \quad x^6 = \text{𝔷𝔷𝔷}; \quad x^7 = \text{𝔠𝔢𝔷𝔷};$$
$$x^8 = \text{𝔷𝔷𝔷𝔷}; \quad x^9 = \text{𝔵𝔷𝔷𝔷𝔷}; \quad x^{10} = \text{𝔷𝔷𝔷𝔷𝔷}.$$

In der Wiener Handschrift Cod. 5277 *Regulę Cosę uel Algobrę* (um 1500),[865] aus der RUDOLFF geschöpft hat, wird dagegen folgendermaßen aufgestiegen:

$$x^1 = \text{𝔵}; \quad x^2 = \text{𝔷}; \quad x^3 = \text{𝔠𝔢}; \quad x^4 = \text{𝔷𝔷}; \quad x^5 = \text{alt}; \quad x^6 = \text{𝔷} + \text{𝔠𝔢}\,(!);$$
$$x^7 = \text{𝔠𝔢} + \text{𝔷𝔷}\,(!); \quad x^8 = \text{𝔷𝔷} + \text{alt}\,(!),$$

wobei die Abkürzung für x^5 deutlich als *alt* gelesen wird,[866] die Abkürzung für x^8 aber ein Fehler sein muß. Der Wiener Handschrift sind die Benennungen beigeschrieben: *radix, quadratus, cubus, quadratus de quadrato, quadrangularis* (?), *quadratus et cubus, cubus*

862 In dem Dresdener Handschriftenband C. 80 befinden sich anscheinend nachträglich beigefügte Beispiele (fol. 289) für das Rechnen mit algebraischen Summen. In diesen ist das Dragmazeichen absichtlich fortgelassen. Der Schriftform nach (schleifenförmige 4, vgl. I, S. 39) gehören diese Zusätze wahrscheinlich noch in das fünfzehnte Jahrhundert. — 863 RUDOLFFS *Coß* 1525[835], Signatur Hiiij: 6 𝔵 + 4 φ sein gleich 46 φ. Dieselbe Stelle heißt in STIFELS Neubearbeitung[I 338] 1553, S. 149: 6 𝔵 + 4 sind gleych 46. In einer hier beigefügten Anmerkung heißt es anderseits: Alles das jenige so von 𝔵 und 𝔇 exemplificirt ist / soltu auch von anderen quantiteten verstanden haben. — 864 Fol. 289 unten. — 865 Fol. 2 unten[751]. — 866 Fol. 3 schreibt der Verfasser der Wiener Handschrift[751]: ... *qui altera longior appelatur.* Hiermit ist die Bemerkung RUDOLFFS zusammenzustellen, *Coß* von 1525[835], Bl. Diij: Würt zu Boecio zu latein genennet altera parte longior.

et quadratus de quadrato, quadratus et quadratus et quadrangularis. Die fünfte Potenz heißt von RIESE, INITIUS ALGEBRAS und RUDOLFF ab *sursolidum*[867] und wird bei erstem mit ß, bei letztem mit *β* (scharfes ſ) bezeichnet; die siebente führt den Namen *bissursolidum* und hat die Symbole bß, bzw. *bβ*. Bei der neunten Potenz bleiben RIESE und RUDOLFF stehen; sie stellen demgemäß folgende Tabelle auf:

$x^1 =$ ꝛe = radix oder coss
$x^2 =$ ʒ = zensus
$x^3 =$ ce = cubus
$x^4 =$ ʒʒ = zensus de zensu (Zensdezens)
$x^5 =$ ß oder *β* = sursolidum
$x^6 =$ ʒce = zensicubus
$x^7 =$ bß oder *bβ* = bissursolidum
$x^8 =$ ʒʒʒ = zensus zensui de zensu
$x^9 =$ cce = cubus de cubo.

INITIUS ALGEBRAS nennt noch $x^{11} =$ ter*β*, $x^{13} =$ quadr *β*, $x^{17} =$ quint *β*.[868] Das *b* in dem Symbol *bβ* der siebenten Potenz bringt STIFEL auf den glücklichen Gedanken, die Reihe beliebig fortzuführen. Dem Alphabet folgend ist in seiner *Arithmetica integra* (1544[123]) *cβ* $= x^{11}$, *dβ* $= x^{13}$, *eβ* $= x^{17}$ usw.; in der Neubearbeitung der RUDOLFFschen *Coβ* schreibt er 𝔅ß, ℭß, 𝔇ß, 𝔈ß .... Eingehend setzt er auseinander, wie man mit seinen neuen Symbolen jede noch so hohe Potenz auszudrücken imstande sei.[869]

Die gleichzeitigen italienischen Mathematiker sind in der Potenzbezeichnung rückständig. In der *Practica arithmetica* von 1539[279] übernimmt CARDANO die alten Bezeichnungen des PACIOLI (*Summa* 1494[118]; S. 138):

nu., *co.*, *ce.*, *cu.*, *ce. ce.*, *Rel. p.* usw.;

in der *Ars magna* von 1545[280] führt er für die Unbekannte das Wort *positio* (vgl. S. 52) ein und schreibt:

---

867 Die Bedeutung von *sursolidum* ist zweifelhaft. L. SCHONERUS erklärt es als *surgens in solidum* (P. RAMUS, *Arithmetices libri duo et Algebrae totidem, a Lazaro Schonero emendati et explicati, ejusdem Schoneri libri duo alter De numeris figuratis, alter De logistica sexagenaria.* Frankofurti 1586, S. 295, Z. 16; 2. Aufl. 1592. Vielleicht liegt ein Zusammenhang mit dem französischen *sursolide* (= überkörperlich) vor, das im 17. Jahrhundert wirklich vorkommt (DESCARTES, 1637, *Géométrie*; *Œuvres* 6[96], S. 373, Z. 10, S. 407, Z. 14). Später wird auch *surdesolidum* und *supersolidum* gebildet; vgl. G. ENESTRÖM, Bibl. math. 6[3], 1905, S. 324—325. — 868 Ed. CURTZE[63], S. 308. — 869 Neubearb. von RUDOLFFS *Coβ*[1338], 1553, Bl. 160 v⁰: ʒℭß $= x^{22}$; Bl. 60 v⁰: ℌß $= x^{29}$.

fol. 8 r^0, Z. 23 rechts: *60 p: 20 positionibus aequalia 100* $(60 + 20x = 100)$
fol. 12 r^0, Z. 17—18: *1 q̃dm p: 2 poſbs, aequalia 24* $(x^2 + 2x = 24)$
fol. 8 r^0, Z. 10 v. u.: *7 q̃drati aequentur 21 cub q̃dti* $(7x^2 = 21x^6)$
fol. 10 r^0, Z. 21 rechts: *Rm pm p: 6 cub. 80* $(x^5 + 6y^3 = 80)$

Über die zweite Unbekannte quantitas vgl. S. 52.

Tartaglia achtet besonders in seinen ersten Schriften[870] wenig auf die Kürze der Symbole, die im allgemeinen bei ihm ebenso aussehen wie bei Cardano, so z. B. schreibt er $x^6 + 48 = 14x^3$

Sia . 1 . *cubo de censo piu* . 48 . *equal à* 14 . *cubi* .

Im *General trattato* (1560)[871] zählt er die Cardanoschen Bezeichnungen bis x^{29} auf:

n — — 0
co — — 1
ce — — 2
cu — — 3
ce ce — — 4
pri. rel. — 5
ce cu —— 6
$\overset{0}{2}$ *rel.* —— 7
⋮
$\overset{0}{9}$ *rel.* 29.

Er stellt sie zusammen mit der Reihe der natürlichen Zahlen 0, 1, 2 ... 29 und bereitet dadurch den **Begriff der Exponenten**[872] vor. Ähnlich waren aber schon die deutschen Cossisten[877] vorgegangen, ja sie nahmen die Rangordnung in die Unbekanntenbezeichnung selbst hinein. In diesem Sinne führt Grammateus 1518[158a] *pri* für x (prima quantitas), *ſe* für x^2 (secunda quantitas), *ter* für x^3 (tertia quantitas) usw. (vgl. Bd. III, Anh. II, Nr. 44) ein.[873] Zu demselben Fortschritt war schon früher der französische Mathematiker Chuquet (Lyon, Paris; † um 1500) gekommen; in seinem *Triparty en la science des nombres* (1484) nannte er die Unbekannte und ihre Potenzen: *nombres premiers, seconds, tiers, quartz,* und hob besonders hervor, daß diese neue Bezeichnung eine unendliche Fortsetzung gestatte im Gegensatz zu den Symbolen der

870 *Nova scientia,* Ven. 1537; *Qvesiti et inventioni,* Ven. 1546 (2. Aufl., Ven 1554). — 871 *General trattato*[159], Teil VI, Ven. 1560, fol. 2, rechter Rand unten. — 872 In einem Brief des byzantinischen Mathematikers Psellos (elftes Jahrh.) sind schon die Potenzen mit den natürlichen Zahlen abgezählt. Diophant, *Opera*, ed. Tannery[1124], 2, S. 38. — 873 Grammateus, Rechenbuch, 1518[158a], Bl. Giij.

Griechen.[874] Der *Triparty* ist aber niemals — bis auf die Neuzeit[I 19] — gedruckt worden, blieb also ohne Einfluß. Wir finden bei CHUQUET sogar zum erstenmal eine Art Exponentenbezeichnung, indem er statt $12x$, $12x^2$, $12x^3$ usw. 12^1, 12^2, 12^3 ... schrieb, ja sich nicht einmal vor 12^0 und 12^{-1} für 12 und $\frac{12}{x}$ scheute[875] (vgl. S. 76 und Bd. III, Anh. II, Nr. 40).

Als eigene Erfindung muß es angesehen werden, wenn STIFEL (1553) folgende Potenzbezeichnung vorschlug:[876] Es mag aber die Coſſiſche progreſs auch alſo verzeychnet werden.

$$\overset{0}{1} \,.\, \overset{1}{1\mathfrak{A}} \,.\, 1\overset{2}{\mathfrak{A}\mathfrak{A}} \,.\, 1\mathfrak{A}\overset{3}{\mathfrak{A}}\mathfrak{A} \,.\, 1\mathfrak{A}\mathfrak{A}\overset{4}{\mathfrak{A}}\mathfrak{A} \,.$$

Vnd ſo fort ahn on ende.

Item auch alſo

$$\overset{0}{1} \,.\, 1\overset{1}{\mathfrak{B}} \,.\, 1\mathfrak{B}\overset{2}{\mathfrak{B}} \,.\, 1\mathfrak{B}\mathfrak{B}\overset{3}{\mathfrak{B}} \,.\, 1\mathfrak{B}\mathfrak{B}\overset{4}{\mathfrak{B}}\mathfrak{B} \,.\ \text{etc.}$$

Item auch alſo

$$\overset{0}{1} \,.\, 1\overset{1}{\mathfrak{C}} \,.\, 1\overset{2}{\mathfrak{C}}\mathfrak{C} \,.\, 1\mathfrak{C}\overset{3}{\mathfrak{C}}\mathfrak{C} \,.\, 1\mathfrak{C}\mathfrak{C}\overset{4}{\mathfrak{C}}\mathfrak{C} \,.\ \text{etc.}$$

Vnd ſo fort an von andern Buchſtaben. (Vgl. S. 28.)

Zugleich liegt hierin die Ausdehnung der Potenzbezeichnung auf mehrere algebraische Größen. Wir erkennen ferner, daß STIFEL bewußt den Exponenten 0 dem Einswert zuordnet, also die nullte Potenz gleich 1 setzt. Auch das Wort Exponent verdankt man ihm.[877]

Wenig verwendbar waren die Abkürzungen SCHEYBLS (1494 bis 1570, Tübingen): $x^1 = ra$, $x^2 = pri$ (*prima quantitas*, durch einmalige Multiplikation der *ra* mit sich selbst entstanden), $x^3 = se$, $x^4 = ter$ usf.,[878] wie auch die des Pariser Gelehrten RAMUS (1515—1572): $x^1 = l$

---

874 *Triparty*[I 19], S. 737. — 875 *Triparty*[I 19] S. 737—738; vgl. das Beispiel S. 740 (modern $8x^1 \cdot 7x^{-1} = 56$): *Qui multipliroit* .8^1.*par*.$7^{1.\bar{m}}$. *la multiplicacion monte* 56, und ($8x^3 \cdot 7x^{-1} = 56x^2$): *Semblement qui multipliroit* .8^3. *par* .$7^{1.\bar{m}}$. ... *ainsi ceste multiplicacion monte* .56^2. — 876 STIFEL, *Rudolffs Coß*, 1553[I 338], Buch I, Kap. 5, Bl. 61 v° u. 62 r°. — 877 STIFEL, *Ar. integra*[23], Buch III, Bl. 235 v°, Z. 8f.: *Progressio numerorum naturaliter progredientium, exponat terminos progressionum Geometricarum. Quemadmodum igitur series numerorum naturalis, exponit singulas progressiones geometricas, ita etiam cossicam progressionem exponit. Eam vero expositionẽ sufficit subindicare sequenti dispositione*

0.	1.	2.	3.	4.	5.	6.	7.
1.	1 ℞.	1 ʒ.	1 ϲȼ.	1 ʒʒ.	1 β.	1 ʒϲȼ.	1 bβ ...

... *hic uides, quemlibet terminũ progressionis cossicae, suum habere exponentem in suo ordine* ... — 878 SCHEUBELIUS, 1551, S. 3[67].

(*latus*), $x^2 = q$ (*quadratus*), $x^3 = c$ (*cubus*), $x^4 = bq$ (*biquadratus*), $x^5 = s$ (*solidus*), $x^6 = qc$, $x^7 = \beta s$ (*secundus solidus*), $x^8 = tq$ (*triquadratus*) usf.[879]

Auf CHUQUET — oder auf eine gemeinsame Quelle — weisen die Symbole BOMBELLIS (1572, *L'Algebra*[75]) hin: $\underset{\smile}{1}$, $\underset{\smile}{2}$, $\underset{\smile}{3}$, ... statt x^1, x^2, x^3 ..., die den Zahlenkoeffizienten rechts beigefügt wurden. So ist:[880]

$$625.p.400.\underset{\smile}{1}p.150.\underset{\smile}{2}p.20.\underset{\smile}{3}p.1.\underset{\smile}{4} \text{ gleich } 625+400x+150x^2+20x^3+x^4.$$

In dem noch vorhandenen Manuskript stehen diese Potenzzeichen über den Koeffizienten, so daß $\overset{\overset{1}{\smile}}{2}$ für $2x$ steht, eine Schreibart, die auch im Druck gelegentlich befolgt ist.[881] Die BOMBELLIsche Bezeichnung übernahm der Holländer S. STEVIN (1548 Brügge — 1620 Leiden; Kaufmann, später im Staatsdienst als Ingenieur) in wenig veränderter Form[882] und schrieb:

$$3 \text{③} + 5 \text{②} - 4 \text{①} + 6 \text{ statt } 3x^3 + 5x^2 - 4x + 6.\text{[883]}$$

Bei mehreren Unbekannten verwendete er die Silben *sec*, *ter*,.. (*secunda*, *tertia*,..), die er den Potenzzeichen vorsetzte. Statt $3xyx^2$ lesen wir bei ihm (M ist Multiplikationszeichen, vgl. S. 26):

$$3 \text{①} M \sec \text{①} M \text{ter} \text{②},$$

ebenso für $\frac{5x^2}{y} \cdot z^2$:

$$5 \text{②} D \sec \text{①} M \text{ter} \text{②}.\text{[884]}$$

Unabhängig von den Vorgenannten scheint BÜRGI (1552—1632, Kassel, Prag; Mechaniker, Mathematiker und Astronom) auf seine Schreibart[885] gekommen zu sein:

$$\overset{\text{II}}{16} - \overset{\text{IV}}{20} + \overset{\text{VI}}{8} - \overset{\text{VIII}}{1} \text{ für } 16x^2 - 20x^4 + 8x^6 - x^8,$$

der sich nach BÜRGIS Vorbild auch N. RAIMARUS URSUS († 1600, Prag)[886] und KEPLER (1571—1630; Graz, Prag) bedienten.[887]

879 PETRUS RAMUS, *Arithmetices libri duo et Algebrae totidem*, Frankofurti 1586[867]; *Algebr.*, lib. I, cap. I, S. 322. — 880 BOMBELLI, *L'Algebra*[75], Bologna 1572, S. 52. — 881 Daselbst[75] S. 251. BOSMANS (1920) und E. BORTOLOTTI (1923) wollen in dem unter der Exponentenziffer stehenden Halbkreis das eigentliche Symbol der Unbekannten sehen. H. WIELEITNER widerlegt das, *Zu Bombellis Bezeichnung der Unbekannten und ihrer Potenzen*, Arch. Storia Sc. 7, 1926, S. 29—32. — 882 STEVIN, *Œuvres*[123], S. 8, Z. 30 linke Spalte. — 883 STEVIN[123], I, S. 6, Def. 26. — 884 STEVIN, I, S. 7, Def. 28, *Explicat.* Die zweiten usw. Unbekannten heißen bei ihm *Quantitez postposées.* — 885 RUD. WOLF, *Astron. Mitteilungen*, XXXI, S. 18 nach CANTOR, 2², S. 643. — 886 *Arithmetica analytica* (Frankfurt a. O. 1601). RAIMARUS gebraucht daneben auch die cossischen Zeichen (mit R statt ꝛc), schreibt aber gelegentlich sogar (durchweg auf Bl. C 3 v⁰) etwa 25 IIII + 20 II − 10 III − 8 I statt $25x^4 + 20x^2 - 10x^3 - 8x$. — 887 Z. B. *De figurarum harmonicarum demonstratione*, Teil I der *Harmonices mundi*, Linz

Die Neuerung VIETAS (1540—1603, Paris; Staatsbeamter), statt der bisherigen Zahlenkoeffizienten allgemeine Buchstaben einzuführen, bedeutete in der Potenzlehre einen Wendepunkt: nunmehr wurden der Mathematik auch Potenzen bekannter Zahlen zugeführt, so weit nicht schon die cossischen Zeichen selbst zuweilen allgemeine Zahlen in beschränktem Umfange ersetzen konnten (vgl. S. 50). Zwar mutet uns die Schreibart VIETAS in seiner *In artem analyticam Isagoge* von 1591[70]; *A quadr.*, *B cub.*[888] für x^2, bzw. a^3 sonderbar an und erschwert das Studium des sowieso schon schwer verständlichen Werkes ganz beträchtlich, aber nunmehr ist die Bahn zu weiterer Verbesserung frei. A. GIRARD († 1633; Niederlande) beschränkt sich 1629[123] auf Aq und $A\ cub$,[889] bringt aber auch die Neuerung:[890]

$$(1)\ 18 \text{ und } (\tfrac{3}{2})49 \text{ statt } 18^1, \text{ bzw. } 49^{\frac{3}{2}} (= 343)\,,$$

wobei er die Exponenten links setzt, um Verwechslungen mit $18(1) = 18x^1$, $18(2) = 18x^2$ zu vermeiden. Der Engländer W. OUGHTRED (1574—1660; Pfarrer in einem Landort) kürzt in der *Clavis mathem.* von 1631[1680] noch mehr ab: Aq und Ac;[891] TH. HARRIOT (1560—1621, Oxford) schreibt in seiner unmittelbar darauf erschienenen, nachgelassenen *Algebra*: *aa* bzw. *bbb*.[892] Den Weg zu den modernen Symbolen bahnt ADRIAEN V. ROOMEN (1561—1615, Loewen),[893] der sich mit

$$A_{(4)} + B_{(4)} + 4\,A_{(3)} \textit{ in } B + 6\,A_{(2)} \textit{ in } B_{(2)} + 4\,A \textit{ in } B_{(3)}$$

für unser

$$A^4 + B^4 + 4\,A^3B + 6\,A^2B^2 + 4\,AB^3$$

an STEVIN anlehnt, aber die Grundzahlen A, B selbst hinsetzt. P. HÉRIGONE (1634, *Cursus mathematicus*) verzichtet auf die Einklammerung der Exponenten, wie bei $a2$, $a3$, $a4$ für a^2, a^3, a^4.[894] Ein schottischer Mathematiker J. HUME (1636) setzt die Exponenten oberhalb der Schriftlinie allerdings mit römischen Ziffern, so A^{III}

1619, lib. I, prop. 45; *Keplers Werke*, ed. FRISCH[1264] V, 1864, S. 104. — **888** Bei Zahlenbeispielen schreibt VIETA auch kürzer $N = x$, $Q = x^2$, $C = x^3$, $QQ = x^4$; z. B. *Supplementum Geometriae*[290], 1593, Propos. XVI, Bl. 18 r⁰, Z. 1. — **889** A. GIRARD, *Invention nouvelle en l'algèbre*[123], 1629, Bl. 𝔉 2. — **890** Daselbst, Bl. 𝔅. — **891** OUGHTRED[1680], cap. IV, § 8, S. 7; vgl. auch WALLIS, *Algebra*[1682], S. 71. — **892** *Artis analyticae praxis*, 1631, S. 4. — **893** Vgl. H. BOSMANS, Ann. Soc. sc. de Brux. 30, 2ᵉ, partie, 1906. — **894** *Cursus math.*[147], Bd. I, vgl. am Anfang die *explicatio notarum*, Bd. II, *Algebra*, cap. I, S. 4.

für A^3.[895] DESCARTES[896] folgte zuerst HÉRIGONE,[897] rückte dann aber dessen arabische Ziffern auch etwas höher (1637, *Géométrie*)[898] und bleibt damit bis auf unsere Zeit vorbildlich. Vollständig fest wurde die Cartesische Schreibart erst mit dem achtzehnten Jahrhundert. Noch in den Acta Eruditorum von 1690 steht zuweilen $a4$ statt a^4.[899] Für die zweite Potenz a^2 blieb DESCARTES zuweilen[900] bei der alten Schreibweise aa, was später GAUSS mit Absicht wieder tat. GAUSS begründet seine Gewohnheit damit, daß Symbole nur in der Kürze ihre Existenzberechtigung besäßen, a^2 aber vor aa keine Raumersparnis voraus hätte.[901] Einer der treuesten Anhänger DESCARTES', FRANZ VAN SCHOOTEN (1615—1660, Prof. in Leiden), dessen lateinischen Übersetzungen und Erläuterungen das größte Verdienst um die Verbreitung der Cartesischen Geometrie zukommt, schrieb aber schon mit Vorliebe a^2.[902]

Allgemeine Exponenten finden sich bei DESCARTES nur an einer Stelle: „*Numerus autem primus, saepius per se ipsum multiplicatus, sicuti* a^n, *partes aliquotas habet* $\frac{a^n - 1}{a - 1}$“, in einer kleinen Abhandlung

[895] *L'Algèbre de Viète, d'vne methode nouvelle claire et facile* (Paris 1636). Vgl. *Œuvres* de DESCARTES, éd. ADAM et TANNERY 5[144], S. 584, Z. 9ff., S. 506—512. — [896] DESCARTES kannte die alten Potenzbezeichnungen und benutzte sie anfangs auch selbst noch. So in einer kleinen Abhandlung aus dem Jahre 1619/21, *Œuvres* 10[1842], S. 249—251: 36 — 3 ʒ — 6 ꝛe aequ. 1 ℭ; Brief von 1618, *Œuvres* 2[1843], S. 125: $Aq + Bq + A$ in B bis; Brief von 1640, *Œuvres* 3, éd. ADAM et TANNERY, Paris 1899, S. 190: $1\,C - 6\,N = 40$ und öfters.[209] — [897] *Œuvres de Descartes*, éd. ADAM et TANNERY 10[1842], S. 299: $b\,3\,x$ für $b^3 x$ und ebenso $a\,3\,z$ für $a^3 z$ (vor 1637). Vgl. Bd. III, Anhang, Originalbeispiele Nr. 68g. — [898] Daselbst Bd. 6[96], S. 371: $a^2 + b^2$, $a^3 - b^3$. Die neue Potenzbezeichnung hat DESCARTES schon einige Jahre vor der *Géométrie* benutzt in den *Regulae ad directionem ingenii* (um 1628 geschrieben): *Œuvres* 10[1482], S. 455: $2a^3$, S. 456: $\sqrt{.}\,a^2 + b^2$.. — [899] Acta Eruditorum, Leipzig 1690 (Mai), S. 222:

$$a + b + \frac{bb}{2a} + \frac{b\,3}{2 \text{ in } 3aa} + \frac{b\,4}{2 \text{ in } 3 \text{ in } 4a\,3} + \frac{b\,5}{2 \text{ in } 3 \text{ in } 4 \text{ in } 5a\,4} \cdots$$

statt: $a + b + \frac{b^2}{2a} + \frac{b^3}{2 \cdot 3a^2} + \frac{b^4}{2 \cdot 3 \cdot 4a^3} + \frac{b^5}{2 \cdot 3 \cdot 4 \cdot 5a^4} + \cdots$ Der Verfasser JAKOB BERNOULLI hat aber wahrscheinlich die Korrektur der Abhandlung nicht selbst gelesen. — [900] In der *Géométrie* von 1637 zumeist aa; a^2 kommt anfangs häufiger, dann aber sehr selten vor, z. B. *Œuvres* 6[96], S. 451, Z. 4, 13; S. 454, Z. 30. — In dem *Calcul* von 1638[102], den DESCARTES zur Erläuterung seines algebraischen Rechnens schreiben ließ, ist grundsätzlich die Form a^2 genommen; *Œuvres* 10[1842], S. 661f. — [901] CANTOR, 2[2], S. 794, Anm. 2. — [902] DESCARTES' *Geometria*[93], 1649 Lugd. Bat., S. 166f.

De Partibus aliquotis numerorum aus dem Jahre 1638,[903] gedruckt aber erst 1701.[904]

In seiner geschichtlich sehr wichtigen *Algebra* von 1685[I682] veröffentlicht WALLIS[905] den binomischen Lehrsatz in der Form, wie ihn NEWTON aufgestellt hat:

$$\overline{P+PQ}|\frac{m}{n} = P\frac{m}{n} + \frac{m}{n}AQ + \frac{m-n}{2n}BQ$$
$$+ \frac{m-2n}{3n}CQ + \frac{m-3n}{4n}DQ + \&,$$

wo

$$A = P^{\frac{m}{n}}, \qquad B = \frac{m}{n}AQ, \qquad C = \frac{m-n}{2n}BQ\ldots$$

NEWTONS Rechenuntersuchungen gehen bis auf 1666 zurück; die ersten Mitteilungen in Bekanntenkreisen stammen aus dem Jahre 1669. Drucklegungen fanden bei allen seinen Schriften immer erst sehr spät statt. Hätte WALLIS 1685 den Satz nicht in seine *Algebra* aufgenommen (und 1693 in der lateinischen Ausgabe wiederholt), so wäre er erst 1711 im Druck bekannt geworden.[906] In seinen Vorlesungen (1673—1683), die von WHISTON 1707 als *Arithmetica universalis* herausgegeben wurden[541], ist keine Gelegenheit für allgemeine Exponenten, übrigens auch nicht für negative, wohl aber in den *Principia* von 1687,[355] z. B.:

S. 139, Z. 14 Exempel 2: A^{n-3} *ſeu* $\frac{A^n}{A^3}$,

S. 139, Z. 17 v. u.: $T - X^n$,

S. 251, Z. 5 v. u.: $\frac{n}{m}a\,A^{\frac{n-m}{m}}$,

S. 252, Z. 3 v. u.: $\frac{1}{A^n}$ *ſeu* A^{-n}

und in der *Analysis per quantitatum series* von 1711[906] z. B.:

S. 1: *Si* $ax^{\frac{m}{n}} = y$; *erit* $\frac{an}{m+n}x^{\frac{m+n}{n}}$ = *Areae ABD*,

S. 48: $z^{\Theta}\cdot R^{\lambda} = v$ wird differenziert $\Theta\dot{z}z^{\Theta-1}R^{\lambda} + \lambda z^{\Theta}\cdot\dot{R}R^{\lambda-1} = \dot{v}$.

903 *Œuvres* 10[I842], S. 301, Z. 3; Nr. IV der *Excerpta mathematica.* — 904 Aus dem Nachlaß DESCARTES'. *Opuscula posthuma*[807], Amsterdam 1701. In einer Leidener Handschrift aus dem Nachlaß von HUYGENS († 1695) steht auch a^n; es ist daher nicht anzunehmen, daß der Herausgeber 1701 die Bezeichnung erst hineingebracht hat. — 905 *Algebra*[I682], engl. Ausgabe 1685, S. 331; lat. Ausgabe 1693, S. 376. — 906 I. NEWTON, *Analysis per quantitatum series*[787], Londoni 1711 (herausgeg. v. W. JONES), S. 23.

In den Schriften und dem handschriftlichen Nachlaß lassen sich bei LEIBNIZ (1646—1716) allgemeine Exponenten, desgleichen negative und gebrochene schon seit 1676 nachweisen,[907] wie x^{a-b}, $x^y + y^x$ u. ä.

Die Herausgeber der *Acta Eruditorum*[908] legen die Schreibart fest $(aa + bb)^m$, $(aa + bb)^{n:m}$, $\sqrt[m]{aa + bb}$, $(aa + bb)^{1:m}$.

Zu beachten ist übrigens ein erster Versuch, Potenzen mit allgemeinen Exponenten auszudrücken, den VIETA gelegentlich macht. Allerdings kann er nur zwei solche Potenzen wiedergeben; er benutzt dazu die Wörter *potestas* und *gradus* als Zusatz.[909]

$$A \textit{ potestas} + \frac{E \textit{ potestate} - A \textit{ potestate}}{E \textit{ gradu} + A \textit{ gradu}} \textit{ in } A \textit{ gradum}$$

soll heißen, modern geschrieben:

$$x^m + \frac{y^m - x^m}{y^n + x^n} \cdot x^n.$$

Auch auf eine vereinzelte Stelle in der *Mathesis universalis*, 1657, von J. WALLIS (1616—1703) ist hinzuweisen, die schon ganz modern aussieht:

$$A R^m \times A R^n = A^2 R^{m+n}.^{910}$$

Den Exponenten Null findet man zum erstenmal in dem oben (S. 76) erwähnten *Triparty* des französischen Mathematikers CHUQUET (1484). Dasselbe Werk enthält auch negative Exponenten. $7^{1.\bar{m}}$ bedeutet bei ihm $7x^{-1}$.[911] CHUQUET hat aber auf die weitere Entwicklung nur wenig Einfluß gehabt, da seine Schrift erst in der Neuzeit gedruckt wurde. Von Bedeutung ist STIFELS *Arithmetica integra*[912] von 1544, in der das Schema

−3	−2	−1	0	1	2	3	4	5	6
$\frac{1}{8}$	$\frac{1}{4}$	$\frac{1}{2}$	1	2	4	8	16	32	64

907 FL. CAJORI, *Leibnix*[41], Isis 7, 1925, S. 424. — 908 *Acta Eruditorum*[43], Leipzig 1708, p. 271f. — 909 *Opera mathematica*[127], ed. VAN SCHOOTEN, S. 107, Z. 27. — 910 *Mathesis universalis*[446], Oxoniae 1657, S. 293. — 911 Vgl. Anm. 875. Eine in den Alfonsinischen Tafeln (um 1270[1333]) benutzte Schreibart $32^{\ddot{\text{i}}}\, 15^{\ddot{m}}\, 4^{\dot{2}}\, 0^{\ddot{3}}$ — vgl. A. WEGENER, *Die astronomischen Werke Alfons X.*, Bibl. math. 6_3, 1905, S. 179 — versteht unter dem Exponenten $\ddot{\text{i}}$ die Tage, unter $1^{\ddot{m}}$ $\frac{1}{60}$ Tag, $1^{\ddot{2}}$ $\frac{1}{60^2}$ Tag usw. Dabei ist $1^{\ddot{m}}$ nicht als negativer Exponent ($\ddot{m}$ = minus) aufzufassen, sondern ist nur eine Abkürzung für 1 *minuta* (sc. *pars*), wie bei Sexagesimalbrüchen die erste Untereinheit genannt wird (vgl. I, S. 50). — 912 *Arithmetica integra*[123], Bl. 249 v°, Z. 10—11 v. u.

die richtige Erfassung der beiden Begriffe zeigt. Besser stellt auch WALLIS 1655 den Zusammenhang zwischen Potenzen mit positiven und negativen Exponenten nicht dar, wenn er die Reihen $\frac{1}{1}, \frac{1}{8}, \frac{1}{27} \ldots$ und 1, 4, 9... betrachtet und -3 den Index von $\frac{1}{8}$, so wie 2 den von 4 nennt.[913] NEWTON (vgl. S. 155) schreibt die negativen Exponenten in ganz moderner Form,[914] natürlich auch LEIBNIZ (S. 156). In W. JONES' *Synopsis palmariorum matheseos* (London, 1706)[915] erscheint zum erstenmal in einem Elementarbuch klipp und klar die Formel $a^{-n} = \frac{1}{a^n}$,[915] der sofort $a^{\frac{n}{r}} = \sqrt[r]{a^n}$ angeschlossen wird.

Gebrochene Exponenten — und zwar bei Potenzen von Verhältnissen (*proportiones* genannt, vgl. S. 165) — hatte schon ein älterer französischer Mathematiker, ORESME (um 1323—1382; Paris, zuletzt Bischof von Lisieux), in ganz eigentümlicher Schreibweise angewendet. In seinem *Algorismus proportionum*[916] wird $2^{\frac{1}{2}}$ folgendermaßen geschrieben, wenn wir das Verhältnis 2 : 1, wie es auch ORESME tut, durch die Zahl 2 ersetzen:[917]

1 . p
2 . 2

gelesen: *Medietas* (*proportionis*) *duplae*;

ähnlich $(2\frac{1}{2})^{\frac{1}{4}}$

1 . p . 1
4 . 2 . 2

gelesen: *Quarta pars* (*proportionis*) *duplae sesquialterae.*

STIFEL, bei dem oben die Kenntnis negativer Exponenten nachzuweisen war, hat bei ganz ähnlichen Betrachtungen, wie sie ORESME zeigt, auch gebrochene Exponenten angedeutet. EUKLID (vgl. S. 81) versteht unter dem zweifachen Verhältnis von $a:b$ das Verhältnis der Quadrate $a^2:b^2$, unter dem Dreifachen das der Kubens, $a^3:b^3$; ARCHIMEDES kennt sogar das $1\,{}^1/_2$ fache Verhältnis $a^{3/2}:b^{3/2}$.[494] So fragt STIFEL,[918] das wievielfache Verhältnis von $\frac{27}{8}$ ist $\frac{2187}{128}$, und erhält den Exponenten $\frac{7}{3}$.

913 *Arithmetica inf.* 1655[108], prop. 101/6; *Opera* 1[204], Oxford 1695, S. 407—410.
914 *Methodus fluxionum et serierum infinitarum* (um 1670 redigiert), ed. J. COLSON, London 1736. Übersetzt von BUFFON, Paris 1740, S. 4. *Opuscula*, ed. CASTILLON, 1744[358], II, S. 34. Vgl. A. PRAG[605], S. 400 u. — 915 *Synopsis*[87], S. 67, Z. 18. — 916 M. CURTZE, *Über die Handschrift R. 4°. 2 Problematum Euclidis explicatio der Kgl. Gymnasialbibliothek zu Thorn*, Z. Math. Phys. 13, Supplem., Leipzig 1868, § 9, S. 65ff.; vgl. auch CANTOR, 2[2], S. 133, 356. Obige Originalschreibart nach brieflicher Mitteilung von H. WIELEITNER. Die in der ersten Auflage gegebene zweite Schreibart ist nicht original. — 917 Vgl. H. WIELEITNER, *Zur Geschichte der gebrochenen Exponenten*, Isis 6, 1924, S. 511—512. — 918 *Arithm. int.*[123], fol. 54 r°. Vgl. H. WIELEITNER, *Gebrochene Exponenten bei Michael Stifel*, Unterrichtsbl. f. Math. Nat. 28, 1922, S. 63—64 und *Mathematische Quellenbücher* I[121], S. 40—42.

Noch der Holländer S. STEVIN (1548 Brügge — 1620 Leiden), der sein Zeichen ($\frac{2}{3}$) bereits als Kubikwurzel aus dem Quadrate der Unbekannten aufgefaßt haben will (1585 *L'Arithmétique*),[919] scheut sich vor der wirklichen Verwendung dieses Symbols. Vereinzelt bringt A. GIRARD (1629)[890] Ausdrücke wie $(\frac{3}{2})49$ für $49^{\frac{3}{2}}$. Auch WALLIS nimmt von der symbolischen Schreibart Abstand, obgleich er eine vollständig genügende Definition gibt.[913] Bei DAVID GREGORY (1684) ist die Schreibart $a^{\frac{1}{2}}$, $a^{\frac{3}{2}}$, $x^{-\frac{5}{2}}$, $x^{\frac{P}{R}}$ ganz geläufig.[920] Erst NEWTON hat das Verdienst, von dieser Verallgemeinerung des Potenzbegriffes den richtigen Gebrauch gelehrt zu haben, wie uns einige Kapitel der *Principia* (vgl. S. 155) zeigen. Von wesentlicher Bedeutung ist die Aufstellung des binomischen Lehrsatzes durch NEWTON,[921] dessen Beweis der Entdecker in einem Briefe an OLDENBURG (13. Juni 1676) eingehend auseinandersetzt.[922] Auch LEIBNIZ[907] hat sich die Weiterausbildung der Potenzlehre sehr angelegen sein lassen. Ganz besonders eingehend behandelt W. JONES 1706 in seiner *Synopsis palmariorum matheseos*[87] das Rechnen mit gebrochenen Exponenten.[923]

Zu imaginären Exponenten schritt EULER (1707 Basel — 1783 Petersburg, vorübergehend in Berlin) vor, und zwar zum erstenmal 1740 in einem Brief an JOHANN BERNOULLI I, dem er von der entdeckten Formel

$$2\cos x = e^{x\sqrt{-1}} + e^{-x\sqrt{-1}}$$

Kenntnis gibt;[681] in einem Briefe an GOLDBACH vom 9. Dez. 1741 teilt EULER als merkwürdig mit, daß er den Wert des Bruches

$$\frac{2^{+\sqrt{-1}} + 2^{-\sqrt{-1}}}{2}$$

fast gleich $\frac{10}{13}$ gefunden habe.[924] In Verbindung damit steht die weittragende Entdeckung EULERS über den Zusammenhang, der zwischen den trigonometrischen Funktionen und den Potenzen mit

919 STEVIN, *Œuvres*[123], I, S. 6, Z. 12: *Toutesfois le* $\frac{1}{2}$ *en circle seroit le charactère de racine de* ① ...; I, S. 64, Z. 26: *La racine cubique de* ② *obtient nominateur rompu à sçavoir* $\frac{2}{3}$ *en circle.* — 920 *Exercitatio geometrica de dimensione figurarum*, Edinburgh 1684, S. 4, 5, 6. — 921 NEWTONS Form des binomischen Lehrsatzes veröffentlichte zuerst J. WALLIS in seiner *Algebra* von 1685. Vgl. S. 151 und Anm. 905. — 922 *Comm. ep.*[179], S. 103; LEIBNIZ, *Werke*[1786], 3. Folge, ed. GERHARDT, Bd. I, 1, Berlin 1849, S. 100ff. — 923 Daselbst[87] S. 115—119. — 924 *Corresp. math. et phys.*, p. par FUSS[684], Petersburg 1843, I, 111.

imaginären Exponenten besteht (vgl. S. 111—112). Auch komplexe Exponenten hat EULER[925] betrachtet.

Schon vorher war der bedeutungsvolle Übergang zu variablen Exponenten vorgenommen und damit der Begriff der Exponentialfunktion aufgestellt worden. LEIBNIZ (1646—1716) war 1679 in einem Brief an HUYGENS auf Gleichungen von der Form $x^z + z^x = b$, $x^x + z^z = c$, $x^x - x = 24$ zu sprechen gekommen.[926] JOHANN BERNOULLI I griff 1694 in dem Briefwechsel mit LEIBNIZ das neue Thema an;[927] den ursprünglich gewählten Namen der *percurrenten* Größen ersetzte er bald, nach Vorschlag von LEIBNIZ, durch *exponentialiter transcendentes*,[928] das dann im Deutschen durch Exponentialgrößen wiedergegeben wurde, so bei WOLFF 1716.[929] In den Acta Eruditorum von 1695 stellte LEIBNIZ Untersuchungen über diese Größen an; JOH. BERNOULLI brachte im Märzheft 1697[930] Ergänzungen. BERNOULLIS großem Schüler, LEONHARD EULER, verdankt die Mathematik die weitere Bearbeitung dieser Theorie, wozu auch die neue Definition der Logarithmen als Potenzexponenten (vgl. S. 206) gehört. Einen wirklichen Abschluß brachten die Untersuchungen N. H. ABELS, der, von der Funktionalgleichung $f(x) \cdot f(y) = f(x + y)$ ausgehend, eine neue Definition der Exponentialfunktion schuf und nunmehr deren Eigenschaften nach funktionentheoretischen Grundsätzen erschöpfend behandelte.[931]

Von den heute üblichen Fachausdrücken haben wir die Geschichte der Wörter Exponent und Exponentialgröße soeben kennen gelernt (vgl. oben und S. 151).

Das Wort Potenz hängt mit *δύναμις* (lat. *potentia*) zusammen, das HIPPOKRATES (Chios; um 440 v. Chr.)[932] zuerst als Fachwort für das Quadrat einer Zahl gebraucht hatte. Wir wissen, daß dieses Wort bei den griechischen Mathematikern sehr häufig anzutreffen ist und kennen besonders seine Verwendung bei DIOPHANT (S. 6, 133).

925 Vgl. *Recherches sur les racines imaginaires des équations*, Hist. Ac. Berlin 5, 1749, S. 273, Z. 4: $(a + b\sqrt{-1})^{m + n\sqrt{-1}}$. — 926 *Briefwechsel mit Mathematikern*[225], I, S. 568, Z. 25. — 927 LEIBNIZ, *Werke*, I. Abt., 3[213], Halle 1855, S. 139, Brief vom 9. Mai 1694 u. a. a. St. — 928 LEIBNIZ, *Werke*, I. Abt., 3[213], S. 141, Brief von LEIBNIZ an JOH. BERNOULLI, 7. Juni 1694; in einem Briefe vom 23. VIII. 1696 heißt es: *Expressiones percurrentes apud me sunt ut genus; exponentiales vero sunt perfectissimae earum species.* — 929 *Mathematisches Lexikon*, 1716[164], S. 289, Z. 21. — 930 *Principia Calculi Exponentialium, seu Percurrentium*, Acta Eruditorum 1697, S. 125—133; JOH. BERNOULLI, *Opera*[197], 1, Nr. 36. — 931 Vgl. H. HANKEL[621], S. 13. — 932 F. RUDIO, *Der Bericht des Simplicius*[1379], S. 48, Z. 9 u. ö.

Das klassische Latein hat die Fachwortbedeutung von *potentia* noch nicht; den Römern waren gewiß die feinen Untersuchungen der griechischen Algebra zu hoch. Erst die späteren lateinischen Übersetzungen, z. B. durch Gerhard von Cremona (1114—1187, Toledo),[933] bringen für *δύναμις potentia*, das auch Leonardo von Pisa (1228, *Liber abbaci*)[934] verwendet. Regiomontanus (1436—1476) benutzt *potentia* schon verallgemeinert ganz wie wir in einem Brief vom 4. VII. 1471.[935] Es muß das indes eine rein persönliche, gelegentliche Sprachwendung bei ihm sein: sie kommt in seinen anderen Schriften oder bei anderen Mathematikern seiner Zeit nicht wieder vor. Wie Regiomontanus das Wort *potentia* vielleicht beim Studium Diophants kennen gelernt hat, so auch Bombelli, der es 1572 in seiner *Algebra* wieder in Geltung brachte, allerdings sich eng an Diophant anlehnend, ohne die kühne Fortführung Regiomontans. Die vierte Potenz ist entsprechend dem Diophantischen *δυναμοδύναμις* bei Bombelli *potenza di potenza.*[936] Abweichend von Diophant, aber nur der Gewohnheit der italienischen Mathematiker nachgebend (vgl. S. 134), versteht er unter *potenza cuba* die sechste Potenz. Die fünfte Potenz heißt bei ihm nach Pacioli *primo relato.* Als allgemeiner Ausdruck für Potenz ist in Italien seit Tartaglia[937] *dignità* im Gebrauch. In diesem Sinne verwertet auch der holländische Mathematiker S. Stevin (1548 Brügge — 1620 Leiden; Kaufmann, später im Staatsdienst als Ingenieur) das Wort *dignitez*, ersetzt es indes oft durch *quantitez*; die besondere Bedeutung von *potence* wird durch ihn etwas erweitert, indem er von einer *potence cubique* (dritte Potenz) und einer *potence de quarte quantité* (vierte Potenz) spricht.[938] *La puissance* erscheint in A. Girards *Invention nouvelle en l'algèbre* von 1629 für unser Wort „Potenzierung".[939] Descartes (1596—1650) gebraucht *potentia* noch allein für die zweite Potenz.[940]

933 Anaritius, ed. Curtze[400], S. 202, Z. 16. — 934 *Scritti* I[30], S. 356, Z. 15 v. u. — 935 Abh. Gesch. Math. 12[1333a], 1902, S. 355: ... *ignorant hanc artem ad cubos, census censuum atque ulteriores potentias extendi non posse* (... sie wissen nicht, daß diese Lehre — gemeint ist die Auflösung von Gleichungen — auf Kuben, Biquadrate und höhere Potenzen nicht erstreckt werden kann). S. 253, Nr. 52, Z. 3 benutzt Regiomontan *potentia* wieder im Sinne von *δύναμις*. — 936 *L'Algebra*[75], Bologna 1572, S. 64 u. 204. — 937 *General trattato*[159], II, Venedig 1556, lib. II, S. 24b, Z. 2; ferner lib. IX, S. 138: *Li numeri signalati detti quadri, cubi censi di censi, primi relati, censi cubi, secondi relati & di tutti gli altri che vanno seguitando consequentemente che si chiamano dignita.* — 938 Stevin[123], I, S. 11, Def. 35, Explic.: *27 s'appelle potence cubique de sa racine 3 et 81 potence de quarte quantité et ainsi des autres en infini*; ferner I, S. 58, Reigle 6, Z. 6, Reigle 7, Z. 4 u. ö. — 939 Girard[123], vgl. den Abschnitt: *De la reduction Algébraique*, fol. C 4, Z. 3 v. u. — 940 *Œuvres* 10[1842], S. 290, Z. 5 u. ö.

Das im siebzehnten Jahrhundert üblich werdende Wort *potestas* wird auf VIETA (1540—1603) zurückzuführen sein.[941] Verbreitung fand es durch W. OUGHTRED (1574—1660; Landgeistlicher),[942] der allgemein von *potestas quartana*, *potestas quintana* ... *potestas nona* spricht. Von ihm übernahm es u. a. auch J. WALLIS (1616—1703, Oxford) in seine *Algebra*,[943] deren große Verbreitung ihm weitere Anerkennung verschaffte. Im achtzehnten Jahrhundert wird „Potenz" in allgemeinerer Bedeutung gebräuchlich. L. C. STURM nennt *potentia* in seinem *Kurtzen Begriff der Mathesis* von 1707 (Frankfurt) ein „sehr wunderliches Wort" und übersetzt es mit „erstem Vermögen, zweitem Vermögen" usw. J. H. LAMBERT (1728—1777, Berlin, Oberbaurat) zieht *Dignität* vor;[944] in W. J. G. KARSTENS *Lehrbegriff der gesamten Mathematik* (1768) wird anfangs *Dignität* und *Potenz* gleichmäßig eingeführt, dann aber *Potenz* ständig bevorzugt.[945] Alle drei Wörter finden sich in der Übersetzung, die J. H. MICHELSEN 1788 von der EULERschen *Introductio* herausgab, jedoch mit Bevorzugung von *Potestät*;[946] das gleiche gilt von der für Anfänger geschriebenen *Algebra* EULERS,[947] in der, nebenbei bemerkt, auch die schöne Verdeutschung „Macht" gegeben wird. Mit dem Ende des achtzehnten Jahrhunderts verlieren sich *Potestät* und *Dignität*, so daß *Potenz* das allein herrschende Fachwort geworden ist. Die Ausdrücke gleichnamige Potenzen, Bruchpotenzen sind schon in KARSTENS *Lehrbegriff* von 1768[948] eingeführt worden.

Den Begriff der Dimension eines algebraischen Ausdrucks legt DESCARTES in seiner *Géométrie* (1637) fest.[949]

Die überaus verbreiteten besonderen Fachwörter Quadrat,[950] Quadratzahl,[951] quadrieren,[952] Kubikzahl[953] traten glatt in die deutsche Sprache ein, sobald die Beschäftigung mit Mathematik und Rechnen in deutsch verfaßten Büchern auf sie führte.

---

941 VIETA, *In artem analyticen Isagoge*, 1591[70], III, 8, S. 5; ed. SCHOOTEN, Leiden 1646[127], S. 3, § 8. — 942 1631, 1. Aufl. der *Clavis*[1680], cap. XII, S. 23. — 943 WALLIS, *Opera* II[1682], *Algebra*, 1693, S. 105 u. ö. — 944 J. H. LAMBERT, *Beyträge zum Gebrauch der Mathematik*, Bd. I, Berlin 1765. — 945 Teil II[1313], Greifswald 1768, Abschn. III, § 44, S. 98. — 946 So *Dignität* S. 473 unten, *Potenz* S. 507[718]. — 947 EULER, *Algebra*[165], Petersburg 1770, S. 99, Kap. 168. — 948 Teil II[1313], Abschn. III, § 47, S. 99 und § 60, S. 110. — 949 *Œuvres de Descartes* 6[96], S. 371, Z. 21 ff. Hier auch das Wort *dimension*. — 950 Um 1400, *Geometria Culmensis*[1319], ed. MENDTHAL, S. 42 letzte Zeile. — 951 Um 1445, Hildesheimer Rechenbuch[187], Z. Math. Phys. 33, 1888, Hist.-lit. Abt., S. 136: *numerus quadratus*. GRAMMATEUS 1518, Rechenbuch[158a], Bl. (H 5) r⁰, Z. 12: die quadrat zal. — 952 Rechenbuch v. WIDMAN 1489[1200], Bl. D 6 v⁰, Z. 9: quadrir $\frac{2}{3}$ werden $\frac{4}{9}$. — 953 1518 GRAMMATEUS[158a], Rechenbuch (H 6) v⁰, Z. 13: die cubic zal.

Die Wendung in eine Potenz erheben wird seit CHR. VON WOLFF (1716, *Math. Lexikon*[954]) üblich.

Das Bedürfnis nach besonderen Fachwörtern für Potenzieren und Radizieren sucht schon J. H. RAHN 1659[955] durch die Wörter *Involvieren* und *Evolvieren* zu erfüllen, ohne aber damit Schule zu machen. Erst das neunzehnte Jahrhundert brachte die jetzigen Wörter, denen sich dann Logarithmieren zugesellte. Alle drei erscheinen erstmalig bei C. KOPPE 1836;[956] er bildet auch das Wort Radikand und spricht alle Lehrsätze in modernem Satzbau aus. Potenzieren allein kennt schon B. F. THIBAUT 1801;[957] ein Wort für Radizierung fehlt, statt Logarithmierung wird *Exponentiation* gesagt. F. SCHMEISSER (1817)[958] bezeichnet das Rechnen mit Potenzen und Wurzeln durch *Potenzieren* und *Depotenzieren*, TELLKAMPF (1829)[959] schließt diesen noch das schon bekannte *Exponentiieren* an, so daß bei ihm erstmalig für alle drei Operationen besondere Fachwörter vorhanden sind.

b) Das Rechnen mit Potenzen.

EUKLID betrachtet im Buch IX von Satz 8 ab eine Reihe von Zahlen $1, a, a^2, a^3, a^4, a^5, \ldots$, von denen immer drei aufeinanderfolgende eine stetige Proportion bilden (*ἑξῆς ἀνάλογον*). Das Korollar zu Satz 11[960] lautet: Es ist offenbar, daß denselben Abstand, den eine (bestimmte) Zahl (I, z. B. a^2) von der Einheit hat, auch eine zweite Zahl (II, z. B. a^5) von einer dritten Zahl (III; a^3) hat, wenn diese dritte Zahl (III) die zweite (II) mit der ersten mißt (d. h. wenn II : III = I ist; $a^5 : a^3 = a^2$). Dies deutet die Proportion an $a^2 : 1 = a^5 : a^3$ oder die Beziehung $a^{5-3} = a^2$, also die moderne Formel $a^{m-n} = a^m : a^n$.

Bei ARCHIMEDES (vgl. S. 207) können wir in ähnlicher Darstellung auch die Formel $a^{m+n} = a^m \cdot a^n$ nachweisen.

DIOPHANTS Rechnen mit Potenzen war, da er die sechste Potenz nicht überschritt, ein ziemlich beschränktes. Er kennt noch keine allgemeinen Vorschriften über das Multiplizieren und Dividieren, sondern zeigt die Vornahme dieser Rechnungsarten an Beispielen. Indes ist die Zusammenstellung dieser Beispiele für seinen

954 Daselbst[164], S. 585, Z. 32: Zu einer Dignität erheben. — 955 Teutsche Algebra[1910], S. 10, 11. — 956 *Anfangsgründe*[1162], I, S. 52, § 124; S. 60, § 143; S. 74, § 175 u. ö. — 957 *Grundriß*[123], 1. Aufl., S. 129, Z. 12. — 958 *Lehrbuch der reinen Mathesis* I, Berlin 1817, S. 297. — 959 *Vorschule*[1453], S. 51, Nr. 73—75 (aber nicht geläufig). — 960 *Opera* 2[1712], S. 362, Z. 9—11: *Καὶ φανερόν, ὅτι ἣν ἔχει τάξιν ὁ μετρῶν ἀπὸ μονάδος, τὴν αὐτὴν ἔχει καὶ ὁ καθ' ὃν μετρεῖ ἀπὸ τοῦ μετρουμένου ἐπὶ τὸ πρὸ αὐτοῦ.*

Standpunkt erschöpfend, indem er alle Fälle von $x^m \cdot x^n = x^{m+n}$, $\frac{1}{x^m} \cdot \frac{1}{x^n} = \frac{1}{x^{m+n}}$, $\frac{1}{x^m} \cdot x^n = x^{n-m}$ aufzählt, in denen kein Exponent größer als 6 ist.[961] Allgemein werden nur zwei Sätze ausgesprochen, erstens, daß $x^n \cdot \frac{1}{x^n} = 1$ ist,[962] und zweitens, daß irgendeine Potenz, mit einer bestimmten Zahl multipliziert, keine höhere oder niedrigere Potenz liefert, sondern stets eine Größe derselben Gattung.[963]

Ein Hinausgehen über das Diophantische Rechnen finden wir weder bei den Arabern, obgleich unter ihnen ALKARḪĪ (um 1010, Bagdad)[964] die Potenzbezeichnungen über die Zahl 6 weiterführt und auch mit höheren Potenzen rechnet, noch bei den italienischen Mathematikern bis zum Ende des sechzehnten Jahrhunderts. Infolge der unglücklichen Abkürzungssymbole, die die Araber und Italiener für die Potenzen sich gebildet hatten, bleiben sie auf ihrem empirischen Standpunkt stehen; jeder allgemeinere Einblick in die Multiplikation und Division der Potenzen geht dieser altertümlichen Form der Potenzlehre verloren. Auch die deutsche Coß verharrt zunächst auf der gleichen Stufe. Immerhin lag in der Verwendung der cossischen Zeichen ein Fortschritt; das Rechnen mit ihnen erweckte solches Interesse, daß die Cossisten die Potenzlehre von der Gleichungslehre, mit der sie bis dahin in engster Berührung stand, ablösen und getrennt behandeln (vgl. S. 50, 140). Die verwendeten kurzen Symbole erlaubten auch eine übersichtlichere und umfassendere Zusammenstellung der besonderen Multiplikations- und Divisionsaufgaben, als sie seit DIOPHANT üblich waren. GRAMMATEUS (1518),[965] RUDOLFF (1525),[966] INITIUS ALGEBRAS[63] behalfen sich mit Aufstellung eines Schemas, das einer Einmaleinstafel ähnlich angeordnet ist. Aber eine wesentliche Vertiefung der Theorie konnte erst nach Schaffung des Exponentenbegriffes vor sich gehen. Ließ sich die Erfassung dieses neuen Begriffes auch schon am Ende des fünfzehnten Jahrhunderts bei dem Franzosen CHUQUET, am Beginn des

961 Z. B. DIOPHANT, ed. TANNERY[I 124], S. 8, Z. 9: *Δύναμις ἐπὶ δυναμοδύναμιν ποιεῖ κυβόκυβον* ($x^2 \cdot x^4 = x^6$); S. 8, Z. 20: *Τὸ ἀριθμοστὸν ἐπὶ δυναμοστὸν κυβοστὸν ποιεῖ* $\left(\frac{1}{x} \cdot \frac{1}{x^2} = \frac{1}{x^3}\right)$, S. 10, Z. 17: *Κυβοστὸν ἐπὶ δυναμόκυβον (ποιεῖ) δύναμιν* $\left(\frac{1}{x^3} \cdot x^5 = x^2\right)$. — 962 DIOPHANT, lib. I, def. 5, ed. TANNERY[I 124], S. 8, Z. 11—12, ed. WERTHEIM[I 787], S. 4. — 963 Daselbst def. 6, ed. TANNERY, S. 8, Z. 12—15, ed. WERTHEIM, S. 5. — 964 *Extrait du Fakhrî*[I 1825], cap. II—VIII, éd. WOEPCKE, S. 49—56. — 965 Rechenbuch[158a], Bl. (𝔊 8) v⁰. — 966 *Coß* v. 1525[835], Buch I, Kap. V unter Multiplizirn und Diuidirn, Bl. (𝔇 6) r⁰, (𝔇 7) v⁰.

sechzehnten Jahrhunderts bei den älteren Cossisten wie GRAMMATEUS (1518)[967] (vgl. S. 150) nachweisen, so treffen wir seine wirkliche Ausnutzung für die Vereinfachung des Potenzrechnens erst bei RUDOLFF (*Coß* 1525)[968] und STIFEL in der Mitte des sechzehnten Jahrhunderts. Mit Hilfe des von ihm vorgeschlagenen neuen Kunstwortes *Exponent* konnte STIFEL die Multiplikations- und Divisionsregel in ganz moderner Form ausdrücken: *Exponentes signorum, in multiplicatione adde, in divisione subtrahe, tunc fit exponens signi fiendi.*[969] Mit ihren Sonderfällen (Potenzieren von Potenzen) und Umkehrungen enthält diese Regel den Kern der ganzen Potenzlehre, so daß man in der Tat berechtigt ist zu sagen, die Mathematik verdanke der Coß die Ausbildung einer wirklichen Potenzlehre.

Was noch fehlt, ist der methodische Aufbau der ganzen Lehre, die systematische Zusammenstellung der auftretenden Lehrsätze, ihre Zusammenfassung in der seit VIETA (1591)[70] mehr und mehr ausgebildeten Formelsprache, die Hinzufügung von Beweisen und Anwendungen nach unterrichtlichen Grundsätzen. Sind auch in den enzyklopädischen Lehrbüchern des achtzehnten Jahrhunderts, wie in denen von L. CH. STURM (1707[I413]), CHR. v. WOLFF (1710[I24]), A. G. KÄSTNER (1758[I396]), W. J. G. KARSTEN (1768[I313]), besonders in dem letzten, anerkennenswerte Fortschritte in dieser Beziehung gemacht, so ist doch die heutige Form der Potenzlehre, wie ja die schulgemäße theoretische Ausgestaltung fast der gesamten mathematischen Unterrichtszweige überhaupt, ein Werk des neunzehnten Jahrhunderts.

Auch für das **Rechnen mit negativen und gebrochenen Exponenten** gab erst das achtzehnte und neunzehnte Jahrhundert methodische Begründung. Wieder ist es das KARSTENsche Werk[I313], das entschieden an der Spitze gleichartiger Lehrbücher in der Darstellung und Ableitung der Regeln für negative und gebrochene Exponenten steht.

Das Rechnen mit gebrochenen Exponenten (vgl. S. 157 f.) hatte bereits im vierzehnten Jahrhundert eine ziemlich hohe Stufe der Ausbildung aufzuweisen,[970] so im *Algorismus proportionum* des französischen Mathematikers NICOLE ORESME (um 1323—1382; Paris, zuletzt Bischof von Lisieux). Das Werk dieses gelehrten Geistlichen, das auch später nur handschriftlich vorhanden war, hatte indes nur geringe Verbrei-

967 Rechenbuch[158a], Bl. 𝔊 v⁰. — 968 *Coß*[835], Bl. (𝔇 6) v⁰ und (𝔇 8) r⁰. — 969 STIFEL, *Arithmetica integra*[I23] 1544 Nürnberg, Buch III, Bl. 236 v⁰, Z. 8—9. Bl. 240 r⁰ fügt STIFEL die Regel für das Radizieren und Potenzieren an. — 970 Vgl. H. WIELEITNER[917], S. 509—520.

tung gefunden. Aber die Sache selbst war seit Oresme bis zum Ende der Scholastik bekannt und auch öfters behandelt worden, wie die Bücher *Liber proportionum* (Paris 1508) von Hier. de Hangest († 1538 Le Mans)[971] und *Liber de triplici motu* (Paris 1509) des Portugiesen Alvarus Thomas zeigen, die eigene Kapitel über die *proportio proportionum* mit Berücksichtigung der gebrochenen Exponenten enthalten.

Proportio ist bei Oresme ein Verhältnis wie 8 (d. i. 8 : 1) oder 4 (d. i. 4 : 1). Zwei solcher Verhältnisse setzt er, entsprechend z. B. unserer Gleichung $8 = 4^{1\frac{1}{2}}$, miteinander in Beziehung. Der Exponent, hier $1\frac{1}{2}$, heißt *proportio proportionum.* Dieser Ausdruck kommt schon in einer früheren Schrift von Oresme, *Tractatus proportionum* (gedr. Venetijs 1505) vor; auch die gebrochenen (und überhaupt irrationalen) Exponenten werden hier angedeutet. Keime seiner Lehre finden sich bereits bei Bradwardinus († 1349; *Proportiones,* gedruckt Ven. 1505). Im *Algorismus proportionum* gibt Oresme die Ausarbeitung der Regeln. Verfolgt man an den von ihm vorgeführten Beispielen seine Art und Weise zu rechnen, so findet man eine Reihe von Regeln, die, in moderne Formelsprache übertragen, folgenden Inhalt besitzen:[972]

$$a^{\frac{n}{m}} = (a^n)^{\frac{1}{m}}, \qquad a^{\frac{1}{m}} = \left(a^{\frac{p}{m}}\right)^{\frac{1}{p}}, \qquad \left(a^{\frac{1}{p}}\right)^{\frac{p}{m}} = a^{\frac{1}{m}}, \qquad (a^m)^{\frac{p}{q}} = \left(a^{\frac{mp}{n}}\right)^{\frac{1}{\frac{q}{n}}},$$

$$(a^m)^{\frac{p}{q}} = (a^{mp})^{\frac{1}{q}}, \qquad a \cdot b^{\frac{1}{n}} = (a^n \cdot b)^{\frac{1}{n}}, \qquad (a^n)^{\frac{1}{n}} = a, \qquad \frac{b^{\frac{1}{n}}}{a} = \left(\frac{b}{a^n}\right)^{\frac{1}{n}}, \qquad \frac{a}{b^{\frac{1}{n}}} = \left(\frac{a^n}{b}\right)^{\frac{1}{n}},$$

$$a^{\frac{1}{e}} \cdot b^{\frac{1}{f}} = (a^f \cdot b^e)^{\frac{1}{ef}}., \qquad \frac{a^{\frac{1}{e}}}{b^{\frac{1}{f}}} = \left(\frac{a^f}{b^e}\right)^{\frac{1}{ef}}, \qquad a^{\frac{1}{n}} \cdot b^{\frac{1}{n}} = (a\,b)^{\frac{1}{n}}, \qquad \left(\frac{a}{b}\right)^{\frac{1}{n}} = \frac{a^{\frac{1}{n}}}{b^{\frac{1}{n}}},$$

$$a^{\frac{1}{m}} = a^{\frac{p}{p \cdot m}}.$$

Wir sehen heute in diesen Regeln eine Erweiterung der Potenzierung; Oresme nahm diesen Standpunkt noch nicht ein. Für ihn waren

971 Bei Hangest werden z. B. folgende Zahlenbeispiele berechnet: $2^{\frac{1}{3}} \cdot \frac{3}{2} = \left(\frac{27}{4}\right)^{\frac{1}{3}}$; $\frac{3}{2} : 2^{\frac{1}{3}} = \left(\frac{27}{16}\right)^{\frac{1}{3}}$; $2^{\frac{1}{2}} \cdot 3^{\frac{1}{3}} = 72^{\frac{1}{6}}$; $3^{\frac{1}{3}} : 2^{\frac{1}{2}} = \left(\frac{9}{8}\right)^{\frac{1}{6}}$. Vgl. H. Wieleitner[917], S. 518. — 972 M. Curtze, Z. Math. Phys. 13[916], Suppl. S. 70—73; vgl. auch Cantor, 2[2], S. 134—135.

sie nur eine formale Verallgemeinerung bereits vorhandener, aus EUKLIDS Elementen bekannter Operationen.[973] Die griechische Mathematik nannte die Beziehung $\frac{a^2}{b^2}, \frac{a^3}{b^3} \ldots$ das doppelte, bzw. dreifache Verhältnis von $\frac{a}{b}$ (vgl. S. 81, 157), im Anschluß daran verstand man später, so JORDANUS NEMORARIUS († 1237?),[974] unter *proportionem proportioni addere* oder *subtrahere*[975] die Vereinigung der beiden Verhältnisse $\frac{a}{b}$ und $\frac{c}{d}$ zu $\frac{ac}{bd}$, bzw. $\frac{ad}{bc}$, die in Wirklichkeit Multiplikation, bzw. Division der einzelnen Glieder fordert. Unwillkürlich stellt sich dem modernen Mathematiker ein Vergleich mit dem entsprechenden Erniedrigen der Rechnungsarten bei dem logarithmischen Rechnen ein. Wie nun das doppelte Verhältnis $\frac{a^2}{b^2}$ aus der Addition des einfachen Verhältnisses zu sich selbst gebildet ist, so stellte BRADWARDIN († 1349) durch Umkehrung auch den Begriff des halben Verhältnisses $\sqrt{\frac{a}{b}}$ (*medietas duplae proportionis*) her, das, zu sich selbst addiert, zum Verhältnis $\frac{a}{b}$ führt. Hieraus zieht ORESME die Verallgemeinerung auf beliebige gebrochene Verhältnisse. Damit ist ein Formalismus geschaffen, dessen Verwendung in der Tat stets zu richtigen Ergebnissen im Zahlenrechnen führt, dessen Existenzberechtigung indes so lange in der Luft schweben mußte, bis eine von ganz anderen Grundlagen ausgehende Lehre — die Potenz- und Wurzellehre — die Notwendigkeit und Allgemeingültigkeit eines solchen Algorithmus nachwies. Diese Überleitung verdankt man STIFEL (vgl. S. 157).[976] Die Proportionsbezeichnungen des ORESME lassen sich bis zum 18. Jahrhundert verfolgen.[977]

3. Die Radizierung.

a) Begriff, Berechnung der Wurzeln.

Die Ägypter hatten sich wohl die Quadrate ganzer Zahlen zusammengestellt, um bei Berechnung quadratischer Flächen die Ergebnisse leichter zur Hand zu haben; hiermit konnte auch die umgekehrte

973 EUKLID, *Opera* 2[1712], *Elementa*, lib. V, def. 10, 11. — 974 *Arithmetica*[1840], 1. Aufl., Paris 1496, Bl. b 5 v⁰. — 975 Griechisch *συντιθέναι* und *ἀφαιρεῖν*. Vgl. Anm. 492[a]. Für *ἀφαιρεῖν* gibt K. VOGEL (brieflich) noch die Belege: DOMNINOS von Larissa (5. J. n. Chr.): ‚*πῶς ἐστὶ λόγον ἐκ λόγου ἀφελεῖν*' [ed. C. E. RUELLE, Revue de Philologie 7, 1883, S. 82ff.] und BARLAAM († 1348, Bischof in Italien), Logistik, V. Buch, 3. Defin. — 976 *Arithmetica integra*[123], fol. 47—55, 70—79; *Rudolffs Coß*[1338], Bl. 135 v⁰ bis 140 v⁰. Anhang deſs 12. Capitels. — 977 Zu dem ganzen Stoff: H. WIELEITNER[917], S. 509—520, und *Geschichte der gebrochenen Exponenten*, Isis 7, 1925, S. 490—491.

Aufgabe gelöst werden, also die Quadratwurzel einer gegebenen Zahl festgestellt werden.[978] Im Papyrus Moskau (um 2000 v. Chr.) findet sich ein besonderes Fachwort für Quadrieren mit Hilfe des Verbums *snj* = vorbeigehen, vorübergehen: ‚quadriere x' wird ausgedrückt durch *ỉr — ḫr — k x m sn*, wörtlich ‚rechne mit x als etwas Vorübergegangenem', an anderer Stelle kurz ‚x vorübergegangenen',[979] gleichsam, als wenn die zu quadrierende Zahl an sich selbst vorübergegangen sein müsse. Es wird scharf getrennt zwischen dem doppelten Wert von 2 und dem Quadrat von 2. Aber auch ein Wort für Quadratwurzel *ḳnb* (wörtlich: Winkel) tritt auf, das durch einen gnomonartigen Winkelhaken ⌐ angedeutet wird, nicht nur an mehreren Stellen des Papyrus Moskau, z. B. *ỉr—ḫr—k ỉr—k ḳnb·t* (= berechne du die Wurzel),[980] sondern auch im Kahun-Fragment[981] und im Berliner Papyrus 6619.[982] Die Kenntnis der Pythagoräischen Zahlen 3, 4, 5 oder ihrer Vielfachen ist an der letzten Stelle unverkennbar.[983] Die Entstehung des Wortes *ḳnb* = Winkel und des Zeichens ⌐ ist noch dunkel. Die Ägypter faßten wohl die Quadratzahlen als geometrische Quadrate auf und schrieben an eine Seite deren Länge, — also die Quadratwurzel —, heran; der Haken deutet dann einen Winkel des Quadrates an. Vielleicht haben aber auch die Ägypter die Entstehung der Quadratzahlen bei punktförmiger Anordnung durch Anlegen eines Gnomons schon gekannt, wie bei 4 und 9 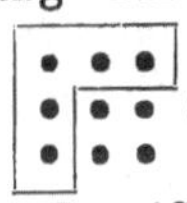 ; der Haken wiese dann auf die Gnomonform hin.[983a]

Den Begriff der irrationalen Wurzeln dürfen wir natürlich bei den Ägyptern noch nicht suchen.

Recht umfangreiche Tafeln lernten wir bei den **Babyloniern** kennen (Bd. I, S. 140—142), hier aber auch von Kubikzahlen. Ein Fachwort *i—b—Di* deutet das quadratische Verhältnis, *ba—Di—e* das kubische Verhältnis an. Sonach hatten die alten Sumerer (3. Jahrtausend v. Chr.) nicht nur den Begriff der Quadratwurzel, sondern auch den der Kubikwurzel.

978 Vgl. O. Neugebauer, *Grundlagen*[1725], S. 9; *Arithmetik und Rechentechnik der Ägypter*, Quellen und Studien B. 1, S. 326. — 979 W. W. Struve[18], S. 32. — 980 Daselbst S. 31. — 981 F. L. G. Griffith, *The Petrie Papyri*[1921], Plate VIII, 40. Vgl. auch K. Vogel, *Die Algebra der Ägypter*[269], Archeion 12, S. 150—151. — 982 H. Schack-Schackenburg, *Der Berliner Papyrus 6619*, Z. ägypt. Spr. 38, 1900, S. 135—140; *Das kleine Fragment des Berliner Papyrus*, daselbst 40, 1902, S. 65—66. — 983 K. Vogel[269], S. 153, Anm. 74. — 983a Eine Erklärung von J. Ruska, MGMN VII, 1908, S. 373, die aber O. Neugebauer ablehnt (brieflich).

Ein weiterer Fortschritt scheint sich bei den Babyloniern der HAMMURAPI-Zeit (ca. 2000 v. Chr.) angebahnt zu haben: man fing schon an, Näherungswerte von Quadratwurzeln zu berechnen aus Zahlen, die wohl in den vorliegenden Tabellen nicht enthalten waren. Auf einem Keilschrifttäfelchen[984] des Berliner Museums wird die Diagonale eines Rechteckes mit den Seiten $a = 40$, $b = 10$ mit Zahlen ausgerechnet, die dem Gang nach der Formel

$$c = a + \frac{b^2}{2a}$$

entsprechen. Und dies setzt die Kenntnis des Pythagoräischen Lehrsatzes $c^2 = a^2 + b^2$ sogar voraus![985]

Die Theorie der irrationalen Quadratwurzeln wird erst bei den Griechen in der jüngeren Pythagoräischen Schule begründet. Bei der Geschichte der irrationalen Größen (S. 82ff.) haben wir die Entwicklung und den Aufbau der Lehre von den quadratischen Irrationalitäten in der griechischen Mathematik kennen gelernt; hier ist noch die Ausdehnung des Wurzelbegriffes auf höhere Exponenten, sowie die Entstehung von Methoden zur Wurzelberechnung zu betrachten.

Auf die erste kubische Wurzel, soweit Literatur überliefert ist, führte jenes Problem der Würfelverdoppelung, das in Gemeinschaft mit dem der Kreisausmessung und der Dreiteilung des Winkels dem Altertum seinen Stempel aufdrückte. Soll ein Würfel gefunden werden, der doppelt so viel Inhalt besitzt als ein gegebener, so ergibt diese Aufgabe, modern ausgedrückt, die Gleichung $x^3 = 2a^3$, d. h. es muß $x = a \cdot \sqrt[3]{2}$ sein. Diese Aufgabe scheint unmittelbar nach der Mitte des fünften Jahrhunderts v. Chr. in den gelehrten Kreisen Griechenlands aufgetaucht und gerade wegen der Schwierigkeit der Behandlung allgemein größeres Interesse bei den Gebildeten erregt zu haben. Sonst würde EURIPIDES (485—406 v. Chr.) nicht eine Anspielung auf dieses Problem in einer seiner Tragödien, dem verloren gegangenen *Poleidos*, eingeflochten haben; er ließ den Minos, der dem Glaukos ein Grabmal errichten wollte, zu dem Baumeister sagen:

Zu klein entwarfst du mir die königliche Gruft.
Verdopple sie! Des Würfels doch verfehle nicht![986]

984 E. F. WEIDNER, *Orient.*, Lit.Z. 19, 1916, S. 257ff.; ferner H. ZIMMERN, daselbst, S. 322ff.; A. UNGNAD, S. 363ff.; B. MEISSNER[196], S. 393. — 985 O. NEUGEBAUER, *Zur Geschichte des Pythagoreischen Lehrsatzes*, Nachr. Ges. Wiss. Göttingen 1928, S. 1—4, Sitzg. v. 20. VII. 1928. — *Über die Approximation irrationaler Quadratwurzeln in der babylonischen Mathematik*, Arch. Orientforschung 7 (1931), S. 90—99. — 986 Vgl. CANTOR, 1³, S. 21; die angeführte

Konnte man für Quadratwurzeln geometrische, mit Zirkel und Lineal ausführbare Konstruktionen leicht angeben, so versagte dieses Mittel bei einer Kubikwurzel ganz. Die überlieferten zahlreichen Lösungen — und fast alle damaligen Mathematiker von Bedeutung erprobten ihre Kräfte an dem Problem — nehmen daher Bewegungsgeometrie, Kegelschnitte oder gar transzendente Kurven zu Hilfe. (Vgl. das Kapitel über kubische Gleichungen in Buch III.)

Auch das Bedürfnis nach kurzen Rechenverfahren, um zweite und dritte Wurzeln numerisch annähernd auszuziehen, besonders aus Zahlen, die nicht Quadrat- oder Kubikzahlen sind, kann nicht lange ausgeblieben sein. Freilich sind wir über rechnerische Methoden der Griechen im allgemeinen recht schlecht unterrichtet. Die griechischen Mathematiker vom Fach verschmähten es, wie wir schon öfters zu erkennen Gelegenheit hatten (vgl. I, S. 187, II, S. 65) — offenbar auf Grund einer gewissen Überhebung der reinen Mathematik —, die praktisch-rechnerische Seite in ihre Darstellungen hineinzuziehen. Wir besitzen kein Elementarrechenbuch, das den Euklidischen Elementen an die Seite zu stellen wäre, und sind daher für die Praxis des griechischen Rechnens fast ganz auf Vermutungen angewiesen. Das älteste erhaltene Lehrbuch angewandter Mathematik, das des Alexandriners Heron (erstes Jahrhundert v. Chr.)[I 308], ist vorwiegend feldmesserischen Inhalts, so daß für das einfache Rechnen auch hier nicht viel zu holen ist.

Ohne Zweifel haben aber die Griechen bequeme Methoden des Quadratwurzelausziehens gekannt; das glänzendste Zeugnis liefert die Kreisberechnung des Archimedes (287—212 v. Chr.). Man vermutete anfangs, daß diese Methoden in kettenbruchähnlichen Algorithmen bestanden, wie bereits Euklid ein solches in seinem Verfahren, den größten gemeinsamen Teiler zweier Zahlen zu finden, besessen hatte (Bd. VI A 4). Eine derartige Operation ist indes allein für $\sqrt{2}$ wahrscheinlich gemacht, da man den Nährungswert $\frac{7}{5}$, der auf diese Weise erhalten werden kann, bei Platon[987] und Aristarch[988] gefunden zu haben glaubt; nur in sehr gezwungener Weise lassen sich aber die von Archimedes berechneten Quadratwurzelresultate[989] durch die Kettenbruchlösung erklären. Anderseits ist $\sqrt{2} \sim \frac{7}{5}$ leicht

Stelle ist in einem von Eutokios (Askalon; geb. 480 n. Chr.) erwähnten Brief des Geographen Eratosthenes (drittes Jahrhundert v. Chr.) an Ptolemaeus Euergetes überliefert; Archimedes, *Opera*, ed. Heiberg[1939], 3², S. 88f., die Strophen daselbst Z. 8—10. — **987** Fr. Hultsch, *Die Näherungswerte irration. Quadratwurzeln bei Archimedes*, Abh. der Kgl. Ges. d. Wiss. Göttingen 1893, Nr. X, S. 369. — **988** Daselbst S. 372ff. — **989** Daselbst S. 369.

geometrisch, aber auch arithmetisch durch $\sqrt{\frac{49}{25}} \sim \sqrt{\frac{50}{25}} = \sqrt{2}$ ohne Schwierigkeit zu finden. Richtiger scheint die Annahme zu sein, daß ARCHIMEDES sich der auf geometrischem Wege gewonnenen Ungleichung:

$$a \pm \frac{b}{2a} > \sqrt{a^2 \pm b} > a \pm \frac{b}{2a \pm 1}$$

bedient habe.[990] Der einfache Fall $\sqrt{a^2 + b} = a + \frac{b}{2a}$ scheint schon den Babyloniern um 2000 v. Chr. bekannt gewesen zu sein (vgl. S. 168). In den Schriften HERONs kann man die Anwendung dieser Formel bestimmt nachweisen,[991] ja in der *Vermessungslehre* ist eine weitere Verfeinerung benutzt.[992] HERON geht von

$$\sqrt{A} \approx \frac{1}{2}\left(a + \frac{A}{a}\right),$$

das sich mit $\sqrt{A} \approx a \pm \frac{b}{2a}$ deckt, wenn $+b = A - a^2$ ist, über zu

$$\sqrt{A} \approx \frac{1}{2}\left(\frac{1}{2}\left(a + \frac{A}{a}\right) + \frac{A}{\frac{1}{2}\left(a + \frac{A}{a}\right)}\right).$$

Bei Einführung von b ist dies zu verwandeln in

$$\sqrt{A} \approx a \pm \frac{\pm 4a^2 b + b^2}{8a^3 \pm 4ab} = \frac{8a^4 + 8a^2 b + b^2}{8a^3 + 4ab} \text{ bzw. } \frac{8a^4 - b^2}{8a^3 - 4ab}.$$ [993]

990 Daselbst S. 399ff. Neuerdings hat man zeigen können, daß auch ARCHIMEDES' Wurzelwerte mittels des HERONischen Verfahrens zwingend hergeleitet werden können, wie es schon der antike Kommentator EUTOKIOS behauptet hatte (Mitt. von Jos. HOFMANN aus einer noch ungedruckten Abhandlung). — 991 M. CURTZE, *Quadrat- und Kubikwurzeln bei den Griechen nach Herons neu aufgefundenen Μετρικά*, Z. Math. Phys. Bd. 42, 1897, Hist.-lit. Abt., S. 113—120. — 992 *Heronis Opera* 3, ed. SCHÖNE[1308], S. 18—20; vgl. G. ENESTRÖM, Bibl. math. 14_3, 1914, S. 175. — 993 Zur Literatur vergleiche man noch: S. GÜNTHER, *Die quadratischen Irrationalitäten der Alten und deren Entwicklungsmethoden*, Abh. Gesch. Math. 4, 1882, S. 1—134; ferner H. WEISSENBORN, *Bemerkungen zu den archimedischen Näherungswerten der irrationalen Quadratwurzeln*, Z. Math. Phys. 28, 1883, Hist.-lit. Abt., S. 81—98; K. HUNRATH, *Über das Ausziehen der Quadratwurzel bei Griechen und Indern*, Programm, Hadersleben 1883; derselbe: *Die Berechnung irrationaler Quadratwurzeln vor der Herrschaft der Dezimalbrüche*, Kiel 1884; V. BOBYNIN, *Extraction des racines carrées dans la Grèce antique*, Z. Math. Phys. 41, 1896, Hist.-lit. Abt., S. 193—211; P. TANNERY, *Du rôle de la musique grecque dans le développment de la mathématique pure*, Bibl. math. 3_3, 1902, S. 170f.; Jos. E. HOFMANN, *Erklärungsversuche für Archimeds Berechnung von $\sqrt{3}$*, Arch. Gesch. Math. Nat. Techn. 12_3 (1930), S. 386—408 (mit Literaturangaben); *Rationale Näherungen für Quadratwurzeln*, Unt.Bl. M. Nat. 37 (1931), S. 418—422; K. VOGEL, *Die Näherungs-*

Auf diese Weise lassen sich nach leichter Modifikation des Verfahrens alle Wurzelwerte HERONs aufklären.[993a] Auch HERONs Verfahren, Kubikwurzeln zu ziehen, ist in jüngster Zeit wieder aufgefunden worden. Liegt $\sqrt[3]{A}$ zwischen den ganzen Zahlen p und q und ist demnach

$$A = p^3 - a = q^3 + b,$$

so sind seine Wurzelwerte durch die Formel nachzurechnen[994]

$$\sqrt[3]{A} = q + \frac{p\,b}{p\,b + q\,(p^3 - q^3 - b)}$$

HERON rechnet genau nach der Vorschrift

$$\sqrt[3]{a^3 + b} = a + \frac{(a+1)\,b}{(a+1)\,b + a\,[(a+1)^3 - a^3 - b]},$$

die danach leicht herzuleiten ist.[995]

Eine dritte Methode der Radizierung — mit Hilfe der binomischen Entwicklung $(a + b)^n$ — ist bei den Griechen nur in nachchristlicher Zeit zu finden. Für $n = 2$ lehrt sie zum erstenmal THEON VON ALEXANDRIA (um 365 n. Chr.) in seinem Kommentar zum ersten Buch des Ptolemäischen Almagestes;[996] das an dem Beispiel $\sqrt{4500^0} = 67^0 4' 55''$ vorgeführte Verfahren unterscheidet sich nur dadurch von dem modernen, daß statt der Dezimalbrüche Sexagesimalbrüche verwendet werden. Aus der Übereinstimmung der erhaltenen Ergebnisse mit den Werten, die PTOLEMAEUS gibt, läßt sich die Vermutung rechtfertigen, daß auch PTOLEMAEUS (griech. Astronom; beobachtete zwischen 125 und 151 n. Chr. in Alexandria) ebenso gerechnet habe. Für früheres Auftreten sind keine Belege vorhanden; insbesondere sind die Archimedischen Werte mit dieser Methode nicht ableitbar.

MAXIMUS PLANUDES († um 1310, Byzanz) benutzt[1404] bei $\sqrt{235}$ zuerst die dritte Methode und findet 15; aus dem Rest $235 - 15^2 = 10$

werte des Archimedes, D. Math. Vereinig. 41 (1932), S. 152—158; E. BORTOLOTTI, *Le antiche regole empiriche pel calcolo approssimato dei radicali quadratici e le prime serie infinite*, Boll. della Mathesis 11, 1919, S. 14—19. — *Sul numero π*, Period. di Mat. (4) 11, 1931, S. 112—113; TH. RICHARDT, *Archimeds' beregning av $\sqrt{3}$*, Norsk. Mat. Tidsskrift 7, 1925, S. 73—88. — **993a** Nach Jos. E. HOFMANN[990]. — **994** *Heronis Op.* 3 I[308], S. 178—179, wo $\sqrt[3]{100}$ vorgerechnet wird; vgl. G. ENESTRÖM, Bibl. math. 12_3, 1911—1912, S. 5. — **995** G. WERTHEIM, *Herons Ausziehung der irrationalen Kubikwurzeln*, Z. Math. Phys. 44, 1899, Hist.-lit. Abt., S. 1. — **996** *Commentaire de Théon*, éd. HALMA[1282], Paris 1821, I, S. 185—186; vgl. G. H. F. NESSELMANN, *Algebra der Griechen*[1316], S. 144—148.

schätzt er dann mit Hilfe von $\sqrt{a^2+b} = a + \frac{b}{2a}$ den Fehler auf $\frac{235-225}{2\cdot 15} = \frac{1}{3}$ ab, so daß er den Endwert $15\frac{1}{3}$ erhält.[997]

Vollkommener als die Kenntnisse der Griechen scheinen die der späteren Inder zu sein. Doch dürfte dieser Eindruck mehr an der lückenhaften Überlieferung der griechischen Mathematik in nachchristlicher Zeit liegen; es ist sehr wahrscheinlich, daß die indischen mathematischen Kenntnisse zumeist auf griechischen Quellen beruhen (vgl. S. 10). Hiervon ist vielleicht ausgeschlossen die älteste, vorchristliche Mathematik der Inder (fünftes bis viertes Jahrhundert v. Chr.), auf die in den späteren nachchristlichen indischen Perioden übrigens niemals zurückgegriffen wird. Wir erwähnten schon öfters diese uralte Sakralgeometrie der *Śulvasūtras*; sie ist uns in drei Bearbeitungen durch Baudhayana, Apastamba, Katyayana erhalten.[998] (vgl. S. 89). Die darin auftretende Beschäftigung mit dem Quadratensatz am rechtwinkligen Dreieck führte zu einer Berechnung von Quadratwurzeln, unter anderem zu der sehr guten Annäherung

$$\sqrt{2} = 1 + \frac{1}{3} + \frac{1}{3\cdot 4} - \frac{1}{3\cdot 4\cdot 34},$$ [999]

die 1,4142156 statt 1,414213 liefert.

Āryabhaṭa (geb. 476 n. Chr.) gibt in Worten die beiden Regeln

$$\sqrt{a^2+b} = a + \frac{b}{2a} \quad \text{und} \quad \sqrt{a^3+b} = a + \frac{b}{3a^2},$$ [1000]

997 Übersetzung von Waeschke[1404], S. 39—40. — 998 Alb. Bürk, *Das Apastamba-Sulba-Sutra*, Ztschr. Dtsch. Morgenld. Ges. 55, 1901, S. 543 bis 596; 56, 1902, S. 327—391. G. Thibaut, *Baudhayana-Sulbaśutra* mit Übersetzung und Kommentar, The Pandits monthl. journ. of the Benares college. 9—10, Benares 1875. Vergleichender Auszug aus allen 3 Sulbasutras durch G. Thibaut, *The Śulba-Sūtras*, J. As. soc. Bengal (Calcutta) 44, 1875. — 999 L. R. Rodet, *Sur une méthode d'approximation des racines carrés, connue dans l'Inde antérieurement à la conquête d'Alexandre*, Bull. Soc. math. France 7, 1879, S. 98—102; *Sur les méthodes d'approximation chez les anciens*, daselbst S. 159—167. Vgl. H. Vogt[521], Bibl. math. 7_3, 1906—1907, S. 13. Neuerdings wird von G. R. Kaye[1122] das hohe Alter dieser indischen Mathematik wieder angezweifelt. Vor allem hält Kaye es für ausgeschlossen, daß irgendein früherer Inder diesen Näherungswert selbständig gefunden habe (*Indian Math.*, Calcutta & Simla 1915, S. 5). B. Datta, der die Kritik Kayes bekämpft, bringt in *The Bakhshālī Math.*[1117], S. 18 eine Ableitung der Formel. Sehr ansprechend ist der Erklärungsversuch von C. Müller[521], a. a. O. § 1. — 1000 Āryabhaṭa, ed. Rodet[1109], Strophe IV, V, S. 397, 405—406. Beispiele fehlen. Was L. Rodet in diese rein algebraischen Regeln hineinlegte (Cantor, 1^3, S. 616), ist eine reine Mutmaßung, die heute als falsch bezeichnet wird. Vgl. G. R. Kaye, *Notes on Indian Mathematics* Nr. 2; *Āryabhaṭa*, Journ. and Proc. As. Soc. Bengal. (2) 4, 1908, S. 111—141, besonders S. 119—120.

deren letztere BRAHMAGUPTA (geb. 598 n. Chr.) wiederholt.[1001] Die babylonische Formel $\sqrt{a^2+b} = a + \frac{b}{2a}$ (vgl. S. 168) soll schon in der älteren indischen Mathematik nachweisbar sein.[1002] Anderseits kennt ĀRYABHAṬA auch die dritte Methode, Quadrat- und Kubikwurzeln mit Hilfe von $(a+b)$ auszuziehen;[1003] es wird bestritten, daß die Inder diese Kenntnis erst von den Griechen erhalten hätten.[1004] MAHĀVĪRĀ (um 850 n. Chr.) bringt dieselben Rechnungsverfahren.[1005]

Eine Verfeinerung dieser dritten Methode bei Benutzung des Positionssystems durch Anhängen von Nullen in gerader Anzahl und Division des Resultates durch die dekadische Einheit, die halbsoviel Nullen hat, — es käme dieses Verfahren einer Verwendung von Dezimalbrüchen gleich —, könnte auch den Indern zugesprochen werden. Irgendeine literarische Stelle wurde für diese Vermutung noch nicht angegeben. Erst bei den Arabern im Rechenbuch der BANŪ MŪSĀ (drei Söhne des MŪSĀ IBN SCHĀKIR; erste Hälfte des 9. Jahrhunderts)[I 272] tritt dieses Verfahren auf, aber mit Sexagesimalbrüchen. Zwei Jahrhunderte später finden wir die rein dekadische Verfeinerung im Rechenbuch von ALNASAWĪ (um 1030).[1006] Eine Verbindung beider Brucharten zeigt das Rechenbuch des JOHANNES von Sevilla, wie es nach seinem vermeintlichen Übersetzer (um 1140 n. Chr.) genannt zu werden pflegt (vgl. I, S. 173)[I 1083], wenn daselbst vorgerechnet wird:

$$\sqrt{2} = \frac{1}{1000}\sqrt{2000000} = \frac{1414}{1000} = 1 + \frac{24}{60} + \frac{50}{60^2} + \frac{24}{60^3}\,.$$

Durch arabische Quellen werden, mittelbar oder unmittelbar, die späteren europäischen Mathematiker, wie LEONARDO von Pisa (1228[I 30]), HUSWIRT (1501[I 91]), GRAMMATEUS (1518[I 58a]), RUDOLFF (1525[835]), ORONTIUS FINAEUS (1535[I 334]), CARDANO (1539[279]), GEMMA FRISIUS (1540[I 6]), RIESE (1550[I 421a]), TARTAGLIA (1556[I 59]), STEVIN (1585[139]), die rein dekadische Methode erhalten haben.

1001 COLEBROOKE[I 111], S. 280. — 1002 B. DATTA, *Jaina School*[I 550], S. 132; *The Hindu contributions*[520], S. 21. — 1003 S. GĀNGULI, *Notes on Āryabhaṭa*, Journ. of the Bihar and Orissa Research Society, Patna 1926. I. *Āryabhaṭa's Rules for the extraction of square and Cube Roots*, S. 1—5, verbessert die Übersetzung und findet den Gebrauch von $(a+b)^n$ bestätigt, glaubt dabei auch schließen zu können, daß ARYABHAṬA bestimmt die Kenntnis der Positionssysteme gehabt haben muß. — 1004 A. N. SINGH, *On the indian method of roots extraction*, Bull. Calc. M. Soc. 18, 1927, S. 123—140. — 1005 Ed. RAṄGĀCĀRYA[I 114], S. 15, 18. — 1006 H. SUTER[I 977], Bibl. math. 7_3, 1906—1907, S. 118.

Die Fortführung der einfachen HERONschen Formel $\sqrt{a^2 + b} = a + \frac{b}{2a}$ zu

$$a + \frac{b}{2a} - \frac{\left(\frac{b}{2a}\right)^2}{2\left(a + \frac{2b}{2a}\right)},$$

die zu dem obigen Wert $\frac{8a^4 + 8a^2b + b^2}{8a^2 + 4ab}$ führt, gibt[1007] an 5 Beispielen das Rechenbuch von Bakhṣāli[I 115]. Der Araber AL-ḤAṢṢĀR (um 1175 n. Chr.) macht Gebrauch von dieser Erweiterung, bringt aber auch die einfachere Annäherung $a + \frac{b+1}{2a+2}$.[1008]

Den Arabern gebührt das Verdienst, den Wurzelbegriff auf höhere Exponenten erweitert zu haben. 'OMAR ALḪAJJĀM († 1123; Astronom in Bagdad) rühmt sich, die Berechnung der Seiten des Quadratoquadrates, des Quadratokubus, des Kubokubus usf. bis zu beliebiger Ausdehnung gefunden zu haben, was vor ihm noch niemand gekonnt habe. Die Beweise, die er bei dieser Gelegenheit gegeben habe, seien rein arithmetische und beruhten auf den arithmetischen Kapiteln in EUKLIDs Elementen.[1009] Die letzte Bemerkung kann man offenbar nur auf Benutzung der binomischen Entwicklung für beliebig hohe Exponenten deuten, wodurch dann ALḪAJJĀM auch als Entdecker des Binomialtheorems für ganzzahlige Exponenten anzusehen wäre.

Nur vereinzelt treffen wir bei arabischen, bzw. persischen Mathematikern wirkliches Kubikwurzelziehen, so unter Verwendung der Formel $(a+b)^3$ bei ALNASAWĪ (um 1030),[1010] mit Annäherungsregeln bei ALḤASAN (um 1216).[1011] Erst durch LEONARDO von Pisa (1228, *Liber abbaci*)[1012] wurde das Kubikwurzelziehen bekannter; nach ihm treffen wir es im *Algorismus vulgaris*[1013] des SACROBOSCO († 1256?), im *Carmen de algorismo* (Mitte des dreizehnten Jahrhunderts),[1014] im *Algorismus de integris* des Meisters GERNARDUS (dreizehntes Jahr-

1007 B. DATTA[I 117], S. 11. — 1008 Weitere Literatur vgl. bei D. E. SMITH, *History* II[116], S. 254—255. — 1009 *L'Algèbre d'Omar Alkhayyâmî*, éd. WOEPCKE, Paris 1851, S. 13, § 9, Z. 21 ff. in französischer Übersetzung: *J'ai enseigné à trouver les côtés du carré-carré, du quadrato-cube, du cubo-cube, etc., à une étendue quelconque, ce qu'on n'avait pas fait précédemment. Les démonstrations que j'ai données à cette occasion ne sont que des démonstrations arithmétiques, fondées sur les parties arithmétiques des Éléments d'Euclide.* — 1010 H. SUTER[1977], S. 115—118. — 1011 H. SUTER, Bibl. math. 6_3, 1905, S. 105. — 1012 *Scritti* I[130], S. 380—384. — 1013 Ed. M. CURTZE[131], S. 17—19. — 1014 Ed. HALLIWELL, *Rara mathematica*[131], S. 81—83.

hundert)[1015] und nunmehr in fast allen tiefer eindringenden Rechenbüchern.

Während des Mittelalters und später wird in fast allen Leitfäden das Quadratwurzelausziehen den vier Spezies angeschlossen. Wir übergehen hier die von den Griechen herstammenden Annäherungsverfahren, die von LEONARDO von Pisa (1228, *Liber abbaci*),[1016] LUCA PACIOLI (1494, *Summa*),[1017] G. CARDANO (1539, *Practica arithmeticae*),[1018] CLAVIUS (1583, *Epitome*)[1019] u. a., mehr oder weniger abgeändert, gelehrt wurden. Diese Rechenweisen wurden in späterer Zeit noch außerordentlich vervollkommnet, wie durch TH. F. DE LAGNY (1660—1734),[1020] E. HALLEY (1656—1742, Astronom in Greenwich)[1021] und J. H. LAMBERT (1728—1777; Oberbaurat, Berlin),[1022] während L. EULER (1707—1783; Basel, Petersburg, vorübergehend in Berlin) allgemeine Untersuchungen über solche Annäherungen vornahm.[1023] Auch die Anwendung des Kettenbruchverfahrens auf das Quadratwurzelausziehen können wir nur streifen. Daß der italienische Mathematiker R. BOMBELLI (*L'Algebra* 1572) es schon verwendete, ist

1015 Vgl. G. ENESTRÖM[I 179], Bibl. math. 13_3, 1912—1913, S. 324, 331. — 1016 *Scritti*, I[180], S. 353 ff., 380—382; II, S. 149, 150. — 1017 *Summa*[I 18], Teil I, dist. 2, tract. 6, Bl. 45 r⁰ (fälschlich gedruckt 46), Nr. 3; vgl. CANTOR, 2², S. 314. — 1018 CARDANO[279], *Opera*[1558], Lugd. 1663, IV, 30—31. — 1019 CLAVIUS[I 22], *Opera*[I 630], Moguntiae 1612, Bd. II, *Epitome practicae arithm.*, cap. XXVII, S. 75, cap. XXIX, S. 78. — 1020 1692, *Méthodes nouvelles et abrégées pour l'extraction et l'approximation des racines.* Hier wird behauptet, daß $\sqrt[3]{a^3+b}$ zwischen $a + \frac{ab}{3a^3+b}$ und $\sqrt{\frac{a^2}{4} + \frac{b}{3a}} + \frac{a}{2}$ liege und daß $\sqrt[5]{a^5+b}$ nahezu gleich $\sqrt{\sqrt{\frac{a^4}{4} + \frac{b}{5a}} - \frac{a^2}{4}}$ sei; vgl. CANTOR, 3², S. 120. — 1021 *Methodus nova accurata et facilis inveniendi radices aequationum quarumcumque generaliter, sine praevia reductione*, 1694, Phil. Transact. London, Vol. XVIII, Nr. 210, S. 136. HALLEY gibt S. 141 die interessanten Näherungsformeln (vgl. Anhang zu NEWTONS *Arithmetica universalis*, Cambridge 1707[511], S. 333):

$$\sqrt[3]{a^3 \pm b} = \frac{1}{2}a + \sqrt{\frac{a^2}{4} \pm \frac{b}{3a}} \text{ vel } a + \frac{ab}{3a^3+b},$$

$$\sqrt[4]{a^4 \pm b} = \frac{2}{3}a + \sqrt{\frac{a^2}{9} \pm \frac{b}{6a^2}} \text{ vel } a + \frac{ab}{4a^4 + \frac{3}{2}b} \text{ usf.}$$

Die allgemeine Formel

$$\sqrt[n]{a^n \pm b} = \frac{n-2}{n-1}a + \sqrt{\frac{a^2}{(n-1)^2} \pm \frac{2b}{n\cdot(n-1)a^{n-1}}}$$

stammt von Abbé Jos. FR. MARIE, aus seiner Ausgabe der *Leçons élémentaires des Math.* von DE LA CAILLE[1417], Paris 1770, § 241. — 1022 *Beyträge*[1765], II, 1, S. 152. — 1023 Novi Comm. Petr. 1773 (1774), 18, S. 136 ff.

öfters übersehen worden.[1024] Ausgebildet hat es P. A. CATALDI († 1626, Prof. in Bologna) in einer Schrift, die 1597 vollendet war.[1025] Ausführlich geht EULER[1026] auf diese Methode ein und betont ihre außerordentlich starke Annäherung, die so schnell sei, „daß wohl schwerlich eine schnellere Art, den irrationalen Wert $\sqrt{2}$ auszudrücken, wird entdeckt werden können".

Uns interessiert hauptsächlich, wie der heute gebräuchliche Algorithmus, der auf Bildung von $(a+b)^2$ usw. beruht, in formaler Beziehung sich entwickelt hat. Verschieden kann allein die Anordnung der auftretenden Ziffern bei den einzelnen Autoren sein. Im Druck erscheint das Wurzelziehen mit $(a+b)^n$ erst bei LUCA PACIOLI (*Summa*[I 18] 1494);[1027] es erfolgt aber in einer uns ungewohnten Zahlenanordnung mit Ausstreichen von Ziffern, die dem Überwärtsdividieren (Bd. I, S. 107) entspricht. Die moderne Art hat zuerst CATANEO 1546,[1028] aber mit gesonderter Subtraktion des doppelten Produktes und des Quadrates bei jeder einzelnen Resultatsziffer.[1029] GEMMA FRISIUS (1508—1555, Prof. in Loewen) ist der erste, der dem Doppelten des jedesmaligen Teilresultats, das fortgesetzt als neuer Divisor auftritt, die neugewonnene Ergebnisziffer anfügt und dann die ganze, so erhaltene Zahl mit der letzten Ergebnisziffer multipliziert; wenn bei ihm die Reste nicht stets über dem Radikanden erschienen, würde sein Schema das heutige sein.[1030] Auf unsere Anordnung stoßen wir in BOMBELLIS *Algebra* von 1572.[1031] Erst im achtzehnten Jahrhundert verschwand das Überwärtsdividieren, und nun konnte die moderne Form allmählich weitere Verbreitung finden.

1024 BOMBELLI, *L'Algebra*[75], lib. I, S. 35—37; vgl. A. FAVARO, Bull. bibl. storia math. 7, 1884, S. 495—498; G. WERTHEIM, *Die Berechnung der irrationalen Quadratwurzeln und die Erfindung der Kettenbrüche*, Abh. Gesch. Math. 8, 1898, S. 155ff. G. ENESTRÖM, Bibl. math. 8_3, 1907—1908, S. 87. — 1025 *Trattato del modo breviſſimo di trovare la radice quadrata dei numeri* etc. (Bologna 1613). Vgl. vier größere Aufsätze von E. BORTOLOTTI, Boll. della «Mathesis» 11, 1919. S. auch Abschnitt Kettenbrüche. — 1026 *Introductio*, 1748[I 259], I, cap. 18, § 376—377. — 1027 *Summa*[I 18], fol. 45 v°. — 1028 *Pratica delle due prime matematiche*, Ausgabe von 1567, fol. 72 nach D. E. SMITH, *History* II[116], S. 147. — 1029 Weitere Literatur bei P. TREUTLEIN[I 191], S. 64—71 und D. E. SMITH, *History* II[116], S. 147. — 1030 GEMMA FRISIUS, *Arithmeticae practicae methodus facilis*, 1540[16], pars III [Ausgabe 1544 Wittenberg, Bl. (𝔊 4)—(𝔊 5)]. — 1031 Daselbst[75] S. 32. Die von PIERRE FORCADEL, *Arithmétique entière et abrégée*, Paris 1565 (vgl. *Encycl.*, éd. franc.[I 88], I, 1, S. 165, Anm. 98) angegebene Rechnungsart ist nicht die moderne.

Beim Ausziehen kubischer Wurzeln hat PETRUS DE DACIA (1291)[131] in neuerer Zeit (vgl. ĀRYABHAṬA, S. 173) zuerst darauf hingewiesen, daß man, wenn a der schon gefundene Wurzelwert ist, durch Division mit $3a^2$ die nächste Wurzelziffer finden kann.[1032]

Höhere Wurzeln auszuziehen als dritte — bei denen übrigens im Vergleich zu den Quadratwurzeln die Mannigfaltigkeit der Schemata noch größer war —, wird in deutschen Lehrbüchern zum erstenmal von P. APIAN (1495—1552, Ingolstadt) gezeigt, der bis zur achten Wurzel aufsteigt (1527).[1033] Bis zur neunten Wurzel geht der deutsche Bearbeiter der lateinischen Algebra des INITIUS ALGEBRAS (erstes Drittel des sechzehnten Jahrhunderts), allerdings ohne schematische Vorführung von Beispielen.[1034]

Die Möglichkeit, beliebig hohe Wurzeln zu berechnen, zeigt zuerst M. STIFEL (1486/87 — Jena 1567, luther. Prediger an verschiedenen Orten), wenn wir von dem oben genannten Araber ʿOMAR ALḪAJJĀM (S. 174) absehen, dessen Methode noch heute nicht genau bekannt ist. STIFEL benutzte das Bildungsgesetz der Binomialkoeffizienten und stellte eine nach Belieben fortzusetzende Tabelle zur Verwendung beim Radizieren zusammen, die in der Neuausgabe von RUDOLFFS *Coß* (1553) bis zur siebenten Potenz,[1035] in der *Arithmetica integra* (1544) bis zu $n = 17$ von ihm gegeben wurde.[1036] Auch J. SCHEYBL gibt 1545 die Binomialkoeffizienten.[1037] Die wirkliche Durchführung des Radizierens nimmt STIFEL nur bis $n = 7$ vor; der italienische Mathematiker TARTAGLIA zeigt das Radizieren bis $n = 11$.[1038]

Auf Wurzeln aus algebraischen Summen treffen wir bei abendländischen Mathematikern nicht vor STIFEL. Unter den arabischen Mathematikern hatte ALKARḪĪ (um 1010, Bagdad) schon einige einfachste Beispiele, wie $\sqrt{a^2 \pm 4a + 4} = a \pm 2$ und $\sqrt{a^4 + 4a^3 + 10a^2 + 12a + 9} = a^2 + 2a + 3$,[1039] gegeben. Die Gleichungslehre, die das bewegende Moment im ganzen Rechnen mit algebraischen Ausdrücken vorstellte, führte im sechzehnten Jahrhundert noch nicht auf solche zusammengesetzte Rechnungen; daher lag dieser Gegenstand fern und wird auch von keinem der früheren Cossisten

1032 G. ENESTRÖM, Bibl. math. 14_3, 1914, S. 84. — 1033 APIANS Rechenbuch[1446], Bl. 𝔍iij ff. — 1034 Ed. CURTZE[63], S. 544. — 1035 Neuausgabe von RUDOLFFS *Coß*[1338], Bl. 168 r⁰. — 1036 *Arithmetica integra*[123], Bl. 44 v⁰. — 1037 *De numeris et diversis rationibus*, Leipzig 1545, Tractatus V, nach H. STAIGMÜLLER, *Johann Scheubel, ein deutscher Algebraiker des XVI. Jahrhunderts*, Abh. Gesch. Math. 9, 1899, S. 464. — 1038 *General trattato*[159] 1556, Parte II, lib. 2. — 1039 *Extrait du Fakhrî*, § VI, éd. WOEPCKE[1825], S. 54—55.

berührt. Anderseits war auch der Lehrstoff noch nicht so durchgebildet, daß man Kapitel erfand, die die Praxis nicht von selbst ergab, nur um in Behandlung eines vorliegenden Themas möglichst gleichmäßig, allseitig und erschöpfend zu sein. Hierzu gehörte ein Mathematiker, der über seiner Zeit stand, und als solchen haben wir MICHAEL STIFEL bereits öfters kennen gelernt. Sowohl in der *Arithmetica integra* (1544),[1040] als auch in der Neubearbeitung von RUDOLFFS *Coß* (1553)[1041] schaltet er einen Abschnitt mit den neuen Aufgaben (bis $n = 7$) ein, an letzter Stelle betonend, daß er dem Leser hiermit Neues bringe. In England ging noch 1557[1042] ROBERT RECORDE (1510—1558, königl. Leibarzt) nicht über das Ausziehen von Quadratwurzeln aus algebraischen Summen hinaus, ebensowenig in Italien TARTAGLIA.[1043]

Wie man durch unendlich fortgesetztes Ausziehen von Quadratwurzeln zu Reihenentwicklungen kommt, lehrte zuerst I. NEWTON (1642—1727; Cambridge, London). Er hatte solche Rechnungen vorgenommen, um die Richtigkeit der Entwicklung für $(a + b)^n$ nach dem binomischen Lehrsatz auch in dem Fall eines gebrochenen Exponenten zu zeigen. Dazu wählte er[1044] das Beispiel $\sqrt{1 - x^2}$, das ihm auf beide Arten die Reihe $1 - \frac{1}{2}x^2 - \frac{1}{8}x^4 - \frac{1}{16}x^6 - \ldots$ lieferte. Zu weiterer Sicherung vollzog er als Probe noch die Multiplikation dieser Reihe mit sich selbst, wobei sich in der Tat wieder $1 - x^2$ ergab. Andere Beispiele:

$$\sqrt{a^2 + x^2} = a + \frac{x^2}{2a} - \frac{x^4}{8a^3} + \frac{x^6}{16a^5} - \ldots,$$

$$\sqrt{a^2 - x^2} = a - \frac{x^2}{2a} - \frac{x^4}{8a^3} - \frac{x^6}{16a^5} - \ldots,$$

führte NEWTON in der Abhandlung *De analysi per aequationes numero terminorum infinitas*[787] aus, die zwischen 1665 und 1666 verfaßt, aber bis 1711 nur in Freundeskreisen bekannt geworden war.[1045] Uns erscheint heute die beliebige Fortsetzung des Wurzelausziehens bei nicht aufgehender Rechnung sehr einfach. Damals wirkten die mit diesem Verfahren erhaltenen Ergebnisse außerordentlich überraschend. Ihnen war es vorbehalten, die Grundlage einer neuen Theorie, der Reihenlehre, zu geben.

1040 *Arithm. integra*[123], Buch III, Bl. 239 r⁰. — 1041 Neuausgabe von RUDOLFFS *Coß*[1338], Bl. 166 v⁰—171 v⁰: Der dritt Anhang vom extrahirn sollicher wurtzeln auss cossischen zalen von denen man im Christoff Rudolff gar nichts findet. — 1042 *The whetstone of witte* (Wetzstein des Witzes)[66], London 1557; vgl. CANTOR, 2², S. 479. — 1043 *General trattato*, II, 1560[159], Teil 6, Bl. 14 bringt das Beispiel $\sqrt{x^4 + 2x^3 + 3x^2 + 2x + 1}$. — 1044 *Commercium epistolicum*[179], S. 122 ff., Brief an LEIBNIZ, 24. Okt. 1676. — 1045 Daselbst[1044] S. 59—60.

b) Name, Zeichen.

Bei den griechischen Mathematikern pflegte die Quadratwurzel stets mit πλευρά[1046] (*Seite* des Quadrates) bezeichnet zu werden, also mit einem Ausdrucke, der der Geometrie entlehnt ist. Im Lateinischen tritt entsprechend *latus* ein;[1047] auch die Araber benutzen ein gleichbedeutendes Wort *ḍil'*, pl. *aḍlā'*.[1048] Das Wort ῥίζα, lat. *radix* (Wurzel), das schon im klassischen Latein bildlich ‚Ursprung' bedeuten konnte, kommt als Fachwort in dem Sinne von ‚Ausgangszahl' bei NIKOMACHOS (um 160 n. Chr.)[1049] und BOËTIUS (480? Rom — 524 Pavia) vor, so bei der Größe eines Verhältnisses;[1050] BOËTIUS bringt es auch bei Quadratzahlen.[1051] Bei diesen sind ihm aber die *radices* nicht die Zahlen 1, 2, 3, ..., sondern 1, 3, 5, ..., weil er die Quadratzahlen durch fortgesetztes Addieren der ungeraden Zahlen entstehen läßt. Welche Überlegung die Inder dazu führte, unter *mūla*, das ebenfalls die Pflanzenwurzel bedeutet, die Quadratwurzel einer Größe[1052] zu verstehen, ist bis jetzt nicht aufgeklärt. Es bleibt auch offen, ob sie selbständig zu dieser Namengebung gekommen sind oder ob schließlich doch auch hier wieder griechischer Einfluß vorliegt. Der Zusatz *varga* (= Quadrat, siehe S. 11), also *varga mūla*, kennzeichnet die Quadratwurzel; ähnlich war *ghana mūla* (*ghana* = Körper) der ständige Ausdruck für Kubikwurzel.[1053] Zweifellos ist, daß das neue Kunstwort aus den indischen Lehrbüchern von den Arabern entlehnt wurde, deren Bezeichnung *ǵiḏr* für Quadratwurzel eine wörtliche Übersetzung des indischen *mūla* ist (vgl. S. 135). Bei

1046 Schon bei PLATON, *Republ.* 546 B[797], der daneben auch noch δυνάμεναι benutzt. — 1047 M. JUNIUS NIPSUS (2. Jahrh. n. Chr.), *Römische Feldmesser*, I[1462], S. 298: *Huius sume latus* (Hiervon nimm die Wurzel); MARTIANUS CAPELLA (um 470 n. Chr.), *De nuptiis*[1640] VII, § 799; GERBERT (940 bis 1003), ed. BUBNOW[172], S. 83: *Latus tetragonalis* $(=\sqrt{a})$. PLATO von Tivoli benutzt in seiner Übersetzung des *Liber embadorum* von SAVASORDA[1485] nicht *latus*, wie CAJORI, *History Notations* I[71] angibt, sondern *radix* (Bibl. math. 1_3, S. 324, Z. 7), *latus* tritt bei ihm nur für die Unbekannte *res* ein. — 1048 Vgl. J. RUSKA[1137], S. 67 Mitte, S. 69 Fußnote. — 1049 *Introductio* I, 20,2[1728]; D'OOGE[1151], S. 220, Z. 1 in 20,2. — 1050 BOËTIUS, ed. FRIEDLEIN[173], *Instit. arithm.* I, 28, S. 60, Z. 1 ff. u. *Instit. mus.*[1576], II, 8, S. 236, Z. 22 ff. — 1051 Daselbst S. 120. — 1052 Bei ARYABHAṬA (geb. 476 n. Chr.) und allen seinen Nachfolgern, dann bei ALḪWĀRAZMĪ. Vgl. B. DATTA, *On mūla, the Hindu term for ‚root'*, Americ. math. Monthly 34, 1927, S. 420—423; S. GANDZ, *On the origin of the term ‚root'*. Daselbst 33, 1926, S. 261—265; 35, 1928, S. 67—75; ferner B. DATTA, *On the origin of the Hindu terms for ‚root'*, The Amer. math. Monthly 38, 1931, S. 371—376. Die Selbständigkeit der indischen Wortbildung wird betont. — 1053 BHĀSKARA[1111], *Līlāvatī*, ch. II, sect. II, 20 u. 27, ed. COLEBROOKE, S. 9, Anm. 2; S. 12, Anm. 1.

ihnen verallgemeinert sich *ǵiḏr* zu einem Fachausdruck für die Unbekannte einer Gleichung und tritt hier in Wettbewerb mit dem gleichbedeutenden *schai'* (= Ding, siehe S. 135). — Folgerichtig wird im sogenannten Rechenbuch des JOHANNES von Sevilla[1054] (um 1140 n. Chr.), ferner von GERHARD von Cremona (1114—1187),[1055] PLATO von Tivoli (1145)[1056] u. a. das arabische *ǵiḏr* mit *radix* übersetzt; ebenso wortgetreu trat in deutschen Abhandlungen das Wort *Wurzel* ein. Zum erstenmal begegnen wir dem deutschen Wurzel in der *Geometria Culmensis* (um 1400),[1057] die auch die Zusammensetzung Quadratwurzel[1058] bringt. Das in Bd. III, Anh. II, Nr. 35 aufgeführte Bruchstück aus einer Schrift vom Jahre 1461 (Münch. Sammelbd. 14908)[837] weist *Wurtz* sowohl in der Bedeutung „Gleichungsunbekannte", als auch in dem Sinne von „Quadratwurzel" auf. Versuche, weitere Verdeutschungen für *radix quadrata* usw. durchzusetzen, scheiterten, wie so manche Bestrebungen dieser Art.

Die deutsche Wendung Wurzelziehen, zuerst in der *Geometria Culmensis* (um 1400),[1058] entspricht dem mittelalterlichen *radicem extrahere* (JORDANUS NEMORARIUS, † 1237?),[1059] das besonders durch SACROBOSCO († 1256?) Allgemeingut wurde.[1060]

Ein Wurzelzeichen (*signum radicale*)[1061] ist im Altertum (abgesehen von den Ägyptern, S. 167 und Babyloniern, Bd. I, S. 141, 142) und im Mittelalter bis zum fünfzehnten Jahrhundert nicht in Übung. Der Inder benutzt als Zeichen der irrationalen Quadratwurzel den Anfangsbuchstaben des Wortes *carana*, so daß *c* 6 *c* 5 *c* 2 *c* 3 unser $\sqrt{6} + \sqrt{5} + \sqrt{2} + \sqrt{3}$ ist.[1062] Bei den Westarabern hatte sich allmählich eine Zeichensprache herausgebildet (vgl. S. 14), die zeitlich der deutschen Coß unmittelbar voranging, ohne daß aber ein innerer Zusammenhang zwischen beiden nachzuweisen ist. Ein später Vertreter dieser westarabischen Schule ist der Andalusier

1054 *Trattati*, II[185], S. 112, Z. 6 zuerst. — 1055 *Anaritii Comm.*[400], S. 252, Z. 26 und oft. — 1056 *Liber embadorum* des SAVASORDA[1322b], ed. M. CURTZE, S. 32, Z. 30; in seiner Übersetzung der Abhandlung des Arabers ALBATTĀNĪ († 929; Damaskus), *De motu stellarum* (1537, Nürnberg, aus dem Nachlaß REGIOMONTANUS herausgegeben)[1318], hat PLATO von Tivoli sogar schon das Wort *radicatio* (daselbst S. 5). — 1057 Ed. MENDTHAL[1319], S. 43, Z. 1—2: Von desir czal sal man suchen dy worczel. — 1058 Ed. MENDTHAL[1319], S. 44, Z. 7—8: Eynir yclychen vorgelegten czal eyn quadraten wurczel dorusczyhen. — 1059 G. ENESTRÖM[1523], Bibl. math. 14_3, 1915, S. 47. — 1060 *Algorismus*, ed. M. CURTZE[131], 1897, S. 14. — 1061 Fachausdruck bei CLAVIUS, *Algebra*[72], 1608, S. 16, Z. 7; vereinzelt schon in MICHAEL STIFELS *Arithmetica integra*[123], 1544, z. B. fol. 246 v°, Z. 7. — 1062 Vgl. S. 12 oben und G. R. KAYE[1122], *Indian Mathematics*, Calcutta 1915, S. 26 α.

ALQALAṢĀDĪ († 1477 oder 1486). In einer Schrift über das Staubrechnen dient der Anfangsbuchstabe des Wortes *ǵiḏr* als Zeichen für die Quadratwurzel; dadurch, daß er über die zu radizierende Zahl gesetzt wird, nimmt er fast schon den Charakter eines Symbols an.[1063]

Fast gleichzeitig tritt aber in Deutschland ein echtes Symbol für die Quadratwurzel auf. In der sogenannten *Dresdener lateinischen Algebra*, einer Abhandlung,• die in einem Dresdener Manuskriptenband[844] aus der Zeit um 1480 enthalten ist (vgl. S. 17, Tafel Nr. 3, S. 143, Tafel Nr. A 7), finden sich Zahlen, denen ein Punkt vorgesetzt ist.[1064] Daß dieser Punkt ein Quadratwurzelzeichen ist und entsprechend zwei Punkte die vierte, dann drei Punkte die dritte, vier Punkte die neunte Wurzel bedeuten sollen, geht zweifellos aus folgender Bemerkung, die der Verfasser der lateinischen Algebra gibt, hervor. Es heißt geradezu: *In extraccione radicis quadrati alicuius numeri preponatur numero vnus punctus. In extraccione radicis quadrati radicis quadrati prepone numero duo puncta. In extraccione cubici radicis alicuius numeri prepone tria puncta. In extraccione cubici radicis alicuius radicis cubici prepone 4 puncta.*[1065] (Beim Ausziehen der Quadratwurzel aus irgendeiner Zahl setze der Zahl einen Punkt vor, bei der Quadratwurzel aus der Quadratwurzel zwei Punkte, bei der Kubikwurzel drei Punkte, bei der Kubikwurzel aus der Kubikwurzel 4 Punkte.) Wie diese nicht ausbaufähige Bezeichnungsart entstanden ist, bedarf noch der Aufklärung; vielleicht ist der Punkt aus einer Abkürzung von *ra* hervorgegangen. Arabische Quellen, die man vermuten könnte,[1066] sind uns nicht bekannt, und italienischen Mathematikerkreisen ist sie, wie wir gleich sehen werden, sicher nicht entsprungen.

In Italien hatte man sich daran gewöhnt, als Wurzelzeichen ein durchstrichenes *R*, den Anfangsbuchstaben von *radice*, zu benutzen. Vereinzelt treffen wir ℞ schon bei LEONARDO von Pisa (1220, *Practica geometriae*),[1067] in allgemeinem Gebrauch bereits bei REGIOMONTANUS

1063 *Aufhebung der Schleier der Wissenschaft des Staubes*; F. WOEPCKE, *Recherches sur l'histoire des sciences mathématiques chez les Orientaux*[2], Journal Asiatique, XV, 4, S. 353, 362ff. — 1064 WAPPLER[43], S. 13: 2ȝ *equantur* ▪ *de* 16ȝ, d. h. $2x^2 = \sqrt{16x^2}$ u. ö. — 1065 WAPPLER[43], S. 13, Anm. Am Rand von C. 80, fol. 293′ sind Zahlenbeispiele mit Wurzelpunkten beigesetzt, wie: ▪25—5, und: *multiplicando* 6 — ▪9 *in se productum veniet* 45 — ▪1296, d. i. $(6-\sqrt{9})^2 = 45-\sqrt{1296}$. Der Punkt steht in halber Höhe vor der Zahl und ist etwas stark aufgesetzt (ohne Anstrich und ohne Anhängsel). — 1066 C. I. GERHARDT, *Zur Geschichte der Algebra in Deutschland*, Teil II[751], 1870, S. 147—151. — 1067 *Scritti* II[1694], S. 209, Z. 28.

(1436—1476).[1068] Man hielt hieran bis zum Ende des sechzehnten Jahrhunderts fest, obwohl in Deutschland, und von hier aus in Frankreich, der zweckmäßigere Wurzelhaken inzwischen ausgedehnte Verbreitung gefunden hatte.[1069] LUCA PACIOLI (1494, *Summa*[I 18]) schreibt: *℞. quadrata de* 9, *℞. de* 9 $(=\sqrt{9})$, *℞. cuba de* 8 $(=\sqrt[3]{8})$, *℞.℞. de* 16 $(=\sqrt[4]{16})$, *℞. relata de* 32 $(=\sqrt[5]{32})$, benutzt aber nicht folgerichtig an einigen wenigen Stellen[1070] ℞ für x, das ja auch *radix* genannt wird (vgl. S. 138).[1071] Soll die Wurzel eines aus Irrationalitäten zusammengesetzten Ausdruckes gezogen werden, so heißt sie *Radix universalis* oder *legata* (vgl. unten) und wird mit *℞. V.* abgekürzt, so daß von PACIOLI

$$℞.\ V.\ 40.\ \tilde{p}.\ ℞.\ 320 \quad \text{für} \quad \sqrt{40+\sqrt{320}}$$

geschrieben wird[1072] (vgl. Bd. III, Anh. II, Nr. 42). Italienisch ist auch die Schreibart, die der Franzose N. CHUQUET († um 1500; Lyon, Paris) im *Triparty* (1484, Manuskript[I 19]) verwendet. Eigene Verbesserungen dürften die Abkürzungen im Wurzelexponenten:

$$℞^1.\ 12\ (=12),\ ℞^2.\ 16\ (=4),\ ℞^3.\ 64\ (=4),\ ℞^4.\ 16\ (=2),\ ℞^5.\ 32\ (=2)$$

sein, ebenso die Ersetzung des *V.* bei zusammengesetzten Radikanden durch Unterstreichen des Radikanden:

$$\underline{℞^2.\ 14.\ \tilde{p}.\ ℞^2.\ 180} \quad \text{statt} \quad \sqrt{14+\sqrt{180}}\ ^{1073}$$

(vgl. Bd. III, Anh. II, Nr. 40 c). G. CARDANO (1501—1576; Pavia, Bologna, Rom) schließt sich ebenfalls der Schreibart PACIOLIS an; jedoch ist bei ihm in der Exponentenabkürzung eher ein Rückschritt als ein Fortschritt zu verzeichnen, da er von den Ziffern zu den Abkürzungssilben *ce., cu.* (vgl. S. 138) zurückkehrt. Statt $\sqrt{7}$ findet sich vielfach das ausgeschriebene *℞. quadrata* 7;[1074] $\sqrt[3]{8}$ ist durch *℞. cubica* 8 oder *℞. cu.* 8,[1075] $\sqrt[4]{16}$ durch *℞. ℞.* 16[1076] ausgedrückt. Höhere Wurzeln als

1068 Brief an BIANCHINI, ed. CURTZE[1333a], Abh. Gesch. Math. 12, 1902, S. 234 unten wiederholt. — 1069 Die italienische Bezeichnungsart war schon vor 1494 in Deutschland bekannt, vgl. WIDMANS Rechenbuch von 1489[I 200], Bl. (D 5) r⁰: ℞ von dieser zal oder ℞ von $36\frac{3}{4}$ und öfters; in der Regel sagt WIDMAN: ra·von 144, Bl. (D 4) r⁰, Z. 1, ra·von $36\frac{3}{4}$, Bl. (D 5) v⁰, oder ausführlich: radix quadrata von $66\frac{1}{64}$, Bl. (D 4) v⁰. — 1070 *Summa*[I 18], Teil I, am Schluß der Dist. 5, Bl. 67 v⁰ am Rand; auch dist. 8, tract. 2, Bl. 115 v⁰ ff. — 1071 Übrigens kommt ℞ bei PACIOLI auch einmal für Bruch: *rotto* vor, Parte I, fol. 60 B am Rand. — 1072 *Summa*[I 18], I, dist. 8, tract. 3, Bl. 122 v⁰ am Rand. — 1073 *Le Triparty*[I 19], S. 655. — 1074 *Practica arithmeticae*[279], 1539, cap. I, Bl. (A 5) r⁰. — 1075 Daselbst cap. IX, Bl. Bii v⁰; cap. XXIV, Bl. (D 6) v⁰. — 1076 cap. IX, Bl. Bii v⁰; cap. XVII, Bl. Ciii v⁰.

die dritten und vierten sind bei CARDANO sehr selten. Nötigenfalls behilft er sich mit den Potenzsymbolen PACIOLIS (vgl. S. 138) und rechnet:[1077]

℞. *ce. cu.* 81 = ℞. *cub.* 9 und ℞. *ce. cu.* 125 = ℞. 5

$$\left(\sqrt[6]{81} = \sqrt[3]{9} \quad \text{und} \quad \sqrt[6]{125} = \sqrt[2]{5}\right).$$

Ein ℞. *V.* hat bei CARDANO dieselbe Bedeutung wie bei PACIOLI. Neu ist ein ℞. *L.* (= *radix legata*),[1078] das die folgenden Wurzeln einzeln ziehen und ihre Ergebnisse sofort vereinigen läßt:

℞. *L.* 9. *p.* ℞. 4. *p.* 5. *p.* ℞. 22 $= \sqrt{9} + \sqrt{4} + 5 + \sqrt{22}$
$= 3 + 2 + 5 + \sqrt{22} = 10 + \sqrt{22}$,

ferner ein ℞. *D.* (*r. distincta*),[1078] das die Einzelwerte getrennt hält:

℞. *D.* 9. *p,* ℞. 4. *p.* 5 $= \sqrt{9} + \sqrt{4} + 5 = 3 + 2 + 5$.

Ein Beispiel für ℞. *V.* ist:

℞. *V.* 10. *p.* ℞. 16. *p.* 3. *p.* ℞. 64 $= \sqrt{10 + \sqrt{16} + 3 + \sqrt{64}}$

und eins für die Vereinigung mehrerer Zeichen:

℞. *L. V.* 10. *p.* ℞. 36. *p.* ℞. *V.* 70. *p.* ℞. 121 $= \sqrt{10 + \sqrt{36}} + \sqrt{70 + \sqrt{121}}$.[1079]

TARTAGLIA achtet nicht so genau auf möglichste Kürze und schiebt oft Worte ein, z. B. *la* ℞ *terza rel. di* $\frac{1}{2048}$ *è* $\frac{1}{2}$ statt $\sqrt[11]{\frac{1}{2048}} = \frac{1}{2}$.[1080]

Bei R. BOMBELLI (1572, *L'Algebra*[75]) erfährt im Druck (vgl. S. 33) die Abkürzung ℞. *L* unter Vertauschung der beiden Buchstaben in *L R.* eine sehr brauchbare Verfeinerung, indem das *L* wie eine Art Klammerzeichen benutzt wird, dem am Schluß des zusammenfassenden Ausdruckes ein umgekehrtes ⅃ entspricht. Sonach hat BOMBELLI:[1081]

2. *p. R. q. L R. c. L R. q.* 68. *p.* 2. ⅃ *m. R. c. L R. q.* 68. *m.* 2 ⅃ ⅃

$$= 2 + \sqrt[2]{\sqrt[3]{\sqrt{68} + 2} - \sqrt[3]{\sqrt{68} - 2}},$$

wo *R. q.* und *R. c.* die Zeichen der zweiten und dritten Wurzeln sind. Eine Exponentenbezeichnung, wie sie das noch vorhandene Manuskript zeigt (vgl. das Beispiel auf S. 33), ist im Druck leider fortgefallen.

Inzwischen war in Deutschland durch die Cossisten ein großer Fortschritt vollzogen worden. Wir hatten den Wurzelpunkt erwähnt, mit dem der Verfasser jener lateinischen Algebra die Quadratwurzel

1077 cap. XXVI, Bl. (𝔇 8) r⁰. — 1078 cap. I, Bl. (𝔄 5) r⁰. — 1079 cap. V, Bl. (8) v⁰. — 1080 *General trattato*[159], Seconda parte, Ven. 1556, fol. 68. — 1081 BOMBELLI, *L'Algebra*[75], S. 356, Z. 17—18.

andeutete (S. 181). Die Kenntnis dieses Symbols verrät sich auch in einer späteren Wiener Handschrift *Regulę Cosę uel Algobrę*[751] (um 1500) durch eine Stelle:[1082] *Quum ʒ assimiletur radici de radice, punctus deleatur de radice, ʒ in se ducatur et remanent adhuc inter se aequalia.* (Wenn $x^2 = \sqrt{x}$, so lösche den Punkt vor dem x aus und multipliziere x^2 mit sich selbst, dann kommt unter sich Gleiches heraus.) Ein Punkt selbst ist nicht benutzt, wenn es auch an einer zweiten Stelle heißt: *Per punctum intellige radicem.*[1083] Die Dresdener Handschrift war im Besitz WIDMANNS gewesen. In seinem Rechenbuch ist jedoch der Wurzelpunkt nicht zu finden[1069]. Sehr eng schloß sich aber A. RIESE (1492—1559, Annaberg) in seiner *Coß*[831], deren Manuskript (1524 fertiggestellt) er dem Druck nicht übergab, der lateinischen Algebra dieses Sammelbandes an. Der von ihm übernommene Punkt weist bereits einen kleinen angehängten Strich[1083] auf. Das in Band III, Anhang II, Nr. 45 aufgenommene Bruchstück aus RIESES *Coß* deckt sich mit dem Beispiel Nr. 38b der Dresdener lateinischen Algebra, andrerseits aber auch mit der oben abgedruckten Stelle der Wiener Handschrift. Hieraus ist ein Zusammenhang der beiden Handschriften ersichtlich; man erkennt, wie CHR. RUDOLFF, dem die Wiener Handschrift zur Verfügung stand, in seinem Lehrbuch der Coß (1525) zu ganz ähnlichen Wurzelzeichen wie RIESE kam. Ein einfacher Haken (viereckiger Punkt mit schrägem Strich) ist für RUDOLFF die Quadratwurzel, ein zweifacher die vierte, ein dreifacher die dritte Wurzel (vgl. Tafel S. 141, Nr. A. 10), mit demselben Mangel an Folgerichtigkeit, den wir der Dresdener Algebra vorwerfen konnten (vgl. S. 181f.). Daß RUDOLFF die Lesart „Punkt" für seine Haken noch kannte und benutzte, geht aus verschiedenen Stellen hervor.[1084] Selbst bei SCHEYBL, über 25 Jahre später, läßt sie sich noch feststellen.[1085] Auch INITIUS ALGEBRAS[63] (deutsche Bearbeitung wahrscheinlich vor 1524, durch ANDREAS ALEXANDER;

1082 C. I. GERHARDT[751], 1870, S. 145. Statt *radix* im Sinne der Unbekannten steht das auf S. 141 in der Tafel C 9 angegebene zweite Zeichen für x. — 1083 Daselbst S. 147, Z. 3. In späteren Randbemerkungen zur Wiener Handschrift (fol. 260′) findet sich auch der Wurzelhaken ✓. — 1084 So[835] Buch I, Kap. 7 im Abschnitte Multiplicirn, Bl. (E 6) v⁰: Jede zal ſo mit einfachen ▪/zwifachem ▪▪ oder dreifachem ▪▪▪ punct vermerckt iſt / würt in diſem půch genennt ein denominirte zal. (An Stelle von ▪, ▪▪, ▪▪▪ stehen die Wurzelzeichen der Tafel S. 141, Nr. A 10.) — 1085 SCHEYBL, 1551[67], S. 25^b, Z. 5ff.: ... *Solent tamen multi, et bene etiam, has desideratas radices, suis punctis cū linea quadam a dextro latere ascendente, notare* ... Viele pflegen, und zwar ganz gut, die gewünschten Wurzeln mit ihren Punkten zu bezeichnen, von deren rechter Seite eine Art Strich aufwärts führt.)

älteste Handschrift 1545) verwendet einen Punkt mit angehängtem Schwanz.[1086] Ein zweifacher Punkt mit Schwanz ist die vierte Wurzel. Ein großer Fortschritt liegt aber bei ihm darin, daß dem einfachen geschwänzten Punkt die cossischen Potenzbezeichnungen nebengesetzt und dadurch höhere Wurzeln angedeutet werden; so ist:

✓ʒ 7 *Radix ziens* oder *quadrata* 7 $\sqrt{7}$,

✓ℭ 11 *Radix cubice* 11 $\sqrt[3]{11}$,

✓ʒʒ *Radix ziens de ziens* 13 $\sqrt[4]{13}$.

Zusammengesetzte Wurzeln werden durch Unterstreichen eindeutig gemacht; es bedeutet also:

✓ʒ 3 + ✓ʒ 5 $\sqrt{3}+\sqrt{5}$

✓*cs*|8 + ✓ 60 ʒ $\sqrt{8+\sqrt{60}}$ (*cs* = *communis*)

✓*cs*|✓|5ʒ + ✓|3ʒ + ✓✓|250 ʒ $\sqrt{\sqrt{5}+\sqrt{3}+\sqrt[4]{250}}$.[1087]

Bei der dritten Wurzel hatte übrigens auch RIESE (1524) das cossische Zeichen seinem Wurzelzeichen schon beigefügt.[1088] Da RIESE sich wiederholt in seiner *Coß* auf ANDREAS ALEXANDER bezieht,[1089] ist dieser vielleicht der Urheber der Neuerung. In STIFELs *Arithmetica integra* von 1544 verlängert sich der ehemalige Punkt etwas, so daß das Ganze dem heutigen Wurzelhaken ähnlicher wird (S. 141, Nr. A 12); in den Figuren hat der „Punkt" auch schon unser heute übliches Ansatzstrichlein. Das Hauptverdienst STIFELs liegt aber vor allem darin, daß er das System der Wurzelbezeichnung des INITIUS ALGEBRAS ausbaute. Dadurch, daß seine unbegrenzt ansteigenden Potenzzeichen (vgl. S. 149) dem Wurzelhaken beigefügt werden:

✓ʒ, ✓ℭ, ✓ʒʒ, ✓β, ✓ʒℭ, ✓bβ, ✓ʒʒʒ, ✓ℭℭ . . .,[1090]

ist es möglich, auch in der Darstellung dem Wurzelbegriff die allgemeinste Entfaltung zu verleihen. Ausdrücklich bemerkt STIFEL: Doch werde ich dises zeychen ✓. auch offt brauchen für dises zeychen ✓ʒ. vmb kurtze willen.[1091] Selbst das Zeichen ✓0 kommt bei STIFEL vor und bedeutet die Zahl selbst.[1092] Leider hat STIFEL eine andere,

1086 Ed. M. CURTZE[63], S. 575. — 1087 Ed. M. CURTZE[63], S. 581. — 1088 B. BERLET[331], *Adam Riese*, Leipzig 1892, S. 31. — 1089 BERLET, ebenda, R. 29, 33. — 1090 *Arithm. integra*[123], Bl. 109 r° und 109 v°. — 1091 Neuausgabe von RUDOLFFs *Coß*[1338], 1553, Bl. 82 v°, Z. 4—2 v. u. — 1092 *Arithm. integra*[123], Bl. 115 r°, Z. 10: . . . *quod signat nullam esse faciendam multiplicationẽ*.

überaus glücklich von ihm vorgeschlagene Wurzelbezeichnung 11⌡38. in dem Sinne von $\sqrt[11]{38}$ nicht weiter verfolgt.[1093] Ist der Radikand, über den sich die Wurzel erstrecken sollte, ein zusammengesetzter, so muß RUDOLFF das Wort Collect einschalten:

$$\checkmark \text{ des collects } 17 + \checkmark 208 \quad \left(\text{statt: } \sqrt{17 + \sqrt{208}}\right).^{1094}$$

Er benutzt dazu auch einen Punkt, wie bei

$$\checkmark.\, 12 + \checkmark 140 \quad \text{für} \quad \sqrt{12 + \sqrt{140}}.^{1095}$$

Dies nimmt STIFEL auf und fügt, falls bei weiter geführten Ausdrücken Mißverständnisse entstehen könnten, einen Schlußpunkt am Ende des Radikanden bei:

$$\checkmark_3.\checkmark_3 128 + \checkmark_3 92 \quad \text{ist} \quad \sqrt{\sqrt{128} + \sqrt{92}},^{1096}$$

$$\checkmark_3.12 + \checkmark_3 6. + \checkmark_3.12 - \checkmark_3 6 \quad \text{ist} \quad \sqrt{12 + \sqrt{6}} + \sqrt{12 - \sqrt{6}}.^{1097}$$

Aus der geschilderten Entwicklung des Wurzelhakens ergibt sich, daß die früher in den Schulen vorgetragene Erklärung des Hakens, als sei dieser ein vereinfachtes r, der erste Buchstabe von *radix*, zu verwerfen ist. Schon L. EULER (1755) befand sich in diesem Irrtum, wie eine Bemerkung in seiner Differentialrechnung zeigt.[1098]

Wie in der Potenzlehre, bezeichnet auch in der Wurzellehre die Verwendung von Zifferexponenten eine höhere Stufe in der Ausbildung der Symbole. Zum erstenmal in ständigem Gebrauch (vgl. oben STIFEL[1093]) begegnen uns solche bei dem Holländer S. STEVIN (1548—1620 Leiden; Kaufmann, später im Staatsdienst als Ingenieur). Er nennt ✓ *racine de quarré* oder einfach *racine*, betont dabei (ähnlich wie STIFEL), eigentlich müßte das Zeichen ✓② lauten, der Kürze wegen sei aber ✓ im Gebrauch. Für die höheren Wurzeln findet man[1099] (*L'Arithmétique*, 1585[139]):

✓③ *racine de cube* oder *racine cubique*,

✓④ *racine de quatre quantité*, etc.

Daneben empfiehlt er für zusammengesetzte Wurzeln Verdopplung, Verdreifachung des Wurzelzeichens, wodurch der Exponent ebenso oft vervielfacht wird:

1093 Deutsche Arithmetica[1421], S. 71 r°, Z. 16. — 1094 *Coß*, 1525[335], Buch I, Kap. VII, Bl. (E 5). — 1095 Coß[335], S. 14. — 1096 *Arithm. integra*[123], Bl. 140 v°, Z. 4 v. u. — 1097 Daselbst Bl. 135 v°, Z. 16. Noch EULER schreibt zuweilen $d\,.\,xy$ statt $d\,(xy)$. — 1098 EULER, *Institutiones calculi differentialis*[196], 1755, art. 119, S. 103. — 1099 STEVIN I[123], S. 7, Def. XXIX, Explicat.

$$\mathcal{W} = \sqrt[2]{\sqrt[2]{\ }} = \sqrt[4]{\ }$$

$$\mathcal{WW} = \sqrt[2]{\sqrt[2]{\sqrt[2]{\ }}} = \sqrt[8]{\ }$$

$$\mathcal{W}\textcircled{3} = \sqrt[3]{\sqrt[3]{\ }} = \sqrt[9]{\ }$$

$$\mathcal{WW}\textcircled{3} = \sqrt[3]{\sqrt[3]{\sqrt[3]{\ }}} = \sqrt[27]{\ }.$$

Stevin ist auch der erste, der es für wert hält, darauf aufmerksam zu machen, daß ein Zeichen auch Textwörter in sich aufnehmen kann (ähnlich wie unser $>$, das „größer als" bedeutet). Sein Wurzelhaken $\surd$ soll *racine de* bedeuten, so daß er $\surd 4$ mit *racine quarré de 4* gelesen haben will.[1100] Im Anschluß an Stevin finden wir bei Albert Girard († 1632; Niederlande) die modernen Zeichen:[1101]

$$\sqrt[2]{\ } \quad \sqrt[3]{\ } \quad \sqrt[5]{\ }$$

vorgeschlagen (1629), freilich ohne daß sie bei ihm ständig im Gebrauch sind. Meistens entscheidet sich Girard für die alten Zeichen; zum Teil schreibt er auch, wiederum in Anlehnung an Stevin (vgl. S. 153):

$$(\tfrac{1}{6})2000,\ (\tfrac{1}{2})8,\ (\tfrac{1}{3})9 \quad \text{statt} \quad \sqrt[6]{2000},\ \sqrt[2]{8},\ \sqrt[3]{9}.$$ [1102]

Dieses vereinzelte Auftreten von Zifferexponenten begegnet uns noch öfter. Der Engländer W. Oughtred (1574—1660, Pfarrer in einem Landort) bevorzugt in der 1631 erschienenen *Clavis mathematicae*[1680] Ausdrücke wie:[1103]

$$\sqrt{}qq\,A \times \sqrt{}cc\,Bq = \sqrt{}cccc\,Ac\,Bqq \quad \text{für} \quad \sqrt[4]{a} \cdot \sqrt[6]{b^2} = \sqrt[12]{a^3 b^4};$$

doch treffen wir auch auf:

$$\sqrt{}\boxed{12}\,1000,\ \sqrt{}\boxed{12}\,49,\ \sqrt{}\boxed{4}\,10,\ \sqrt{}\boxed{6}\,7$$ [1104]

statt $\sqrt[12]{1000}$, $\sqrt[12]{49}$, $\sqrt[4]{10}$, $\sqrt[6]{7}$, weniger indes zum Zwecke der Einführung einer neuen Schreibart als zur Erläuterung der Rechnungen. Dasselbe gilt von Sätzen wie: *Nam* $\surd$*cc est* $\surd$ [2 × 3].[1105] Öfteren Gebrauch macht von den Wurzelexponenten Th. Harriot (1560 bis

---

1100 Daselbst S. 7/8, Note I. — 1101 Girard, *Invention nouvelle en l'algèbre*, 1629[123], Bl. B. — 1102 Daselbst Bl. (B 3). — 1103 Ausgabe (1631)[1680], cap. XV, § 11, S. 37, Z. 14. — 1104 Daselbst S. 37, Z. 17f. — 1105 Ausg. v. 1676[1680], S. 49, cap. XV, Nr. 13, Z. 20—21 (Abdruck der 2. Aufl. der *Clavis* von 1652, noch nicht in der 1. Aufl. von 1631).

1621, Oxford), dessen *Artis analyticae praxis*[66] von 1631 (nachgelassenes Werk) mehrere Beispiele von der Form:

$\surd 3.)\surd 108+10-\surd 3.)\surd 108-10$[1106] statt $\sqrt[3]{\sqrt{108}+10}-\sqrt[3]{\sqrt{108}-10}$

aufweist. Bei zusammengesetzten Radikanden hilft sich CLAVIUS (1608, *Algebra*) mit runden Klammern:[1107]

$$\surd_3(22+\surd_3 9) \quad \text{für} \quad \sqrt{22+\sqrt{9}}$$

$$\surd_3(\surd_3 9+\surd_3 4) \quad \text{für} \quad \sqrt{\sqrt{9}+\sqrt{4}},$$

STEVIN (1634) mit Worten:

$$\surd \text{bino. } \surd 24+5^{1108} \quad \text{für} \quad \sqrt{\sqrt{24}+5},$$

OUGHTRED (1631) und HARRIOT (1631) mit einklammernden Doppelpunkten:

$$\sqrt{}: Aq+Bq: \quad \text{bzw.} \quad \surd : aa+bb: \quad \text{für} \quad \sqrt{a^2+b^2}.$$

FR. VIETA (1540—1603; Paris, franz. Staatsbeamter), den wir der Zeit nach schon vorher hätten nennen müssen, stellt sich in Gegensatz zu seinen Zeitgenossen: er verwirft, ebenso wie auch P. FERMAT (1601—1665, Toulouse),[1109] den Wurzelhaken. Zum Teil greift VIETA zum Wort *radix* zurück, zum Teil wählt er in kurzen Rechnungen nach RAMUS[1110] den Anfangsbuchstaben von *latus* (= Quadratseite, vgl. S. 179[1047]), so: $l.\ 121,\ l.\frac{25}{3}-l.\frac{5}{3}$[1111] für $\sqrt{121},\ \sqrt{\frac{25}{3}}-\sqrt{\frac{5}{3}}$.

Außerordentlich unübersichtlich ist z. B.:[1112]

Radix binomiae 2

$$+\text{Radix binomiae}\begin{cases}2\\+\text{radice binomiae}\end{cases}\begin{cases}2\\+\text{radice } 2,\end{cases}$$

1106 HARRIOT, *Artis anal. pr.*[66], 1631, S. 99. — 1107 *Algebra*[72], S. 78. — 1108 STEVIN[123], S. 37. — 1109 FERMAT, *Œuvres*[1773] I, S. 153ff. — 1110 Vgl. *Arithmetica et Algebra*[867], ed. SCHONERUS, Frankfurt 1586, S. 322. RAMUS unterscheidet zwischen dem vorangestellten *l*, das unserem Wurzelzeichen entspricht, und dem nachgestellten *l* im Sinne von *x*, z. B. 1586, *Arithmetica et Algebra*[867], S. 322, Z. 13 und S. 334, Z. 6 v. u. In den *Scholae mathematicae*, Frankf. 1569[1636], gebraucht RAMUS (S. 277) *ll* für unser $\sqrt[4]{\ }$. Das *l* mußte verschwinden, als das Rechnen mit Logarithmen, das diesen Buchstaben für sich beanspruchte, in Übung kam. BRIGGS hat 1624 in der Einleitung zur *Arithmetica logarithmica sive logarithmorum chiliadis triginta*, London, noch das *l* als Zeichen für Wurzel, fol. A_8, Nr. 2: *l*3 bedeutet: $\sqrt{3}$; $l_{(3)}8$: $\sqrt[3]{8}$; *l* bin 2 + *l*3: $\sqrt{2+\sqrt{3}}$; $ll85\frac{1}{3}$: $\sqrt[4]{85\frac{1}{3}}$. — 1111 VIETA[163], *Zeteticorum libri V*, Tours 1593, S. 7 v° u. S. 10 r°. — 1112 VIETA, *Variorum de rebus mathem. Responsorum liber VIII*, 1593 Tours, Corollarium zu caput XVIII, S. 12 v°.

was er an anderer Stelle,[1113] ebenso wie sein Zeitgenosse ADRIAN VAN ROOMEN, weniger richtig, in der Form schreibt:[1114]

$$R.\,\text{bin.}\,2 + R.\,\text{bin.}\,2 + R.\,\text{bin.}\,2 + R.\,2\,.$$

Wieviel feiner und durchsichtiger ist die Schreibweise:[1115]

$$\sqrt{2+\sqrt{2+\sqrt{2+\sqrt{2}}}}\,,$$

die der Herausgeber der Werke VIETAS, FRANCISCUS VAN SCHOOTEN (1615—1660, Prof. in Leiden), hierbei anwandte! (Vgl. S. 36.) Inzwischen hatte nämlich DESCARTES (1596—1650) den Klammerstrich (vgl. S. 37) mit dem Wurzelhaken in Verbindung gebracht (*Géométrie* 1637).[1116] Seine Schreibweise:[171]

$$\sqrt{C.+\tfrac{1}{2}q+\sqrt{\tfrac{1}{4}qq+\tfrac{1}{27}p^3}}\,,\ \text{d. h.}\ \sqrt[3]{+\tfrac{1}{2}q+\sqrt{\tfrac{1}{4}q^2+\tfrac{1}{27}p^3}}\,,$$

die der heutigen bis auf das altertümliche Kubikwurzelzeichen gleicht, wurde für seine Schüler vorbildlich, unter denen SCHOOTEN einer der eifrigsten war, und nicht nur für diese, sondern fast für alle späteren Zeiten; es ist selten, daß ein Autor zu Klammern an Stelle des Wurzelstriches zurückkehrt, wie zuweilen, aus drucktechnischen Gründen, auch noch im neunzehnten Jahrhundert.[1117]

Im Rückstand blieb DESCARTES mit der Verwendung von Ziffern in den Wurzelexponenten, wiewohl er gerade hierin bei den Potenzen entscheidend vorangegangen war. In einem Briefe von 1640 lehnt er sich gelegentlich einmal an die Schreibweise GIRARDS an:[1118]

$$\checkmark\,3).\,20 + \checkmark\,392 \quad \text{für} \quad \sqrt{20+\sqrt{392}}\,.$$

Seine Schüler, wie FRANZ VAN SCHOOTEN (1649), ahmten bei höheren Exponenten auch STEVIN nach:

$$\sqrt{}\ ⑦\ ex\,2704 + \sqrt{}\ 7\,311\,488\,.$$ [1119]

Erst WALLIS (1616—1703, Prof. der Geometrie in Oxford), dessen *Algebra*[1682] von 1685 eine bedeutende literarische Erscheinung war,

1113 *Ad Problema quod omnibus mathematicis totius orbis construendum proposuit Adrianus Romanus, Francisci Vietae responsum*, Paris 1595, Bl. 𝔄 1 v°. — 1114 VIETA, *Opera*, ed. SCHOOTEN[127], S. 306, Z. 2. — 1115 VIETA, *Opera*[127], S. 400. — 1116 Anfangs hatte DESCARTES statt der Klammern auch Punkte gesetzt, vgl. S. 37. Vor 1637 ist der Klammerstrich bei Wurzeln selten nachzuweisen, *Œuvres*, éd. ADAM et TANNERY 10[1842], S. 292. — 1117 Vgl. z. B. LAGRANGE, J. Éc. Polyt., An. VII, cah. 6, S. 270. — 1118 *Œuvres*, éd. ADAM et TANNERY 10[1842], S. 190, Z. 13. — 1119 *Descartes' Geometria*[93], ed. SCHOOTEN, Lugd. Bat. 1649, S. 328, Z. 15.

wählte wieder Zifferexponenten ohne Kreis und in höherer Stellung, so z. B. in:

$$\sqrt{}^4 A \times \sqrt{}^6 Bq = \sqrt{}^{12} Ac \times \sqrt{}^{12} Bqq = \sqrt{}^{12} Ac\,Bqq\,,$$ [1120]

benutzte aber keinen Wurzelstrich, sondern nahm den Doppelpunkt HARRIOTS wieder auf. Bei ihm kommen zum erstenmal allgemeine Exponenten vor, so 1657 in der Formel:[1121]

$$\sqrt{}^d R^d = R.$$

In NEWTONS *Arithmetica universalis* (Vorlesungen aus den Jahren 1673/83; gedruckt 1707)[541] wird bald die Schreibweise WALLIS' angewendet, freilich mit tiefer stehenden Exponenten, so daß zur Vermeidung von Verwechslungen der Doppelpunkt ständig gesetzt werden muß (so $\sqrt{}\,3:64$ für $\sqrt[3]{64}$);[1122] bald trifft man auf ganz modern gedruckte Wurzeln, so:

$$\sqrt[4]{}18 - \sqrt[4]{}2\,,$$ [1123]

oder gar mit Buchstabenexponenten:

$$\sqrt[2c]{}Q$$ [1124] und $$\sqrt[c]{\overline{A+B} \times \sqrt{}\,Q}\,.$$ [1125]

LEIBNIZ hat $\sqrt[2]{}\ \sqrt[3]{}\ \sqrt[e]{}$, aber auch $\sqrt{}\boxed{3}$ $\sqrt{}③$ $\sqrt{}(3)$.[1126] JEAN PRESTETS *Élémens des Mathématiques*, Paris 1675,[348] und ROLLES *Traité d'algèbre*, Paris 1690,[1127] weisen ausschließlich die moderne Schreibweise auf. Vom achtzehnten Jahrhundert an wird diese dann allein gebräuchlich. In EULERschen Abhandlungen finden sich noch zuweilen Klammern statt des Wurzelstriches.

c) Das Rechnen mit Wurzeln.

Für die jüngeren Pythagoräer war die neue Lehre des Irrationalen ein Hauptfeld der Tätigkeit (vgl. S. 82f.). Viel leistete auf diesem Gebiete THEÄTET (Athen; um 390 v. Chr.), ein Schüler des SOKRATES. Die Lehre des Irrationalen jedoch zu einem großen Ganzen verarbeitet zu haben — wahrscheinlich unter Hinzufügung mancher eigener Entdeckungen —, ist EUKLIDS (325 v. Chr., Alexandria; *Στοιχεῖα*, Elemente, 13 Bücher) hohes Verdienst. Fast bis zur Mitte des sechzehnten Jahrhunderts n. Chr. (STIFEL, 1544) ist kein späterer Mathematiker zu nennen, durch den inhaltlich ein Fortschritt über EUKLIDS zehntes Buch hinaus zu verzeichnen wäre (vgl. S. 92).

1120 WALLIS, *Algebra* 1685[1682], S. 107, Z. 32, *Opera* II[1682], Oxoniae 1693, S. 118, vgl. auch *Arithmetica infinitorum*[108] 1656, prop. 117, *Op.* I, S. 414 u. a. a. O. — **1121** *Mathesis universalis*[446], Oxoniae 1657, S. 292. — **1122** *Arithm. univers.*[541], S. 9. — **1123** Daselbst S. 58. — **1124** Daselbst S. 60—61. — **1125** Daselbst S. 59. — **1126** Vgl. FL. CAJORI[41], S. 424. — **1127** Vgl. z. B. ROLLE[613], S. 227 im IV. Buch.

Einmal lag das an der Schwierigkeit der Materie selbst, dann aber besonders an der Form, in der die griechische Mathematik derartige rein algebraische Kapitel lehrte. Die irrationale Größe wird von den Griechen als Linie dargestellt. Linien aber unterscheiden sich nur durch die Länge; niemand kann ihnen äußerlich ansehen, ob und in welchem Grade sie irrational, bzw. rational sind. Welch hohe Stufe mathematischer Abstraktion war erklommen worden, wenn solche schwierige Untersuchungen, wie sie EUKLID im zehnten Buch bringt, allein auf Grund des Begriffes der Kommensurabilität vorgenommen werden konnten! Sehen wir uns die zusammengesetzten Wurzelausdrücke an, die in geometrischem Bilde dem Leser EUKLIDS vorgeführt werden, so kann man sich dem Eindruck nicht verschließen, daß wir bei dem zehnten Buche der Euklidischen Elemente geradezu vor dem Gipfelpunkte der damaligen Mathematik stehen.

Anderseits erkennt man auch klar den Riesenfortschritt, der durch die Symbolik der Algebra, besonders auf diesem Gebiete, in späterer Zeit geleistet worden ist. Die algebraische Formel verrät von vornherein durch ihren Bau unserem Auge ihre eigenen tieferen Eigenschaften; sie gestattet allgemeinere Zusammenfassungen erhaltener Resultate, als es das Bild geometrischer Linien vermag. Und so können die 117 Sätze, die das zehnte Buch EUKLIDS enthält, durch wenige Formeln der Wurzellehre vereinigt zur Darstellung gebracht werden.

Ohne zu weit zu gehen, können wir hier nicht die Euklidischen Ergebnisse im einzelnen vorführen.[1128] EUKLIDS Grundformen lassen sich in moderner Zeichensprache folgendermaßen ordnen:

1) $\sqrt{a\sqrt{b}}$; $\sqrt[4]{a \cdot b}$ [1129] (μέση, *medialis*,[1130] Mediale);

2) $a + \sqrt{b}$, $\sqrt{a} + \sqrt{b}$ [1131] (ἡ ἐκ δύο ὀνομάτων, *binomium*,[1132] Binomiale; vgl. S. 69);

3) $a - \sqrt{b}$, $\sqrt{a} - \sqrt{b}$ [1133] (ἀποτομή, *residuum*,[1134] *recisum*,[1135] Apotome).

1128 Vgl. die sehr eingehende Darstellung bei NESSELMANN[1316], S. 165—184 und auch die Abhandlungen von H. G. ZEUTHEN[515], ferner G. JUNGE[500], S. 19ff. — 1129 EUKLID, X, 21, ed. HEIBERG, 3[399], S. 60, Z. 18; Übersetzung von J. H. LORENZ, *Euklids Elemente fünfzehn Bücher aus dem Griechischen übersetzt* (1. Aufl. 1781), 2. Aufl., Halle 1798, X, 22. — 1130 ANARITIUS, Übers. von GERHARD von Cremona (1114—1187), ed. CURTZE[400], S. 223, Z. 10. LEONARDO von Pisa (1228, *Liber abbaci*[130]), I, S. 357, Z. 14; auch *media*, daselbst S. 356, Z. 9. — 1131 EUKLID, X, 36, ed. HEIBERG, 3, S. 106, Z. 24 (EUKLID-LORENZ, X, 37). — 1132 ANARITIUS[400], S. 234, Z. 9; LEONARDO von Pisa, I[128], S. 357, Z. 2, auch *ex duobus nominibus*, I, S. 356, Z. 1. — 1133 EUKLID, X, 73, ed. HEIBERG, 3, S. 224, Z. 8 (EUKLID-LORENZ, X, 74). — 1134 ANARITIUS[400], S. 364, Z. 12. — 1135 LEONARDO von Pisa, I[130], S. 358, Z. 9.

Aus diesen drei Hauptarten irrationaler Größen bildet er Zusammensetzungen zum Teil ziemlich verwickelter Form, wie etwa:

$$\sqrt{\frac{(\sqrt{a}+\sqrt{b})\cdot\sqrt{a-b}}{2}}+\sqrt{\frac{(\sqrt{a}-\sqrt{b})\cdot\sqrt{a-b}}{2}},$$

und EUKLID X prop. 112 und 113:[1136]

$$\frac{A}{\sqrt{a}+\sqrt{b}}=\frac{A(\sqrt{a}-\sqrt{b})}{a-b}=\sqrt{\frac{A^2a}{(a-b)^2}}-\sqrt{\frac{A^2b}{(a-b)^2}},$$

$$\frac{A}{\sqrt{a}-\sqrt{b}}=\frac{A(\sqrt{a}+\sqrt{b})}{a-b}=\sqrt{\frac{A^2a}{(a-b)^2}}+\sqrt{\frac{A^2b}{(a-b)^2}},$$

klassifiziert die möglichen Arten der Binomialen und Apotomen[1137] und stellt sogar die Natur derjenigen Ergebnisse fest, die man durch Quadratwurzelausziehen aus solchen Binomialen und Apotomen (EUKL. *El.* X. 55—60, LORENZ) und durch deren Quadrieren (*El.* X. S. 61 bis 66; S. 98—103, LORENZ) erhält.

Um ein Bild davon zu geben, wie weit arithmetisches Rechnen in den Sätzen EUKLIDs liegt, seien einige Zahlenbeispiele angeführt, mit denen ein arabischer Kommentator, MUḤAMMAD IBN ʿABD ALBĀḲĪ (um 1100) die allgemeinen Herleitungen EUKLIDs erläutert:[1138]

$$\sqrt{10}\pm\sqrt{8}=\sqrt{10+8\pm2\sqrt{80}}=\sqrt{18\pm\sqrt{320}},$$

$$\sqrt[4]{192}\pm\sqrt[4]{108}=\sqrt{\sqrt{192}+\sqrt{108}\pm2\sqrt[4]{192\cdot108}}$$
$$=\sqrt{\sqrt{300+\sqrt{82944}}\pm\sqrt[4]{331\,776}},$$

$$\sqrt[4]{12}\pm\sqrt[4]{3}=\sqrt{\sqrt{27}\pm\sqrt{24}}=\sqrt[4]{51\pm\sqrt{2592}},$$

$$\sqrt{6\pm\sqrt{20}}=\sqrt{5}\pm1,$$

$$\sqrt{\sqrt{12}\pm3}=\sqrt[4]{6\tfrac{3}{4}}\pm\sqrt[4]{\tfrac{3}{4}},$$

$$\sqrt{\sqrt{8}\pm\sqrt{6}}=\sqrt[4]{4\tfrac{1}{2}}\pm\sqrt[4]{\tfrac{1}{2}},$$

$$\sqrt{6\pm\sqrt{12}}=\sqrt{3+\sqrt{6}}\pm\sqrt{3-\sqrt{6}},$$

$$\sqrt{\sqrt{12}\pm2}=\sqrt{\sqrt{3}+\sqrt{2}}\pm\sqrt{\sqrt{3}-\sqrt{2}},$$

$$\sqrt{\sqrt{20}\pm\sqrt{8}}=\sqrt{\sqrt{5}+\sqrt{3}}\pm\sqrt{\sqrt{5}-\sqrt{3}},$$

$$\sqrt{4(6\pm\sqrt{20})}=\sqrt{20}\pm2,$$

1136 Vgl. J. W. L. GLAISHER, *On division in algebra by a binomial or multinomial surd.* The Messenger of Math. 57, 1928, S. 38. — 1137 EUKLID, X; Satz 49—54, EUKLID-LORENZ, Satz 86—91. — 1138 ANARITIUS, ed. CURTZE[400], S. 318ff. Vgl. H. SUTER[524], Bibl. math. 7_3, 1906—1907, S. 234ff.

$$\sqrt{4(\sqrt{12}\pm 3)} = \sqrt[4]{108} \pm \sqrt[4]{12},$$
$$\sqrt{4(\sqrt{8}\pm \sqrt{6})} = \sqrt[4]{72} \pm \sqrt[4]{8},$$
$$\sqrt{4(6\pm \sqrt{12})} = \sqrt{12+\sqrt{96}} \pm \sqrt{12-\sqrt{96}},$$
$$\sqrt{4(\sqrt{12}\pm 2)} = \sqrt{\sqrt{48}+\sqrt{32}} \pm \sqrt{\sqrt{48}-\sqrt{32}},$$
$$\sqrt{4(\sqrt{20}\pm \sqrt{8})} = \sqrt{\sqrt{80}+\sqrt{48}} \pm \sqrt{\sqrt{80}-\sqrt{48}}.$$

Den letzteren Ausdrücken liegt die Formel

$$\sqrt{4(a\pm\sqrt{b})} = \sqrt{2a+\sqrt{4(a^2-b)}} \pm \sqrt{2a-\sqrt{4(a^2-b)}}$$

zugrunde.

Die Euklidischen Irrationalitäten, die von APOLLONIOS noch auf dreigliedrige Ausdrücke erweitert wurden,[1139] führen, wie wir sehen, sämtlich auf Quadratwurzeln und sind daher mit Zirkel und Lineal konstruierbar. Dies ist durch die rein geometrische Auffassungsweise der Griechen bedingt. Das Irrationale als Zahlbegriff wollten sie nicht zulassen. Sie schieden aufs schärfste zwischen Linie und Zahl, zwischen der Stetigkeit dieser und der Unstetigkeit jener. Freilich machten sie dadurch das Entstehen wahrer Algebra unmöglich.

Auf die eingehende Kommentierung des X. Buches EUKLIDS durch die Araber ANNAIRĪZĪ (um 900 n. Chr.)[400] und 'ABD ALBĀḲĪ (um 1100 n. Chr.)[524] wurde oben schon hingewiesen. Auch ein Kommentar des Pappus ist aus arabischen Übersetzungen bekannt geworden.[1140] Die Araber haben aber auch selbständig weiter gearbeitet, so AL-KARḪĪ[1141] (um 1010 n. Chr.) in seinem Lehrbuch der Algebra. Wie weit die etwa gleichzeitige indische Mathematik (BHĀSKARA, geb. 1114)[1142] von ihnen beeinflußt ist — oder umgekehrt —, bedarf noch der Untersuchung. Jedenfalls hat bei beiden die Algebraisierung des Stoffes außerordentliche Fortschritte gemacht; es gelingt ihnen die Zusammenfassung der ausgedehnten Euklidischen Theorie in einige wenige Sätze.

Besonders wertvoll für die Kenntnis des arabischen Wurzelrechnens ist der *Liber abbaci* (1202) des LEONARDO von Pisa. In der zweiten Bearbeitung von 1228, die uns allein erhalten ist, ist ein

1139 Vgl. G. JUNGE[499], S. 26f. — 1140 *Der Kommentar des Pappus zum X. Buche des Euklides*, deutsch von H. SUTER, Beiträge zur Geschichte der Mathematik. Abhandlungen zur Geschichte der Naturwissenschaften und der Medizin, 4, Erlangen 1922. Ferner G. JUNGE und W. THOMSON[500]. — 1141 *Extrait du Fakhrî*[1132b], éd. WOEPCKE, Paris 1853, S. 56—59. — 1142 BHĀSKARA, *Vījagaṇita*, ch. I, sect. V, ed. COLEBROOKE[1111], S. 145—155; vgl. CANTOR, 1[3], S. 626; HANKEL[1188], S. 194, 265.

sehr umfangreiches und gewiß auch selbständig erweitertes Kapitel[1143] dem interessanten Stoffe gewidmet. Freilich können wir LEONARDOS eigene Leistungen nicht mehr abschätzen. In den nächsten Jahrhunderten schwand das Interesse für diese Untersuchungen im Abendland. Bis zum fünfzehnten Jahrhundert ging man nicht über die Behandlung mechanischer Methoden, Quadrat-, vielleicht noch Kubikwurzeln zu ziehen, hinaus. Daß das Rechnen mit Wurzelgrößen in der langen Zwischenzeit nicht gänzlich verloren gegangen war, zeigen aber die Werke des Franzosen CHUQUET (*Le Triparty* 1484, Manuskript[I 19]) und des Italieners LUCA PACIOLI (*Summa*, Venedig 1494[I 18]), denen außer LEONARDO entschieden bedeutende, uns freilich nicht bekannte Vorarbeiten als gemeinsame Quelle zugänglich gewesen sein müssen. PACIOLI beschränkte sich auf algebraische Wiedergabe der Euklidischen Sätze aus dem zehnten Buch; aber CHUQUET zeigte bereits eine ziemlich große Gewandtheit im Rechnen mit Wurzelgrößen und ging zum Teil weiter. Beiden war das neue Wurzelsymbol ℞, dem auch Zifferexponenten beigefügt werden konnten (vgl. S. 182f.), ein wesentliches Hilfsmittel zur leichteren und übersichtlicheren Darstellung. Es liegt auf der Hand, daß mit der Ausbildung der Wurzelsymbolik, wie wir sie innerhalb der deutschen Coß kennen gelernt haben, auch ein neuer Fortschritt in der Lehre von den Wurzelgrößen verbunden war. In der Tat ist die deutsche Coß, wie in der Potenzlehre, so auch in der Wurzellehre schöpferisch vorgegangen. Beide Kapitel sind durch sie zu einer Ausbildung gelangt, der man später nichts weiter hinzuzufügen brauchte als die moderne Zeichen- und Formelsprache. Das achtzehnte und neunzehnte Jahrhundert ordnete den gegebenen Stoff nach systematischen und methodischen Gesichtspunkten und schuf in ihm einen Unterrichtszweig, den die heutige Schule bereits in mittleren Klassen mit Leichtigkeit abhandeln kann.

Die Hauptvertreter der deutschen Coß sind CHRISTOPH RUDOLFF von Jauer (1525 *Coß*,[835] 1526 Rechenbuch[I 15]) und MICHAEL STIFEL (1486/87 — Jena 1576). Hatte der erste den Euklidischen Irrationalitäten in seiner *Coß*[835] bereits zwei neue, getrennt abgefaßte Kapitel über dritte und vierte Wurzeln angeschlossen, so führte STIFEL (1544 *Arithmetica integra*[I 23], 1553 Neuausgabe von RUDOLFFS *Coß*[I 338]) die Lehre vom Irrationalen in genialem Schwunge zur größten damals möglichen Allgemeinheit.[1144] Er behandelt ohne

1143 *Scritti* I[130], Kap. XIV, S. 356ff. — 1144 Vgl. P. TREUTLEIN, *Die deutsche Coß*[57], Abh. Gesch. Math. 2, 1879, S. 44—57.

Unterschied Wurzeln jeden Grades in all ihren algebraischen Verbindungen untereinander; sogar das Rationale wird bei ihm nur ein Unterfall des Irrationalen. Und nicht nur beliebig hohe Wurzeln aus bestimmten Zahlen zieht er in den Kreis seiner Betrachtungen, sondern er unternimmt auch eine Ausdehnung seiner Ergebnisse auf Wurzeln aus algebraischen Ausdrücken — aus cossischen Zahlen, wie er sagt —, die die Unbekannte, und damit allgemeine Größen (vgl. S. 50, 140f.), in verschiedenen Potenzen, additiv und multiplikativ miteinander verbunden, enthalten.

An Einzelheiten heben wir folgendes hervor. Den Griechen blieb die Doppeldeutigkeit der Quadratwurzel verborgen, da sie selbst auf dem Höhepunkt Diophantischer Algebra rein negative Zahlen nicht kannten. Bei den Indern war indes die Kenntnis des zweifachen Wertes vorhanden. BHĀSKARA (geb. 1114 n. Chr.) besitzt über diese Doppeldeutigkeit so klare Ansichten (vgl. S. 104 und Anm. 637 daselbst), wie man sie bei viel späteren abendländischen Mathematikern oft mit Bedauern vermißt. Für höhere Wurzeln entwickelt sich die Einsicht in die Mehrdeutigkeit erst im sechzehnten Jahrhundert. Vorbereitet wurde sie durch G. CARDANOS Entdeckung (1545), daß eine Gleichung dritten Grades drei Wurzeln besitzen kann,[1145] erledigt eigentlich durch A. GIRARDS Verallgemeinerung (1629), daß jede Gleichung n^{ten} Grades n Wurzeln habe (siehe Bd. III den betreffenden Abschnitt über Gleichungen). Der besondere Satz, daß jede n^{te} Wurzel n Werte besitzt, wird in dieser Klarheit indes erst 1690 von M. ROLLE (1652—1719; Paris, Akademiker) ausgesprochen.[1146] Die Gleichung $x^3 + a^3 = 0$ hat J. PRESTET 1689[1147] durch

$$x_1 = -a, \quad x_2 = +\frac{a}{2} + \sqrt{-\frac{3a^2}{4}}, \quad x_3 = +\frac{a}{2} - \sqrt{-\frac{3a^2}{4}}$$

gelöst; zu demselben Werte kam natürlich ROLLE selbst auch.[1148] J. WALLIS führte kurz nach PRESTET den Sonderfall $x^3 = 8$ durch.[1149]

1145 *Ars magna*[280], 1545, cap. XVIII, S. 36, Z. 17: *Opera* 4[1558], S. 259, rechte Spalte, Z. 8: ... *et sic habet tres aestimationes hic casus.* — 1146 *Traité d'algèbre*, Paris 1690[613], Buch IV, Nr. 9, S. 250: *L'on a veu, qu'un seul signe radical renferme autant de racines qu'il y a d'unitez dans son exposant;* im Anschluß daran werden Betrachtungen über die Anzahl der imaginären und reellen Wurzeln bei geradem, bzw. ungeradem Exponenten angestellt. — 1147 *Nouveaux élémens de math.*[348], Paris 1689, II 8, § 17, S. 371—372. — 1148 *Traité*[613], S. 230. — 1149 *Algebra*[1682], Kap. 49, S. 182—184.

Die dritten Einheitswurzeln gibt 1707 JOHN COLSON[1150] in der Form:

$$1, \quad -\tfrac{1}{2}+\tfrac{1}{2}\sqrt{-3}, \quad -\tfrac{1}{2}-\tfrac{1}{2}\sqrt{-3}.$$

Einen goniometrischen Weg, die n^{ten} Wurzeln von $+1$ und -1 durch Zerfällung der Gleichung $x^n \pm 1 = 0$ zu finden, bietet der sogenannte COTESsche Lehrsatz, der in einem nachgelassenen Werke ROGER COTES' (1682—1719, Professor der Astronomie und Physik in Cambridge), herausgegeben durch seinen Nachfolger ROBERT SMITH, veröffentlicht wurde.[1151] Die trigonometrische Berechnung der n^{ten} Wurzeln einer Zahl führte A. DE MOIVRE (1667—1754, London) durch, auf dessen Schriften aus den Jahren 1707, 1730, 1738, S. 110f., hingewiesen wurde. Die viel schwierigere algebraische Auflösung von $\sqrt[n]{1}$ wurde von L. EULER (1707—1783) für $n \leqq 10$ durchgeführt.[1152] Hier knüpfte A. TH. VANDERMONDE (1735—1796, Paris) an, indem er die Werte von $\sqrt[11]{1}$ bestimmte und einen gangbaren Weg für höhere ungerade primzahlige n wies.[1153] Durch K. F. GAUSS (1777—1855, Göttingen) wurde das Problem im Jahre 1801 in voller Allgemeinheit und in allen Einzelheiten glänzend gelöst.[1154]

Der im Unterricht häufig vorgetragene Beweis, daß $\sqrt{a}$ (a eine ganze Zahl) kein Bruch sein kann, da ein Bruch, quadriert, immer wieder einen Bruch liefert, erscheint in der erhaltenen Literatur zum erstenmal in den Kommentaren des EUTOKIOS von Askalon (geb. 480 n. Chr.) zu den Werken des ARCHIMEDES.[1155] Er wiederholt sich in einem kleinen nachgelassenen Schriftchen des Italieners CARDANO (1501—1576; Padua, Bologna, Rom): *De numerorum pro-*

1150 Philos. Transact. London, XXV, Nr. 309, S. 2353—2368: *Aequationum cubicarum et biquadraticarum tum analytica, tum geometrica et mechanica resolutio universalis.* — 1151 *Harmonia mensurarum*[861], 1722, Anhang: *Theoremata tum logometrica tum trigonometrica*, praefatio, S. 114; vgl. CANTOR, 3^2, S. 410. — 1152 *De extractione radicum ex quantitatibus irrationalibus.* Comm. Ac. Petr. 13, 1741/43 (1751), S. 16—60. Vgl. EULER, *Introductio*[259], I, cap. 8. — 1153 Hist. Ac. Paris 1771 (1774), Mém., S. 365—416, *Mém. sur la résolution des équations.* Deutsch von C. ITZIGSOHN, Berlin 1888. Vgl. A. LOEWY, Jahresb. Dtsch. Math.-Ver. 27, 1918, S. 189—195. — 1154 *Disquisit. arithmeticae*[I 1157], VII, Leipzig 1801; GAUSS, *Werke.* 1[I 766], S. 412ff. und (aus dem Nachlaß von GAUSS) *Disquisitionum circa aequationes puras ulterior evolutio* (etwa 1808); GAUSS, *Werke,* 2[I 756], S. 243ff. Vgl. P. STÄCKEL, *Gauss als Geometer*, Materialien z. e. wiss. Biographie von GAUSS[689], 5, Leipzig 1918, S. 78f. — 1155 ARCHIMEDES, ed. HEIBERG[I 939], 3, S. 268, Z. 24—25: *Ὁ ἀριθμὸς δὲ καὶ μόριον ἐφ' ἑαυτὰ γενόμενα οὐκέτι ἀριθμὸν ποιεῖ πλήρη, ἀλλὰ καὶ μόριον.*

prietatibus caput unicum,[1156] das um 1542 entstanden ist, und ungefähr gleichzeitig in STIFELS *Arithmetica integra* von 1544.[1157]

Die bei der Addition und Subtraktion der Wurzeln von vielen Schriftstellern benutzte Formel

$$\sqrt{a} \pm \sqrt{b} = \sqrt{a + b \pm 2\sqrt{ab}}$$

geht auf Sätze der fünften Hexade in EUKLIDS zehntem Buche der Elemente zurück (Satz 61—66, 98—103; EUKLID-LORENZ[1129]). Man vergleiche die Beispiele auf S. 192f. Algebraisch kennen sie die Inder, wie BHĀSKARA (geb. 1114),[1158] die Araber, wie ALKARḪĪ (um 1010, Bagdad),[1159] ferner die frühen europäischen Mathematiker LEONARDO von Pisa (1228, *Liber abbaci*),[1160] dann CHUQUET (*Le Triparty* 1484),[1161] LUCA PACIOLI (*Summa* 1494)[1162] und RUDOLFF (*Coß* 1525).[1163] Letzterer fügt die weitere Vorschrift

$$\sqrt{a^2 c} + \sqrt{b^2 c} = \sqrt{(a+b)^2 \cdot c}$$

hinzu,[1164] die er auch auf dritte Wurzeln erweitert.[1165] Von dem etwa gleichzeitigen deutschen Bearbeiter der lateinischen Algebra des INITIUS ALGEBRAS wird sie noch weiter verallgemeinert.[1166]

Die Behandlung des gleichen Aggregates für die Kubikwurzeln muß ALKARḪĪ gekannt haben, da er die Beispiele $\sqrt[3]{54} - \sqrt[3]{2} = \sqrt[3]{16}$, $\sqrt[3]{2} + \sqrt[3]{54} = \sqrt[3]{128}$[1167] vorführt. Auch LEONARDO von Pisa hat einige Beispiele, wie

$$\sqrt[3]{16} + \sqrt[3]{54} = \sqrt[3]{250}; \quad \sqrt[3]{54} - \sqrt[3]{16} = \sqrt[3]{2}; \quad \sqrt[3]{4} + \sqrt[3]{32} = 3\sqrt[3]{4};$$

1156 CARDANO, *Opera*[I 558], 4, Abh. I, § 43, S. 8. — 1157 *Arithm. integra*[I 23], Bl. 103 v⁰, Z. 12: *Item nullus numerus irrationalis potest esse numerus fractus. Impossibile enim est, ut ex multiplicatione fracti, in se fiat numerus integer.* — 1158 BHĀSKARA, *Vījagaṇita*, cap. I, sect 5, ed. COLEBROOKE[I 111], S. 145—155; vgl. HANKEL[I 188], S. 194. — 1159 *Fakhrī*[I 1825], cap. IX, ed. WOEPCKE, S. 57; daselbst die Beispiele $\sqrt{18} + \sqrt{8} = \sqrt{50}$ und $\sqrt{18} - \sqrt{8} = \sqrt{2}$. — 1160 *Scritti* I[I 30], S. 363: $\sqrt{18} + \sqrt{32} = \sqrt{98}$; $\sqrt{32} - \sqrt{18} = \sqrt{2}$; S. 364: $\sqrt{48} + \sqrt{108} = \sqrt{300}$; $4 \pm \sqrt[4]{10} = \sqrt{16 + \sqrt{10} \pm \sqrt{40960}}$; $\sqrt{12} + \sqrt[4]{10} = \sqrt{12 + \sqrt{10} + \sqrt[4]{23040}}$; S. 365: $\sqrt[4]{12} \pm \sqrt[4]{10} = \sqrt{\sqrt{12} + \sqrt{10} \pm \sqrt[4]{1920}}$. — 1161 *Le Triparty*[I 19], Partie II, chap. 3 u. 4, S. 712—720. — 1162 *Summa*[I 18], dist. 8, tract. 2, Bl. 116 v⁰: *De additione radicum inter se et numeros.* — 1163 *Coß*[835], 1525, Buch I, Kap. 7, Addirn. — 1164 Ebenda unter der Überschrift: Wie man die communicanten summiren sol durch ein ander vil kürtzer weise. — 1165 Bl. f v⁰. — 1166 Ed. M. CURTZE[63], S. 579, 584. — 1167 *Fakhrī*[I 1825], S. 58.

um die letztere Gleichung zu beweisen, braucht er eine ganze Folioseite.[1168] Hier zeigt er auch die Kenntnis der Formel

$$\sqrt[3]{a}+\sqrt[3]{b}=\sqrt[3]{a+b+3\left(\sqrt[3]{a}\right)^2\sqrt[3]{b}+3\sqrt[3]{a}\left(\sqrt[3]{b}\right)^2}\,,$$

die erst RUDOLFF 1525 wiederbringt.[1169] (BOMBELLI vgl. S. 107—108.)

Ähnlich verläuft die Geschichte der umgekehrten Aufgabe, der Radizierung eines Binoms, in dem Irrationalitäten auftreten. EUKLIDS geometrischer Behandlung (Buch X, S. 54—60, 91—97; EUKLID-LORENZ,[1129] vergleiche die Beispiele S. 192f.), folgt die algebraische Lösung der Inder, die auf die Formel hinauskommt:

$$\sqrt{a\pm\sqrt{b}}=\sqrt{\frac{a+\sqrt{a^2-b}}{2}}\pm\sqrt{\frac{a-\sqrt{a^2-b}}{2}}\,.\ ^{1158}$$

Sogar die Beispiele

$$\sqrt{10+\sqrt{24}+\sqrt{40}+\sqrt{60}}=\sqrt{2}+\sqrt{3}+\sqrt{5}$$

und

$$\sqrt{16+\sqrt{120}+\sqrt{72}+\sqrt{60}+\sqrt{48}+\sqrt{40}+\sqrt{24}}=\sqrt{6}+\sqrt{5}+\sqrt{3}+\sqrt{2}$$

verstehen die indischen Mathematiker auszuführen.[1170] An EUKLID schließt sich der Araber ANNAIRĪZĪ (um 900 n. Chr.) an.[1171] Wieder müssen wir LEONARDO von Pisa (1228, *Liber abbaci*)[1172] und LUCA PACIOLI (1494, *Summa*)[1162] nennen, ebenso RUDOLFF,[1173] INITIUS ALGEBRAS,[1174] vor allem aber auf STIFEL[1175] (Neuausgabe von RUDOLFFS *Coß* 1553) aufmerksam machen, der die RUDOLFFsche Vorschrift mit einem strengen Beweise versah. Eine besondere Rolle spielten die dritten Wurzeln aus solchen Binomen in der Lösung der kubischen Gleichungen. Wir finden entsprechende Umformungen bei TARTAGLIA (1540),[1176] STIFEL (1553),[1177] BOMBELLI (1572),[1178] GIRARD (1629)[1179] u. a. R. DESCARTES (1640) verallgemeinert das Verfahren auf höhere

---

1168 *Scritti* I[130], S. 384—385. — 1169 *Coß*[835], Buch I, Kap. 8 unter: Addirn, ein ander weise, Bl. f v⁰ u. fij r⁰. — 1170 Vgl. Anm. 1266 und B. DATTA, *Contributions*[520], S. 32. — 1171 ANARITIUS[400], ed. CURTZE, S. 344. — 1172 *Scritti* I[130], S. 377—378: $\sqrt{23-\sqrt{448}}=4-\sqrt{7}$; $\sqrt{\sqrt{448}-14}=\sqrt[4]{343}-\sqrt[4]{7}$. Ferner S. 435, Z. 15f. — 1173 *Coß*[835], Buch I, Kap. 11. — 1174 Ed. CURTZE[63], S. 581 bis 582, 587—588. — 1175 Neuausgabe von RUDOLFFS *Coß*[1338], 1553, Anhang zum elften Kapitel im ersten Buch, Bl. 128 v⁰. — 1176 Vgl. z. B. *General trattato*[159] 2, Ven. 1560, Teil 6, Bl. 13 v⁰. G. ENESTRÖM, Bibl. math. 11_3, 1910—1911, S. 163. — 1177 Neuausgabe von RUDOLFFS *Coß*, 1553[1338], S. 480 v⁰. — 1178 *L'Algebra*[75], z. B. S. 294—295. — 1179 *Invention nouvelle*[123], 1629, Bl. C 2 v⁰ u. ff.

Wurzeln.[1180] Ähnlich verfährt NEWTON in der *Arithmetica universalis* (1707)[1181] und EULER 1751.[1182]

Auch für das Multiplizieren und Dividieren von Wurzelgrößen kann man bei EUKLID die ersten Anfänge herauslesen.[1183] Aus vorchristlichen indischen Schriften[1184] sind Rechnungen anzuführen, wie $\sqrt{a}\cdot\sqrt[4]{a}=(\sqrt[4]{a})^3$ und $\sqrt[4]{a}\cdot\sqrt[8]{a}=(\sqrt[8]{a})^3$. Die indischen Kenntnisse werden durch arabische Schriften wiedergespiegelt. So finden sich in der Algebra des MUḤAMMAD IBN MŪSĀ ALḪWĀRAZMĪ (um 820 n. Chr., Bagdad)[1185] eine Anzahl solcher Aufgaben vorgerechnet, wie:

$$\frac{\sqrt{9}}{\sqrt{4}}=\sqrt{\tfrac{9}{4}}=\sqrt{2\tfrac{1}{4}}=1\tfrac{1}{2},\quad 3\sqrt{4}\cdot 2\sqrt{9}=\sqrt{9\cdot 4}\cdot\sqrt{4\cdot 9}=\sqrt{36\cdot 36}=36,$$

$$\sqrt{10}\cdot\sqrt{5}=\sqrt{5\cdot 10}=\sqrt{50},\quad \sqrt{\tfrac{1}{2}}\cdot\sqrt{\tfrac{1}{3}}=\sqrt{\tfrac{1}{2}\cdot\tfrac{1}{3}}=\sqrt{\tfrac{1}{6}}\ \text{u. ä.}$$

Auf zusammengesetztere Beispiele trifft man in ALKARḪĪs Schriften;[1186] auch hiervon geben wir einige Proben, um den eingeschlagenen Gang zu zeigen:

$$2\sqrt{4}\cdot 1\tfrac{1}{2}\cdot\sqrt{9}=\sqrt{16}\cdot\sqrt{20\tfrac{1}{4}}=\sqrt{16\cdot 20\tfrac{1}{4}}=\sqrt{324},$$

$$2\sqrt[3]{8}\cdot 2\sqrt[3]{27}=\sqrt[3]{64}\cdot\sqrt[3]{216}=\sqrt[3]{64\cdot 216},$$

$$\sqrt[4]{16}\cdot\sqrt[4]{81}=\sqrt[4]{16\cdot 81}=\sqrt{\sqrt{1296}}=6,$$

$$\sqrt{4}\cdot\sqrt[3]{27}=\sqrt[3]{4\cdot\sqrt{4}\cdot 27}=\sqrt[3]{\sqrt{16\cdot 4\cdot 27}}=\sqrt[3]{\sqrt{64}\cdot 27}=\sqrt[3]{\sqrt{64\cdot 27\cdot 27}}=\sqrt[3]{216},$$

$$3\sqrt[3]{27}:2\sqrt[3]{8}=\sqrt[3]{(3\cdot 3\cdot 3\cdot 27):(2\cdot 2\cdot 2\cdot 8)}\ \text{usw.}$$

Wir erkennen die Gewandtheit in der Verwendung der Formeln $\sqrt[n]{a}\cdot\sqrt[n]{b}=\sqrt[n]{ab}$, $\sqrt[n]{a}:\sqrt[n]{b}=\sqrt[n]{\frac{a}{b}}$, $a\sqrt[n]{b}=\sqrt[n]{a^n b}$, wie wir sie heute schreiben, aber auch die umständliche Durchführung von Aufgaben, wie der vierten, in denen ungleichnamige Wurzeln zu multiplizieren sind. LEONARDO von Pisa (1228, *Liber abbaci*) geht über ALKARḪĪ nicht hinaus,[1187] rechnet sogar nur mit gleichnamigen Potenzen.

1180 Brief vom 1. II. 1640; *Œuvres* 10[1842], S. 302—304; H. BIERENS DE HAAN, Z. Math. Phys. 32, Hist.-lit. Abt., S. 163f. *Geometria*, ed. SCHOOTEN[93], 1649, S. 323—336. Vgl. G. ENESTRÖM, Bibl. math. 10_3, 1909—1910, S. 63—64. — 1181 *Arithmetica universalis*[541], Cantabr. 1707, S. 58—61. — 1182 Comm. Ac. Petrop. 13, 1751, S. 16—60. — 1183 Vgl. den ANARITIUS-Kommentar[400], ed. CURTZE, S. 267: $\sqrt{a}\cdot\sqrt{b}=\sqrt{ab}$; S. 269: $\sqrt[4]{a}\cdot\sqrt[4]{b}=\sqrt[4]{ab}$; S. 273: $a\sqrt{b}=\sqrt{a^2 b}$. — 1184 B. DATTA, *Jaina School*[1550], S. 138. — 1185 Ed. ROSEN[872], S. 29ff. — 1186 *Fakhrī*[1325], cap. IX, S. 56—57. — 1187 *Scritti* I[130], S. 360 bis 361, 384.

Bis zum sechzehnten Jahrhundert wurden aber weitere Fortschritte erzielt. CHUQUET (1484, *Triparty*) zeigt in einem besonderen Abschnitte, wie ungleichnamige Wurzeln gleichnamig gemacht werden können.[1188] Auch die Cossisten widmen diesem Punkt große Aufmerksamkeit. Aus RUDOLFFS Beispiel (*Coß* 1525;[1189] vgl. Bd. III, Anhang II, Nr. 47)

$$\sqrt[3]{216} : \sqrt[4]{16} = \sqrt[12]{216^4 : 16^3} = \sqrt[12]{2176782336 : 4096}$$
$$= \sqrt[12]{531441} = \sqrt[6]{729} = \sqrt[3]{27} = 3$$

sehen wir, daß naheliegende Rechenvorteile dabei nicht beachtet werden. Ein allgemeingültiges Schema für das Multiplizieren ungleichnamiger Wurzeln lehrt 1544 STIFEL, indem er das damals sehr beliebte „Über-Kreuz-Rechnen“, das besonders beim Addieren und Subtrahieren von Brüchen üblich war, für unsere Aufgaben empfiehlt (vgl. Bd. I, S. 101). So setzt er neben die Rechnung $\sqrt[2]{5} \cdot \sqrt[3]{4} = \sqrt[6]{5^3 \cdot 4^2}$ — im Original: *Multiplicatus* √ʒ5 *per* √ce4, *facit* √ʒce 2000 — das Schema

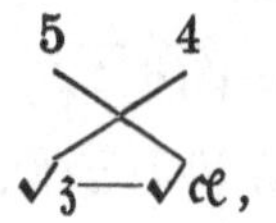

dessen Bedeutung klar ist.[1190]

Das Multiplizieren von Summen und Differenzen von Wurzelgrößen wird von LEONARDO (1228) sehr geübt. Er rechnet über 20 Aufgaben vor, die aber nur zweite und vierte Wurzeln aufweisen.[1191]

Das Radizieren von Wurzeln, beziehentlich Zerlegen höherer Wurzeln, deren Exponent keine Primzahl ist, in niedrigere ist bis in die Zeit der arabischen Mathematik nur in ganz besonderen und einfachen Fällen geübt worden, wie bei der Zerlegung einer vierten Wurzel in zwei nacheinander zu ziehende Quadratwurzeln usw. Das vierte von den aus ALKARHĪ angeführten Beispielen (S. 199) zeigt klar die Umgehung der sechsten Wurzel. Auch hier tritt erst im fünfzehnten Jahrhundert eine Weiterführung ein, wofür wiederum CHUQUETS *Triparty* (1484) Zeugnis ablegt. In seinen Zeichen (vgl. S 182) lehrt dieser, daß $R\!\!\!/.^6$ mit $R\!\!\!/.^3\, R\!\!\!/.^2$, $R\!\!\!/.^8$ mit $R\!\!\!/.^4\, R\!\!\!/.^2$, $R\!\!\!/.^{12}$ mit $R\!\!\!/.^6\, R\!\!\!/.^2$, aber auch mit $R\!\!\!/.^4\, R\!\!\!/.^3$ und $R\!\!\!/.^3\, R\!\!\!/.^2\, R\!\!\!/.^2$ identisch ist.[1192]

1188 *Triparty*[119], Partie II, chap. 1, S. 658—659. — 1189 *Coß*[885], 1525, Buch I, Kap. 9 unter: Diuidirn, Bl. f 5 v⁰. — 1190 *Arithm. integra*[123], 1544, Bl. 114 v⁰. — 1191 *Scritti* I[130], S. 366—372. — 1192 *Triparty*[119], chap. II, S. 707—708.

Zum Schluß müssen wir noch auf das Rationalmachen von Brüchen eingehen, deren Nenner Irrationalitäten enthalten. Auch hier bildet EUKLID eine Fundgrube, aus der Spätere geschöpft haben. Satz 113 und 114 (Buch X), deren Zurückführung auf EUKLID selbst allerdings bezweifelt wird, enthalten dieselbe Wahrheit geometrisch, die die algebraische Formel

$$\frac{1}{\sqrt{a} \pm \sqrt{b}} = \frac{\sqrt{a} \mp \sqrt{b}}{a - b}$$

ohne weiteres zeigt.

Auf das nämliche kommt die Vorschrift des Inders BHĀSKARA (geb. 1114 n. Chr.) hinaus: „Man soll Zähler und Nenner mit einem dem Nenner ähnlichen Ausdruck vervielfachen, bei dem nur das Vorzeichen einer Irrationalzahl entgegengesetzt gewählt wird, und soll dieses Verfahren so lange fortsetzen, bis man wirklich imstande ist, die geforderte Division zu vollziehen.“[1193]

Schon BRAHMAGUPTA (geb. 598) hat viele Aufgaben der Art. Er dividiert z. B.:[1194]

ru 3 *c* 450 *c* 75 *c* 54

durch *c* 18 *c* 3, wo *ru* das Zeichen der Konstanten, *c* das Symbol einer irrationalen Wurzel[520] (vgl. S. 12) bedeutet und Addition durch einfaches Aneinanderschreiben angedeutet wird. Die Aufgabe lautet also modern

$$\frac{3 + \sqrt{450} + \sqrt{75} + \sqrt{54}}{\sqrt{18} + \sqrt{3}}.$$

BR. erweitert mit 18 *c* $\dot{3}$, d. i. $18 - \sqrt{3}$. Seine Rechnung ergibt

ru 75 *c* 675

durch *ru* 15, und führt zum Resultat *ru* 5 *c* 3, d. i. modern $\frac{75 + 15\sqrt{3}}{15} = 5 + \sqrt{3}$. Einen Bruchstrich benutzt er nicht; *c* $\dot{3}$ ist unser $-\sqrt{3}$ (vgl. S. 11, 97).

LEONARDO von Pisa (1228, *Liber abbaci*) geht ganz methodisch vor; er nimmt erst einfache Nenner, wie in den Aufgaben:[1195]

$$\frac{20 \pm \sqrt{96}}{\sqrt{8}} = \sqrt{50} \pm \sqrt{12},$$

$$\frac{20 \pm \sqrt{96}}{\sqrt[4]{10}} = \sqrt[4]{16000} \pm \sqrt[4]{921\tfrac{3}{5}},$$

$$\frac{\sqrt{80} \pm \sqrt{48}}{\sqrt{8}} = \sqrt{10} \pm \sqrt{6};$$

1193 BHĀSKARA, *Vījagaṇita*, ch. I, sect. V, 34—35, ed. COLEBROOKE[1111], S. 147. — 1194 Ed. COLEBROOKE[1111], S. 342, Z. 4 ff. — 1195 *Scritti* I[30], S. 372 u.—373.

dann rechnet er Beispiele mit zusammengesetzten Nennern vor:[1196]

$$\frac{100}{4+\sqrt{7}} = 44\tfrac{4}{9} - 11\tfrac{1}{9}\sqrt{7},$$

$$\frac{\sqrt{80}}{\sqrt{8}+\sqrt{6}} = \sqrt{160} - \sqrt{120},$$

$$\frac{\sqrt[4]{200}}{3+\sqrt{2}} = \frac{\sqrt[4]{200}\,(3-\sqrt{2})}{7},$$

$$\frac{10}{2+\sqrt[4]{3}} = \left(\frac{40}{13} + \frac{\sqrt{300}}{13}\right)\cdot\left(2-\sqrt[4]{3}\right).$$

Auch bei dem Westaraber ALQALAṢĀDĪ[1197] (gest. 1477 oder 1486, Andalusien) begegnet uns die obige Vorschrift, nur wenig abgeändert, in der Form wieder

$$\frac{c}{a+\sqrt{b}} = \frac{c\cdot(a-\sqrt{b})}{a^2-b},$$

ähnlich bei CHUQUET (1484)[1198] und in RUDOLFFS *Coß* (1525).[1199] LEONARDO von Pisa (1228, *Liber abbaci*) geht auch an dreigliedrige Nenner heran und führt das Beispiel aus:[1200] $\frac{10}{2+\sqrt{3}\pm\sqrt{5}}$. LUCA PACIOLI (*Summa*, 1494) rechnet vor:[1201]

$$\frac{\sqrt{10}}{\sqrt{6}+\sqrt{7}+\sqrt{8}} = \frac{\sqrt{10}(\sqrt{6}+\sqrt{7}-\sqrt{8})}{(\sqrt{6}+\sqrt{7})^2-8} = \frac{\sqrt{10}(\sqrt{6}+\sqrt{7}-\sqrt{8})}{\sqrt{168}+5}$$

$$= \frac{\sqrt{10}(\sqrt{6}+\sqrt{7}-\sqrt{8})(\sqrt{168}-5)}{143}$$

und weist auch auf viergliedrige Nenner hin.[1202]

Weitere Fortschritte brachte CARDANO; er kannte (1539) die Formel

$$\left(b-\sqrt[3]{c}\right)\cdot\left(b+\sqrt[3]{c}+\sqrt[3]{\frac{c^2}{b^3}}\right) = b^2 - \frac{c}{b},$$

die er seinem Zeitgenossen GABRIEL DE ARATORIBUS aus Mailand zuschrieb,[1203] und benutzte sie beim Rationalmachen des Bruches $\frac{10}{3-\sqrt[3]{5}}$, den er mit $4\frac{4}{11} + \sqrt[3]{12\frac{903}{1331}} + \sqrt[3]{2\frac{463}{1331}}$ auswertet. Die Behandlung der noch zusammengesetzteren Aufgabe $\frac{1}{\sqrt[3]{4}+\sqrt[3]{3}+\sqrt[3]{2}}$

1196 *Scritti* I[130], S. 374. — 1197 CANTOR, 1[3], S. 814. — 1198 *Triparty*[119], Partie II, chap. VI, S. 730ff. — 1199 *Coß*[835], 1525, Buch I, Kap. 10 unter: Dividirn. — 1200 *Scritti* I[130], S. 374—376. — 1201 *Summa*[118], fol. 142 v°, Z. 31f. — 1202 *Summa*[118], fol. 117 r°, Z. 9—11. — 1203 CARDANO, *Practica arithmeticae*[279], cap. 51, § 17; *Opera*[1558], IV, S. 78.

schreibt CARDANO dem SCIPIO DEL FERRO (von 1496—1526 Professor in Bologna) zu und stellt die Beziehung auf:

$$(\sqrt[3]{4}+\sqrt[3]{3}+\sqrt[3]{2})\cdot(\sqrt[3]{16}+\sqrt[3]{9}+\sqrt[3]{4}-\sqrt[3]{12}-2-\sqrt[3]{6})$$
$$\cdot(81+\sqrt[3]{419904}+\sqrt[3]{472392})=81.^{1204}$$

Bei dem etwas ungeschickt gewählten Nenner $3+\sqrt{4}+\sqrt[4]{81}$ erweitert CARDANO erst mit $3+\sqrt{4}-\sqrt[4]{81}$ zu $13+\sqrt{144}-\sqrt{81}$, dann mit $13+\sqrt{144}+\sqrt{81}$ zu $\sqrt{97344}+232$, zuletzt erhält er durch weitere Multiplikation mit $\sqrt{97344}-232$ den Schlußnenner 43520 (CARDANO hat fälschlich 91568).[1205]

TARTAGLIA (1556) empfiehlt einmal beim Quadratwurzelausziehen aus einem gewöhnlichen Bruche, diesen so zu erweitern, daß der Nenner ein Quadrat wird,[1206] eine Vorschrift, in der er übrigens schon Vorgänger hatte, wie z. B. CHUQUET, ja sogar JORDANUS NEMORARIUS († 1237?).[1207] An anderer Stelle setzt TARTAGLIA statt $\frac{10}{\sqrt[5]{5}+\sqrt{3}}$ den neuen Bruch $\frac{10}{\sqrt[10]{25}+\sqrt[10]{243}}$ und will nun, um den Nenner rational zu machen, mit dem Ergebnis der Divisionsaufgabe $(243-25):(\sqrt[10]{243}+\sqrt[10]{25})$, die immer aufgehe, die Erweiterung vorgenommen wissen (vgl. S. 130).[1208] Damit ist zugleich das Problem des Rationalmachens für binomische Nenner in voller Allgemeinheit gelöst.

BOMBELLI behandelt in seiner *Algebra* (1572)[1209] folgende Beispiele:

$$\frac{6}{\sqrt{2}+1};\quad \frac{8}{\sqrt[4]{96}-2};\quad \frac{4}{\sqrt[3]{4}+\sqrt{2}};\quad \frac{2}{\sqrt{8}-\sqrt[3]{16}};\quad \frac{4}{\sqrt[6]{6}+\sqrt{2}}.$$

Strengere Beweise der Wurzelformeln durch Zurückgehen auf die Definition sind in den Lehrbüchern bis zum Ende des achtzehnten Jahrhunderts selten. Der methodische Aufbau als Schulstoff erfolgt erst im neunzehnten Jahrhundert. Eine

1204 *De Aliza Regula*[642], Basel 1570, S. 33. Vgl. G. ENESTRÖM, Bibl. math. 7_3, 1906—1907, S. 291. In der obigen Rechnung ist die Formel enthalten: $(a+b+c)\cdot(a^2+b^2+c^2-ab-ac-bc)=a^3+b^3+c^3-3abc$, wo $a=\sqrt[3]{4}$, $b=\sqrt[3]{3}$, $c=\sqrt[3]{2}$. — 1205 *Pract. Arithm.*[279], cap. XVII, § 19. — 1206 TARTAGLIA, *General trattato*[159], parte II, lib. II, Bl. 25 r° ff. — 1207 G. ENESTRÖM[1523], Bibl. math. 14_3, 1914, S. 52, Nr. 35. Der Meister GERNARDUS (13. Jahrhundert) hat hierfür schon ein Fachwort in *quadrare*; ebendaselbst S. 146, Nr. 30. — 1208 *General trattato*[159], lib. X, Bl. 153 v°, Z. 1 ff.; vgl. CANTOR, 2^2, S. 524; G. ENESTRÖM, Bibl. math. 7_3, 1906—1907, S. 90. — 1209 *L'Algebra*[75], S. 195—199. Vgl. zu dem ganzen Stoff J. W. L. GLAISHER[1136], Mess. Math. 57, S. 38—71.

rühmliche Ausnahme macht P. Blaise 1753,[1210] er beweist, wie wir, daß $\sqrt[m]{a} \cdot \sqrt[m]{b} = \sqrt[m]{ab}$ ist, indem er $\sqrt[m]{a} = p$, $\sqrt[m]{b} = q$, also $a = p^m$, $b = q^m$ setzt und aus dem Produkt beider $ab = (pq)^m$ rückwärts $\sqrt[m]{ab} = p \cdot q = \sqrt[m]{a} \cdot \sqrt[m]{b}$ ableitet. Ebenso behandelt er $\sqrt[m]{a} = \sqrt[mn]{a^n}$. $\frac{\sqrt[m]{a}}{\sqrt[m]{b}} = \sqrt[m]{\frac{a}{b}}$ beweist er aber durch die Probe $\sqrt[m]{a} = \sqrt[m]{\frac{a}{b}} \cdot \sqrt[m]{b} = \sqrt[m]{a}$.

Es fehlt die Erledigung der Formeln für $\sqrt[m]{\sqrt[n]{a}}$ und $\left(\sqrt[m]{a}\right)^n$.

Über die Fachwörter Radizieren und Radikand vgl. Potenzieren S. 162.

E. Die Logarithmen.

I. Der Begriff des Logarithmus. Die ersten Tafeln.

Das Bestreben, numerische Rechnungen zu erleichtern und besonders die bei größeren Zahlen sehr umständlich auszuführenden Multiplikationen und Divisionen durch die einfacher vorzunehmenden Additionen und Subtraktionen zu ersetzen, hatte in der zweiten Hälfte des sechzehnten Jahrhunderts eine eigenartige Methode hervorgerufen, *Prosthaphäresis*[1211] genannt; hier wurden solche Vereinfachungen erreicht mit Hilfe trigonometrischer Sätze, wie wir sie in den Formeln

$$\sin\alpha \cdot \sin\beta = \tfrac{1}{2}\left[\cos(\alpha - \beta) - \cos(\alpha + \beta)\right] \text{ usw.}$$

kennen (vgl. Bd. V). Ungleich geeigneter waren zu diesem Zwecke jedoch die Logarithmen, deren Erfindung im Anfang des siebzehnten Jahrhunderts gelang. Obgleich schon 1614 (John Neper)[106] die erste Logarithmentafel im Druck erschien und binnen kurzem eine größere Reihe verbesserter Zusammenstellungen veröffentlicht wurden, ging doch die Verdrängung der prosthaphäretischen Methoden nicht so schnell vor sich, wie man hätte erwarten können. Das *Primum mobile* des Adriaen Metius von 1631 erwähnt nichts von den

---

1210 P. Blaise, *Œuvres de Mathématiques*, Paris 1753, chap. 6, z. B. S. 115 u. a. — 1211 Die Bezeichnung προσθαφαίρεσις (= Zu-Ab-nahme) kommt schon im Almagest des Ptolemaeus als Überschrift einer Spalte der Tabelle Buch IV, Kap. 10, ed. Heiberg[1102], S. 337 vor. Ptolemaeus erklärt am Schluß des vorhergehenden Kapitels, Übers. v. Manitius[1102], S. 244, Z. 21 ff.: „Die dritte (Spalte enthält) die zu jedem Abschnitt gesetzten, auf ihn entfallenden Prosthaphäresisbeträge, so genannt, weil bei der (nach dieser Tabelle vorzunehmenden) Berechnung zur Gewinnung der (genauen) Länge und Breite (aus der periodischen) ein Abzug des Betrags (Aphairesis) eintritt, wenn die Argumentzahl der Anomalie,

Logarithmen.[1212] Noch 1634 werden in der *Trigonometrie* des Hamburger Mathematikers G. L. Frobenius[1213] prosthaphäretische Formeln neben den Logarithmen benutzt. In dem *Porto Astronomico* von 1636 entwickelt der Verfasser, ein jüdischer Astronom Emanuel Porto aus Padua, die prosthaphäretische Methode auf das ausführlichste.[1214] Ja, die *Disciplinae mathematicae*[1215] von Johann Ciermans († 1648; Jesuit, Loewen, Antwerpen) zeigen, ein Vierteljahrhundert nach Erscheinen der Neperschen Tafeln, keine Spuren logarithmischer Rechnungen.[1212]

Trigonometrische Sätze, die im sechzehnten Jahrhundert der Prosthaphäresis zugrunde gelegt wurden, kann man bis in die Zeit der Araber verfolgen, wie wir an der angegebenen Stelle später sehen werden; Betrachtungen, aus denen die logarithmische Lehre erwuchs, sind aber schon für das Altertum nachzuweisen. Freilich dürfen wir dabei nicht an die moderne Erklärung der Logarithmen denken, die in ihnen Potenzexponenten einer bestimmten Grundzahl erkennt. Diese Auffassung machte sich erst um die Mitte des achtzehnten Jahrhunderts geltend,[1216] ja die Darstellungsart, daß das Potenzieren

vom Apogäum des Epizykels ab gerechnet unter 180° beträgt, ein Zusatz des Betrages (Prosthesis), wenn sie über 180° hinausgeht." Nach Fr. Passow, *Griech. Handwörterbuch* 1852, kommt προσθαφαίρεσις noch vor *Procl. hyp.* p. 126, 13; 128, 29 und *Vettius Valens* p. 337 Roth. Das Fachwort hat sich bei den obigen trigonometrischen Operationen dafür eingestellt, daß Addition und Subtraktion sich wechselseitig ablösen, je nachdem hier in der gestellten Aufgabe Multiplikationen oder Divisionen verlangt werden. — 1212 Vgl. A. v. Braunmühl, *Vorlesungen über die Geschichte der Trigonometrie*, I. Teil: *Von den ältesten Zeiten bis zur Erfindung der Logarithmen*, Leipzig 1900, S. 246f. — 1213 G. L. Frobenius, *Clavis universi trigonometrica*, Hamburg 1634, S. 1—17, *Isagoge prosthaphaeretica*; vgl. auch die einzelnen trigonometrischen Aufgaben in diesem Werke, die stets neben der logarithmisch-arithmetischen Behandlung noch eine prosthaphäretische aufweisen. — 1214 Vgl. A. v. Braunmühl, Abh. Gesch. Math. 9, 1899, S. 29. — 1215 Lovanii 1640. — 1216 David Gregory sagt schon 1684 *Exercitationes geometricae*[920], S. (4), Z. 12: *Exponentes sunt ut logarithmi.* Die erste bündige Definition nach der neuen Auffassung gibt W. Gardiner, *Tables of Logarithms*, London 1742, in *The Explication and Use of the Logarithmic Table*, Def. I: *The common Logarithm of a number is the Index of that power of 10, which is equal to the number. That is, The Logarithm of any number* $a = \overline{10}|^{+x}$, *or* $\overline{10}|^{-x}$, *is* $+x$ *or* $-x$. Dann L. Euler 1748, 1770, vgl. Anm. 1217; ferner de La Caille, *Leçons élémentaires*[1417], Bearbeitung von Marie 1770, § 469ff. (in der lateinischen Ausgabe, Viennae 1762, fehlt noch die Exponentenerklärung); L. Bertrand, *Développement nouveau de la partie élémentaire des mathématiques* I, Genève 1778, § 576. Die ersten Spuren der Berechnung eines Logarithmus mit dem Exponentbegriff findet sich bei Stifel (vgl. S. 157 u. 166); H. Wieleitner, *Math. Quellenbücher* I[121], Nr. XV, S. 38—46.

neben dem Radizieren eine zweite Umkehrung in dem Logarithmieren besitzt, ist erst eine von den vielen Neuerungen, mit denen EULERS Genie die Mathematik bereicherte,[1217] zu weiterer Anerkennung gelangte diese moderne Ansicht nicht einmal vor dem neunzehnten Jahrhundert. Noch 1808 wird von C. F. KAUSSLER[1218] die Exponentenerklärung nicht in ihrem methodischen Werte erkannt. Ja, das so vortreffliche Lehrbuch VAN SWINDENS, das C. F. A. JACOBI 1834 übersetzt und zum Teil neu bearbeitet hat, bringt die Einführung der Logarithmen nach der älteren Art[1219] und erwähnt nur ganz nebenbei die EULERsche Definition.[1220] In Frankreich wird selbst heute noch von der Zusammenstellung der beiden Reihen ausgegangen. So erwähnt É. BOREL in seinen *Elementen* (1919)[1221] die Exponentenerklärung gar nicht. J. TANNERY (1909)[1222] entwickelt den Logarithmus an der Fläche der gleichseitigen Hyperbel. Auch die Logarithmengesetze werden in beiden Fällen auf der angegebenen Grundlage abgeleitet.

Der ursprüngliche Logarithmusbegriff wurde aus der Vergleichung einer geometrischen und einer arithmetischen Reihe abgeleitet, die beide willkürlich anzunehmen sind, deren Glieder aber in der natürlichen Reihenfolge einander fest zugeordnet werden.[1223] Die

1217 Vgl. EULER 1748, *Introductio*[1259], lib. I, cap. 6; eine besonders klare Darstellung findet sich in der *Algebra* von 1770[165], I, 1, cap. 20, § 214—219. — 1218 C. F. KAUSSLER, *Die wichtige Lehre von den Logarithmen*, Tübingen 1808, Vorwort S. V: *Der Vortrag des Ganzen ist auf Betrachtung der zu einem Systeme verbundenen arithmetischen und geometrischen Progressionen gegründet. Auf diese Art wird alles lichtvoll: da auf dem anderen Wege, wenn man nämlich die Logarithmen als Exponenten ansieht, Lücken und Undeutlichkeiten für Anfänger mit unterlaufen.* Vgl. auch G. A. MILLER, *Group Theory and the History of Logarithmus*, Journ. Indian Math. Soc. 19 (1931/32), S. 169—172. — 1219 *Grondbeginsels der Meetkunde* door J. H. VAN SWINDEN, Amsterdam 1790 (erste deutsche Übersetzung 1797); J. H. VAN SWINDENS *Elemente der Geometrie, aus dem Holländischen übersetzt und vermehrt von* C. F. A. JACOBI, Jena 1834 (nach der 2. holl. Ausgabe von 1816, mit Anhängen von JACOBI), S. 107. — 1220 SWINDEN-JACOBI[1219], S. 111, Z. 12. — 1221 É. BOREL, *Die Elemente der Mathematik, I. Arithmetik und Algebra*, deutsch von P. STÄCKEL, 2. Aufl., Leipzig 1919, S. 338ff. — 1222 J. TANNERY, *Elemente der Mathematik*, deutsch von P. KLAASS, Leipzig 1909, S. 256ff. Vgl. auch F. KLEIN, *Elementarmathematik vom höheren Standpunkt aus*, I. (Vorlesung Winter 1907—1908), autogr., 2. Aufl., Leipzig 1911, S. 349; G. SCHEFFERS, *Lehrbuch der Mathematik*, 2. Aufl., Leipzig 1911, S. 271ff. — 1223 Definition bei NEPER, vgl. S. 251[1399], bei H. BRIGGS, *Arithmetica logarithmica*[1110], London 1624, cap. I, S. 1: *Logarithmi sunt numeri qui proportionalibus adjuncti aequales seruant differentias.* (Logarithmen sind Zahlen, welche Proportionalgrößen [d. s. Gliedern einer geometrischen Reihe] zugeordnet sind und gleiche Unterschiede innehalten) und: *Logarithmi dici possunt numerorum proportionalium comites*

arithmetische Reihe stellt die Logarithmen, die geometrische die Numeri dar. In dieser Auffassung kann man bereits aus einer Archimedischen Stelle das logarithmische Grundgesetz für die Multiplikation zweier Zahlen herauslesen. ARCHIMEDES (287—212 v. Chr., Syrakus) äußert sich gelegentlich in seiner *Sandrechnung* folgendermaßen: „Wenn von Zahlen, die von der Einheit ab in festem Verhältnis stehen, [1, a, a^2, a^3, a^4 . . .], irgend zwei miteinander multipliziert werden sollen, so wird auch das Produkt derselben Proportionsreihe angehören, und zwar wird dieses [in der Zahlenreihe] von dem größeren der beiden Faktoren ebenso weit abstehen, wie der kleinere von der Einheit in der Proportionsreihe absteht; von der Einheit aber wird es um eine Stelle weniger weit abstehen, als die Abstandszahlen beider Faktoren von der Einheit aus zusammen betragen."[1224] ARCHIMEDES faßt also zwei Glieder der Reihe 1, a^1, a^2, a^3, a^5, a^6, a^7 . . ., etwa das *dritte* a^2 und das *sechste* a^5, ins Auge und teilt uns seine Beobachtung mit, daß das Produkt $a^2 \cdot a^5 = a^7$ wiederum ein Glied dieser Reihe, hier das *achte*, liefert, das einerseits vom sechsten (a^5) aus gerechnet wieder das dritte ist, dessen Rangzahl *acht* aber um eins geringer ist, als die Summe der Rangzahlen *drei* und *sechs*. Wären diese Archimedischen Rangzahlen von unseren Exponenten nicht um Eins verschieden, so hätte ARCHIMEDES unsere Formel $a^2 \cdot a^5 = a^7$ sogar wörtlich wiedergegeben.[1225]

Diese Beobachtung findet sich nun in fast allen bedeutenderen Werken des fünfzehnten und sechzehnten Jahrhunderts erwähnt.[1226] Es liegt nahe zu vermuten, daß sie eine Art Überlieferung bildet,

aequidifferentes (Logarithmen können Zahlen gleicher Differenz genannt werden, die Begleiter von Proportionalzahlen sind); ferner bei K. SCHOTT, *Cursus mathematicus*[1479] 1661, lib. 27, S. 589: *Logarithmi sunt numeri secundum proportionem arithmeticam quamcumque continuo crescentes aut decrescentes. adjuncti numeris ab unitate inchoatis et secundum proportionem geometricam continue crescentibus.* (Logarithmen sind Zahlen, die nach irgendeiner arithmetischen Proportion dauernd wachsen oder fallen, zugeordnet [anderen] Zahlen, die von der Einheit anfangen und nach geometrischer Proportion dauernd wachsen.) Vgl. G. A. MILLER[1218]. — **1224** ARCHIMEDES, *Opera*, ed. HEIBERG[111], 2², S. 240, Z. 20—28: *Εἴ κα ἀριθμῶν ἀπὸ τᾶς μονάδος ἀνάλογον ἐόντων πολλαπλασιάζωντί τινες ἀλλάλους τῶν ἐκ τᾶς αὐτᾶς ἀναλογίας, ὁ γενόμενος ἐσσεῖται ἐκ τᾶς αὐτᾶς ἀναλογίας ἀπέχων ἀπὸ μὲν τοῦ μείζονος τῶν πολλαπλασιαξάντων ἀλλάλους, ὅσους ὁ ἐλάττων τῶν πολλαπλασιαξάντων ἀπὸ μονάδος ἀνάλογον ἀπέχει, ἀπὸ δὲ τᾶς μονάδος ἀφέξει ἑνὶ ἐλάττονας, ἢ ὅσος ἐστὶν ὁ ἀριθμὸς συναμφοτέρων, οὓς ἀπέχοντι ἀπὸ μονάδος οἱ πολλαπλασιάξαντες ἀλλάλους.* — **1225** Die archimedischen Darlegungen gehen auf EUKLID IX, Satz 11, Korollar, zurück, woraus die Beziehung $a^{m-n} = a^m : a^n$ zu entnehmen ist. Vgl. S. 162. — **1226** Vgl. D. E. SMITH, *The law of exponents* in *Napier tercentenary Memorial volume*, London 1915, ed. by C. G. KNOTT, S. 83f.

die arabische Gelehrte dem Archimedischen Werke entnommen und für die Nachwelt gerettet haben.[1227] Als wichtigste Verbesserung war aber im Laufe der Zeit hinzugekommen, daß man jene Archimedischen Rangzahlen wirklich um Eins niedriger ansetzte und dadurch eine einfachere Fassung der gefundenen Tatsache ermöglichte. So stellte der französische Mathematiker N. Chuquet († um 1500, Paris), dessen *Triparty* von 1484[1228] im Vergleich mit anderen, etwa gleichzeitigen Werken, wie der *Summa* des Italieners Luca Pacioli (1494[I 18]), auf gemeinsame, uns unbekannte Vorarbeiten hinweist, die beiden Reihen zusammen:

$$\begin{matrix} 0 & 1 & 2 & 3 & 4 & 5\ldots \\ 1 & a & a^2 & a^3 & a^4 & a^5\ldots. \end{matrix}$$

Die zweite ist hier in moderner Schreibart wiedergegeben, da Chuquet Potenzreihen verschiedener, bestimmter Grundzahlen benutzte. Die Glieder der ersten Reihe nannte Chuquet die Ordnungszahlen (*dénominations*) der daruntergestellten Zahlen, und er konnte nun den Multiplikationssatz so aussprechen, daß sich als Produkt zweier Glieder der unteren Reihe ein neues Glied derselben Reihe ergibt, dessen Ordnungszahl gleich der Summe der Ordnungszahlen der Faktoren ist. Ähnliche Betrachtungen treten 1518 im Rechenbuch des Grammateus[1229] (Heinrich Schreyber; † 1525, Wien), dann in der *Coß* (1525) Chr. Rudolffs,[1230] in seinem Rechenbuch (1526)[1231] und in dem des P. Apian (1527)[1232] auf, ferner bei Gemma Frisius (1544),[1233] J. Peletier (1549),[1234] A. Lonicerus,[1235] Chr. Clavius[1236] u. a. Vor allem ist auf M. Stifel (1486 oder 1487 Eßlingen — 1567 Jena) aufmerksam zu machen, der in seiner *Arithmetica integra*[I 23] (1544) die beiden Reihen auch nach links hin fortsetzt und dabei negative Ordnungszahlen einführt; für die Zahlen der arithmetischen Reihe verwendet er zum erstenmal die Bezeichnung *Ex-*

1227 Beim Sexagesimalbruchrechnen benutzt schon Jordanus († 1237?) den Satz. Vgl. G. Eneström[I 523], Bibl. math. 14_3, 1914, S. 50. — 1228 Chuquet, *Le Triparty*[I 19], 1484, S. 629—630, besonders auch S. 740—741. — 1229 Rechenbuch von Grammateus[I 58a] Bl. G r⁰. — 1230 Behend vnnd hubsch Rechnung[835], Bl. (D 6) r⁰ u. v⁰, (D 7) v⁰—(D 8) v⁰. — 1231 (C 6) v⁰[I 15], Überschrift: Von ainem roßkauf. — 1232 Buch I[I 446], unter Progression in einem Beispiel Exempel der vnderschnitten Progression, Bl. (D 3) r⁰. — 1233 Gemma Frisius, 1544[I 6], *Arithmeticae practicae methodus facilis pars prima* im Abschnitt *De progressione.* — 1234 *L'Arithmétique*[I 27], Poitiers 1549 (Ausg. 1607, S. 67). — 1235 Adam Lonicerus, *Arithmetices introductio*[I 498], 1551, bei Besprechung der geometrischen Reihe. — 1236 Clavius, *Epitome arithmeticae practicae*[I 22], Romae 1583; zweite Aufl. Coloniae 1584, S. 289—291.

ponentes.[1237] STIFEL hat sich auch mit tieferen Untersuchungen über den Zusammenhang der beiden Reihen abgegeben. „Man könnte", bemerkt er, „ein ganz neues Buch über die wunderbaren Eigenschaften dieser Zahlen schreiben, aber ich muß mich an dieser Stelle bescheiden und mit geschlossenen Augen daran vorübergehen."[1238] An anderer Stelle[1239] spricht er sich indes ausführlicher über dieses Thema aus, und nun sehen wir voll Staunen, daß STIFEL den engeren Zusammenhang der beiden Reihen vollständig erfaßt hat: „Addition in der arithmetischen Reihe entspricht der Multiplikation in der geometrischen, ebenso Subtraktion in jener der Division in dieser. Die einfache Multiplikation bei den arithmetischen Reihen wird zur Multiplikation in sich (Potenzierung) bei der geometrischen Reihe. Die Division in der arithmetischen Reihe ist dem Wurzelausziehen in der geometrischen Reihe zugeordnet, wie die Halbierung dem Quadratwurzelausziehen."

STIFELs überraschende Beobachtungen werden fast wörtlich von anderen Mathematikern übernommen, so von SIMON JACOB († 1564, Frankfurt a. M.), der in seinem Rechenbuch von 1565 (1. Auflage 1557[I 839]) sagt:[1240] So merck nun / was in Geometrica progressione ist Multipliciern / das ist in Arithmetica progressione Addiern / vnd was dort ist Diuidiern / das ist hier Subtrahiern / vnd was dort mit sich ist Multiziplieren / ist hie schlechts Multipliciern / Letzlich was dort ist Radicem extrahiern / das ist hie schlechts Diuidiern mit der zal die der Radix in Ordnung zeigt. Theoretisch ist sonach die Lehre des logarithmischen Rechnens seit STIFEL bekannt; was noch fehlte, war nur das Handwerkszeug, mit dem die Theorie in die Praxis umgesetzt werden konnte. Aber die Berechnung zweier brauchbarer Reihen, deren Glieder so eng aneinander standen, daß sie dem praktischen Zwecke genügten, war eine äußerst umfangreiche Arbeit.[1241] Es war

1237 *Arithmetica integra*[I 23], 1544, Buch III, Bl. 250 r⁰, Z. 1—2: *Est autem — 3 exponens ipsius* $\frac{1}{8}$, *sicut 6 est exponens numeri 64.* (Vgl. über Exponent S. 151). — **1238** Daselbst Bl. 249 v⁰, Z. 9—8 v. u.: *Posset hic fere nouus liber integer scribi de mirabilibus proprietatibus numerorum, sed oportet ut me hic subducā & clausis oculis abeā.* — **1239** *Arithmetica integra*, lib. I, Bl. 35 r⁰, Z. 8 v. u. ff.: *1. Additio in Arithmeticis progressionibus, respōdet multiplicationi in Geometricis; ... 2. Subtractio in Arithmeticis, respondet in Geometricis diuisioni; ... 3. Multiplicatio simplex* (*id est numeri in numerum*) *quæ fit in Arithmeticis, respondet multiplicationi in se quæ fit in Geometricis; ... 4. Diuisio in Arithmeticis progressionibus, respondet extractionibus radicum in progressionibus Geometricis. Vt dimidiatio in Arithmeticis, respondet extractioni quadratæ in Geometricis ...* — **1240** Ein New vnd Wolgegründt Rechenbuch / auff den Linien vñ Ziffern, Frankfurt a. M. 1565[I 1186], Bl. 15 r⁰. — **1241** Eine Zinseszinstafel, die S. STEVIN 1585 in seiner *Practique d'Arithmetique*[I 89] veröffentlicht

ein Schweizer, der sich dieser Riesenmühe unterzog: JOST BÜRGI (1552—1632/33; Mechaniker, Astronom; Prag, Kassel). Wir hatten ihn bereits als unermüdlichen Rechner kennen gelernt (Bd. I, S. 113, 178—179; Bd. II, S. 152), der mit außerordentlicher technischer Gewandtheit hohe mathematische Begabung verband. Seine Beschäftigung mit umfangreichen astronomischen Rechnungen ließ ihn die Vorzüge der Prosthaphäresis (siehe S. 204f.) schnell erkennen und gab ihm Gelegenheit zu manchen Verbesserungen an derselben. Ebenso rasch aber erkannte BÜRGI auch die große Tragweite der theoretischen Andeutungen, die er bei SIMON JACOB fand; offen gibt er selbst zu, das Werk JACOBS gelesen und aus ihm seine Anregung geschöpft zu haben. Mit Beginn des neuen Jahrhunderts sehen wir BÜRGI an der Arbeit, die erforderlichen Hilfstabellen zu berechnen. Sein Schwager BENJAMIN BRAMER (1588—1650?), der in der Zeit von 1603—1611 im Hause BÜRGIS weilte, um von ihm in die Wissenschaften eingeführt zu werden, erzählt, daß während seines Aufenthaltes die Tafeln berechnet wurden.[1242] Das bezeugt auch KEPLER (1571—1630; Graz, Prag, Linz), der mit BÜRGI in freundschaftlichem Verkehr stand; wir erfahren von ihm in der Einleitung zu den Rudolphinischen Tafeln (1625), daß BÜRGI bereits viele Jahre vor der Veröffentlichung NEPERS zur Aufstellung logarithmischer Tabellen geschritten war. Tadelnd fügt er freilich hinzu, daß der Erfinder in zu großer Bedächtigkeit und Zurückhaltung das Kind seines Geistes im Stich gelassen habe, statt es für die Öffentlichkeit zu erziehen.[1243] —

(vgl. Anm. 1251 und Bd. I, S. 198), gibt die Zusammenstellung zwischen Zeit und angewachsenem Kapital in zwei Kolonnen, von denen die erste in arithmetischer Reihenfolge, die andere in geometrischer aufsteigt. Mit dieser Tafel könnten, wenn sie dicht genug wäre, auch logarithmische Berechnungen vorgenommen werden. Da dies weder erkannt noch beabsichtigt war, so kann STEVIN ebensowenig als Vorgänger BÜRGIS und NEPERS bezeichnet werden wie EDWARD WRIGHT, der 1599, und CHRISTIAN LONGOMONTANUS, der 1614 ähnlich angeordnete Tabellen zu ganz anderen Zwecken berechnete. Vgl. FL. CAJORI im *Napier Tercentenary memorial volume*[1226], S. 94—101. — **1242** BENJAMIN BRAMER, Beschreibung Eines sehr leichten Perspektiv- und grundreissenden Instrumentes auff einem Stande usw., Cassel 1630, S, 5: „Auff diesem Fundament hat mein lieber Schwager und Präceptor Jobst Burgi vor zwantzig vnd mehr Jahren eine schöne progreß-tabul mit ihren Differentzen von 10 zu 10 in 9 Ziffern calculiert auch zu Prag ohne bericht in Anno 1620 drucken lassen. Vnd ist also die Invention der Logarithmen nicht deß Neperi, sondern von gedachtem Burgi (wie solches vielen wissend vnd ihm auch Herr Keplerus zeugniß giebt) lange zuvor erfunden", nach GIESWALD[1246], S. 14. — **1243** KEPLER, *Opera*, ed. FRISCH[1264], Frankfurt 1858—71, 2, S. 834, VII, S. 298: . . . *qui etiam apices logistici Justo Byrgio multis annis ante editionem Neperianam viam praeiverunt ad hos ipsissimos logarithmos. Etsi homo cunctator et secretorum suorum custos*

Erst 1620 veröffentlichte Bürgi zu Prag seine Progreß-Tabulen.[1244] Das verspätete Erscheinen entschuldigte er mit Arbeitsüberbürdung.[1245] Nicht einmal die im Titel versprochene Erläuterung, wie man mit seinen Zahlen zu rechnen habe, war beigegeben. Nur ein Exemplar hat man neuerdings gefunden (Danzig), dem eine solche handschriftliche Anweisung mit der Überschrift „Gründlicher Unterricht" angebunden ist. Bürgi ist der Verfasser dieser Anweisung; man vermutet, daß es das Handexemplar Bramers gewesen sei.[1246]

Durch sein unverständliches Zögern brachte Bürgi sich um den Ruhm der ersten Veröffentlichung. Ein schottischer Mathematiker, fast gleichaltrig mit Bürgi, hatte inzwischen, durch ähnliche Quellen angeregt,[1247] das gleiche Problem in Angriff genommen. John Neper (1550—1617, Gutsherr von Merchiston) war es, der unter günstigeren äußeren Verhältnissen sein Werk früher in Druck bringen konnte; die ersten Berechnungen sollen bis auf 1594 zurückgehen.[1248] 1614 erschien in Edinburg seine *Descriptio*.[106] In dieser ließ Neper einer eingehenden Auseinandersetzung seiner Zahlen und ihrer Anwendung die Zusammenstellung der von ihm berechneten beiden Reihen in übersichtlicher Ordnung folgen.

Der Ausgangspunkt ist bei Bürgi und Neper[1249] derselbe, die Methode zur Erreichung des Zieles aber durchaus verschieden. Beiden ist der Begriff der Grundzahl eines Logarithmensystems gänzlich fremd. Sie beabsichtigen nur zwei Reihen, eine arithmetische und eine geometrische herzustellen, gliedweise zugeordnet, mit denen sie die von Stifel und Jacob angedeuteten Rechenerleichterungen ausführen wollen.

Bürgi[1250] nannte die Glieder der arithmetischen Reihe *rote Zahlen*, weil er sie in dieser Farbe drucken ließ. Sie stellen die mit 10

foetum in partu destituit, non ad usus publicos educavit. — 1244 Arithmetische vnd geometrische Progreß Tabulen / sambt gründtlichem vnterricht / wie solche nützlich in allerley Rechnungen zugebrauchen / vnd verstanden werden sol. — 1245 R. H. Gieswald, Arch. Math. Phys.[1246] 26, 1856, S. 320: Obwohl ich mit dießen Tabulen vor ettlichen Jahren bin vmbgang so hat doch mein Beruff von der Edition derselben enthalten. — 1246 Veröffentlicht durch Herm. Rob. Gieswald, *Justus Byrg als Mathematiker und dessen Einleitung in seine Logarithmen*, Programm Johannisschule, Danzig 1856, Auszug in Arch. Math. Phys. 26, 1856, S. 316—334. — 1247 Möglicherweise kannte Neper die *Arithmetica integra* Stifels. Vgl. Cantor, 2², S. 703; E. Hoppe, *Stifels Nachlaß*[161], Mitt. Math. Ges. Hamburg 3, S. 422—423. — 1248 Vgl. Fl. Cajori in *Napier tercentenary memorial volume*[1326], S. 101ff. — 1249 Vgl. O. Mautz, *Zur Basisbestimmung der Napierschen und Bürgischen Logarithmen*, Programm Gymnasium Basel, Basel 1919. — 1250 Vgl. Gieswald[1246]; Cantor, 2², S. 725ff.; R. Wolf, *Handbuch der Astronomie, ihrer Geschichte und Litteratur*, Zürich 1890—1893, Bd. I, Nr. 22, S. 68ff.; G. Kewitsch, *Die Basis*

multiplizierte Reihe der natürlichen Zahlen dar und können in moderner Formelsprache durch

$$x_n = 10n \qquad (n = 1, 2, 3 \ldots)$$

ausgedrückt werden. Die Glieder der geometrischen Reihe y_n, die *schwarzen Zahlen*, berechnet er, indem er immer zu dem vorhergehenden Glied y_{n-1} seinen zehntausendsten Teil addiert, also

$$y_n = y_{n-1} + \frac{y_{n-1}}{10^4} = y_{n-1}\left(1 + \frac{1}{10^4}\right)$$

bildet. Wir haben es demnach mit der Reihe

$$\begin{aligned} y_2 &= y_1\left(1 + \frac{1}{10^4}\right), \\ y_3 &= y_2\left(1 + \frac{1}{10^4}\right), \\ &\vdots \\ y_{n-1} &= y_{n-2}\left(1 + \frac{1}{10^4}\right), \\ y_n &= y_{n-1}\left(1 + \frac{1}{10^4}\right) \end{aligned}$$

zu tun, aus der sich durch Multiplikation

$$y_n = y_1\left(1 + \frac{1}{10^4}\right)^{n-1}$$

ergibt. y_1 wird gleich 10^8 angenommen. Mithin ist

$$y_n = 10^8\left(1 + \frac{1}{10^4}\right)^{n-1};$$

dieser Ausdruck liefert tatsächlich eine geometrische Reihe, deren Glieder einzeln den x_n zugeordnet werden können.[1251] Die Reihenverbindung Bürgis beginnt folgendermaßen:

Arithmetische Reihe: 0 10 20 30 ...
Geometrische Reihe: 100000000, 100010000, 100020001, 100030003...

Die x_n sind nach heutigen Begriffen die Logarithmen, die y_n die Numeri. Während die modernen Tafeln für die Numeri die Reihe der ganzen Zahlen wählen, ließen Bürgis *Progreßtabulen* die Logarithmen gleichmäßig wachsen. In diesem Sinne hat man sie auch Antilogarithmentafeln genannt. Die roten Zahlen bilden in

der Bürgischen Logarithmen ist e, der Neperschen $\frac{1}{e}$, Z. math. naturw. Unterr. 27, 1896, S. 321—333. — 1251 Zur Einführung in den Unterricht schlägt M. Koppe, Programm Andreas-Realgymnasium, Berlin 1893[1268], die Berechnung nach der noch einfacheren Formel $y_n = (1 + \frac{1}{100})^n$ vor. Die erhaltene Zahlenreihe läßt sich auch als Zinseszinstabelle auffassen. Vgl. Anm. 1241.

BÜRGIS Anordnung, für die wir eine Probe hier anführen, die Randziffern einer Tafel mit doppeltem Eingang, von oben und links.

	28000	*28500*	*29000*	*29500*	*30000*	... bis *31500*
0	1323 11129	1329 74308	1336 40811	1342 10655	1349 83856	
10	 24362	 87605	 54175	 24086	 97355	
20	 37593	1330 00904	 67541	 37518	1350 10854	
30	 50826	 14204	 80907	 56952	 24355	
40	 64061	 27506	 94267	 64387	 37858	
50	 27295	 40809	1337 07645	 77824	 51362	
.						
.						
.						

Anm. Die roten Ziffern sind schräg gedruckt.

Mittels eines Einschaltungsverfahrens kann für jede Zahl, die zwischen zwei benachbarten schwarzen Zahlen liegt, die zugehörige rote Zahl aus den Randziffern bestimmt werden. Mit dieser wird die um einen Grad niedrigere Rechnungsart vorgenommen. Für das Ergebnis, das wieder unter den roten Zahlen aufzusuchen ist, wird die entsprechende schwarze Zahl bestimmt. Insbesondere wird für die schwarze Zahl 10^8 die rote Zahl 230270022 bestimmt; sie heißt bei BÜRGI die „ganze rote Zahl". Ihre Addition, bzw. Subtraktion bei anderen roten Zahlen entspricht einem Multiziplieren, bzw. Dividieren der zugehörigen schwarzen Zahlen mit 10^8, also, wie wir uns heute ausdrücken, einem Verschieben des Dezimalkommas in den Numeri. Durch geschickte Verwendung dieser ganzen roten Zahl weiß BÜRGI es immer so einzurichten, daß die bei seinen Aufgaben auftretenden Zahlen in die dekadische Größenordnung seiner Tafeln hineinpassen.

Die roten und schwarzen Zahlen BÜRGIS sind als ganze Zahlen gedruckt. Ein anderes lehrt aber der nicht gedruckte „Gründliche Unterricht".[1246] Dort zeigt BÜRGI sein neues Rechnen zunächst an den beiden einfachen Reihen:

Arithmetische Reihe:	0	1	2	3...	12
Geometrische Reihe:	1	2	4	8...	4096

und sagt dann: Dieſſe Eigenſchaft haben nicht allein die 2 abgeſetzten Progreſſen miteinander, ſondern alle, ſie ſein, wie ſie wollen, wenn der Arithmetiſche von 0 und der geometriſche von 1 anfanget, wie denn auch die folgenden Tabulen nichts anderſs als zwei ſolcher Progreſſen ſind.[1252] Hiernach muß man also folgern, daß BÜRGI

1252 Arch. math. Phys. 26[1246], S. 321.

mit voller Absicht der Anfangszahl der arithmetischen Reihe 0 die Anfangszahl 1 in der geometrischen Reihe zugeordnet hat, in Wirklichkeit also sämtliche schwarzen Zahlen mit 10^8 zu dividieren sind und daß daher die beiden Reihen

$$\begin{array}{cccc} 0 & 10 & 20 & 30 \ldots \\ 1 & \left(1+\frac{1}{10^4}\right) & \left(1+\frac{1}{10^4}\right)^2 & \left(1+\frac{1}{10^4}\right)^3 \ldots \end{array}$$

einander zugeordnet sind. Das Danziger Exemplar der *Progreßtabulen* bestätigt diese Größenansetzung der schwarzen Zahlen, da auf dem Titelblatt die zu 10^9 gehörende ‚ganze rote Zahl' mit $23027\overset{\circ}{0}022$ angegeben ist. Ein Vergleich mit einem anderen Druckexemplar zeigt freilich, daß das Gradzeichen über der als Einer angenommenen Null handschriftlich zugesetzt ist. Dies BÜRGIsche „Ringlein" spielt also hier die Rolle unseres Dezimalkommas.[I 1116]

Aus dieser Zuordnung der roten Null zur schwarzen 1 kann nunmehr nachträglich auch die sogenannte Basis des BÜRGIschen Logarithmensystems mit $\sqrt[10]{1{,}001}$[1253] berechnet werden. Wie schon betont, ist dieser Begriff aber BÜRGI ganz unbekannt.

Über die dekadische Größenordnung der roten Zahlen läßt BÜRGI nichts besonderes erkennen. Eine Multiplikation oder Division mit einer Potenz von 10 ist ja für die erste Zahl, also für die Zuordnung der 0 zu 1, gleichgültig; dividiert man die roten Zahlen BÜRGIs durch 10^5, so ergibt sich[1254] als Basis $\left(1+\frac{1}{10^4}\right)^{10^4}$, also ein Wert, der unserem $e = \lim\limits_{n\to\infty}\left(1+\frac{1}{n}\right)^n$ nahekommt. Unter diesen Umständen kann man sagen, daß die BÜRGIschen Logarithmen Näherungswerte der später als natürliche bezeichneten Logarithmen sind.

Betrachten wir nunmehr die NEPERschen Tafeln, so ergeben sich zwei grundsätzliche Unterschiede. Erstens läßt NEPER die geometrische Reihe in der entgegengesetzten Richtung der arithmetischen sich ändern. Er setzt nach den in der *Constructio*[1257] gegebenen Andeutungen,[1255] wie wir uns heute ausdrücken würden:

$$x_n = n \cdot \left(1 + \frac{1}{2} \cdot \frac{1}{10^7}\right), \qquad y_n = 10^7 \cdot \left(1 - \frac{1}{10^7}\right)^n,$$

wobei zu beachten ist, daß die Wahl der arithmetischen Reihe nicht völlig unabhängig von den Konstanten der geometrischen Reihe ist.[1256] Sehr glücklich gewählt ist zur Erläuterung des Verhältnisses der x

1253 O. MAUTZ, S. 27[1249]. — 1254 O. MAUTZ, S. 34. — 1255 O. MAUTZ[1249], S. 18. — 1256 O. MAUTZ, S. 18—21.

und y das Bild des „Fließens“ zweier Punkte. Durchfließt ein solcher Punkt die Reihe der x, so findet gleichzeitig eine Bewegung des anderen Punktes durch die Reihe der y statt, doch in entgegengesetztem Sinne. Während aber der x-Punkt in gleichen Zeiten gleiche Strecken durchläuft, nehmen die entsprechenden Wegabschnitte des y-Punktes verhältnismäßig ab. Die zweite Abweichung von Bürgis Tafeln besteht darin, daß Neper für die Numeri nicht die Reihe der natürlichen Zahlen, sondern die Sinuswerte der Winkel $\alpha = 0^0$ bis $\alpha = 90^0$ wählt. Er gibt so seiner Tafel den Charakter einer logarithmisch-trigonometrischen Tabelle, die freilich auch als numerisch-logarithmische benutzt werden kann, wenngleich im allgemeinen nur mit Hinzuziehung rein trigonometrischer Tafeln. Aus Nepers Tafel möge ebenfalls eine Probe folgen:

Gr. 30 Min.	Sinus	30 Logarithmi	Differentia	Logarithmi	Sinus	
0	5000000	6931469	5493059	1438410	8660254	60
1	5002519	6926432	5486342	1440090	8658799	59
2	5005038	6921399	5479628	1441771	8657344	58
⋮			⋮			⋮
29						31
30	5075384	6781827	5292525	1489302	8616292	30
					59	

Die beiden äußersten Spalten enthalten die Minuten, die nächst inneren die zugehörigen Sinus- und Kosinuswerte, so daß z. B. $\sin 30^0\,2' = 5005038$ und $\cos 30^0\,2' = 8657344$ abgelesen werden können. Die mit *Logarithmi* überschriebenen Spalten liefern nun die entsprechenden Werte $\log\sin 30^0\,2' = 6921399$ und $\log\cos 30^0\,2' = 1441771$. Die *Differentia* 5479628 ist gleichwertig mit $\log\operatorname{tg} 30^0\,2'$. Die unten rechts angebrachte Gradbezeichnung, hier 59^0, und die Minutenangabe auf der rechten Seite ist für die Winkel über 45^0 bestimmt.

Wie die Berechnung seiner Logarithmen vorgenommen wurde, setzte Neper in einer anderen, vor 1614 verfaßten Schrift, *Constructio*,[1257] auseinander, die aber erst 1619, nach seinem Tode, durch seinen Sohn veröffentlicht wurde. In ihr wird eine weitere Ver-

1257 J. Neper, *Mirifici Logarithmorum canonis constructio*, Edinburgh 1619, zitiert nach Lugd. 1620.

feinerung klargelegt, indem NEPER von der siebenten Potenz von 10 in $y_n = 10^7 \left(1 - \frac{1}{10^7}\right)^n$ zu 10^8, und damit zu einer beliebig hohen Potenz, überzugehen vorschlägt. Ein Rechenfehler läßt die erstrebte Genauigkeit nicht erreichen. In der Nachberechnung der NEPERschen Werte durch BENJAMIN URSINUS (BEHR, 1624[1265]) ist die Richtigstellung vorgenommen.[1258]

Den Aufstieg zu einem beliebig hohen Exponenten sehen wir vollzogen in dem *Appendix* zu WRIGHTs englischer Ausgabe (1618)[106] der *Descriptio*, der sehr wahrscheinlich von W. OUGHTRED herrührt. Hier findet sich dann in der Tat eine kleine Tafel natürlicher Logarithmen für 1, 2 ... 9, 10, 11 ... 90, 100, 200 ... 900, 1000 usw. bis 900000, so $l\,10 = 2302584$, $l\,50 = 3911021$, $l\,900000 = 13710144$[1259] (ohne Dezimalpunkt). Die erste Tafel natürlicher Logarithmen 1 ... 1000 wurde 2 Jahre später von JOHN SPEIDELL[1260] veröffentlicht.

NEPER hatte seine geometrische Reihe mit voller Absicht in der geschilderten Weise gewählt. Da sie besonders bei trigonometrischen Rechnungen Erleichterung schaffen sollte, war es wertvoll, daß der Logarithmus des *Sinus totus* ($\sin 90^0 = r$; siehe Abschnitt über Trigonometrie), mit dem sehr häufig zu multiplizieren und dividieren war, gleich Null gesetzt werden konnte, da dann die logarithmische Addition, bzw. Subtraktion erspart blieb. Ferner erreichte NEPER durch seine Wahl, daß seine Logarithmen für $\sin 0^0$ bis $\sin 90^0$ positive Zahlen waren, während sie in der modernen Auffassung bekanntlich negativ sind.

Streng genommen kann man bei den NEPERschen Logarithmen von einer Basis in unserem Sinne überhaupt nicht sprechen, da der Logarithmus 0 nicht dem Numerus 1 zugehört, was bei der Potenzbeziehung $b^x = a$, $x = {}^b\log a$ erforderlich ist. NEPER kannte natürlich wie BÜRGI den Basisbegriff überhaupt nicht. Die NEPERschen Logarithmen sind eigentlich auch nicht gleichwertig den jetzt Logarithmen genannten Zahlen. In einem System, das der 0 einer arithmetischen Reihe ein b der geometrischen entsprechen läßt, gelten die Formeln:[1261]

1258 M. KOPPE, Arch. Math. Phys. 7_3, 1904, Anhang (= Sitzber. Berliner mathem. Ges. 3, 1904), *Die Neperschen Logarithmen sind mit den natürlichen im wesentlichen identisch*, S. 52. — 1259 GLAISHER[105], S. 142. — 1260 Noch nicht in der ersten Ausgabe *New Logarithms*, London 1619, sondern erst in den Ausgaben von 1622 ab. Vgl. GLAISHER[105], S. 174—176. — 1261 O. MAUTZ[1249], S. 14.

$$\mathfrak{log}\, r \cdot s = \mathfrak{log}\, r + \mathfrak{log}\, s - \mathfrak{log}\, 1$$

$$\mathfrak{log}\, \frac{r}{s} = \mathfrak{log}\, r - \mathfrak{log}\, s + \mathfrak{log}\, 1$$

$$\mathfrak{log}\, r^n = n\, \mathfrak{log}\, r - (n-1)\, \mathfrak{log}\, 1$$

$$\mathfrak{log}\, \sqrt[n]{r} = \frac{1}{n}\, \mathfrak{log}\, r + \left(1 - \frac{1}{n}\right) \mathfrak{log}\, 1\,,$$

wenn das Fraktur-log für die Zahlen der arithmetischen Reihe gilt. Da $\mathfrak{log}\, 1$ nicht gleich 0 ist, fällt es aus den Formeln nicht wie bei den modernen heraus. In den Rechnungsbeispielen, die uns NEPER anführt, hebt sich dieser störende $\mathfrak{log}\, 1$ von selbst heraus, da er sich auf Berechnung von vierten und mittleren Proportionalen beschränkt.

In der Tat ist:

$$\begin{aligned} \mathfrak{log}\, \frac{u \cdot v}{w} &= \mathfrak{log}\, u\, v - \mathfrak{log}\, w + \mathfrak{log}\, 1 \\ &= \mathfrak{log}\, u + \mathfrak{log}\, v - \mathfrak{log}\, 1 - \mathfrak{log}\, w + \mathfrak{log}\, 1 \\ &= \mathfrak{log}\, u + \mathfrak{log}\, v - \mathfrak{log}\, w \end{aligned}$$

und:

$$\begin{aligned} \mathfrak{log}\, \sqrt{p\, q} &= \tfrac{1}{2}\, \mathfrak{log}\, p\, q + (1 - \tfrac{1}{2})\, \mathfrak{log}\, 1 \\ &= \tfrac{1}{2} (\mathfrak{log}\, p + \mathfrak{log}\, q - \mathfrak{log}\, 1) + \tfrac{1}{2}\, \mathfrak{log}\, 1 \\ &= \tfrac{1}{2} (\mathfrak{log}\, p + \mathfrak{log}\, q)\,. \end{aligned}$$

Die Zuordnung von 0 zu 1 erzwingt man bei den NEPERschen Zahlenreihen:

$$\begin{array}{lllll} \text{Arithm. Reihe:} & 0\,, & 1 + \tfrac{1}{2} \cdot 10^{-7}, & 2(1 + \tfrac{1}{2} \cdot 10^{-7}), & \ldots, \\ \text{Geom. Reihe:} & 10^7, & 10^7(1 - 10^{-7}), & 10^7(1 - 10^{-7})^2, & \ldots, \end{array}$$

wenn man die Glieder der unteren Reihe durch 10^7 dividiert, also die dekadische Größenordnung durch Abschneiden von 7 Dezimalstellen ändert. Legt man denselben Maßstab auch bei den Zahlen der ersten Reihe an, so wird die Differenz d der arithmetischen Reihe:

$$d = (1 + \tfrac{1}{2} \cdot 10^{-7})\, 10^{-7},$$

der Quotient q der geometrischen:

$$q = (1 - 10^{-7})\,.$$

Für die beiden Reihen:

$$\begin{array}{cccc} 0 & d & 2d & \ldots\ nd \\ 1 & q & q^2 & \ldots\ q^n \end{array}$$

hat nun die Basis den Wert $q^{\frac{1}{d}}$. Für die im Maßstab geänderten NEPERschen Reihen lautet also die Basis:

$$(1 - 10^{-7})^{\frac{10^7}{(1 + \frac{1}{2} \cdot 10^{-7})}}.$$[1262]

Diese Größe kann angenähert ausgedrückt werden durch:

$$\frac{1}{e}(1 - \tfrac{1}{3} \cdot 10^{-14}) \approx \frac{1}{e} \cdot$$

Die natürlichen Logarithmen als NEPERsche Logarithmen zu bezeichnen, wie das heute regelmäßig geschieht, ist durchaus falsch;[1263] eher wäre für jene der Name BÜRGIsche Logarithmen noch zu verteidigen, da zwischen ihnen bei bestimmter Kommasetzung wenigstens bis auf drei Dezimalstellen Übereinstimmung stattfindet. Aber auch das ist nicht völlig richtig, da zu den natürlichen Logarithmen Unendlichkeitsbetrachtungen gehören, die sowohl BÜRGI als auch NEPER durchaus fremd waren.

Der Nachteil mangelhafter Veröffentlichung traf NEPERs Logarithmen nicht; im Gegenteil, sie wurden mit großen Anpreisungen auf den Büchermarkt gebracht und waren bald in den Händen der bedeutenderen Mathematiker der damaligen Zeit. B. URSINUS (1587 bis 1633; Berlin, Frankfurt a. O.) sorgte für ihre Verbreitung in Deutschland. In Erkenntnis ihrer außerordentlichen Wichtigkeit druckte er sie mit Kürzung um zwei Stellen zunächst in seinem *Cursus* von 1618[1264] ab; dann aber machte er sich selbst an die Arbeit und berechnete sie von neuem. Gab NEPER nur 7 Stellen, so fügte URSINUS jetzt eine achte hinzu. Bei einigen Hauptwerten, wie log sin 30°, 45°, 18° usw., trieb er die Genauigkeit sogar bis zu fünfzehn Dezimalen. Auch verkleinerte er die Intervalle, die bei NEPER von Minute zu Minute stiegen, bis zu Abständen von 10 Sekunden. Veröffentlicht wurden die neuen Tafeln zuerst selbständig (1624),[1265] dann als Anhang seiner *Trigonometria* von 1625.[1266]

Auch KEPLER (1571—1630) widmete dem neuen Rechenmittel eingehende Beachtung. KEPLER[1267] hat, wie einzelne andere Ein-

1262 O. MAUTZ[1249], S. 18. — 1263 M. KOPPE, *Die Behandlung der Logarithmen und Sinus im Unterricht*, Berlin 1893; derselbe[1258], Archiv Math. Phys. 7_3, 1904, Anhang, und *Über Huyghens' Näherungsmethoden bei Kreis- und Logarithmen-Berechnung*, Bibl. math. 2_3, 1901, S. 228; dann in einem Referat Bibl. math. 3_3, 1902, S. 150—152. — 1264 *Cursus mathematici practici Volumen primum* ..., Coloniae (a. d. Spree) 1618. — 1265 *Magnus Canon logarithmicus*, Coloniae 1624. — 1266 *Trigonometria cum magno logarithmorum Canone*, Coloniae 1625 (Vorrede 1624). — 1267 P. EPSTEIN, *Die Logarithmenberechnung bei Kepler*,

geweihte, von den Berechnungen BÜRGIS[1242] nur gehört, aber weder seine Tafel im Manuskript noch die schließlich 1620 erscheinenden *Progreßtabulen* selbst eingesehen. Auch NEPERS *Descriptio* von 1614, die er 1617 schon in Händen gehabt hatte, ist von ihm nicht vor 1619 durchgearbeitet worden: um diese Zeit war aber seine eigene Theorie bereits fertig.[1268] Das neue Rechenmittel hatte er nur kennengelernt aus dem *Cursus*[1264] des BENJAMIN URSINUS von 1618, der eine Erläuterung angefügt hatte. KEPLER erkannte sofort den großen Fortschritt, der in der Verwendung der Logarithmen lag und suchte ihre Anerkennung zu verbreiten. Die ältere Generation der damaligen Mathematiker, wie namentlich KEPLERS verdienstvoller alter Lehrer MAESTLIN, nahm die NEPERschen Herleitungen mit Mißtrauen auf: sie schienen sich mit der klassischen Euklidischen Strenge durch ihre funktionalen Betrachtungen und durch Verwendung des Grenzbegriffes offenbar nicht zu vertragen. Die gewohnte Auffassung der Zahl als einer Strecke versagte bei den Logarithmen. Die Verbindung mit der Geometrie brachte ja erst sehr viel später die Hyperbelquadratur. Hier griff nun KEPLER selbst ein, und es gelang ihm, die neuen Zahlen auf Euklidischer Grundlage mit Hilfe der Proportionen begrifflich festzulegen und neue Berechnungsverfahren von außerordentlicher Feinheit aufzufinden.

BÜRGI wie NEPER konstruieren sich in einem Zuge zwei Reihen, eine geometrische und eine arithmetische, deren Glieder nacheinander gegenseitig zugeordnet sind. KEPLER — und ebenso etwa gleichzeitig BRIGGS, sicher unabhängig von KEPLER[1269] — stellte den Verlauf beider Reihen nur theoretisch nebeneinander auf; ohne sie vom Anfang bis zum Ende rechnerisch auszuwerten, suchte er in Einzelrechnung diejenige Zahl der zweiten, arithmetischen Reihe, die einer gegebenen Zahl der ersten, geometrischen Reihe zukommen würde. KEPLERS Zahlen weichen meist nur in der letzten Stelle von denen NEPERS ab. In der Anordnung der Tafeln (s. die hier gegebene Probe) zog KEPLER es vor, die Sinuswerte in arithmetischer Reihe zunehmen zu lassen, so daß er zugleich eine numerisch-logarithmische Tabelle besaß. Den Druck ließ der Landgraf PHILIPP von Hessen vornehmen, dem KEPLER die Arbeit gewidmet hatte.[1270] Der ersten Veröffent-

Ztschr. math.-nat. Unterricht 55, 1924, S. 142—151. — 1268 Literatur dazu bei EPSTEIN, S. 142. — 1269 *Arithmetica logarithmica*, Londini 1624[1110]. Vgl. EPSTEIN[1267], S. 149, Anm. 2; EPSTEIN gibt eine sehr klare Darstellung der KEPLERschen Herleitungen. — 1270 *Joannis Kepleri Chilias Logarithmorum ad totidem Numeros Rotundos*, Marpurgi 1624.

lichung war eine Beschreibung vorausgeschickt, wie die Logarithmen berechnet worden waren. Spätere Ergänzungen[1271] lehrten, wie mit ihnen zu rechnen sei. In den Rudolphinischen Tafeln (1627)[1272] gibt KEPLER noch kleine Einzeltafeln, so für die Logarithmen der Kosinus von 0° bis zu 1°40′ in Abständen von je 10″ und der Tangenten von 0° bis 9° für alle Minuten.[1273] Weitere Berechnungen, die er mit seinem Schwiegersohn J. BARTSCH (1600—1633) gemeinsam durchführte, veröffentlichte dieser nach KEPLERS Tod (vgl. S. 229).[1274]

Arcus Circuli cum differentiis	Sinus seu Numeri absoluti	Partes vicesimae quartae	Logarithmi cum differentiis	Partes sexagenariae
29. 56. 2	49900.00	11. 58. 54	69514.92	29. 56
3. 58			200.20	
30. 0. 0	50000.00	12. 0. 0	69314.72	30. 0
3. 58			199.80	
30. 3. 58	50100.00	12. 1. 26	69114.92	30. 4
3. 59			199.40	
30. 7. 57	50200.00	12. 2. 53	68915.52	30. 7
3. 58			199.01	

NB. Spalte 5 gibt die reinen Sinuswerte in Sexagesimalteilung, also sin 90° = 60 Einheiten; Spalte 3 nimmt sin 90° = 24 Haupteinheiten an.

Eine weitere Umordnung erfuhren die NEPERschen Logarithmen in den Tafeln, die PETER CRÜGER (1580–1639, Danzig) 1634 zusammenstellte.[1275] Dieser trennte einen numerisch-logarithmischen Teil von dem trigonometrisch-logarithmischen Teil ab; in diesem gab er die NEPER-KEPLERschen Zahlen auf fünf, in jenem auf sechs Stellen. Für die erstere verwendete er eine Anordnung mit doppeltem Eingang, die Intervalle der letzteren stiegen von 1′ zu 1′. CRÜGER begründete das Erscheinen seines Werkes ausdrücklich damit, daß Tafeln seiner Art bei astronomischen Rechnungen unentbehrlich seien, seitdem KEPLER die NEPERschen Logarithmen in den Rudolphinischen Tafeln (1627) ausschließlich benutzt habe. Es lag alle Veranlassung für CRÜGER vor, eine solche Entschuldigung seinem Werke vorauszuschicken. Dasselbe Schicksal, das die BÜRGIschen Zahlen gehabt

1271 *Supplementum Chiliadis Logarithmorum, continens praecepta de eorum usu*, Marpurgi 1625. — 1272 *Tabulae Rudolphinae*, Ulm 1627[1348]. — 1273 Daselbst, Tab. S. 22—23. Vgl. A. v. BRAUNMÜHL, *Vorlesungen über Geschichte der Trigonometrie*, Teil II: *Von der Erfindung der Logarithmen bis auf die Gegenwart*, Leipzig 1903, S. 23. — 1274 Daselbst S. 24. Vgl. Anm. 1322. — 1275 *Praxis Trigonometriae logarithmicae*, Danzig 1634.

hatten, war inzwischen nämlich auch den NEPERschen zuteil geworden: man war über sie zur Tagesordnung übergegangen. Gerechnet wurde mit ihnen nur noch in seltenen Fällen, von denen CRÜGER den einen aufführt. Die BRIGGSschen Logarithmen hatten durch ihre bessere Verwendbarkeit alle älteren Tafeln verdrängt.

1614 war NEPERS *Descriptio*[106] gedruckt worden. In den darauf folgenden Jahren hatte sich HENRY BRIGGS (1556—1630; Cambridge, Oxford) mit NEPER in Verbindung gesetzt und ihm Vorschläge über technische Verbesserungen in den Tafeln unterbreitet. So empfahl er, die Zuordnung der arithmetischen und geometrischen Reihe in ihren Gliedern zu ändern; er wollte log 10 gleich − 1 gesetzt haben. NEPER, der seine Wahl nur zu besonderen technischen Zwecken getroffen hatte (vgl. S. 216), verschloß sich den vorgebrachten Gründen nicht, er hielt sogar die Wahl von $\log 10 = +1$ für noch besser. Diese Gedanken sind von NEPER in einem Anhang auseinandergesetzt, der am Schlusse der *Constructio* (1619[1257]) vom Herausgeber beigefügt ist. Für die Berechnung der dekadischen Logarithmen werden an derselben Stelle neue Methoden entwickelt, die ebenfalls in der Zusammenarbeit mit BRIGGS entstanden sein dürften. Zur Ausführung der neuen Idee kam NEPER nicht mehr, er starb 1617. Aber BRIGGS hatte sich mit Feuereifer an die Arbeit gemacht und konnte schon im Todesjahr NEPERS das erste Tausend seiner Logarithmen (zu 14 Dezimalstellen) veröffentlichen.[1276] 1624 folgte die *Arithmetica logarithmica*[1269] mit 14stelligen Logarithmen aller Zahlen von 1 bis 20000 und von 90000 bis 100000. BRIGGS' Tafeln enthielten in beifolgender Anordnung nur die Numeri in der Folge der natürlichen Zahlen und daneben die Logarithmen mit zwischengestellten Differenzen, gingen also auf trigonometrische Anwendung gar nicht ein. In seinem Nachlasse fand sich ein fast fertiges Manuskript, das die fehlenden logarithmisch-trigonometrischen Werte auf 10 Stellen enthielt. Bemerkenswert ist die hierin eingeschlagene Neuerung, einen Winkelgrad nicht in 60 Minuten, sondern in 100 Unterabteilungen (*centesimae*) zu zerlegen. Im Druck erschienen diese Tafeln erst 1633,[1277] leider zu spät, um die Mathematiker zum Übergang zur Zentesimalteilung zu zwingen, was vielleicht eingetreten wäre, wenn BRIGGS' Tafel allein das vorhandene dringende Bedürfnis nach log-

1276 *Logarithmorum Chilias prima*, Londini 1617. — 1277 *Trigonometria Britannica sive de doctrina triangulorum*, Goudae 1633; herausgegeben von HENRY GELLIBRAND. Teil I aus dem Nachlaß von BRIGGS, Teil II von GELLIBRAND.

arithmisch-trigonometrischen Tabellen zu befriedigen gehabt hätte; 1620 waren aber schon durch EDMUND GUNTER (1581—1626, London)[1380] siebenstellige Tafeln der gewünschten Art erschienen, die das Rechnen

Numeri absoluti	Logarithmi	Numeri absoluti	Logarithmi	...
16501	4,21751,02642,9403	16534		
	2,63184,8511	.	.	
16502	4,21753,65827,7914			...
	2,63168,9029	.	.	
16503	4,21756,28996,6943			
	2,63151,9567	.	.	
.	.	.	.	
.	.	.	.	...
.	.	.	.	

nach der alten Winkeleinteilung ermöglichten. In den numerisch-logarithmischen Tafeln BRIGGS' war noch eine Lücke zwischen den Numeri 20000 und 90000 auszufüllen. Dies geschah, unabhängig von NEPER und BRIGGS, durch einen holländischen Buchhändler und Mathematiker ADRIAEN VLACQ (um 1600 Gouda — 1667 Haag) in einem Werke, das als zweite Auflage (1628) der *Arithmetica logarithmica* bezeichnet wurde.[1278] Die BRIGGSschen Zahlen hat VLACQ um 4 Stellen gekürzt, die fehlenden Werte berechnete er auf gleiche Länge (10 Stellen). Angehängt waren trigonometrische Tabellen, die ebenfalls neu ausgerechnet waren, mit den Logarithmen der damals üblichen 6 Funktionen Sinus, Kosinus, Tangens, Kotangens, Sekans, Kosekans. Da dieses Werk VLACQs dadurch von besonderer Wichtigkeit ist, daß es fast allen späteren größeren Tafeln zugrunde liegt, sei eine Probe seiner Anordnung mitgeteilt (siehe S. 223).

VLACQ war an der Verlagsfirma in Gouda beteiligt, bei der sein Werk erschien. So unermüdlich, wie er im Rechnen war, so gewandt und rührig war er auch als Verleger und Buchhändler. Durch ihn erschienen 1633 auch die im Nachlasse von BRIGGS gefundenen Tafeln,[1277] zu denen HENRY GELLIBRAND eine Einleitung schrieb und noch in demselben Jahr eine weitere, von VLACQ selbst zusammengestellte Tafel,[1279] die die Logarithmen der Sinus, Kosinus, Tangens, Kotangens in Intervallen von 10″ zu 10″ enthielt. Sicherlich ist

1278 H. BRIGGS, *Arithmetica logarithmica. Una cum canone triangulorum* etc., ed. H. VLACQ, Goudae 1628. — 1279 *Trigonometria artificialis*, Goudae 1633.

Teil I:

Chilias 50			Chilias 51			Chilias 51		
Num.	Logarithmi	Diff.	Num.	Logarithmi	Diff.	Num.	Logarithmi	Diff.
49951	4,69854,41871		50001	4,69897,86901		50051	4,69941,27589	
		86943			86857			86770
49952	4,69855,28814		50002	4,69898,73758		50052	4,69942,14359	
		86941			86854			86768
49953	4,69856,15755		50003	4,69899,60612		50053	4,69943,01127	

Teil II:

30	SINUS	Sin. compl.	TANG.	Tang. compl.	SECAN.	Sec. compl.	
0	9,69897,80043 21,87385	9,93753,06317 7,29619	9,76143,93726 29,17004	10,23856,06274 29,17004	10,06246,93683 7,29619	10,30102,99957 21,87385	60
1	9,69918,87428 21,85916	9,93745,76698 7,30108	9,76173,10730 29,16024	10,23826,89270 29,16024	10,06254,23302 7,30108	10,30081,12572 21,85916	59

gerade durch VLACQs Tätigkeit die Verbreitung der BRIGGSschen Logarithmen so schnell vor sich gegangen, daß andere Tafeln bald der Vergessenheit anheimfielen.

2. Die Technik der logarithmischen Tafeln.

Wir haben im vorstehenden die ältesten Logarithmentafeln kennen gelernt. Zu erwähnen wären noch Tafeln, in denen die Berechnungen BRIGGS' und GUNTERS nachgedruckt waren, wie die von E. WINGATE (1625),[1280] E. DE DECKER (1628)[1281] und von D. HENRION (1626)[1282] oder solche, die die ersten Abdrucke der großen VLACQschen Tafel von 1628[1278] darstellen; dazu gehören die Tafeln von J. FAULHABER[1304] und R. NORWOOD[1379] aus dem Jahre 1631.[1283] Von 1633 ab bis auf die Neuzeit entstand eine so außerordentlich große Anzahl von Tafeln,[1284] daß ihre Besprechung nur im Zusammenhang und nur nach einigen allgemeinen Gesichtspunkten erfolgen kann.

Die rein logarithmischen Tafeln, die seit 1633 erschienen sind, gehen fast alle auf das große VLACQsche Werk zurück. Wir werden später sehen, daß man nach und nach verschiedene andere und erheblich bessere Methoden für die Berechnung von Logarithmen auffand, als sie VLACQ und seine Zeitgenossen besaßen. Nach diesen Methoden nahm man mehrfach Nachrechnungen vor, durch die die alten Werte verbessert wurden. Eine vollständige Neuberechnung der Logarithmen fand erst am Ende des achtzehnten Jahrhunderts unter Leitung von RICHE DE PRONY,[1285] dann in der zweiten Hälfte des neunzehnten Jahrhunderts durch E. SANG[1286] wieder statt. Die erstere, die *Tables du cadastre*, blieb im Druck unvollendet; von der zweiten, die die Logarithmen für 1 bis 10000 mit 28 Stellen, für 100000 bis 370000 mit 15 Stellen gab, erschien 1871 eine 7stellige Tafel. Die 7stelligen Tafeln des Schweden M. WIBERG (1875)[1287] wurden mit einer Rechenmaschine ausgewertet und automatisch

1280 *Arithmétique logarithmétique*, Paris 1625 (2. Aufl., Goudae 1628). — 1281 *Nieuwe Telkonst*, Goudae 1628. Nach M. VAN HAFTEN, *Nieuw Archief* 15_2 (1925), S. 49 bis 54 soll schon 1627, also vor VLACQ, die DECKERsche Tafel vorgelegen haben. — 1282 *Traicté*, Paris 1626. — 1283 Vgl. J. W. L. GLAISHER, *Report on Mathematical Tables* im *Report of the forty-third Meeting of the British Association for the Advancement of Science*, London 1874, S. 53. — 1284 D. BIERENS DE HAAN zählt 1875 nicht weniger als 553 Tafeln auf. Vgl. *Encyklopädie der Mathematischen Wissenschaften* I, Leipzig 1898—1904, S. 987, Anm. 228. — 1285 Vgl. F. LEFORT, Ann. Observ. Paris, Mémoire 4, 1858, S. 123. — 1286 *A new table of seven-place logarithms*, London and Edinburgh 1871. — 1287 *Logarithmentabeller*, Stockholm 1875.

gedruckt, so daß bei ihnen jede Fehlerquelle ausgeschaltet sein dürfte.

Die jüngste Neuberechnung erfolgte durch das Astronomische Recheninstitut in Berlin, die mit der großen 10stelligen Tafel von J. PETERS und J. STEIN schloß.[1288]

In den ersten sieben Stellen hat VLACQ (nach GLAISHER[1289]) 171 Fehler, und zwar 123 zwischen 10000 und 100000 (im ganzen über 600). Von diesen findet man noch 98 bei JOHN NEWTON,[1290] 19 bei W. GARDINER (1742[1291]), 5 bei G. VON VEGA (1783[1292]), 2 bei FR. CALLET (1853[1293]), 2 bei E. SANG (1871[1286]). Fehlerfrei sind C. BREMIKER (1857[1294]), L. SCHRÖN (1860[1295]), FR. CALLET (1862[1293]) und K. BRUHNS (1870[1296]).

Lehrreich ist eine Übersicht über die Tafeln BRIGGSscher Logarithmen nach ihrer Stellenzahl. Die VLACQschen Tafeln waren auf 10 Dezimalen berechnet. Eine Fortführung der Genauigkeit wurde erst später vorgenommen, als schnellere Verfahren zur Verfügung standen, jedoch fast immer nur für eine beschränkte Gruppe von Zahlen. Die höchsten Stellenanzahlen erreichten J. C. ADAMS (1878[1297]) mit 260 Stellen bei natürlichen Logarithmen und H. M. PARKHURST (1871) mit 102 Stellen bei BRIGGSschen Logarithmen.[1298] ABRAHAM SHARP berechnete 1717 die gemeinen Logarithmen der Zahlen von 1 bis 100, der Primzahlen zwischen 100 und 1097 und

1288 J. PETERS und J. STEIN, *10stellige Logarithmentafel der Zahlen von 1 bis 100000 und der Funktionen für jedes Tausendstel des Grades*, herausgegeben vom Reichsamt für Landesaufnahme unter wissenschaftlicher Leitung von J. PETERS, Berlin 1922. Vgl. A SCHÜLKE, *Neuere Bewegungen in der Logarithmenrechnung*[1314a], S. 290—292. — 1289 *On Errors in Vlacq's (often called Briggs' or Neper's) Table of Ten-figure Logarithms of Numbers*, Lond. Roy. Astr. Soc. Monthly Notices 32 (1872), S. 255—262; vgl. auch *Fortschritte d. Mathematik* v. 1873, S. 44. — 1290 *Trigonometria Britannica*, London 1658. — 1291 *Tables of Logarithms*, London 1742. Nouvelle éd. Avignon 1770. — 1292 *Logarithmische, trigonometrische und andere zum Gebrauche der Mathematik eingerichtete Tafeln und Formeln*, Wien 1783. — 1293 *Tables portatives de Logarithmes*, erste Stereotyp-Auflage, Paris 1795. — 1294 G. VEGA, *Logarithmisch-trigonometrisches Handbuch* (4. Aufl.), bearbeitet von Dr. C. BREMIKER, Berlin 1857. — 1295 *Siebenstellige gemeine Logarithmen*, Braunschweig 1860. Englische Ausgabe, 1865. — 1296 *Neues logarithmisch-trigonometrisches Handbuch auf sieben Dezimalen*, Leipzig 1870. — 1297 *Note on the Value of Euler's Constant; likewise on the Values of the Naperian Logarithms, all carried to 260 places of Decimals*, Lond. Roy. Soc. Proc. 27 (1878), S. 92, natürliche Logarithmen der Zahlen 2, 3, 5, 7, 10 auf 272 Stellen, Modul M auf 282 Stellen, davon 260 Stellen als sicher bezeichnet. 1298 Gemeine Logarithmen der Zahlen von 1 bis 109 in den *Astronomical tables*, New-York 1871 (*Math. Encyklop.* I[1281], S. 997).

der Zahlen von 999980 bis 1000020 auf 61 Stellen.[1299] WOLFRAMS 48stellige Werte, die in der Tafel von JOH. C. SCHULZE (1778)[1300] zum erstenmal veröffentlicht wurden (später von VEGA 1794,[1301] CALLET 1795[1293]), beziehen sich wieder auf natürliche Logarithmen und zwar für die Zahlen 1 bis 2200, dann für die Primzahlen bis 10009. Zwanzigstellige Tafeln sind zwei erschienen[1302] (zuerst: GARDINER 1742[1291]), fünfzehnstellige nur eine (G. DOUGLAS 1809). Vierzehnstellig waren jene ältesten Tafeln BRIGGS' (siehe S. 221). Elfstellige Mantissen enthält das von J. CH. BORDA neu berechnete, in Gemeinschaft mit J. B. J. DELAMBRE herausgegebene Tabellenwerk von 1800/01;[1303] im ganzen gibt es 5 Tafeln dieser Art. Von zehnstelligen Tabellen wurden die von DE DECKER (1626)[1281], HENRION (1626)[1282], VLACQ (1628)[1278] bereits genannt (S. 224); man zählt acht, von achtstelligen sogar nur drei (zuerst: JOHN NEWTON 1658[1290]). Die Zahl 7 ist für die Stellenanzahl am häufigsten gewählt worden; die ersten sind J. FAULHABER (1630[1304]), R. NORWOOD (1631[1379]), NATH. ROE (1633[1323]), W. OUGHTRED (1657[130]); bis 1873 waren es etwa 40. Eine weitere Verkürzung der Dezimalbrüche erfolgte erst in jüngerer Zeit, als man weniger Wert auf Ziffernluxus als auf das richtige Verhältnis der Stellenanzahl zur erreichbaren Genauigkeit zu legen anfing. Eine sechsstellige Tafel erschien 1784 von SAM. DUNN;[1305] ihr folgten etwa 30 weitere. Fünfstellige Tabellen kamen um dieselbe Zeit auf; die älteste ist die schwedische Tafel von PETRUS ELVIUS in Upsala (1698[1306]). Ihr folgt die englische Tafel von D. BATES (1781[1307]). Diese Tafeln sind, wie GAUSS hervorhebt,[1308] „bei denjenigen, die viel mit Zahlenrechnungen zu verkehren haben, besonders bei den Astronomen, sehr beliebt, weil in der Tat die Fälle, wo sie ausreichen, häufig, ja die häufigsten sind, und durch ein bequemes Format und eine mäßige Größe die Arbeit sehr erleichtert wird“. Trotz dieses Vorzugs dauerte es doch bis

1299 Zuerst veröffentlicht in *Geometry improved* ..., London 1717; später wiederholt abgedruckt, so von SHERWIN 1741[1320], HUTTON 1785. — 1300 *Neue und erweiterte Sammlung logarithmischer ... Tafeln*, Berlin 1778, S. 189. — 1301 *Thesaurus logarithmorum completus*, Leipzig 1794. — 1302 Diese und die folgenden Angaben nach GLAISHER, *Report on mathematical Tables*[1283]. — 1303 *Tables trigonométriques décimales*, calculées par CH. BORDA, An. IX (1800/01). — 1304 *Appendix* der Ingenieursschul, Frankfurt a. M., 1630. FAULHABER ist der erste, der die BRIGGSschen Logarithmen in deutscher Sprache behandelt. Vgl. Ingenieursschul, S. 128. — 1305 *Tables of correct and concise logarithms*, London 1784. — 1306 *Tabula compendiosa Logarithmorum sinuum ... nec non numerorum*, Upsaliae 1698, nach G. ENESTRÖM, *Enc. des sc. math.*[1882], I, 4, 1908, S. 297, Anm. 341 u. 349. — 1307 *Logarithmic tables*, Dublin 1781. — 1308 GAUSS, *Werke*, III[151], S. 247.

zum Ausgange des neunzehnten Jahrhunderts, bis in den Schulen die früher gebräuchlichen siebenstelligen durch die fünfstelligen ersetzt wurden. Die Gesamtanzahl der erschienenen beläuft sich auf etwa 30. In neuester Zeit fangen vierstellige Logarithmen an, den eben genannten das Gebiet streitig zu machen. Das erste Mal (1828) wurde eine solche durch den Astronomen JOH. FRANZ ENCKE[1309] zusammengestellt; in der oben erwähnten schwedischen Tafel von PETRUS ELVIUS (1698[1306]) sind nur einige Reihen, log sin 0° bis log sin 14°, aus Raumknappheit (*ob defectum spatii*) vierstellig gedruckt. Hauptvertreter für sie ist J. H. T. MÜLLER (1844[1310]), der auch eine kleine Tafel für dreistellige Logarithmen gegeben hat. In der Gegenwart ist die Zahl der vierstelligen, die 1873 etwa 6 betrug, stark gewachsen.[1311] Dreistellige Tafeln sind immer nur im Zusammenhang mit größeren Tafeln veröffentlicht worden; so bei L. SCHRÖN (1838[1312]), J. HOUËL (1858[1313]) u. a. Die gegenwärtig in technischen Kreisen sehr verbreiteten logarithmischen Rechenschieber in Linealform, deren Geschichte bis auf den englischen Theologen E. GUNTER (1624) zurückreicht,[1314] sind ein sehr praktischer Ersatz für zweistellige Tafeln. Von Tafeln mit natürlichen Logarithmen ist als vollständigste siebenstellige die von Z. DASE (1850[1315]) zu nennen; fünfstellige veröffentlichte 1866 J. HOUËL.[1316]

In der Genauigkeit der letzten Ziffer des angegebenen Dezimalbruches ist man mit der Zeit immer anspruchsvoller geworden. Anfangs galt ein Fehler von einigen Einheiten in der letzten Dezimalstelle für nicht schwerwiegend. GAUSS sprach sich (1851) für die strenge Innehaltung des Grundsatzes aus, „daß die Tabulargröße dem wahren Wert allemal so nahe kommen soll, als bei der gewählten Anzahl von Dezimalstellen möglich ist und daß folglich die Abweichung nicht mehr als eine halbe Einheit der letzten Dezimale betragen darf."[1317] Dieser Grundsatz ist in den neuesten Tafeln auf das peinlichste durchgeführt worden. Ja, einzelne Verfasser verfahren so gewissen-

1309 *Logarithmen von 4 Dezimalstellen*, Berlin 1828. — 1310 *Vierstellige Logarithmen ...*, Halle 1844. — 1311 Vgl. A. SCHÜLKE, Z. Gymnasialw. 1895, S. 193; Z. math. naturw. Unterr. 1895, S. 204, 401; 1899, S. 83; Jahresb. d. Deutsch. Math.-Vereinigung 1900, S. 164. — 1312 *Tafeln der drei- und fünfstelligen Logarithmen*, Jena 1838. — 1313 *Tables de logarithmes à cinq décim.*, Paris 1858. — 1314 Vgl. A. ROHRBERG, *Die Geschichte des Rechenschiebers*, Z. math. naturw. Unterr. 47, 1916, S. 338—344. — 1315 *Tafeln der natürlichen Logarithmen der Zahlen*, Wien 1850. — 1316 *Tables de logarithmes naturels ...*, Paris 1866. — 1317 GAUSS, Astron. Nachr. 32, Altona 1851, S. 181; *Werke*[151], III, S. 258.

haft, daß sie durch irgendeine Art Merkzeichen (Strich, Punkt, anderen Druck usw.) an der letzten Ziffer andeuten, ob Erhöhung vorliegt oder nicht. Übrigens ist hierin KEPLER in seiner Tafel von 1624[1270] mit bestem Beispiel vorangegangen, indem er seinem Logarithmus ein + oder − rechts beifügte, wenn dieser um 0,25 bis 0,50 Einheiten der letzten Stelle zu klein, bzw. zu groß ist (vgl. S. 219).[1318]

BÜRGI (1620[1244]) und NEPER (1614[106]) sahen in ihren Logarithmen ganze Zahlen; daher tritt in ihren Tafeln kein Dezimalkomma auf. Bei BRIGGS (1617[1276], 1624[1110]) hingegen, der $\log 1 = 0$ und $\log 10 = 1$ setzte, haben wir es mit echten Dezimalbrüchen zu tun, und darum sehen wir auch sofort die Kennziffer durch ein Komma abgetrennt: der Übersicht wegen, die bei 14 Dezimalen erschwert ist, wird nach je 5 Stellen das Komma wiederholt (vgl. S. 222). Die meisten Tafeln, so VLACQ (1628[1278]), GELLIBRAND (1633[1277]), folgen dieser Verwendung des Kommas; zuweilen, in der Neuzeit sehr oft, wird es durch einen Punkt ersetzt. Sehr selten ist es, daß gar keine Abtrennung der Kennziffer von der Mantisse eintritt.[1319] In den neueren Tafeln wird bekanntlich in dem Hauptteil der rein logarithmischen Tabellen die Kennziffer überhaupt nicht mehr mitgedruckt, da sie aus dem Numerus nach einfachsten Regeln sofort abgelesen werden kann. In den älteren Werken wird sie stets getreulich mit aufgeführt. Die so naheliegende Neuerung ist erst in H. SHERWINs Tafeln von 1705[1320] eingeführt worden.

Wichtig für leichte Handhabung der numerisch-logarithmischen Tabellen ist die Anordnung in Form einer Tafel doppelten Einganges. BÜRGI[1244] hatte den hierin liegenden Vorteil sofort erkannt und setzte in die oberste Horizontalreihe die Zahlen 0, 500, 1000, 1500..., in die linke Randspalte die zugehörigen Zahlen 10, 20, 30... 100, 110... 490 (vgl. S. 213). Leider blieb seine verdienstvolle Erfindung, wie wir gesehen haben, ohne Einfluß auf die Weiterentwicklung. NEPERs Tafeln[106] waren trigonometrisch-logarithmische; ihre Anordnung zeigt das Beispiel S. 215. BRIGGS[1110, 1276] verteilte Numeri und Logarithmen in zwei senkrechten Parallelspalten (vgl. S. 222), von denen die linke die Numeri in der natürlichen Zahlenfolge aufwies. Ähnlich verfuhr KEPLER 1624[1270] (vgl. S. 220), dessen Tafel ja auch als rein logarithmische aufgefaßt werden kann. Jedoch finden

1318 Vgl. O. TOEPLITZ, *Zur Theorie und Praxis der Logarithmentafeln*, Z. math. nat. Unterr. 58 (1927), S. 203—211. — 1319 E. WINGATE[1280], *Arithmétique logarithmétique*, schreibt log 2 mit 0301,0299, log 20 mit 1301,0299 usw. — 1320 *Mathematical Tables*, London 1705. 3. Aufl. 1741 von GARDINER.

sich in den Rudolphinischen Tabellen KEPLERS (1627[1348]) mehrere logarithmische Sondertafeln, die doppelten Eingang aufweisen;[1321] es ist nicht ausgeschlossen, daß bei dieser verbesserten Anordnung der Einfluß BÜRGIS wirksam war. KEPLERS Schwiegersohn J. BARTSCH gab 1630 eigene trigonometrisch-logarithmische Tafeln (in NEPER-KEPLERschen Logarithmen) heraus;[1322] in ihnen ist das Prinzip des doppelten Eingangs eine der wesentlichsten Neueinrichtungen. BARTSCH trennte die logarithmische Tafel der Sinusfunktion von der der Tangensfunktion. Die Seite trug die Gradbezeichnung, der linke Rand die Minuten, der obere die Sekunden. Unter den rein logarithmischen Tafeln ist für BRIGGSsche Logarithmen die von NATHANAEL ROE (1633[1323]), für NEPERsche die von CRÜGER (1634[1275]) die erste, die nach den neuen Grundsätzen zusammengestellt wurde. Bei beiden befinden sich die Hunderter in der ersten Horizontalreihe, die zweizifferigen Zahlen 00, 01 bis 99 in der ersten linken Vertikalreihe. JOHN NEWTON (1658[1290]) änderte dies noch insoweit ab, daß er die Einerziffern in die oberste Reihe, die übrigen Ziffern an den linken Rand brachte, also diejenige Anordnung traf, die bis auf den heutigen Tag mit sehr seltenen Ausnahmen, wie bei HOUËL (1858[1313]) und TH. ALBRECHT (1884[1324]), maßgebend geblieben ist.

Eine weitere praktische Einrichtung, die ganz besonders die Übersichtlichkeit erhöht, ist die, daß die sich wiederholenden Ziffern am Anfange der Mantisse nur einmal gedruckt und erst wiederholt werden, wenn eine Änderung in ihnen auftritt. Auch hierin scheint BÜRGI vorbildlich gewesen zu sein. Seine *Progress-Tabulen*[1244] zeigen solche Vordrucke (vgl. S. 213); die gleiche Einrichtung in den angeführten KEPLERschen Tafeln[1270] ist vielleicht dieser Anordnung nachgeahmt. Von KEPLER haben BARTSCH (1630[1322]) und CRÜGER[1275] dieselbe Übung übernommen. Selbständig ist wohl URSINUS 1624[1265] auf die gleiche Idee gekommen. Der Hinweis durch einen Stern auf den nächstfolgenden Vordruck in dem Falle, daß innerhalb einer Horizontalreihe eine Änderung eintritt, ist zuerst in VEGAS Tafeln (1783[1292]) anzutreffen.

Besondere Spalten für die Differenzen hat weder BÜRGI[1244] noch NEPER[106], wenngleich sie natürlich Einschaltungen in genau derselben Weise vornahmen, wie wir heute. BRIGGS (1624[1110]) setzte die Diffe-

1321 KEPLER, *Opera*[679], ed. FRISCH, 7, Frankf. 1868, S. 434—435, *Canon Logarithmorum et Antilogarithmorum ad singula semicirculi scrupula* und *Particula Canonis Antilogarithmorum exactiorum potissimum pro eclipsibus.* — 1322 *Neperi Canon mirificus trigonometricus*, Sagani 1630. — 1323 *Tabulae logarithmicae*, London 1633; vgl. GLAISHER[1283], S. 124. — 1324 *Logarithm.-trigon. Tafeln mit fünf Dezimalstellen*, Berlin 1884.

renzen unter die entsprechenden Logarithmen, ebenso KEPLER (1625[1271]). URSINUS (1624[1265]), dessen Tafeln NEPER-KEPLERsche Logarithmen aufweisen, richtete zum erstenmal eigene Spalten für die Differenzen ein; für BRIGGSsche Logarithmen geschah dies in VLACQs Werk von 1628[1278]. Später kam man von der Einräumung besonderer Spalten wieder ab; SHERWIN (1705[1320]), GARDINER (1742[1291]), J. C. SCHULZE (1778[1300]) führen nur dann die Differenzen an — und zwar rechts am Rand —, wenn eine Änderung eintritt. Bei SHERWIN[1320] ist als Neuerung die Hinzufügung von Proportionaltäfelchen zu finden. Durch Angabe dieser Täfelchen wird eine Differenzenspalte ganz entbehrlich. Sind für alle in etwa zwei Gegenseiten auftretenden Differenzen Proportionaltäfelchen nebengedruckt, so kann man fast stets aus dem leicht ablesbaren Unterschied der letzten Mantissenziffer das richtige Täfelchen auffinden. In der fünfstelligen Tafel von A. M. NELL[1325] (1865) sind in neun weiteren Kolonnen sofort die fertig berechneten Proportionalteilchen für die sechsten Ziffern beigedruckt, so daß bei ihnen die Rechenarbeit am meisten erleichtert ist.

In neuerer Zeit wird auch viel Wert gelegt auf das Format der Tafeln, die Anordnung und Breite der Spalten und Zeilen, die Form und Größe der Ziffern, ja auch auf die Farbe des Papiers und des Druckes.[1326]

Die Mannigfaltigkeit der logarithmisch-trigonometrischen Tafeln ist viel umfangreicher, besonders, da oft eine Verbindung mit rein trigonometrischen Tafeln eintritt. Auf die letzteren einzugehen, können wir hier unterlassen, da sie in der Trigonometrie zu besprechen sein werden. Die älteste logarithmisch-trigonometrische Tafel ist die NEPERs (1614[106]). Die in der linken Spalte unter *Logarithmi* stehenden Zahlen sind die Logarithmen der Sinus zu den links angegebenen Graden und Minuten (vgl. S. 215); die zweite mit *Logarithmi* überschriebene Spalte enthält den $\log \cos \alpha$ für dieselben Winkel. Demnach stellt die Spalte mit der Überschrift *Differentia* den $\log \operatorname{tang} \alpha$ dar. Auf die Zusammenstellung dieser drei Funktionen beschränkten sich in Anlehnung an NEPER auch URSINUS (1624[1265]), WINGATE (1628[1280]) und CRÜGER (1634[1275]). Die genannten Tafeln reichen von 0° bis 45°; eine unten und rechts am Rande angegebene Winkelbezeichnung ermöglicht ein Ablesen bis 90°. Diese komplementäre Anordnung ist auch bei späteren Tafeln stets vorhanden;

1325 *Fünfstellige Logarithmen*, Darmstadt 1865. — 1326 Bei CH. BABBAGE, *Tables of the logarithms* ..., London 1827, Vorwort, werden entsprechende Vorschläge zusammengestellt.

allein ausgenommen ist KEPLERS *Chilias Logarithmorum* von 1624[1270], die die log sin α von 0° bis 90° hintereinander aufzählt.

Den Höhepunkt vermeintlicher Vollständigkeit erreichten die Tafeln VLACQS von 1628[1278]. Das Beispiel S. 223 zeigt uns gesonderte Spalten für log sin α, log cos α, log tg α, log ctg α, log sec α, log cosec α; ihn ahmt 1630 J. FAULHABER[1304] nach und später 1705 SHERWIN.[1320] Die Einsicht, daß die letzten beiden Spalten log sec α und log cosec α entbehrlich sind, brach sich aber bald Bahn, und schon in VLACQS *Trigonometria artificialis*[1279] von 1633 (S. 222) sind die Sekansfunktionen weggelassen. Die meisten späteren Tafeln gehen über die vier Hauptfunktionen nicht mehr hinaus. Von manchen Verfassern (BARTSCH, 1630;[1322] MARTIN, 1740) ist die Anordnung getroffen, daß eine besondere Tafel der Sinus von 0° bis 90° durch komplementäre Winkelbezeichnung am entgegengesetzten Rand auch die Kosinus liefert und eine zweite Tafel ebenso die Tangenten und Kontangenten umfaßt; hierbei sind dann Tafeln doppelten Eingangs möglich (so in neuerer Zeit auch bei M. VON PRASSE 1811[1327]).

Es hat den Anschein, als könne man von den Logarithmen dieser vier Funktionen sin α, cos α, tg α, ctg α die letztere ebenso leicht aus den Tafeln ausschalten, wie man es mit sec α und cosec α, den reziproken Werten von Kosinus und Sinus, getan hat. Bei genauerer Überlegung erkennt man indes, daß die Kontangensfunktion besser beizubehalten ist. Man braucht sich die NEPERschen Tafeln (S. 215), die die log ctg α nicht führen, nur anzusehen, um bei der Frage etwa nach log tg 60° schon in Verlegenheit zu geraten. Log sin α und log cos α gehen bei Komplementwinkeln ineinander über. Log ctg α wäre dann entbehrlich, wenn er unmittelbar in sich selbst überginge. Dies tritt aber nur unter Veränderung des Vorzeichens ein, so daß die Tafel im oberen und unteren Rand ungleichmäßig anzuordnen wäre und dem Rechner eine neue Beobachtungsvorschrift auferlegt würde. Daher nehmen auch die Verfasser der neuesten Tafeln von einer Ausscheidung des log ctg α Abstand. Bis zum Ende des achtzehnten Jahrhunderts war in den vier nebeneinanderstehenden Vertikalspalten die Reihenfolge log sin α, log cos α, log tg α, log ctg α üblich; seit LA LANDE 1802[1328] ordnet man symmetrischer log sin α, log tg α, log ctg α, log cos α.

In enger Verbindung mit der Stellenanzahl steht die Größe des zu wählenden Winkelintervalles. Auf diesen Zusammenhang ist

1327 *Logarithmische Tafeln für die Zahlen, Sinus und Tangenten*, Leipzig 1811. Vgl. auch die Besprechung in den Göttingischen gelehrten Anzeigen, 1811 Mai 25, durch GAUSS; *Werke* III[151], S. 241—243. — 1328 J. J. DE LA LANDE,

von den Verfassern oft nicht die gebührende Rücksicht genommen worden. Die älteste Tafel (NEPER, 1614[106]) schritt von 1′ zu 1′ vor; URSINUS (1624[1265]) verfeinerte sie, indem er die Dezimalstellen um eine vermehrte und von 10″ zu 10″ weiterging. Dasselbe Intervall weisen die zehnstelligen Tafeln VLACQs von 1633[1279] (vgl. S. 222) und die 14stellige *Trigonometria britannica*[1277] (BRIGGS-GELLIBRAND, 1633) auf. Sehr selten ist die Wahl eines gleitenden Intervalles, wie es BARTSCH 1630[1322] benutzt. Bei ihm werden die log sin α zwischen 0° und 30° von 10″ zu 10″, zwischen 30° und 47° von 15″ zu 15″, zwischen 48° und 68° von 20″ zu 20″, von 69° bis 81° zu je 30″ und schließlich nur in ganzen Minuten gegeben. Die siebenstelligen Tafeln, deren Anzahl am größten, deren Gebrauch aber heute sehr stark zurückgegangen ist, lassen sich nach dem Intervall in drei Gruppen ordnen, je nachdem dies 1′, 10″ oder 1″ beträgt. Die älteren Tafeln gehören der ersten Gruppe an; am weitesten verbreitet war die Tafel von SHERWIN (1705[1320]), die GARDINER 1741 in der dritten Auflage erscheinen ließ. GARDINER hatte auch Neuberechnungen angestellt und gab 1742 ein eigenes Tafelwerk heraus,[1291] mit dem die zweite Gruppe der Tafeln, die von 10″ zu 10″ steigt, eingeleitet wird. Die erste Tafel der dritten Gruppe ist von MICHAEL TAYLOR (1792)[1329] zusammengestellt. Der durch eine solche Intervallverkleinerung bedingte große Umfang hat aber die neueren Herausgeber zu dem Intervall von zehn Sekunden (C. BREMIKER[1294] in seiner Bearbeitung der VEGAschen Tafel von 1783[1292]) zurückgehen lassen. Der Nachteil, daß die Proportionalteile nicht mehr im Kopfe ausgerechnet werden können, wird durch Hinzufügung zahlreicher Proportionaltäfelchen ausgeglichen. Dem Intervall von zehn Sekunden entspricht bei fünfstelligen Tafeln ein solches von einer Minute. In neuester Zeit (F. AUGUST, 1846)[1330] fügt man Proportionaltäfelchen für Zehntelminuten hinzu.

Auch dezimale Teilung des Grades[1331] ist mehrfach versucht worden. Erwähnt wurde bereits die Tafel von BRIGGS-GELLIBRAND (1633[1277]); zu nennen wären noch ROE (1633[1323]) OUGHTRED (1657[130]), JOHN NEWTON (1658[1290]). Zentesimale Teilung des Quadranten wurde am Ausgang des achtzehnten Jahrhunderts angestrebt, zuerst 1783 durch J. C. SCHULZE[1332] († 1790 Berlin, Oberbaurat), auf

Tables de logarithmes, Paris, An X (1801/02); Édit. stereot., Paris 1805. — 1329 MICHAEL TAYLOR, *Tables of logarithms*, London 1792. — 1330 E. F. AUGUST, *Vollständige logarithmische und trigonometrische Tafeln*, 49. Aufl., Leipzig-Berlin 1931 (1. Aufl. 1846). — 1331 Vgl. A. SCHÜLKE[1314a], S. 290—292. — 1332 *Taschenbuch* von JOH. CARL SCHULZE, Heft II, Dreyeck-Meßkunst, Berlin 1783, S. 267ff., nach R. MEHMKE, *Bericht über die Winkelteilung*[1314], Jahresber.

Vorschlag von LAGRANGE; neu berechnete Tafeln wurden 1799 von J. PH. HOBERT und CH. L. IDELER[1333] mit einem Intervall von Hundertstel zu Hundertstel Zentesimalgrad und im Jahre 1801/02 von BORDA und DELAMBRE[1303] mit einem zehnmal kleineren Intervall herausgegeben. Leider wurden ihre Bestrebungen bis in die neueste Zeit noch wenig anerkannt.

Differenzenkolonnen wurden den logarithmisch-trigonometrischen Tafeln ebenso häufig beigegeben wie den rein logarithmischen. In der Regel sind ihnen besondere Vertikalspalten eingeräumt. Eine mit *Differentia communis* überschriebene Spalte zwischen der Tangens- und Kontangensreihe wurde erst von GARDINER 1742[1291] wieder eingeführt, nachdem sie schon in der *Trigonometria britannica* (1633[1277], BRIGGS-GELLIBRAND), ohne Nachahmung zu finden, beigedruckt worden war.

Von dem Auslassen sich wiederholender Ziffern, die durch gemeinsamen Vordruck hervorgehoben werden, ist oftmals Gebrauch gemacht worden. Die Werke von SHERWIN (1705[1320]) und GARDINER (1742[1291]) sehen jedoch davon ab. VEGA kam 1783[1292] wieder darauf zurück; in späteren Auflagen finden sich indes auch alle Mantissen wieder voll ausgedruckt. Proportionaltäfelchen werden zumeist weggelassen (so SHERWIN[1320], GARDINER[1291], SCHULZE[1300]), außer wenn bei größerem Intervall die zu groß werdenden Differenzen nicht mehr im Kopf proportional geteilt werden können.

Die Gewohnheit, beim $\log \sin \alpha$ usw. statt der negativen Kennziffer eine um 10 höhere anzunehmen und die dafür zu subtrahierende 10 durchgängig wegzulassen, erscheint heute als eine rein praktische Einrichtung, um Raum zu sparen. Dies ist jedoch nicht der ursprüngliche Grund, und es ist deshalb müßig zu fragen, wer diese zweckentsprechende Neuerung zuerst in Tafeln verwertet habe.[1334] Bis zum Beginn des neunzehnten Jahrhunderts definierte man den $\sin \alpha$ nicht im Einheitskreis, sondern betrachtete ihn als eine Linie, deren Länge mit der Größe des gerade gewählten Radius sich veränderte. Die am weitesten verbreiteten trigonometrischen Tafeln des RHAETICUS[1335] nehmen als Größe des Radius, des sogenannten *sinus totus*, 10^{10} an; es ist nun ein ausdrücklicher Vor-

Deutsch. Math.-Ver. 8, 1, 1900, S. 145, Anm. 16. — 1333 J. PH. HOBERT und CH. L. IDELER, *Neue trigonometrische Tafeln*, Berlin 1799. — 1334 Diese Frage stellt R. WOLF, *Handbuch der Astronomie*, I, 1890[1250], § 24 Anm. d, als noch offen hin. — 1335 *Opus Palatinum de triangulis a Georgio Joachimo Rhetico Coeptum: Lucas Valentinus Otho ... consummavit*, Neustadt a. H. 1596.

schlag NEPERS, dem BRIGGS beistimmte,[1336] diesen Wert $r = 10^{10}$ den Berechnungen der Logarithmen der Sinus zugrunde zu legen. Demnach mußte z. B. für sin 30° der Wert 5000000000 genommen und für log sin 30° die Zahl 9,6989700043 in den Tafeln aufgeführt werden, ohne daß ein „—10" zu ergänzen wäre. In diesem Sinne wird auch das Auftreten der Kennziffer 9 erklärt, selbst wenn die beigefügten rein trigonometrischen Tafeln einen andern Wert für r, etwa $r = 1$, annehmen, wie in den mathematischen Lehrbüchern von CHR. VON WOLFF (1710),[1337] A. G. KÄSTNER (1764),[1338] G. S. KLÜGEL (1809).[1339] Unter Voraussetzung der alten Definition erschien bei trigonometrischen Anwendungen auch in den Formeln jener *sinus totus* als Radius des gerade zur Erklärung benutzten Kreises. Wenn z. B. im rechtwinkligen Dreiecke die Hypotenuse c und ein anliegender Winkel $\alpha = 30^0$ gegeben war, so wurde die gegenüberliegende Kathete a nach der Formel berechnet:

$$a = \frac{c \cdot \sin \alpha}{\sin \operatorname{tot}},$$

mithin logarithmisch:

$$\log a = \log c + \log \sin \alpha - \log \sin \operatorname{tot},$$

oder da

$$\log \sin \operatorname{tot} = \log r = \log 10^{10} = 10 \text{ ist},$$
$$\log a = \log c + 9{,}69897 - 10.$$

Das heutige — 10, dessen Hinzufügung bei trigonometrisch-logarithmischen Aufgaben dem modernen Rechner zur zweiten Natur geworden ist, stellt sich demnach als rudimentäres Auftreten des alten *sin tot* dar. Umgekehrt hielt aber auch gerade diese Kennziffer 9 die altertümliche Liniendefinition des Sinus noch bis ins neunzehnte Jahrhundert hinein aufrecht; erst die in der Neuzeit irrtümlich unterlegte Auffassung, daß man mit der 9 nur Raum sparen wolle, ließ das alte Vorurteil durchbrechen. Erklärlich ist uns dadurch auch das oftmalige Schwanken zwischen der alten und neuen Definition des Sinus in einem und demselben Lehrbuch aus jener Übergangszeit. A. v. FORSTNERS *Sphaerik* (1827)[1340] ist z. B. ein durchaus modern angelegtes Buch; es benutzt in seinen Formeln anfangs nur die neue Sinusdefinition im Einheitskreis. In dem

1336 Mitgeteilt am Schlusse der Vorrede von VLACQS Tafeln (1628)[1278], entnommen der Vorrede BRIGGS' von 1624[1110]. — 1337 *Anfangsgründe*[124], Aufl. von 1750, S. 279. — 1338 *Anfangsgründe*[1396], 2. Aufl. 1764, S. 357. — 1339 *Anfangsgründe der Arithmetik, Geometrie und Trigonometrie nebst ihren Anwendungen* (1. Aufl. 1798); 5. verb. Aufl., Berlin-Stettin 1809, S. 158. — 1340 *Die Sphärik*, Berlin 1827.

Augenblick aber, wo v. FORSTNER zu numerischen Rechnungen gelangt und die Logarithmen der trigonometrischen Funktionen benutzen muß, taucht bei ihm sofort der alte *sin tot* auf. Die richtige Erklärung des — 10 war bereits im achtzehnten Jahrhundert verwischt; so versichert J. G. TRALLES, der in seinem Lehrbuch von 1788 ganz modern die trigonometrischen Größen als Verhältnisse am rechtwinkligen Dreieck, also als echte Brüche zwischen 0 und 1 definiert, daß man — 10 hinzufüge, um negative Logarithmen zu vermeiden.[1341]

3. Berechnungsmethoden der Logarithmen.

Im folgenden seien kurz die hauptsächlichsten Methoden zur Berechnung der Logarithmen besprochen, die **nicht** auf der Theorie der höheren unendlichen Reihen aufgebaut sind.

I. BÜRGIS[1244] Methode hat den Vorzug großer Einfachheit und Durchsichtigkeit. BÜRGI erhielt (vgl. S. 212f.) seine *roten Zahlen* x, die heutigen Logarithmen, durch fortgesetzte Addition von 10, die entsprechenden *schwarzen Zahlen* y, die heutigen Numeri, durch jedesmalige Addition des zehntausendsten Teiles des vorhergehenden y zu diesem y selbst. Indem er mit $x = 0$ und $y = 100000000$ begann, stellte er folgende Berechnungen[1342] auf:

x	y
0	100000000
	+ 1 0 0 0 0 0 0 0 0
10	100010000 0 0 0 0
	+ 1 0 0 0 1 0 0 0 0
20	100020001 0 0 0 0
	+ 1 0 0 0 2 0 0 0 1
30	100030003 0 0 0 1
	+ 1 0 0 0 3 0 0 0 3
40	100040006 0 0 0 4
⋮	⋮
5000	105126407
10000	110516539
50000	164868006
100000	271814593
200000	738831728

und schloß mit:

230270,022	1000000000,

1341 *Lehrbuch der reinen Mathematik*, Bern 1788, S. 292; ebenso NORDMANN in seiner Neubearbeitung der VLACQschen Tafeln[1278], Leipzig 1821. — 1342 Vgl. R. WOLF, *Handbuch der Astr.*[1250], I, § 22, Anm. c.

wobei er das x in der letzten Reihe etwas größer angab, als es durch fortgesetztes Addieren von 10 sich herausstellen würde, um rechts für y eine dekadische Einheit zu erhalten. Dieses letzte $x = 230270{,}022$ wird von BÜRGI als *ganze rote Zahl* bezeichnet und — etwa bei Divisionen, in denen der Nenner größer als der Zähler ist — in derselben Weise benutzt, wie wir heute die Kennziffer um einige Einheiten vergrößern, um die Subtraktion eines größeren Logarithmus vorzunehmen, ohne daß das Resultat in rein negativer Form erscheint.

II. NEPERS Methode[1343] ist viel verwickelter, aber mathematisch besser durchgearbeitet als die BÜRGIS. Anfangs geht NEPER in derselben langsam fortschreitenden Weise vor wie BÜRGI. Als erste Werte entsprechen sich bei ihm $x = 0$ und $y = 10000000$. Die x werden immer um 1 vermehrt; aus einem y ergibt sich das folgende durch Subtraktion des 10000000. Teiles. Diese Berechnungsart wird fortgesetzt bis $x = 100$. Nennen wir (mit CANTOR) die zu $x = 0, 1, 2 \ldots 100$ gehörigen y $a_1, a_2, a_3 \ldots a_{101}$, so findet NEPER $a_{101} = 9999900{,}0004950$, also fast genau $a_{101} = 9999900$, so daß der Quotient $\frac{a_{101}}{a_1} = 0{,}99999$ ist und a_{101} unmittelbar aus a_1 abgeleitet werden kann, indem man a_1 um ein 100000tel seines Wertes vermindert. Daher nimmt NEPER $b_1 = a_1$ als Anfangsglied einer neuen geometrischen Reihe mit größeren Intervallen an, deren zweites Glied $b_2 = a_{101}$ ist und deren weitere Glieder $b_3, b_4 \ldots$ sich in ähnlich einfacher Weise durch stete Subtraktion finden lassen wie die a_i. Die den b_i zugeordneten x entstehen durch Addition von je 100. Die Zwischenräume der b_i werden dann durch die entsprechenden a_i ausgefüllt. Um aber die Berechnung der b_i ebenso sprungweise vorzubereiten, wie es bei den a_i durch die b_i geschehen war, wird die Eigenschaft benutzt, daß b_{51} nahezu gleich 9995000 ist. Die unten folgende Übersicht zeigt, daß einem y-Wert, der genau gleich 9995000 ist, ein nichtganzzahliges $x = 5001{,}25$ zugehört. Dieses $b_{51} = 9995000$ wird als zweites Glied c_2 einer dritten geometrischen Reihe mit dem Anfangsglied $c_1 = b_1 = a_1$ angesetzt. Der Quotient der c-Reihe ist 0,9995, so daß sich c_{i+1} aus c_i ergibt, wenn von c_i sein 2000. Teil abgezogen wird. Die x sind durch wiederholtes Addieren von 5001,25 zu erhalten, so daß sie von $c_2 = b_{51} = b_{5001}$ ab nicht mehr ganze Zahlen sind. Zur Vorausberechnung der c bildet sich schließlich NEPER noch eine vierte Reihe d_i mit sehr großen Zwischenräumen, indem er $d_1 = c_1 = b_1 = a_1$ und $d_2 = 9900000$ setzt, das nahezu

1343 NEPER, *Constructio*, 1619[1257], Ausgabe Lugduni 1620, S. 9ff. Vgl. auch CANTOR, 2², S. 733ff.; R. WOLF, *Handbuch*[1250], I, S. 23.

gleich $c_{21} = 9900473$ ist. Das entsprechende x wird demgemäß verbessert. In der d-Reihe ist jedes folgende Glied um den 100. Teil des vorhergehenden kleiner. Bei d_{70} stellt sich zuerst ein y-Wert unter 5000000 ein. Mit diesem bricht NEPER ab. Die Intervalle der d_i werden mit den c-Werten, die der c_i dann mit den b_i, die Lücken dieser wieder mit den a_i ausgefüllt. Die folgende Tabelle macht diese Auseinandersetzungen anschaulicher.

x			y			
0	d_1	$= c_1$	$= b_1$	$= a_1$	=	10000000—0000000[1344] −1 0000000
1				a_2	=	9999999—6000000 —9999999
2				a_3	=	9999998—0000001 —9999998
3				a_4	=	9999997—0000003 —9999997
4				a_5	=	9999996—0000006
⋮				⋮		⋮
100			b_2	$= a_{101}$	=	9999900—0004950
⋮				⋮		⋮
200			b_3	$= a_{201}$	=	9999800—0010000
⋮				⋮		⋮
5000			$\{b_{51}$	$= a_{5001}$	=	9995001—224804[1345]
5001				$= a_{5002}$	=	9995000—225304
5001,25		c_2	$= b_{51}$		=	9995000
5002				a_{5003}	=	9094999—225804
⋮				⋮		⋮
100503,3	d_2	$= c_{21}$	$= b_{1001}$	$= a_{100001}$	=	{9900473—5780 {9900000
⋮				⋮		⋮
⋮	d_3	$= c_{41}$	$= b_{2001}$	$= a_{200001}$	=	⋮
⋮				⋮		⋮
6834225,8	d_{69}	$= c_{1361}$	$= b_{68001}$	$= a_{6800001}$	=	5048858—8900[1346]
⋮				⋮		⋮
6934250,8	d_{70}	$= c_{1381}$	$= b_{69001}$	$= a_{6900001}$	=	4998609—4034

1344 *Constructio*[1257], S. 9. — 1345 *Constructio*[1257], S. 10. Bei NEPER[106] ist in dieser Zahl, und demgemäß in den folgenden, ein Rechenfehler, den URSINUS (1624)[1265] gefunden und verbessert hat. — 1346 *Constructio*, S. 11.

Die x bilden die arithmetische Reihe, sind also die Logarithmen, während die y als Glieder der geometrischen Reihe die Numeri darstellen. Da die y nicht in der natürlichen Zahlenreihe fortschreiten, ist diese Tabelle keine Logarithmentafel in modernem Sinne. NEPER benutzt sie auch nur dazu, um mit ihrer Hilfe die Logarithmen der Sinuswerte zwischen 90° und 30° durch Einschaltung zu bestimmen; sin 90° ist bei ihm gleich $a_1 = 10000000$ angesetzt, daher sin 30° gleich 5000000. Die Tabelle liefert log sin 90° = 0 unmittelbar; für log sin 30° ergibt sich durch Einschaltung 6931469,22. Da nach bekannten Formeln die Werte von sin 0° bis sin 30° aus den Sinus der höheren Winkel abgeleitet werden können, brauchte NEPER die Grundtabelle nur bis 5000000 herab aufzustellen.

III. NEPER-BRIGGS. Durch die zwischen NEPER und BRIGGS vereinbarte Festsetzung, daß log 1 = 0 und log 10 = 1 sein sollte (vgl. S. 221), wurden Neuberechnungen nötig. BRIGGS, dem die Hauptarbeit zufiel, wählte hierzu eine dritte Methode, die NEPER bereits in einem Anhange zur *Constructio* von 1619 angedeutet hatte.[1347] Das Verfahren beruht auf fortgesetztem Bestimmen mittlerer Proportionalen, ersetzt also das Subtrahieren der älteren Methode durch Wurzelausziehen, es ist aber verschieden von dem KEPLERschen Verfahren (S. 219), das übrigens BRIGGS an anderer Stelle auch angewandt hat.[1348] VLACQ, der die Lücken der von BRIGGS nicht vollendeten Tafeln ausfüllte, bediente sich ebenfalls des Quadratwurzelziehens.

Es werde an log 5 die Art der Berechnung gezeigt.[1349] Man weiß, daß log 10 = 1 ist. Durch Radizieren findet man:

$$\log \sqrt{10} \qquad = \log 3{,}162277 = 0{,}5\,.$$

Diese beiden Logarithmen sind also bekannt. 5 liegt nun zwischen 10 und 3,162277. Um den Logarithmus einer Zahl zu finden, die näher an 5 liegt, wird zwischen 10 und 3,162277 das geometrische Mittel 5,623413 berechnet; als zugehöriger Logarithmus ergibt sich alsdann das arithmetische Mittel zwischen 1 und 0,5, d. h. 0,75. Demnach hat man:

$$\log \sqrt{10 \cdot 3{,}162277} \qquad = \log 5{,}623413 = 0{,}75\,.$$

Noch näher kommt man dem Numerus 5, wenn man nun wieder das geometrische Mittel zwischen 3,162277 und 5,623413, d. i. 4,216964,

1347 *Constructio*, *Appendix*, Ausgabe von 1620[1257], S. 38—39. — 1348 Vgl. P. EPSTEIN[1267], S. 149, Anm. 2. — 1349 Eine sehr klare Darstellung gibt u. a. EULER, *Introductio*[1259], 1748, I, cap. 6, § 106, Übersetzung, I. Teil von H. MASER, Berlin 1885, S. 77ff.

und dann wieder zwischen dieser Größe und 5,623413 sucht. Es ergibt sich:

$$\log \sqrt{3,162277 \cdot 5,623413} = \log 4,216964 = 0,625$$
$$\log \sqrt{5,623413 \cdot 4,216964} = \log 4,869674 = 0,6875,$$

und bei fortgesetzter Annäherung:

$$\log \sqrt{5,623413 \cdot 4,869674} = \log 5,232991 = 0,71875$$
$$\log \sqrt{4,869674 \cdot 5,232991} = \log 5,048065 = 0,7031250$$
$$\log \sqrt{4,869674 \cdot 5,048065} = \log 4,958069 = 0,6953125$$
$$\log \sqrt{5,048065 \cdot 4,958069} = \log 5,002865 = 0,6992187$$
$$\log \sqrt{4,958069 \cdot 5,002865} = \log 4,980416 = 0,6972656$$
$$\log \sqrt{5,002865 \cdot 4,980416} = \log 4,991627 = 0,6982421$$
$$\log \sqrt{5,002865 \cdot 4,991627} = \log 4,997242 = 0,6987304$$
$$\log \sqrt{5,002865 \cdot 4,997242} = \log 5,000052 = 0,6989745$$
$$\log \sqrt{4,997242 \cdot 5,000052} = \log 4,998647 = 0,6988525$$
$$\log \sqrt{5,000052 \cdot 4,998647} = \log 4,999350 = 0,6989135$$
$$\log \sqrt{5,000052 \cdot 4,999350} = \log 4,999701 = 0,6989440$$
$$\log \sqrt{5,000052 \cdot 4,999701} = \log 4,999876 = 0,6989592$$
$$\log \sqrt{5,000052 \cdot 4,999876} = \log 4,999963 = 0,6989668$$
$$\log \sqrt{5,000052 \cdot 4,999963} = \log 5,000008 = 0,6989707$$
$$\log \sqrt{4,999963 \cdot 5,000008} = \log 4,999984 = 0,6989687$$
$$\log \sqrt{4,999984 \cdot 5,000008} = \log 4,999997 = 0,6989697$$
$$\log \sqrt{5,000008 \cdot 4,999997} = \log 5,000003 = 0,6989702$$
$$\log \sqrt{4,999997 \cdot 5,000003} = \log 5,000000 = 0,6989700.$$

IV. Eine weitere, allerdings praktisch nicht durchführbare Berechnungsart gibt NEPER an derselben Stelle (*Appendix* zur *Constructio*[1257]). Um $\log a$ zu bilden, multipliziere man $a^{(10^{10})}$ aus und zähle die Ziffern des erhaltenen Produktes ab. Ist n diese Anzahl, so ergibt sich $\log a = \frac{n-1}{10^{10}}$. Bildet man z. B. $2^{(10^{10})}$, so ist die Zifferzahl des Produktes 3010299957, also $\log 2 = 0,3010299956$.[1350]

V. Im 6. Kapitel seiner *Arithmetica logarithmica* von 1624[1351] benutzt BRIGGS fortgesetzte Wiederholung des Quadratwurzelziehens aus 10. Es wird folgende Grundtafel gebildet:[1352]

1350 *Appendix* zur *Constructio*[1257], Lugd. 1620, S. 40, Nr. 10. Vgl. G. ENESTRÖM, Bibl. math. 13_3, 1912—1913, S. 343—344. — 1351 *Arithmetica log.*[1110], S. 10f. — 1352 Vgl. auch K. ISRAEL-HOLTZWART, *Grundlagen und Methoden des tabellarischen Rechnens*, Programm Nr. 394, Städt. Gymn. Frankf. a. M., 1895, S. 4f.

$$\sqrt{10} = 10^{\frac{1}{2}} = 10^{0{,}50000\,0000} = 3{,}162\,277\,660$$
$$\sqrt[4]{10} = 10^{\frac{1}{4}} = 10^{0{,}25000\,0000} = 1{,}778\,279\,410$$
$$\sqrt[8]{10} = 10^{\frac{1}{8}} = 10^{0{,}12500\,0000} = 1{,}333\,521\,432$$
$$\sqrt[16]{10} = 10^{\frac{1}{16}} = 10^{0{,}06250\,0000} = 1{,}154\,781\,985$$
usw.
$$10^{0{,}03125\,0000} = 1{,}074\,607\,828$$
$$10^{0{,}01562\,5000} = 1{,}036\,632\,928$$
$$10^{0{,}00781\,2500} = 1{,}018\,151\,722$$
$$10^{0{,}00390\,6250} = 1{,}009\,035\,045$$
$$10^{0{,}00195\,3125} = 1{,}004\,507\,364$$
$$10^{0{,}00097\,6563} = 1{,}002\,251\,148$$
$$10^{0{,}00048\,8281} = 1{,}001\,124\,941$$
$$10^{0{,}00024\,4141} = 1{,}000\,562\,313$$
$$10^{0{,}00012\,2070} = 1{,}000\,281\,117$$
$$10^{0{,}00006\,1035} = 1{,}000\,140\,599$$
$$10^{0{,}00003\,0518} = 1{,}000\,070\,272$$
$$10^{0{,}00001\,5259} = 1{,}000\,035\,135$$
$$10^{0{,}00000\,7629} = 1{,}000\,017\,568$$
$$10^{0{,}00000\,3815} = 1{,}000\,008\,784$$
$$10^{0{,}00000\,1907} = 1{,}000\,004\,392$$
$$10^{0{,}00000\,0954} = 1{,}000\,002\,196$$
$$10^{0{,}00000\,0477} = 1{,}000\,001\,098$$
$$10^{0{,}00000\,0238} = 1{,}000\,000\,549$$
$$10^{0{,}00000\,0119} = 1{,}000\,000\,275$$
$$10^{0{,}00000\,0060} = 1{,}000\,000\,137\,.$$

Briggs berechnet $\sqrt[n]{10}$ bis $n = 2^{54}$ auf 32 Stellen. Ist nun etwa $\log 2549$ zu berechnen, so setzt man $2549 = 10^3 \cdot 2{,}549$ und sucht in der Grundtafel die Potenz von 10, die 2,549 am nächsten liegt, d. i. 1,778279. Diese Zahl in 2,549 dividiert, gibt 1,433408, so daß

$$2{,}549 = 1{,}778279 \cdot 1{,}433408 = 10^{0{,}25000} \cdot 1{,}433408\,.$$

Sucht man für 1,433408 wiederum die benachbarte Zahl in der rechten Spalte der Grundtafel auf, d. i. 1,33521, so findet man durch ähnliche Division wie soeben:

$$\begin{aligned} 2{,}549 &= 10^{0{,}25000} \cdot 1{,}333521 \cdot 1{,}074904 \\ &= 10^{0{,}25000} \cdot 10^{0{,}125000} \cdot 1{,}074904\,. \end{aligned}$$

Wird dieses Verfahren fortgesetzt, so erhält man:

$$2{,}549 = 10^{0{,}250000} \cdot 10^{0{,}125000} \cdot 10^{0{,}031250} \cdot 1{,}000000275$$

$$2549 = 10^{3} \cdot 10^{0{,}25000} \cdot 10^{0{,}125000} \cdot 10^{0{,}031250} \cdot 10^{0{,}000119}$$

$$= 10^{3{,}406369},$$

woraus:

$$\log 2549 = 3{,}406369$$

folgt.

VI. Das Verfahren von John Long[1353] (1714) hat vielfach in neueren Schulbüchern Eingang gefunden. Long bedient sich der dekadischen Wurzeln aus 10. Wenn $\log a$ gleich dem Dezimalbruch n, $\alpha\beta\gamma\ldots$ gesetzt wird, so hat man:

$$a = 10^{n} \cdot 10^{\frac{\alpha}{10}} \cdot 10^{\frac{\beta}{100}} \cdot 10^{\frac{\gamma}{1000}} \ldots .$$

Dividiert man a durch 10^{n}, so kann man aus einem Täfelchen, das die erste bis neunte Potenz von $\sqrt[10]{10}$ enthält, α ablesen, indem man die dem Werte von $\frac{a}{10^{n}}$ nächst niedrige Potenz aufsucht. Verfährt man für $\frac{a}{10^{n} \cdot 10^{\frac{\alpha}{10}}}$ ebenso in einem Täfelchen der Potenzen von $\sqrt[100]{10}$, so ergibt sich β usf.

Dieses Verfahren findet sich noch einmal, wahrscheinlich in Anlehnung an Long dargestellt, in Abel Bürjas Lehrbuch von 1786.[1354]

Dieselben Täfelchen benutzt J. Dodson 1742, um umgekehrt den zu einem gegebenen Logarithmus gehörenden Numerus zu berechnen.[1355]

VII. Kettenbruchverfahren. Wird in dem heutigen Schulunterricht die Berechnung der Logarithmen vor der Lehre von den unendlichen Reihen gezeigt, so pflegt man als einfachste und am schnellsten zum Ziele führende Methode das Kettenbruchverfahren vorzutragen. Ist z. B. $\log 2$ zu berechnen, so setzt man:

$$10^{\frac{1}{x}} = 2$$

1353 Philos. Transactions, London 1714, Bd. 29, Nr. 339, S. 52—54, *A new method for making logarithms* etc. — 1354 Abel Bürja, *Der selbstlernende Algebrist*, Libau 1786; Ausg. 1801 Berlin, S. 176—180, 196ff. — 1355 James Dodson, *Anti-logarithmic Canon*, 1742 nach Fr. Masères[786], *Scriptores logarithmici*, London 1791/1807, Bd. I, S. CXIXff.

und findet aus $10 = 2^x$ für x einen Wert größer als 3. Demnach nimmt man an:

$$x = 3 + \frac{1}{y},$$

woraus folgt:

$$10 = 2^{3+\frac{1}{y}} = 8 \cdot 2^{\frac{1}{y}},$$

$$1{,}25^y = 2.$$

Durch Berechnen der Potenzen von 1,25 erkennt man, daß y größer als 3 ist. Man findet in der gleichen Weise:

$$y = 3 + \frac{1}{z}, \qquad z = 9 + \frac{1}{u}, \qquad u = 2 + \frac{1}{v} \text{ usw.}$$

und erhält durch Einsetzen:

$$\log 2 = \cfrac{1}{3 + \cfrac{1}{3 + \cfrac{1}{9 + \cfrac{1}{2 + \cfrac{1}{2 + \cfrac{1}{5 + \dots}}}}}}.$$

Als Näherungsbrüche ergeben sich:

$$\frac{1}{3}, \quad \frac{3}{10}, \quad \frac{28}{93}, \quad \frac{59}{196}, \quad \frac{146}{485}, \quad \frac{643}{2136}, \dots .$$

Inhaltlich, wenn auch nicht völlig der Form nach, stammt dies Verfahren von Brook Taylor (1685—1731, London), der es 1717 in den Philos. Transactions[1356] veröffentlichte. Seine Herleitungen ergeben genau dieselben Näherungsbrüche: es wird log 2 zu 0,30102996 statt zu 0,30102999 bestimmt. Die moderne Form findet sich in dem eben genannten Lehrbuch von A. Bürja (1786).[1357]

VIII. Neuere Schullehrbücher[1358] geben endlich die aus folgender Tafel (S. 243; gesucht ist log 3) erkennbare ganz elementare Methode.

Dies Verfahren scheint zuerst K. Bopp 1897[1359] gegeben zu haben; er veröffentlichte zugleich noch eine zweite interessante, für

1356 Phil. Transactions London 1717, Vol. XXX, Nr. 352, S. 618—622, *A new Method of computing Logarithms.* — 1357 Ausgabe von 1801 (Berlin)[1354], S. 181 bis 184. — 1358 H. Müller, *Die Mathematik auf den Gymnasien und Realschulen*, II. *Die Oberstufe*, Berlin 1899, S. 29. — 1359 *Zwei elementare Berechnungen der gewöhnlichen Logarithmen*, Festschrift, Goethe-Gymnasium, Frankfurt a. M. 1897, S. 128. P. Epstein weist brieflich darauf hin, daß das Boppsche Verfahren schon von Briggs angedeutet wurde und im Grunde genommen dem Neperschen Verfahren nahesteht; vgl. dazu D. Huttons *Preface to his new edition of Sherwin's mathematical tables*, Masères, *Scriptores logarithmici*, I[786], S. LXIV. Auch das Verfahren von K. Kommerell, *Die Berechnung der Logarithmen durch wiederholtes Quadrieren*, Arch. Math. Phys. 28_3, 1920, S. 137—145, ist ähnlich.

den Schulunterricht geeignete Methode. Wieder eine andere gibt H. Schubert 1903.[1360] Für die Berechnung von Logarithmen auf viele Stellen stellt M. Koppe 1917 recht praktische Vorschriften auf.[1361]

Die unter I—VIII angegebenen Methoden dienen dazu, die für die Zusammenstellung ganzer Tafeln nötigen Logarithmen zu berechnen. Je größer die Anzahl der dabei angesetzten Mantissenziffern ist, um so umfangreicher und schwerfälliger werden natürlich die Tafeln, so daß schließlich die Herstellungskosten mit der Seltenheit der Anwendung vielzifferiger Logarithmen in keinem Verhältnis stehen. Man hat sich deshalb bemüht, abgekürzte Logarithmentafeln herzustellen, die in den Fällen, wo sehr genaue Logarithmen gebraucht werden, zwar nicht die gewünschte Mantisse unmittelbar geben, aber doch in möglichst einfacher Weise sie zu berechnen gestatten. Zu diesen Tafeln gehören die Primzahltabellen, von denen wir einige I, S. 148 anführten. Ein sehr handliches Verfahren, mit Hilfe einiger weniger Logarithmen zu jedem beliebigen Numerus den Logarithmus zu bestimmen, gab Briggs in seiner *Arithmetica logarithmica* von 1624.[1362] Er benutzte die Möglichkeit, jede Zahl N durch fortgesetztes Dividieren auf die Form zu bringen:

$10^{x} = 3$	$0 < x < 1$		
$10^{2x} = 9$	$0 < 2x < 1$	$0 < x < \frac{1}{2}$	$0 < x < 0{,}5$
$10^{4x} = 81$	$1 < 4x < 2$	$\frac{1}{4} < x < \frac{1}{2}$	$0{,}25 < x < 0{,}5$
$10^{8x} = 6561$	$3 < 8x < 4$	$\frac{3}{8} < x < \frac{1}{2}$	$0{,}375 < x < 0{,}5$
$10^{16x} = 43046721$	$7 < 16x < 8$	$\frac{7}{16} < x < \frac{1}{2}$	$0{,}4375 < x < 0{,}5$
$10^{32x} \sim 185302\ldots$ (16 Stellen)	$15 < 32x < 16$	$\frac{15}{32} < x < \frac{1}{2}$	$0{,}46875 < x < 0{,}5$
$10^{64x} \sim 343368\ldots$ (31 „)	$30 < 64x < 31$	$\frac{15}{32} < x < \frac{31}{64}$	$0{,}46875 < x < 0{,}484375$
$\ldots$			
$10^{2048x} \sim 139421\ldots$ (978 Stellen)	$977 < 2048x < 978$	$\frac{977}{2048} < x < \frac{489}{1024}$	$0{,}477051 < x < 0{,}477539$

1360 *Elementare Berechnung der Logarithmen*, Z. math.-nat. Unt. 34, 1903, S. 497 f.; 35, 1904, S. 273 f. — 1361 *Berechnung der Logarithmen auf viele Stellen*, Sitzungber. d. Berl. Math. Ges. 16, 1917, S. 30 ff. — 1362 Daselbst[1110] cap. XIII, S. 32; in Vlacqs *Arithmetica logarithmica* v. 1628[1278], cap. XII, S. 25.

$$N = 10^n \cdot \left(1 + \frac{a_1}{10}\right) \cdot \left(1 + \frac{a_2}{10^2}\right) \cdot \left(1 + \frac{a_3}{10^3}\right) \ldots,$$

wo n eine ganze Zahl, die a_i die Zahlen 1, 2, 3 ... 9 sind. So ist z. B. verhältnismäßig schnell auszurechnen, daß

$$8{,}71 = 8 \cdot 1{,}08 \cdot 1{,}008 \cdot 1{,}0001 \cdot 1{,}000005 \cdot 1{,}0^74 \cdot 1{,}0^83 \cdot 1{,}0^93 \cdot 1{,}0^{10}9 \cdot 1{,}0^{11}9 \ldots$$

ist. Sind Täfelchen der Logarithmen 1) für 1, 2 ... 9, 2) für 1,1, 1,2 ... 1,9, 3) für 1,01, 1,02 ... 1,09, 4) für 1,001, 1,002 ... 1,009 usw. in der gewünschten Dezimalenanzahl berechnet, so kann durch einfaches Addieren der gesuchte Logarithmenwert bestimmt werden. Das Verfahren ist natürlich auch umkehrbar. Die erforderlichen kleinen Tabellen hat BRIGGS in 15stelligen Mantissen an dem angegebenen Ort[1362] zusammengestellt. Von ihm entlehnte sie 1628 A. VLACQ in zehnstelligen Werten.[1362]

Diese interessante Methode[1363] ist schon 6 Jahre vor BRIGGS' *Arithmetica logarithmica* im Druck veröffentlicht worden, in dem anonymen *Appendix*, der der englischen Ausgabe der NEPERschen *Descriptio* (1616 durch WRIGHT) 1618[106] zusammen mit einer neuen Titelseite angefügt wurde.[1364] Dieser Anhang wird WILLIAM OUGHTRED zugeschrieben.[1365] Aber auch nach BRIGGS wurde das Verfahren noch von vielen späteren Mathematikern behandelt, deren einige sich sogar für die ersten Entdecker hielten. So hat sie noch einmal in etwas veränderter Form ROB. FLOWER 1771 veröffentlicht.[1366] Dem italienischen Physiker Z. LEONELLI (1776 Cremona — 1847 Korfu) gegenüber, der 20stellige Tabellen der geschilderten Art mit Beschreibung ihrer Anwendung der französischen Akademie als neu einreichte,[1367] mußte erst ein eingehender Bericht von DELAMBRE und LAGRANGE nachweisen, daß sein Verfahren seit fast 200 Jahren bekannt sei. WEDDLE (1845)[1368] benutzte nicht die Summen, sondern die Differenzen $1 - \frac{a_n}{10^n}$. Die Anlage der abgekürzten Tafeln, deren man jetzt über 25 zählt, ist in der neueren Zeit weiter vervollkommnet worden. Sehr einfach ist die Rechnungsanordnung bei

---

1363 Die Geschichte dieses Verfahrens behandelt eingehend A. J. ELLIS, *On the Potential Radix as a Means of Calculating Logarithms to any Required Number of Decimal Places, with a Summary of all Preceding Methods Chronologically Arranged*, Proc. R. Soc. London 31, 1881, S. 398—413; *Postscript*, Proc. R. Soc. London 32, 1882, S. 377—379. Vgl. ferner J. W. L. GLAISHER, *The early use of the radix method*[105]. — **1364** GLAISHER[105], S. 140, § 21. — **1365** GLAISHER[105], S. 146ff., § 28ff. — **1366** *The radix or new way of logarithms*, London 1771. Vgl. GLAISHER[105], S. 131ff. — **1367** Z. LEONELLI, *Supplément logarithmique*, Bordeaux An. XI (1802/03); deutsch von G. W. LEONHARDI, Dresden 1806. — **1368** *The Mathematician*, 2, 1845, S. 17—25 nach GLAISHER[105], S. 136—137; ELLIS, S. 404 (Bd. 31)[1363].

R. HOPPE,[1369] dessen Hilfstafeln, obgleich sie 33stellige Mantissen enthalten, nur 7 Oktavseiten umfassen. Noch weitere Vervollkommnung gibt M. KOPPE 1917,[1370] der auch ein Verfahren zur Berechnung imaginärer Logarithmen aufstellt.

Tafeln in umgekehrter Anordnung, so daß die Logarithmen in der Form $\left(1+\frac{a_i}{10^i}\right)$ zusammengestellt sind, gab J. LONG 1714.[1353]

4. Das logarithmische Rechnen. — Symbole, Formeln, Fachwörter. — Additionslogarithmen.

Durch die Entdeckungen STIFELS (S. 209) war der Grund zum logarithmischen Rechnen gelegt. Die Durchführung seiner Ideen wurde durch die Tafeln BÜRGIS[1244] und NEPERS[106] ermöglicht (S. 211ff.). Eigene Erfindung dieser beiden Männer ist der Aufbau ihrer Tabellen und das sinnreiche Einschaltungsverfahren, das sie in den Stand setzte, Zwischenwerte zwischen die berechneten Zahlen einzuschieben.

Eine gesonderte, strenge Aufstellung der vier logarithmischen Rechenregeln, die heute an die Spitze der Theorie der Logarithmen gesetzt wird, sucht man in den meisten Lehrbüchern des siebzehnten Jahrhunderts vergebens. Eine solche kurze Zusammenfassung der Hauptpunkte entspricht dem breiten Lehrton der Schriften dieser Zeit durchaus nicht. In der Regel wird nach allgemeinen Andeutungen, die meist nicht einmal die Klarheit der STIFELschen Darlegungen besitzen, an vielen einzelnen Beispielen das neue Verfahren gezeigt; es werden Anwendungen aus allen Gebieten hergenommen und die in ihnen auftretenden Lehrsätze in logarithmischer Form vorgeführt. BÜRGI bringt in der Einleitung seines „Unterrichtes" (vgl. S. 211) zu den *Progress-Tabulen*[1244] zuerst die Bemerkungen SIMON JACOBS (S. 209f.), geht dann zu Beispielen aus der Multiplikation und Division über, lehrt nunmehr aber noch besonders das Aufsuchen der vierten Proportionale, ohne irgendwie darauf zu achten, daß die hierbei auftretenden Operationen von ihm schon gezeigt worden waren; im weiteren berechnet er zweite, dritte, fünfte Wurzeln aus gegebenen Zahlen und zum Schluß noch mittlere Proportionalen höherer Art, die in der Einzahl oder Mehrzahl zwischen vorliegende Zahlen a, b eingeschaltet werden sollen (z. B. $a:x = x:y = y:z = z:b$). Es fehlt demnach eine einheitliche Behandlung des Potenzierens und Radizierens. Wir führen aus

1369 *Tafeln zur dreißigstelligen logarithmischen Rechnung*, Leipzig 1876. — 1370 *Berechnung der Logarithmen auf viele Stellen*[1361].

Bürgis „Unterricht“, als einer der ältesten Urkunden logarithmischen Rechnens, ein Beispiel an:[1371]

Wie man auß 3 bekandten Zahlen die Vierdte proportional finden sol, welches man gemeinlig die Regul detri zu nennen pflegt.

alß zum Exempl

	die Erst		die ander		die Dritte	die Vierte
Wie sich	154030185	hatt zu	205518112	also	399854565	zur 4 Zahl ihre rothe Zahl
	$4320\overset{0}{0}$		*$7204\overset{0}{0}$*		*$13860\overset{0}{0}$*	

Addier die ander und dritte Zahl zusammen	*138600*
	72040
	210640
subtrahier davon die erste rothe Zahl	*43200*
diß ist die rothe Zahl der Vierten Schwarzen	*167440*
alß	533514619. —

Eine ähnliche Darstellungsart wählte Neper, nur daß bei ihm der Schwerpunkt in trigonometrischen Anwendungen ruhte. Statt die bisher übliche Form der trigonometrischen Lehrsätze beizubehalten und erst bei den Beispielen im eigentlichen Rechnen die logarithmischen Rechenvorteile anzuwenden, werden sämtliche auftretenden Theoreme in ganz allgemeiner Form logarithmisch umgeändert (vgl. die sog. Neperschen Analogien) und in dieser Form ausführlich angegeben. Neue Namen erleichtern ihm die Fassung seiner Sätze; unter *Logarithmus* eines Winkels versteht Neper den $\log \sin \alpha$, unter *Antilogarithmus* den $\log \cos \alpha$, unter *Differentialis* den $\log \operatorname{tg} \alpha$.

Kepler ließ (1625) ein Jahr nach der Drucklegung seiner Tafeln eine Ergänzung erscheinen, *Supplementum Chiliadis*[1271], in der er das Rechnen mit seinen Zahlen auseinandersetzte. Er beginnt bei der Multiplikation und Division mit allgemeinen Sätzen,[1372] verliert sich dann aber beim Potenzieren und Radizieren ebenfalls in besondere Fälle. Auch Briggs (1624, *Arithmetica logarithmica*[1110]) gab in seiner Einleitung keine einheitliche Form der logarithmischen Gesetze,

1371 Gieswald, Programm[1246], S. 30. — 1372 Daselbst[1271], caput VIII, Praeceptum VI: *Duos numeros absolutos in se mutuo multiplicare per Logarithmos et factum invenire. Igitur adde Logarithmos duorum numerorum excerptos ex Chiliade, summa quaesita rursum inter Logarithmos monstrat absolutum in illorum columna numerum, qui semper est quaesiti pars multiplex proportionis decuplae continuae.* (Zwei Zahlen miteinander durch Logarithmen zu multiplizieren und ihr Produkt zu finden. Addiere die aus der Tafel entnommenen Logarithmen beider Zahlen; ihre Summe, unter den Logarithmen aufgesucht, liefert in der Tafel eine Zahl, die immer ein dekadisches Vielfaches der gesuchten Zahl ist.

sondern beschränkte sich darauf, seinen Lesern durch die vorgeführten Beispiele das Rechnen beizubringen. Nach BRIGGS richtete sich VLACQ (1628[1278]), und diesem folgte die Mehrzahl der späteren Bearbeiter. Eine rühmliche Ausnahme machte W. OUGHTRED (1574 bis 1660; engl. Landpfarrer) in dessen *Clavis mathematica*, Englische Ausgabe von 1647[1680], zum erstenmal die vier Fundamentalregeln zu kurzen, bündigen Sätzen zusammengefaßt werden, die in jedem modernen Lehrwerk ihren Platz finden könnten.[1373] Um die schulmäßige Behandlung der logarithmischen Sätze und ihre Einübung hat E. G. FISCHERS *Lehrbuch der Elementarmathematik* von 1823[1374] wie in vielen anderen methodischen Punkten unleugbare Verdienste; FISCHERS Beweise entsprechen völlig der modernen Anordnung.

Hilfswinkel zur Erleichterung logarithmischer Rechnungen hat schon THOMAS STREETE (1621—1689) 1661 in seiner *Astronomica Carolina* benutzt (vgl. Trigonometrie).[1375]

Das Rechnen mit dekadischen Ergänzungen[1376] hat nach BRIGGS' Mitteilung[1377] EDMUND GUNTER (1581—1626, London) eingeführt; dann empfiehlt sie 1631 unter dem Namen *compimento aritmetico* der italienische Mathematiker B. CAVALIERI (1598—1674, Bologna).[1378] R. NORWOOD 1631 benutzt dabei die Abkürzung *co*: *ar*: (*complement arithmetical*).[1379]

1373 *Clavis mathematicae*, *Opuscula mathematica*[161], Oxford 1676, S. 121—122: *Eaedem figurae, eodem ordine dispositae, eundem habent Logarithmum: Indices vero diversi esse possunt. — Summa duorum Logarithmorum, Logarithmus est facti a valoribus: differentia autem, Logarithmus est quoti. — Logarithmus lateris, ductus in numerum dimensionum cuiusque potestatis, est ejusdem potestatis Logarithmus. — Logarithmus potestatis cujusque divisus per numerum dimensionum suarum, exhibet Logarithmum radicis suae.* (Zahlen von derselben Ziffernfolge haben denselben Logarithmus, nur die Kennziffer kann verschieden sein. — Die Summe zweier Logarithmen ist der Logarithmus des Produktes aus ihren Numeri, die Differenz ist der Logarithmus ihres Quotienten. — Der Logarithmus einer Wurzel, mit ihrem Exponenten multipliziert, gibt den Logarithmus ihrer Grundzahl. — Der Logarithmus einer Potenz, durch ihren Exponenten dividiert, gibt den Logarithmus ihrer Grundzahl.) — 1374 S. 126[1454]: EULERsche Definition; S. 135—138: Sätze und Beweise; S. 157: Übungen im Logarithmieren allgemeiner Ausdrücke. — 1375 G. ENESTRÖM, Bibl. math. 4_3, 1903, S. 401. — 1376 Über die älteste Geschichte der dekadischen Ergänzung siehe G. ENESTRÖM, *Encycl. d. sc. mathém.*[1882] I, 4, S. 200, Fußnote. — 1377 BRIGGS, *Arithmetica logarithmica*[1110], cap. XV, S. 37, Z. 36f. — 1378 In einem Brief an G. GALILEI; vgl. *Le Opere di Galileo Galilei. Edizione nazionale sotto gli auspici di Sua Maestà il Re d'Italia.* Pubbl. da A. FAVARO, 1—20, Firenze, 1890—1909; Bd. 14, 1904, S. 242—243. — 1379 *Trigonometry*[1350], S. 21, Z. 12 u. ö.

Ein weiterer Fortschritt lag in der Aufstellung von Formeln. Um solche zu bilden, war es nötig, daß sich für das Wort Logarithmus Abkürzungen einbürgerten, aus denen allmählich Symbole wurden. Zur Zeit der Erfindung der Logarithmen und zum Teil noch bis zum achtzehnten Jahrhundert pflegte man die mathematischen Sätze in weitschweifiger, ausführlicher Form zu geben. Erst ganz allmählich drang die Formelsprache in die mathematischen Lehrbücher ein. Anders verhielt man sich bei wirklichen Rechnungen. Hier führte der häufige Gebrauch des Wortes Logarithmus bald zu Abkürzungen. E. GUNTER (1620) schreibt in seinem *Canon triangulorum* auch hier noch *the logarithme of 14*, zuweilen aber findet sich schon die Abkürzung *Loga.*[1380] Während BRIGGS 1624[1110] Logarithmus wieder ausschrieb, benutzte KEPLER (1624[1270]) die Anfangssilbe *Log.*, URSINUS (1624[1265]) sogar nur den ersten Buchstaben *L.* Einheitlichkeit ist auch in der nächsten Zeit nicht vorhanden. Noch in CHR. VON WOLFFS *Anfangsgründen*[124] (Auflage von 1750) erscheint bei Rechnungen neben dem kürzeren *Log. Sin c* das ausführliche *Logarithmus Tangentis von 34⁰ 21'.*[1381] Allmählich trat jedoch eine Bevorzugung des einfachen *L.* oder *l.* ein. In der *Synopsis palmariorum matheseos*[87] benutzte W. JONES 1706 *L*; er schrieb z. B. die Auflösung der Formel $l = a r^{n-1}$ nach n:

$$n = \frac{L, l - L, a}{L, r} + 1.$$

In einer Abhandlung des Schotten J. CRAIG (1710),[1382] *Logarithmotechnia generalis*, heißt es geradezu: *Per litteram l numero cuilibet praefixam denotetur* (*ut vulgo solet*) *istius numeri Logarithmus* (Durch den Buchstaben *l*, der einer beliebigen Zahl vorgesetzt ist, soll, wie es allgemein üblich ist, der Logarithmus dieser Zahl bezeichnet werden). Bei GARDINER (Einleitung zur Logarithmentafel von 1742[1291]) findet sich neben dem Zeichen *L.* noch das Symbol *L'*, das das dekadische Komplement des betreffenden Logarithmus bedeuten soll. GARDINER gibt nun auch bereits das System der logarithmischen Gesetze in Formeln und erhöht dadurch außerordentlich die Klarheit seiner Darstellung. Mit Verwendung des Zeichens *L'* lauten seine Formeln:

1380 *Canon triangulorum*, London 1620, cap. IV, S. 12, 13. — 1381 Daselbst[124], S. 286. — 1382 Philosoph. Transact. London, 27, 1710, Nr. 328, S. 191.

1) $L.ab = L.a + L.b; \quad L.abcd = L.a + L.b + L.c + L.d.$

2) $L.\frac{a}{b} = L.\frac{1}{b}a = -L.\frac{b}{a} = L.a - L.b = L.a + L'b; \quad L.\frac{1}{a} = L'a.$

3) $L.a^n = nL.a; \quad L.a^{\frac{1}{n}} = \frac{1}{n}L.a; \quad L.a^{\frac{m}{n}} = \frac{m}{n}L.a; \quad L.\frac{1}{a^{\frac{m}{n}}} = \frac{m}{n}\cdot L'a.$

4) $L.\left.\overline{\frac{a}{b}}\right|^{\frac{m}{n}} = \frac{m}{n}L.a - \frac{m}{n}L.b = \frac{m}{n} \times \overline{L.a - L.b} = \frac{m}{n} \times \overline{L.a + L'b}.$

5) $$L.\frac{a^m b^n c^t}{p^v q^x r^z} = mL.a + nL.b + tL.c - vL.p - xL.q - z.L.r$$
$$= mL.a + nL.b + tL.c + vL'p + xL'q + zL'r.$$

In der von Jos. Fr. Marie bearbeiteten Ausgabe (1770) der *Leçons élémentaires* von de La Caille[1383] wird der Punkt bereits fortgelassen, also geschrieben $Lab = La + Lb$.

Zu weiterer Verbreitung gelangte das kleine l, dem nunmehr häufiger der Punkt nicht mehr beigesetzt wird, durch Euler (1707 bis 1783), der es in Briefen schon 1728[1384] benutzte, vorbildlich aber durch seine *Introductio* von 1748[1385] wurde. Es tritt über in Kästners *Anfangsgründe* (1758),[1386] ferner in von Segners Werk gleichen Namens (1773)[1387] und in Karstens *Lehrbegriff* (1768)[1388] u. a., wenigstens bei den Kapiteln, in denen es sich um die Herleitung der allgemeinen Gesetze der logarithmischen Theorie handelt. In Zahlenbeispielen hingegen wird das Zeichen *log* benutzt. Eine strenge Trennung zwischen dem l und dem *log*, durch die wir jetzt vielfach die natürlichen und die Briggsschen Logarithmen unterscheiden, liegt aber dieser Zeit noch fern. Wir sehen bei L. Euler in den *Opuscula analytica* (1783) das einfache l auch für Briggssche Logarithmen benutzt.[1389] Erst A. L. Cauchy (1789—1857, Paris), empfiehlt 1821 die scharfe Auseinanderhaltung der beiden Bezeichnungen im modernen Sinne.[1390] A. Bürja (1788),[1391] der aus-

1383 *Leçons él.*[1417], § 471. — 1384 G. Eneström, Bibl. math. 4_3, 1903, S. 353 (Brief Eulers an Joh. I. Bernoulli vom 10. Dez. 1728). Vgl. auch a. a. O. S. 351 Brief von Joh. I. Bernoulli an Euler, 9. Jan. 1728. — 1385 *Introductio*[1259], 1748, lib. I, cap. 6, § 104. — 1386 Ausg. v. 1764[1396], z. B. S. 152. — 1387 *Anfangsgründe der Arithmetik*, *Geometrie usw.*, 2. Aufl., Halle 1773. Übersetzung der *Elementa analytica finitorum*, Halle 1758 (Teil II des *Cursus mathematicus*, Halle 1757—1768). Ausg. v. 1773, z. B. S. 150. — 1388 II[1313], § 131. — 1389 *Opuscula analytica*, Bd. I, Petersburg 1783[149], S. 347. — 1390 *Cours d'analyse*, 1821[719], S. 171, 305, 309 u. ö. So verfuhr auch gelegentlich schon Leibniz. Vgl. *Gesammelte Werke*, 3. Folge, *Mathematik*[1786] = *Leibnizens Mathematische Schriften*, I. Abt., Bd. 1, Berlin 1849, S. 117. — 1391 *Essai d'un nouvel algorithme des logarithmes*, Nouv. Mém. Ac. Berlin 1788/89 (1793), S. 300—325.

drücklich die Logarithmierung als siebente Rechnungsart anerkennt, führt auch ein besonderes Operationssymbol $\frac{a}{\overline{b}} = m$ für ${}^b\log a = m$ ein. Es wurde indes von anderen Mathematikern nicht angenommen, ebensowenig wie ein neues Wort für diese siebente Rechnungsart, *Exponentiation*, das B. F. THIBAUT 1831 vorschlug.[1392] A. L. CRELLE (1821) setzte die Basis über das Symbol log.[1393] Bestrebungen, ein logarithmisches Rechenzeichen einzuführen, sind alt,[1394] aber heute noch in der Schwebe.[1395] Neuerdings wird beim schematischen Rechnen ein Logarithmuszeichen ganz fortgelassen; das empfahl übrigens schon CRELLE 1826 in seinem *Lehrbuch der Elemente.*[1396]

Für das Rechnen mit dekadischen Komplementen hatte J. A. GRUNERT 1832[1397] ein besonderes Symbol $cd \log a$ empfohlen, worin er aber durch GARDINERS L' (vgl. S. 248 u.) entschieden übertroffen worden war.

Neben den Symbolen hat sich noch eine größere Anzahl von Kunstwörtern eingebürgert.

Das Wort Logarithmus (λόγου ἀριθμός, Verhältniszahl, *numerus rationem exponens, numerus rationum compositarum, numerus proportionis*) ist von NEPER selbst gewählt.[1398] Es hängt offenbar zusammen mit der griechischen Lehre von den Verhältnissen. Bei EUKLID heißt $\left(\frac{a}{b}\right)^2$, $\left(\frac{a}{b}\right)^3 \ldots$ das zweifache, dreifache Verhältnis von $\frac{a}{b}$. ARCHIMEDES kennt schon das $1\frac{1}{2}$fache Verhältnis $\left(\frac{a}{b}\right)^{3/2}$ (vgl. 81, 157, 166). Über die Araber gelangte diese Ausdrucksweise zum Abendland; bei BRADWARDINUS († 1349) wird das halbe Verhältnis $\left(\frac{a}{b}\right)^{1/2}$ erwähnt. Die Scholastiker, besonders ORESME (um 1323—1382; Paris, Lisieux), brachten diese Verhältnislehre und ihr Rechnen zu hoher Ausbildung. Nicht unbeeinflußt von diesen war M. STIFEL, so daß er (1544) die Aufgabe, das wievielfache Verhältnis von $\frac{27}{8}$ ist $\frac{2187}{128}$, durch den Exponenten $\frac{7}{3}$ lösen konnte[918]. Wohl in Kenntnis

---

1392 *Grundriß der reinen Mathematik*, 5. Aufl.[123], S. 67. — 1393 *Sammlung mathematischer Aufsätze* 1, Berlin 1821, S. 207, § 164. — 1394 Vgl. FL. CAJORI, *History of math. Notations*[1385b], II, S. 113. — 1395 Vgl. E. KULLRICH, *Bemerkungen zur Bezeichnung der Logarithmierung*, Unterrichtsbl. f. Math. u. Nat. 14, 1908, S. 129—130; A. SCHÜLKE, *Über die Bezeichnung der Logarithmen*, daselbst 15, 1909, S. 35—36. — 1396 I[678], S. 392. — 1397 *Lehrbuch der Mathematik f. ob. Kl.*, III, Brandenburg 1832, S. 69. — 1398 Über ein früheres Auftreten des Wortes Logarithmus (bei PEUCER 1553), aber in anderem Sinne, vgl. FL. CAJORI, *The word 'Logarithm' used before the time of Napier*, Archeion 12, 1930, S. 229 bis 233.

der STIFELschen *Arithmetica integra* von 1544[1247] kam NEPER dazu, die Glieder seiner arithmetischen Reihe Logarithmen (= Zahlen der Verhältnisse) zu nennen. Es liegt also nicht weit ab zu vermuten, daß schon NEPER die Potenzerklärung seiner Logarithmen erfaßt hatte. NEPER definiert in seiner *Descriptio* von 1614:[1399] *Proportionalium numerorum, aut quantitatum, aequi-differentes sunt logarithmi.* In der *Constructio*,[1257] die 1619 nach NEPERs Tode erschien, aber vor der *Descriptio* abgefaßt war, ist der Name Logarithmus noch nicht vorhanden. NEPER unterscheidet hier nur die *numeri naturales*, unsere jetzigen Numeri, von den *numeri artificiales*,[1400] für die er dann die neue Bezeichnung einführte. Unter dem Logarithmus einer Winkelgröße verstand NEPER stets den Logarithmus des Sinus. Für den Logarithmus des Kosinus, der in seinen Tafeln symmetrisch gegenüber aufgeführt war (vgl. S. 215), wählte er die Bezeichnung Antilogarithmus.[1401] Der moderne Mathematiker versteht, abweichend von diesem Sprachgebrauch, unter Antilogarithmentafel eine Tabelle, in der nicht die Numeri, sondern die Logarithmen die Reihe der natürlichen Zahlen bilden, wie wir sie bei BÜRGI kennen lernten. In diesem Sinne begegnet uns das Wort zuerst bei J. WALLIS (1616 bis 1703, Oxford).[1402] Das Wort Numerus ist heute noch in der deutschen Fachsprache unverändert erhalten. Logarithmieren erscheint erst im neunzehnten Jahrhundert, 1836 bei C. KOPPE.[1403] (Vgl. S. 162).

Die Bezeichnung Logarithmus naturalis gebrauchte NIK. MERCATOR (1620, Holstein — 1687; London, Paris) zum erstenmal, und zwar für die Logarithmen, die durch seine Reihe

$$l(1+a) = a - \frac{a^2}{2} + \frac{a^3}{3} - \frac{a^4}{4} + \cdots$$

definiert wurden.[1404] Er nennt diese auch *logarithmi non tabulares*, im Gegensatz zu den BRIGGSschen, den *logarithmi tabulares* (S. 258). Für die letzteren wird in der späteren Zeit auch der Name künstliche Logarithmen üblich, der einen Anklang an NEPERs *numeri artificiales* bildet.

Von einem Logarithmensystem spricht zuerst R. COTES (1652 bis 1716, Cambridge).[1405]

1399 Cap. II[106], prop. I, S. 5. — 1400 Ausgabe von 1620[1257], S. 25. — 1401 *Descriptio* (1614)[106], lib. I, cap. 3, sect. 13: *Logarithmi complementorum, quos antilogarithmos appellamus* ... — 1402 WALLIS, *Opera* II[1682], Oxoniae 1693, cap. XII, S. 63. Die Stelle fehlt in der englischen Ausgabe der *Algebra* 1685. — 1403 *Anfangsgründe d. rein. Math.*[11182], § 175, S. 74. — 1404 Philos. Transact. London, Vol. 3, 1668[786], S. 761, Z. 4; vgl. MASÈRES[786], I, S. 228, Z. 2 v. u. — 1405 *Logometria*, Phil. Transact. London, 29, 1714, S. 6 u. ö.

Das Wort Charakteristik kommt bereits in BRIGGS' *Arithmetica logarithmica* von 1624 vor;[1406] die Verdeutschung Kennziffer gebraucht schon KÄSTNER (1719—1800, Göttingen) in seinen *Anfangsgründen* (1758).[1407] E. G. FISCHER (1824)[1408] will lieber Kennzahl gesagt haben, da sie ja oft mehrziffrig ist.

Das Fachwort Mantisse hatte BRIGGS noch nicht. Die eigentliche Bedeutung von Mantisse ist „Zugabe" (*mantissa*, röm.-etrusk. Wort). WALLIS (1616—1703, Oxford) benutzte es in seiner lateinischen *Algebra* (1693) als Fachwort für die Ziffern eines Dezimalbruches.[1409] EULER, der *mantissa* wahrscheinlich in diesem Werke erst kennen gelernt hatte, gebrauchte es nur für die Dezimalstellen eines Logarithmus.[1410] Aus seiner *Introductio* (1748) gelangte diese besondere Bezeichnung bald in andere Lehrbücher. In CHR. VON WOLFFS *Anfangsgründen* (Aufl. von 1750[I 24, 395]) ist der neue Ausdruck noch nicht verwertet; wohl aber treffen wir ihn in KÄSTNERS[1411] (1764) und KLÜGELS (1798)[1412] *Anfangsgründen* und von nun ab häufiger an. GAUSS (1777—1855, Göttingen) ging gelegentlich wieder auf die Auffassung WALLIS' zurück und benutzte Mantisse, wie dieser, für die Dezimalstellen, die sich bei der Verwandlung eines gewöhnlichen Bruches in einen Dezimalbruch ergeben.[1413]

Das Wort interpolieren ist bei WALLIS, der es in modernem Sinne zuerst gebrauchte,[1414] noch nicht zum festen Kunstwort geworden, da er zuweilen statt *interpolare* auch *intercalare* setzt.[1415] Das deutsche Wort einschalten bevorzugt J. H. LAMBERT (1728 bis 1777).[1416]

Das Wort Basis ist der Potenzlehre entnommen und wurde erst seit EULER, der das Logarithmieren als zweite Umkehrung des Potenzierens aufzufassen lehrte, zu einem Fachwort in der Theorie der Logarithmen. Jetzt ist die Bezeichnung Grundzahl üblich geworden.

Das Wort Modulus für die Multiplikationskonstante, die ein Logarithmensystem in ein anderes überführt, ein Begriff, den

1406 *Arithmetica logarithmica*[1110], cap. IV, S. 4, Z. 6 v. u.: *Prima nota versus sinistram, quam characteristicam appellare poterimus*, ... — 1407 *Anfangsgründe*, 1. Aufl., Göttingen 1758[1396], Kap. VI, § 31, S. 151, Z. 4. — 1408 *Lehrb. d. Elementarmathematik* III[1454], S. 143. — 1409 WALLIS, *Opera*[1681], Vol. II, Oxoniae 1693, S. 41; in der englischen Ausgabe 1685 steht *appendage*. Vgl. G. ENESTRÖM, *Encycl d. sc. mathém.*[1887], I, 4, S. 285, Fußnote 292. — 1410 EULER, *Introductio* 1748[1259], I, § 113, cap. VI u. ö. — 1411 2. Aufl.[1396], 6, § 31, S. 150. — 1412 Daselbst[1339] S. 57. — 1413 *Disquisit. arithmet.*[1157], § 312; vgl. *Math. Encyclop.*[1284], I, Leipzig 1901, S. 986, Anm. 225. — 1414 *Opera*, I[204], S. 443, prop. 170. — 1415 *Opera*, I[204], S. 463. — 1416 J. H. LAMBERT, Über das Einschalten in den *Beyträgen zum Gebrauch der Mathematik und deren Anwendung*, Berlin 1765—77, Bd. III, § 5 nach S. KLÜGEL, *Mathematisches Wörterbuch*[198], Artikel *Einschalten*.

N. MERCATOR bereits 1668 aufgestellt hatte (vgl. S. 258), geht auf einen Vorschlag zurück, den R. COTES (1682—1716, Cambridge) in einem Briefe an NEWTON vom 25. Mai 1712 machte.[1417] COTES bat um NEWTONS Ansicht über diese Wahl und führte dann 1714 seinen Vorschlag in einer Abhandlung über Logarithmenberechnung, *Logometria*, wirklich durch.[1418]

Der Ausdruck Tafel doppelten Eingangs entspricht einer Redewendung, die REGIOMONTANUS (JOH. MÜLLER aus Königsberg in Oberfranken, 1436 — Rom 1476; Wien, Italien, Nürnberg) bereits in der *Tabula primi mobilis* (1464 verfaßt, 1514 gedruckt) benutzt hat: *tabula duplici introitu*.[1419]

Zur Besprechung der Fortschritte im logarithmischen Rechnen gehört auch die Geschichte der Additionslogarithmen. Bekanntlich wird das Rechnen mit Logarithmen erheblich erschwert, wenn in den Aufgaben Summen und Differenzen auftreten. Um diese Schwierigkeiten zu verringern, griff man anfangs zu trigonometrischen Umformungen. B. CAVALIERI (1591?—1647) veröffentlichte 1639 eine Schrift *Centuria di varii problemi*,[1420] in der er durch $\sin\alpha = \frac{a}{b}$ die Umformung

$$\log(a + b) = \log a + \log 2 + 2 \log \sin \frac{90^0 + \alpha}{2}$$

und für $\sin\beta = \sqrt{\frac{b}{2a}}$

$$\log(a - b) = \log a + \log\cos 2\beta$$

ableitete. Ein sonst unbekannter Arzt aus Glatz, JOSEF MUSCHEL von Moschau, wiederholte 1697[1421] diese Umformungen, wahrscheinlich selbständig.

CHRISTIAN v. WOLFF (1679—1754, Halle) setzte:[1422]

$$\log \operatorname{tg} \alpha = \tfrac{1}{2}(\log a - \log b)$$

1417 CANTOR, 3^1, S. 363. — 1418 Phil. Transact. London 1714, 29[1405], S. 6 ff. — 1419 Vgl. CH. FR. PFLEIDERER, *Ebene Trigonometrie mit Anwendungen und Beyträgen zur Geschichte derselben*, Tübingen 1802, S. 130. — 1420 Bologna 1639, Probl. 92, S. 486—492. Vgl. G. ENESTRÖM, *Enc. d. sc. mathém.*[1882], I, 4, S. 309 bis 310. Fußnote 402. — 1421 *Methodus Additionis et Subtractionis logarithmorum*, Misc. Cur. Acad. Caes.-Leop., dec. 3, annus IV, 1697, S. 102—105. — 1422 Acta Erud., Lips. 1715, S. 257—260, *Regula nova inveniendi logarithmum summae vel differentiae duorum numerorum*, auch in *Meletemata mathematico-philosophica*, Halae 1755, S. 77—80, Nr. XXV. Vgl. J. H. T. MÜLLER, *Lehrbuch der Mathematik*, 1852[1456], I, S. 355.

und erhielt:

$$\log(a+b) = \log a - 2\log\sin\alpha.$$ [1423]

Das erstere Verfahren ist auch von J. B. J. DELAMBRE (1749 bis 1822, Paris)[1424] in der nur wenig abweichenden Form angegeben worden:

$$\log(a \pm b) = \log b + \log \operatorname{tg}\alpha \pm \log\operatorname{ctg}\frac{\alpha}{2} = \log a + \log 2 + 2\log{}^{\cos}_{\sin}\frac{\varphi}{2}$$

mit

$$\log\cos\alpha = \log b - \log a.$$

Größere Abkürzung im Rechnen gewährt ein Verfahren, das von Z. LEONELLI (1776 Cremona — 1847 Korfu, Physiker) zuerst vorgeschlagen wurde.[1425] Von ihm wurden die beiden Formeln benutzt:

$$1)\ \log(a+b) = \log a + \log\left(1+\frac{b}{a}\right) = \log b + \log\left(1+\frac{a}{b}\right),$$

$$2)\ \log(a-b) = \log a - \log\frac{\frac{a}{b}}{\frac{a}{b}-1} = \log b + \log\left(\frac{a}{b}-1\right)$$

und für ihre Anwendung die Zusammenstellung dreier Tabellen empfohlen, die in einem Entwurf von drei Seiten mit vierzehnstelligen Werten beigegeben werden. C. FR. GAUSS (1777—1855, Göttingen) nahm diese Idee auf und veröffentlichte 1812 die vollständigen Tabellen in fünfstelligen Dezimalbrüchen.[1426] Diese drei Tabellen, die GAUSS mit A, B, C überschreibt, sind nebeneinander geordnet; je drei auf einer Zeile befindliche Zahlen stehen in dem Zusammenhange:

$$3)\ A = \log m, \qquad B = \log\left(1+\frac{1}{m}\right), \qquad C = \log(1+m).$$

Ist $\log a$ und $\log b$ bekannt und wird $\log(a+b)$ verlangt, so sucht man, indem $m = \frac{a}{b}$, also $A = \log a - \log b$ angenommen wird, die

1423 Dasselbe Verfahren hatte J. HERRMANN schon einige Jahre früher (Brief von WOLFF an LEIBNIZ vom 4. Mai 1715; herausgegeben von C. I. GERHARDT, *Briefwechsel zwischen Leibniz und Christian Wolf*, Halle 1860, S. 165). — 1424 J. B. J. DELAMBRE, *Om parallaxvinklars uträkning*; K. Vetenskaps. Akad. nya handlingar, Stockholm 9 (1782), S. 82—83. — 1425 LEONELLI, *Supplément logarithmique*[1367]. Übers. v. G. W. LEONARDI, Dresden 1806, S. 50. — 1426 ZACHS Monatliche Korrespondenz 26, Gotha 1812, S. 498—528; vgl. auch GAUSS' eigenen Bericht, *Werke*, 3[151], S. 244—246. A. GALE[1486], S. 14—15.

Differenz der gegebenen Logarithmen in der Spalte A auf und entnimmt das zugehörige B oder C. Dann hat man:

$$4^{a}) \quad \log(a+b) = \log a + B$$

oder auch:

$$4^{b}) \quad \log(a+b) = \log b + C.$$

Bei dem Logarithmus der Differenz ist der Unterschied der gegebenen Logarithmen $\log a - \log b = \log m'$ in Spalte C aufzusuchen. Die Größe m in 3) ist hier gleich $m' - 1$; die drei Gleichungen in 3) gehen daher über in

$$3') \quad A = \log(m'-1), \qquad B = \log\frac{m'}{m'-1}, \qquad C = \log m'.$$

Beachtet man, daß diesmal $\frac{a}{b} = m'$ ist, so ergibt sich:

$$5^{a}) \quad \log(a-b) = \log a - B, \quad \text{oder}$$

$$5^{b}) \quad \log(a-b) = \log b + A.$$

Den GAUSSschen fünfstelligen Tafeln folgten 1818 als erste siebenstellige die Tafeln von E. A. MATTHIESSEN.[1427] In der späteren Zeit ist die von LEONELLI und GAUSS gewählte Anordnung vielfach verändert worden. Während in den Formeln 4^{a}) und 5^{a}) die Differenz $\log a - \log b$ in verschiedenen Spalten (A oder C) aufgesucht wird, je nachdem der Logarithmus der Summe oder der Differenz zu suchen ist, die zugehörige Zahl aber immer aus derselben Spalte B zu entnehmen ist, stellte J. H. T. MÜLLER 1844[1310] gemäß den Formeln:

$$\log(a+b) = \log a + \log\left(1+\frac{b}{a}\right),$$

$$\log(a-b) = \log a - \log\frac{1}{1-\frac{b}{a}}$$

drei andere Kolonnen A, S (Summe), U (Unterschied):

$$A = \log a - \log b, \qquad S = \log\left(1+\frac{b}{a}\right), \qquad U = \log\frac{1}{1-\frac{b}{a}}$$

auf, von denen A stets zuerst benutzt wird. TH. WITTSTEIN beschränkte sich andrerseits auf die Formeln 4^{b}) und 5^{b}), in denen B überhaupt nicht vorkommt, und konnte daher in seinen Tafeln mit

1427 E. A. MATTHIESSEN, *Tafel zur bequemeren Berechnung der Logarithmen der Summe oder Differenz zweyer Größen, welche selbst nur durch ihre Logarithmen gegeben sind,* Altona 1818.

nur zwei Spalten auskommen.[1428] Seine Anordnung findet man in den meisten neueren Tafeln, so in denen von A. M. Nell[1325] (1865) und F. G. Gauss[1429] (1870).

Der Name Gausssche Logarithmen ist nach den vorstehenden Auseinandersetzungen durchaus unberechtigt. Gauss selbst ist weit davon entfernt, die Erfindung der Additionslogarithmen als sein Eigentum hinzustellen, sondern hebt vielmehr durch direkte Namenanführung das Verdienst Leonellis gebührend hervor.[1430]

5. Logarithmische Reihen. Die natürlichen Logarithmen.

Bereits im vorhergehenden Abschnitt sind einige Fachwörter besprochen worden, die einer höheren Entwicklungsstufe der Logarithmentheorie entstammen.

Unsere Lehre war in der Mitte des siebzehnten Jahrhunderts mit der Theorie der unendlichen Reihen in Verbindung getreten. Die erste nach dieser Richtung anzuführende Entdeckung wurde von ihrem Urheber nicht in ihrem vollen Werte erkannt. Gregorius von Sanct Vincentius (1584 Brügge — 1667 Gent)[1431] hatte bei einer gleichseitigen Hyperbel zu einer Asymptote eine Schar von Parallelen gezogen, die zwischen sich, dem Hyperbelzweig und der anderen Asymptote Flächenstücke von konstanter Größe einschließen, und hier den Satz gefunden, daß die Abschnitte der Parallelen zwischen Hyperbel und Asymptote eine geometrische Reihe bilden. Offenbar stehen die Flächenstücke, deren Begrenzung durch die Asymptoten, die Hyperbel und je eine Parallele gebildet wird, in einer arithmetischen Reihe; ihre Maßzahlen sind demgemäß als die Logarithmen der angegebenen Parallelstrecken aufzufassen. Diese letzte wichtige Folgerung seines Satzes zog Gregorius nicht selbst; aber einer seiner Schüler, A. A. de Sarasa (1618—1667), machte zwei Jahre später darauf aufmerksam, daß diese Flächenstücke Logarithmen ersetzen könnten.[1432] Die moderne Integralrechnung, die sich damals gerade in den ersten Anfängen ausbildete, würde heute den Satz des Gregorius durch die einfache Formel:

$$\int_1^x \frac{1}{x}\,dx = l\,x$$

1428 Th. Wittstein, *Fünfstellige logarithmisch-trigonometrische Tafeln*, Hannover 1859. — 1429 F. G. Gauss, *Fünfstellige vollständige logarithmische und trigonometrische Tafeln*, Berlin 1870. — 1430 Vgl. Gauss, *Werke*, 3^{151}, S. 244. — 1431 *Opus geometricum quadraturae circuli et sectionum coni*, Antwerpen 1647, lib. VI, pars IV, prop. 130, S. 597. — 1432 *Solutio Problematis a R. P. Marino Mersenno propositi*, 1649. Vgl. G. Eneström, Bibl. math. 11_3, 1910—1911, S. 239.

ausdrücken können, wobei die gleichseitige Hyperbel, auf ihre Asymptoten als Koordinatenachsen bezogen, in der Form $x \cdot y = 1$ anzunehmen ist. — Denselben Flächensatz fand etwas später auch FERMAT.[1433]

Zu weiteren bedeutenden Ergebnissen gelangte auf Grund dieses Satzes 1667 NIC. MERCATOR (1620 Holstein — 1687 Paris, zeitweilig in London).[1434] Er setzte, wenn wir die jetzige Schreibart beibehalten, x gleich $1 + a$ und entwickelte den Quotienten $\frac{1}{x} = \frac{1}{1+a}$ durch Ausführung der Division in eine unendliche Reihe, die nach Potenzen von a fortschreitet:

$$\frac{1}{1+a} = 1 - a + a^2 - a^3 + a^4 \ldots .^{1435}$$

Die Fortsetzung der Division bis ins Unendliche war eine kühne Neuerung, zu der sich J. WALLIS (1616—1703, Oxford) schon gelegentlich aufgeschwungen hatte (1657; vgl. S. 128—129).[1436] Bei MERCATOR ist sie nur Mittel zum Zweck. Soweit waren die Integrationsmethoden bereits zu seiner Zeit gediehen, daß man das Integral einer Potenz wie a^m durch $\frac{1}{m+1} a^{m+1}$ auswerten konnte; schon 1639 hatte ja B. CAVALIERI behauptet, daß — in unserer Bezeichnung —

$$\int x^n \, dx = \frac{x^{n+1}}{n+1}$$

ist.[1437] Daher vermochte MERCATOR die Glieder der Reihe einzeln zu integrieren und als Größe der an der Hyperbel gelegenen Flächenstücke die Reihe:

$$a - \frac{a^2}{2} + \frac{a^3}{3} - \frac{a^4}{4} + \cdots$$

aufzustellen. Bei der Veröffentlichung seiner Untersuchungen[1434] führt er diese allgemeine Reihe nicht selbst an; aber er bringt einen Beweis, aus dem die Reihe deutlich hervorgeht. Beigegebene

---

1433 In einer Abhandlung: *De aequationum localium transmutatione ... in quadrandis infinitis parabolis et hyperbolis usus*, geschrieben nicht vor 1657, gedruckt erst 1679, *Varia opera*[1773], S. 44—57. — 1434 *Logarithmotechnia*[794] 1668; abgedruckt bei MASÈRES[786], I, S. 167—196. LEIBNIZ berichtet, daß schon HUDDE 1662 ähnlich vorgegangen sei.[789a] — 1435 MASÈRES[786], I, S. 192. — 1436 *Mathesis universalis sive arithmeticum opus integrum*[446], Oxonii 1657, S. 302—304, vgl. G. ENESTRÖM, Bibl. math. 7_3, 1906—1907, S. 299. — 1437 G. ENESTRÖM, Bibl. math. 11_3, 1910—1911, S. 343.

Berechnungen für $a = 1$ und $a = 2$ zeigen auch, daß MERCATOR genau nach dem Schema dieser Reihe verfuhr;[1438] in seiner prop. XIX,[1439] die die Überschrift führt: *Invenire summam Logarithmorum*, sucht er nach unserer Schreibweise das Integral:

$$\int_0^a l(1+a)\,da$$

zu berechnen und verfährt in dem numerisch durchgeführten Beispiel nach der Reihe:

$$\frac{a^2}{2} - \frac{a^3}{2\cdot 3} + \frac{a^4}{3\cdot 4} - \ldots,$$

zu der er nur kommen konnte, wenn er

$$l(1+a) = a - \frac{a^2}{2} + \frac{a^3}{3} - \frac{a^4}{4} + \ldots$$

setzte. Die logarithmische Reihe ist sonach eine Entdeckung MERCATORS, der er sich voll bewußt war. Auch seine Zeitgenossen erkannten die Wichtigkeit jener Reihenentwicklung. J. WALLIS (1616—1703, Oxford) erstattete in diesem Sinne einen Bericht über MERCATORS *Logarithmotechnia*:[1440] *Ea, quae superstruitur doctrina, logarithmos expedite atque subtiliter construendi, perspicue satis atque ingeniose traditur*, und führte die Reihe $a - \frac{a^2}{2} + \frac{a^3}{3} - \ldots$ selbst an.[1441]

In demselben Bande der Philos. Transact., der WALLIS' Bericht enthält, findet sich eine zweite, kürzere Abhandlung MERCATORS.[1442] Auch sie weist mehreres Erwähnenswerte auf, so z. B. das erste Auftreten der Bezeichnung *logarithmus naturalis* und die Berechnung der natürlichen Logarithmen für $a = 1, 2, \ldots 9$, ferner die Bemerkung, daß sich die natürlichen Logarithmen zu den BRIGGSschen (den *log. tabulares*) wie 1 zu 4,3429448[1443] verhielten (S. 251). MERCATOR kannte also jene Multiplikationskonstante, die COTES später (1712) Modulus nannte (vgl. S. 252); er zeigte auch sofort ihre Anwendung, indem er aus seinen *log. naturales* durch Multiplikation mit ihr die BRIGGSschen Logarithmen zu berechnen lehrte.[1444] NEPER hatte

1438 MASÈRES[786], I, S. 194—195. — 1439 MASÈRES[786], I, S. 195—196. — 1440 Philos. Transact. London, 3[1404], 1668; MASÈRES[786], I, S. 221. — 1441 MASÈRES[786], I, S. 222, Z. 15—16. — 1442 *An illustration of the said Mr. Nicholas Mercator's tract aforesaid, called Logarithmotechnia, by the said Mr. Mercator*, Ph. Trans. 1668, Nr. XXXVIII; MASÈRES[786], I, S. 227f. — 1443 Dieser Wert wurde von J. C. ADAMS, R. Soc. Proc. 27, 1878, S. 93 auf 282 Stellen angegeben. — 1444 MASÈRES[786], I, S. 229.

übrigens selbst schon einen solchen Gedankengang über den multiplikativen Zusammenhang zweier Logarithmensysteme entwickelt, als er den Übergang von seinen Logarithmen zu den dekadischen ins Auge faßte. Wenn er erklärte, die Zahl 2,3025482 (seinen Logarithmus von 10) durch 1,0000000 ersetzen zu wollen, so erschien ihm eben dieser Übergang nur als ein Umrechnen auf ein anderes Maß.[1445]

Gleichzeitig mit MERCATOR, vielleicht sogar früher, scheint Is. NEWTON (1643—1727; Cambridge, London) sich mit ähnlichen und in der Reihentheorie noch weitergehenden Untersuchungen beschäftigt zu haben. Aber seine Abhandlung *De analysi per aequationes numerorum terminorum infinitas*, die u. a. die logarithmische Reihe enthält, wurde von ihm erst 1669 seinem früheren Lehrer I. BARROW vorgelegt und sogar erst 1711 gedruckt.[1446] Wenn auch NEWTON in einem späteren Briefe an LEIBNIZ (24. X. 1676) erklärt, die Resultate jener Abhandlung schon im Jahre 1666 besessen zu haben,[1447] so muß dennoch, ähnlich wie NEPER vor BÜRGI (vgl. S. 211), auch MERCATOR vor NEWTON die Priorität zugesprochen werden, da MERCATOR sich das Anrecht auf sie durch die frühere Veröffentlichung erworben hat, zumal auch noch anzunehmen ist, daß MERCATOR jahrelang vor der Veröffentlichung mit der Ausarbeitung seiner Idee beschäftigt war.

Im Anschluß an MERCATORs Entdeckungen nahmen nun auch andere Mathematiker die Theorie der logarithmischen Reihe in Arbeit. Unter geringer Veränderung der MERCATORschen Herleitung gab im August 1668 WALLIS (1616—1703, Oxford) eine Entwicklung für $log(1-a)$.[1448] Sehr geeignet zur Berechnung von Logarithmen ist eine Proportion, die noch in demselben Jahre JAMES GREGORY (1638?—1675, Edinburg) in den *Exercitationes geometricae* auf geometrischem Wege ableitete.[1449] In modernen Zeichen lautet sie:

$$l\frac{A}{B} : l\frac{E}{D} = \left[\frac{B-A}{B+A} + \frac{1}{3}\left(\frac{B-A}{B+A}\right)^3 + \frac{1}{5}\left(\frac{B-A}{B+A}\right)^5 + \cdots\right]$$
$$: \left[\frac{E-D}{E+D} + \frac{1}{3}\left(\frac{E-D}{E+D}\right)^3 + \frac{1}{5}\left(\frac{E-D}{E+D}\right)^5 + \cdots\right].$$

1445 N. L. W. A. GRAVELAAR, *John Napiers Werken*, Verh. Ak. Wetenschappen, Amsterdam 1899. Referat von M. KOPPE, Bibl. math. 3_3, 1902, S. 152. — 1446 Die Abhandlung *De analysi per aequationes numero terminorum infinitas*[787] ist 1665 oder 1666 verfaßt, 1669 in einer Abschrift durch COLLINS weiteren Kreisen bekannt geworden, wurde aber erst 1711 (London) durch WILLIAM JONES im Druck herausgegeben. Abdruck im *Comm. epist.*[179], S. 53 ff. — 1447 *Commercium epistol.*[179], S. 125, Z. 8—9. — 1448 MASÈRES[786], I, S. 223 ff. — 1449 *Exercitationes geometricae*[132], London 1668, S. 13; MASÈRES[786], II, S. 5.

Ihre Wichtigkeit besteht darin, daß in ihr die erste Anlage der gut konvergierenden Reihe:

$$\frac{1}{2} l \frac{1+z}{1-z} = z + \frac{1}{3} z^3 + \frac{1}{5} z^5 + \frac{1}{7} z^7 + \ldots$$

zu finden ist. Erst E. HALLEY (1656—1742, Greenwich)[1450] stellte diese Reihe selbst auf[1451] in der Schreibart:

$$\log \frac{a}{b} = \frac{2x}{z} * + \frac{2x^3}{3z^3} * + \frac{2x^5}{5z^5} * + \frac{2x^7}{7z^7} \&,$$

wo $z = a + b$, $x = a - b$ gesetzt ist und der Stern $*$ fehlende Glieder andeutet (vgl. S. 25, Z. 1). Seine Abhandlung gehört auch darum zu den bedeutendsten Arbeiten über die Theorie der Logarithmen, weil in ihr zum erstenmal die MERCATORsche Reihe in moderner Art, mit Hilfe des binomischen Lehrsatzes, entwickelt wurde. In ihr wird auch der Wert des Moduls und seines reziproken Wertes, wie die Werte der Logarithmen von 2, 3, 7, 11, 13, 17, 19 mit einer Genauigkeit von 60 Stellen angegeben. An HALLEYS Methode schließt sich 1706 W. JONES an, dessen *Synopsis palmariorum matheseos* das erste Lehrbuch ist, das die neue Lehre vorträgt.[1452] Seine Schreibart ist fast modern:

$$x \mp \tfrac{1}{2}x^2 + \tfrac{1}{3}x^3 \mp \tfrac{1}{4}x^4 + \tfrac{1}{5}x^5 \&c = L, \overline{1 \pm x}.$$ [1453]

Die Art der Ausführung ist in HALLEYS Schrift so wenig durchsichtig, daß seine Untersuchungen nicht den ihnen zukommenden Einfluß ausgeübt haben. Erst die Ableitungsform EULERS[1454] (1707 bis 1783; Berlin, Petersburg), die sich mit der HALLEYS ziemlich deckt, ist Gemeingut der Mathematiker geworden. Sie wurde von A. L. CAUCHY 1821[1455] strenger gestaltet.

Es würde zu weit führen, auf die vielen Umformungen der MERCATORschen Reihe, die in der späteren Zeit immer bessere Methoden zur Logarithmenberechnung lieferten, einzugehen. Besonders erwähnenswert wegen ihrer starken Konvergenz ist die Reihe, mit der G. VON VEGA (1756—1802; Wien) eine Revision der alten

1450 *A most compendious and facile Method for Constructing the Logarithms, exemplified and demonstrated from the Nature of Numbers, without any regard to the Hyperbola, with a Speedy Method for finding the Number from the Logarithm given*, Philos. Transact. London 19, 1695, S. 58—67; MASÈRES[786], II, S. 86 u. Vgl. R. REIFF, *Geschichte der unendlichen Reihen*, Tübingen 1889, S. 38 ff. — 1451 Philos. Transact. 19[1450], S. 61, Z. 19. — 1452 *Synopsis*[87], S. 174 ff. — 1453 Daselbst S. 177, Z. 15. — 1454 *Introductio*, 1748[1259], cap. 7. Übers. v. MASER[1349], S. 86 ff. — 1455 *Cours d'analyse*, I[719], Paris 1821, S. 169 f.

Logarithmenberechnungen vornehmen ließ. VEGA setzte in seinem *Thesaurus*[1301] (Leipzig 1794)[1456] in die HALLEYsche Reihe für $l\frac{1+x}{1-x}$:

$$\frac{1+x}{1-x}=\frac{y^2}{y^2-1},$$

also:

$$x=\frac{1}{2y^2-1}$$

ein und erhielt nach leichter Umformung:

$$ly=\tfrac{1}{2}[l(y-1)+l(y+1)]+\left[\frac{1}{2y^2-1}+\frac{1}{3\cdot(2y^2-1)^3}+\ldots\right].$$

Ist y eine Primzahl, so sind $y-1$ und $y+1$ gerade Zahlen; ihre Logarithmen sind deshalb aus $l\frac{y-1}{2}$ und $l\frac{y+1}{2}$ bekannt, deren Numeri kleiner als y sind. Für die ersten Werte $y=2$ und $y=3$ ergibt sich:

$$l2=\tfrac{1}{2}l3+\left[\frac{1}{7}+\frac{1}{3\cdot 7^3}+\ldots\right],$$

$$l3=\tfrac{3}{2}l2+\left[\frac{1}{17}+\frac{1}{3\cdot 17^3}+\ldots\right],$$

woraus $l2$ und $l3$ sehr einfach zu finden sind. Für $y=5$ ist:

$$l5=\tfrac{1}{2}(l4+l6)+\frac{1}{49}+\frac{1}{3\cdot 49^3}+\ldots$$

$$=\tfrac{3}{2}l2+\tfrac{1}{2}l3+\frac{1}{49}+\frac{1}{3\cdot 49^3}+\ldots$$

usw.

Bei Erörterung über die von JOH. I BERNOULLI (1667—1748, Basel) angeregte[1457] und von LEIBNIZ (1646 Leipzig — 1716 Hannover) eingehend behandelte Frage,[1458] ob es einen Logarithmus einer negativen Zahl gäbe, zeigte EULER 1749[1459] die Unendlichvieldeutigkeit der Logarithmen (S. 110, 112; vgl. die Geschichte der Reihentheorie). Nach ihm gibt es, wenn a eine positive Zahl ist, für $log(+a)$ einen reellen und unendlich viel komplexe, für

1456 Einleitung[1301], S. V, Zusatz 5—6. — 1457 Hist. Mém. math. phys. Ac. sc. Paris 1702 (1704[667]), S. 289—297; JOH. BERNOULLI, *Opera*[197], I, Lausanne 1742, S. 393—400. Vgl. CANTOR, 3², S. 362. — 1458 *G. G. L. Observatio, quod rationes sive proportiones non habeant locum circa quantitates nihilo minores; et de vero sensu Methodi infinitesimalis*, Acta Eruditorum 1712, S. 167—169, LEIBNIZ, *Werke*, ed. GERHARDT, 3. Folge, II, 1[1786], Halle 1858, S. 387—389. — 1459 Hist. Mém. math. phys. Ac. sc. 1749 (1751), 5, S. 139—179: *De la controverse entre Mrs. Leibniz et Bernoulli sur les logarithmes des nombres négatifs et imaginaires.*

$log(-a)$ keinen reellen, sondern nur unendlich viel komplexe Werte. So ist:

$$log(+1) = \pm 2\lambda\pi\sqrt{-1}, \qquad log(-1) = \pm(2\lambda+1)\pi\sqrt{-1},$$

allgemein:

$$\log\left(a + b\sqrt{-1}\right) = \log\sqrt{a^2+b^2} + (\varphi \pm 2\lambda\pi)\sqrt{-1},$$

wo

$$\varphi = \operatorname{arctg}\frac{b}{a}$$

ist und λ jede ganze Zahl sein kann. Die erste zusammenfassende Darstellung gab 1821 M. OHM.[1460]

Den Begriff Hauptwert eines Logarithmus führte CAUCHY 1821 ein.[1461]

1460 M. OHM, *De innumerosis novis Logarithmorum generibus*, Berlin 1821; *Versuch eines vollkommen consequenten Systems der Mathematik*[1684], Berlin 1822, Bd. II, Kap. 25, § 656, 2. Aufl., II, Berlin 1829, S. 380—408. Vgl. die neuere Darstellung bei A. AGOSTINI, *La teoria dei logaritmi da Mengoli ad Eulero*. Period. di mat., 1922, S. 430—451. — 1461 *Analyse algébrique*[719], cap. IX, § 3, S. 308—328.

Zusammenstellung

der Seitenzahlen und Anmerkungsnummern für Band II
der zweiten und dritten Auflage
zur Ausnutzung der Namen- und Sachverzeichnisse im Schlußband
(Band VII) der zweiten Auflage.

Die angegebenen Seitenzahlen können sich selbstverständlich nicht völlig decken; sie geben aber zur Auffindung der gesuchten Stelle in der dritten Auflage des Band II genügend Anhalt. Die Anmerkungszahlen decken sich genau.

I. Seitenzahlen von Band II.

2. Aufl.	3. Aufl.	2. Aufl.	3. Aufl.	2. Aufl.	3. Aufl.	2. Aufl.	3. Aufl.	2. Aufl.	3. Aufl.	2. Aufl.	3. Aufl.
1	1	41	48—49	81	104—108	121	150—151	161	197—198	201	240
2	2	2	49—50	2	108—109	2	151—153	2	198—199	2	241
3	3	3	50—54	3	109—110	3	153—154	3	199—200	3	242—243
4	3—4	4	54—55	4	110—111	4	154—156	4	200—201	4	243—244
5	4—6	5	55—57	5	111—112	5	156—158	5	202—203	5	244—245
6	6—8	6	57—62	6	112—113	6	158—159	6	203—204	6	245—246
7	8—9	7	62—63	7	113—114	7	159—160	7	204—205	7	246—247
8	9—10	8	63—65	8	114—115	8	160	8	205—206	8	247—248
9	10—11	9	65—66	9	116—117	9	161	9	206—207	9	248—249
10	11—12	50	66—67	90	117—118	130	162—163	170	207—208	210	249—250
1	12—14	1	67—68	1	118—119	1	163—164	1	208—209	1	250—251
2	14—15	2	68—69	2	119—120	2	164—165	2	209—210	2	251—252
3	15—16	3	69—70	3	120—121	3	165—166	3	210—211	3	252—253
4	17	4	70—72	4	121—122	4	166—167	4	211—212	4	254
5	16—18	5	72—73	5	122—123	5	168—169	5	212—213	5	255
6	18—19	6	73—74	6	123—124	6	169—170	6	213—214	6	256
7	19—20	7	74—75	7	124—125	7	170—172	7	214—215	7	256—258
8	20—22	8	75—76	8	125—126	8	172—173	8	215—216	8	258—259
9	22—23	9	76—77	9	126—127	9	173—174	9	217	9	259—260
20	23—24	60	77—79	100	127—128	140	175	180	218	220	260—261
1	24—25	1	79—80	1	128—129	1	176—177	1	219	1	261—262
2	25—27	2	80—82	2	129—130	2	177—178	2	220—221		
3	27—28	3	82—83	3	130—132	3	178—179	3	221—222		
4	28—29	4	83—84	4	132—133	4	179—180	4	223		
5	30—31	5	87—88	5	133—134	5	180—181	5	222—224		
6	31—32	6	88—89	6	134—135	6	181—182	6	224—225		
7	32—34	7	89—90	7	135—136	7	182—183	7	225—226		
8	34—35	8	90—91	8	136—137	8	183—184	8	226—227		
9	35—36	9	91—92	9	137—138	9	184—185	9	227—228		
30	36—37	70	92—93	110	138—139	150	185—186	190	228—229		
1	37—38	1	93—94	1	139—140	1	186—187	1	229—230		
2	38—39	2	94—95	2	141	2	187—188	2	230—231		
3	39—40	3	95—96	3	140—142	3	189	3	231—232		
4	40—42	4	96—97	4	142—143	4	190	4	232—233		
5	42—43	5	98—99	5	143—145	5	191	5	233—234		
6	43—44	6	99—100	6	145—146	6	192—193	6	234—235		
7	44—45	7	100—101	7	146—147	7	193—194	7	236		
8	45—46	8	101—102	8	147—148	8	194—195	8	237		
9	46—47	9	102—103	9	148—149	9	195—196	9	238		
40	47—48	80	103—104	120	149—150	160	196—197	200	239		

II. Anmerkungszahlen von Band II.

(Am Rande die Nummern der zweiten Auflage und zwar **oben** ihre Einerziffern; **links** die Hunderter- und Zehnerziffern.)

	0	1	2	3	4	5	6	7	8	9
0		1	2	4	5	6	7	8	9	12
1	13	15	16	17	18	20	22	23	25	26
2	28	29	30	31	34	40	43	44	45	46
3	47	48	49	50	51	52	53	54	55	56
4	57	58	59	60	61	62	63	64	74	75
5	76	77	78	79	81	84	85	87	88	89
6	90	91	93	94	96	97	98	100	101	102
7	103	104	105	106	108	109	110	111	112	113
8	114	119	120	121	123	124	125	126	127	128
9	129	130	132	—	133	135	137	139	140	141
10	142	143	144	145	148	149	150	151	152	155
1	157	158	159	160	161	162	164	165	165[a]	168
2	171	172	173	174	175	176	177	178	179	180
3	181	182	183	—	184	—	185	186	188	189
4	190	191	192	193	194	195	196	197	198	199
5	200	201	202	204	205	206	210	211	213	214
6	215	216	217	218	219	220	222	224	225	226
7	227	228	229	230	231	232	233	234	235	236
8	237	238	239	241	243	244	245	246	247	—
9	249	250	252	253	254	255	256	257	258	259
20	260	261	262	264	289	294	295	296	—	299
1	297	298	314	315	316	327	—	—	311	312
2	305	332	340	351	352	353	354	356	357	358
3	360	361	362	364	365	366	367	368	369	371
4	372	375	376	377	378	379	380	381	382	383
5	384	385	387	388	389	391	393	394	395	396
6	397	398	401	402	403	404	405	406	407	408
7	409	410	411	412	413	414	415	417	418	419
8	420	—	—	427	428	429	430	431	432	433
9	434	435	436	437	438	439	440	441	442	444
30	445	446	450	451	452	453	454	456	457	458
1	459	460	461	462	463	464	465	466	467	468
2	469	470	471	473	—	—	479	480	481	482
3	484	485	—	486	487	488	497	499	500	501
4	502	503	504	505	506	507	514	515	516	517
5	518	—	521	522	523	524	525	526	527	528
6	529	530	531	532	533	534	535	536	537	538
7	539	540	541	542	543	544	545	509	546	547
8	548	549	550	551	552	553	554	555	556	557
9	558	559	560	562	563	564	556	566	567	568
	0	1	2	3	4	5	6	7	8	9

Fortsetzung.

	0	1	2	3	4	5	6	7	8	9
40	569	570	571	572	573	574	575	576	577	578
1	579	581	582	583	584	585	586	588	589	594
2	595	597	598	601	602	603	604	605	606	607
3	608	611	610	613	612	609	614	615	616	617
4	618	620	—	621	622	623	624	625	626	627
5	628	629	631	632	633	634	636	637	638	640
6	643	645	—	—	647	656	658	659	660	661
7	662	664	665	666	667	609	668	669	670	671
8	672	673	674	675	677	678	680	681	682	683
9	685	686	687	688	689	690	691	692	693	694
50	695	696	697	699	698	700	701	702	703	704
1	705	707	709	710	712	713	714	715	716	717
2	718	719	720	721	722	723	726	727	728	729
3	730	734	735	736	737	738	739	740	741	742
4	743	744	745	746	747	748	749	750	751	752
5	753	754	755	756	757	759	760	761	762	763
6	764	765	766	767	768	769	770	771	772	773
7	774	775	776	777	778	779	780	781	782	783
8	784	785	786	788	789	790	791	797	798	799
9	800	801	803	—	805	806	810	808	809	810
60	811	812	813	814	815	816	817	818	819	820
1	821	822	823	824	825	826	827	828	829	830
2	831	832	833	833[a]	834	835	837	838	839	840
3	841	842	843	844	845	846	847	848	849	851
4	852	831	854	855	856	857	858	859	860	861
5	862	863	864	865	866	867	868	869	872	873
6	874	875	876	877	878	879	880	883	884	885
7	886	887	889	890	891	892	893	894	895	897
8	898	899	900	901	902	909	910	911	913	914
9	915	916	919	920	—	921	922	923	—	924
70	926	927	928	929	930	931	932	933	934	935
1	936	937	938	939	940	941	942	943	944	945
2	946	947	948	949	950	951	952	953	954	955
3	956	957	958	959	961	962	963	964	965	966
4	967	968	969	972	973	—	974	—	984	986
5	987	988	989	990	991	992	993	994	995	996
6	999	1000	1001	1009	1012	1013	1014	1015	1016	1017
7	1018	1019	1020	1021	1022	1023	1024	1025	1026	1030
8	1031	1032	1033	1034	1035	1036	1037	1038	1039	1040
9	1041	1042	1043	1044	1045	1047	1050	1051	1053	1054
	0	1	2	3	4	5	6	7	8	9

Fortsetzung.

	0	1	2	3	4	5	6	7	8	9
80	1056	1057	1058	1059	1060	1061	1062	1064	1065	1066
1	1067	1068	1069	1070	1072	1073	1074	1075	1076	1077
2	1078	1079	1081	1082	1083	1084	1085	1086	1087	1088
3	1089	1090	1091	1092	1094	1096	1097	1098	1099	1100
4	1101	1102	1103	1104	1105	1106	1107	1108	1111	1112
5	1113	1114	1115	1116	1117	1118	1119	1120	1121	1120
6	1123	1124	1125	1127	1128	1129	1130	1131	1132	1133
7	1134	1135	1137	1138	1141	1142	1143	1144	1145	1146
8	1147	1148	1149	1150	1151	1153	1154	1155	1156	1157
9	1158	1159	1160	1161	1162	1163	1164	1165	1166	1167
90	1168	1169	1171	1172	1173	1174	1175	1176	1177	1178
1	1179	1180	1181	1183	1185	1186	1187	1188	1189	1190
2	1191	1192	1193	1195	1196	1197	1198	1199	1200	1202
3	1203	1204	1206	1208	1210	1212	1213	1214	1215	1216
4	1217	1218	1219	1220	1221	1222	1223	1224	1226	1227
5	1228	1229	1230	1231	1232	1233	1234	1235	1236	1237
6	1238	1239	1240	1241	1242	1243	1244	1245	1246	1247
7	1248	—	1249	1250	1251	1252	1253	1254	1255	1256
8	1257	1258	1261	1262	1264	1265	1266	1270	1271	1272
9	1273	1274	1275	1276	—	1277	1278	1283	1284	1285
100	1286	1287	1289	1290	1291	1292	1293	1294	1295	1296
1	1297	1298	1299	1300	1301	1302	1303	1304	1305	1306
2	1307	1308	1309	1310	1311	1312	1313	1314	1315	1316
3	1317	1319	1320	1321	1322	1323	1324	1325	1326	1327
4	1328	1329	1330	1332	1333	1334	1336	1337	1338	1339
5	1341	1342	1343	1344	1345	1346	1347	1349	1350	1351
6	1352	1353	1354	1355	1356	1357	1358	1359	1360	1361
7	1362	1366	1367	1369	1363	1370	—	1371	1372	1373
8	1374	1375	1377	1378	1379	1380	1381	1382	1383	1384
9	1386	1387	1388	1389	1390	1391	1392	1393	1395	1396
110	1397	1399	1400	1401	1402	1403	1404	1405	1406	1407
1	1408	1409	1410	1411	1412	1413	1414	1415	1416	1417
2	1418	1419	1420	1421	1422	1424	1425	1426	1427	—
3	1428	—	1429	1430	1431	1432	1434	1435	1436	1438
4	1439	1440	1441	1442	1444	1445	1447	1448	1449	1450
5	1451	1452	1453	1454	1456	1457	1458	1459		
6										
7										
8										
9										
	0	1	2	3	4	5	6	7	8	9

Jahrbuch über die Fortschritte der Mathematik vereinigt mit Revue semestrielle des publications mathématiques herausgegeben von der Preußischen Akademie der Wissenschaften unter besonderer Mitwirkung der Wiskundig Genootschap te Amsterdam. Schriftleiter Georg Feigl, Hendrik de Vries. Jahrbuch über die Fortschritte der Mathematik.

Die »Revue semestrielle« hat die Aufgabe, schnellstens einen Überblick über die in Betracht kommenden Veröffentlichungen zu geben, und erscheint dementsprechend, statt wie bisher halbjährlich, in Zweimonatsheften. Sie enthält ein nach Zeitschriften geordnetes Verzeichnis der in den einschlägigen Zeitschriften erschienenen Arbeiten, falls nötig mit verdeutlichenden Untertiteln, sowie ein Titelverzeichnis der erschienenen Bücher und ein Titelverzeichnis der erschienenen Buchbesprechungen; bei jedem Titel wird die Gebietsmarke des »Jahrbuchs« und der »Revue semestrielle« angegeben. Der Preis dieses Teils ist so niedrig bemessen, daß auch Privatpersonen sich die Anschaffung nicht zu versagen brauchen. Er beträgt jährlich RM 12.—. Das »Jahrbuch« enthält in der bisher üblichen Form die Referate.

C. W. Borchardts gesammelte Werke. Auf Veranlassung der Königl. Preuß. Akademie der Wissenschaften herausg. von G. HETTNER. Mit dem Bildnis Borchardts. Quart. IX, 511 Seiten. 1888. RM 17.—.

G. Lejeune Dirichlets Werke. Herausg. auf Veranlassung der Königl. Preuß. Akademie der Wissenschaften von L. KRONECKER. 2 Bände. Quart. 1. Band. Mit Dirichlets Bildnis. X, 644 Seiten. 1889. RM 21.—. 2. Band. Fortgesetzt von L. Fuchs. X, 422 Seiten. 1897. RM 18.—

Carl Gustav Jakob Jacobi, Gesammelte Werke. Auf Veranlassung der Königl. Preuß. Akademie der Wissenschaften. Quart. 1. Band. Herausg. von C. W. BORCHARDT. Mit dem Bildnis Jacobis. X, 546 Seiten. 1881. 2.—7. Band. Herausg. von K. WEIERSTRASS. 1882—1891. Preise auf Anfrage.

J. L. Lagrange, Mathematische Werke. Deutsch herausg. von A. L. CRELLE. 3 Bände. Oktav. 1. Band. Die Theorie der analytischen Funktionen. CXXVIII, 694 S. 1823. 2. Band. Vorlesungen über die Functionen-Rechnung. XXII, 1023 S. 1823. 3. Band. Theorie der Gleichungen. XVI, 552 Seiten. 1824. Preise auf Anfrage. Band 3 ist vergriffen.

Jacob Steiner, Gesammelte Werke. Auf Veranlassung der Königl. Preuß. Akademie der Wissenschaften herausg. von K. WEIERSTRASS. 2 Bände. Oktav. 1. Band. Mit 44 Figurentafeln und Steiners Bildnis. VIII, 527 S. 1881. RM 16.—, 2. Band. Mit 23 Figurentafeln. X, 743 Seiten. 1882. RM 18.—.

Festschrift zur Feier des 20jährigen Bestehens der Calcutta Mathematical Society. Groß-Oktav. VIII, 310 Seiten. 1930. Geb. RM 20.—.

Dieser stattliche Festband enthält 27 wertvolle Beiträge hervorragender Mathematiker aus Amerika, Deutschland, Frankreich, Großbritannien, Japan, Indien, Italien, Österreich, Polen, Rußland, der Schweiz und Ungarn.

Geschichte, Tafelwerke, Allgemeines

Geschichte der Mathematik. Von Oberstud.-Dir. Dr. H. WIELEITNER. 2 Bde. I: Von den ältesten Zeiten bis zur Wende des 17. Jahrhunderts. 136 Seiten. 1922. II: Von 1700 bis zur Mitte des 19. Jahrhunderts. 154 Seiten. 1923. (Samml. Göschen Bd. 226, 875.) Geb. je RM 1.62.

Geschichte der Mathematik. I. Teil: Von den ältesten Zeiten bis Cartesius. Von Professor Dr. S. GÜNTHER in München. Mit 56 Figuren. VIII, 428 Seiten. Neudruck 1927. (Sammlung Schubert Bd. XVIII.) Geb. RM 17.40.

II. Teil: Von Cartesius bis zur Wende des 18. Jahrhunderts. Von Oberstudiendirektor Dr. H. WIELEITNER in München. 1. Hälfte: Arithmetik, Algebra, Analysis. Mit 6 Figuren. VIII, 251 Seiten. 1911. (Sammlung Schubert Bd. LXIII.) Geb. RM. 8.40 2. Hälfte: Geometrie und Trigonometrie. Mit 13 Fig. VI, 222 Seiten. 1921. (Sammlung Schubert Bd. LXIV.) Geb. RM 3.50.

„Es zeigt sich auch in diesem Buche wieder die große Meisterschaft des Verfassers in der zielbewußten Auswahl und klaren, anregenden Darstellung eines großen Stoffes, die auch seine anderen größeren Kompendien auszeichnet.“ *Monatshefte für Mathematik und Physik.*

Geschichte der Elementar-Mathematik in systematischer Darstellung. Von Professor Dr. JOHANNES TROPFKE, ehem. Direktor der Kirschner-Oberrealschule zu Berlin. Lex.-Oktav. Band 1: Rechnen. VII, 222 Seiten. 3. Aufl. 1930. RM 12.—, geb. RM 13.20. Band 2: Allgemeine Arithmetik. IV, 221 Seiten. 2. Aufl. 1921. RM 8.50, geb. RM 9.50. Band 3: Proportionen, Gleichungen. IV, 151 Seiten, 2. Aufl. 1922. RM 6.—, geb. RM 7.—. Band 4: Ebene Geometrie. IV, 240 Seiten. 2. Aufl. 1922. RM 9.—, geb. RM 10.—. Band 5: I. Ebene Trigonometrie. II. Sphärik und sphärische Trigonometrie. IV, 185 Seiten. 2. Aufl. 1923. RM 7,50, geb. RM 8,50. Band 6: Analysis, Analytische Geometrie. IV, 169 S. 2. Aufl. 1924. RM 7.—, geb. RM 8.—. Band 7: Stereometrie. Verzeichnisse. V, 128 Seiten, 2. Aufl. 1924. RM 6.50, geb. RM 7.50.

„Dem Verfasser gebührt unser Dank für sein die neuesten Ergebnisse historischer Forschungen berücksichtigendes, durch Vollständigkeit und Klarheit sich auszeichnendes Werk. Es verdient seinen Platz im Bücherschrank eines jeden Mathematikers." *Naturwissenschaften.*

Mathematische Forschung in den letzten Jahren. Rede, gehalten am 31. Januar 1921 vor der Mathematischen Gesellschaft Benares von deren Vorsitzendem GANESH PRASAD. Aus dem Englischen übersetzt von Dr. FRIEDRICH LANGE. Groß-Oktav. 37 Seiten. 1923. RM 0.80.

In leichtverständlicher Darstellung berichtet der Verfasser über den Aufbau der Theorie der Integralgleichungen und ihre Anwendungen, die Erforschung der Grundlagen der mathematischen Physik, die Verallgemeinerung des Begriffs der konvergenten Reihen und die Entwicklung der modernen Relativitätstheorie.

Dasselbe in englischer Sprache. 1923. RM 0.80.

Neue Rechentafeln. Für Multiplikation und Division mit allen ein- bis vierstelligen Zahlen. Herausgegeben von Professor Dr. J. PETERS, Observator am Astronomischen Recheninstitut. Folio-Format. VI, 378 Seiten. 1909. Geb. RM 20.—. Diese Rechentafeln von Peters sind auch in französischer und englischer Ausgabe zu haben. Je geb. RM 20.—.

Dr. A. L. Crelles Rechentafeln, welche alles Multiplizieren und Dividieren mit Zahlen unter Tausend ganz ersparen, bei größeren Zahlen aber die Rechnung erleichtern und sicherer machen. Neue Ausgabe. Besorgt von O. SEELIGER. Mit Tafeln der Quadrat- u. Kubikzahlen von 1—1000. VII, 501 Seiten. Folio. Geb. RM 26.—. Diese Rechentafeln von Crelle liegen auch in englischer und französischer Ausgabe vor. Je geb. RM 26.—.

Fünfstellige Logarithmen. Mit mehreren graphischen Rechentafeln und häufig vorkommenden Zahlwerten. Von Regierungsrat Professor A. ADLER. Zweite Aufl. 117 Seiten u. 1 Tafel. 1929. (Samml. Göschen Bd. 423.) Geb. RM 1.62.

Der Band enthält die gemeinen Logarithmen der ganzen Zahlen bis 1000, die der goniometrischen Funktionen, die wirklichen Werte dieser Funktionen und die Reihe der mathematischen, physikalischen und astronomischen Hilfstafeln, wie sie fünfstelligen Logarithmentafeln gewöhnlich beigegeben sind.

Fünfstellige Logarithmentafeln der trigonometrischen Funktionen für jede Zeitsekunde des Quadranten. Herausgegeben von Prof. Dr. J. PETERS, Observator am Astronomischen Recheninstitut. Lex.-Oktav. IV, 82 Seiten. 1912. RM 6.—, geb. RM 7.—.

In den vorliegenden Tafeln bietet der Herausgeber, unter Benutzung des wertvollen Materials, das ihm als Resultat der mit J. Bauschinger ausgeführten Bearbeitung der achtstelligen Tafeln der trigonometrischen Funktionen zur Verfügung stand, der rechnenden Astronomie ein Hilfsmittel von großem Nutzen.

Vollständige logarithmische und trigonometrische Tafeln. Von Professor Dr. E. F. AUGUST, weiland Direktor des Köllnischen Realgymnaisums, Berlin. Neunundvierzigste Auflage in der Bearbeitung von Dr. F. AUGUST, weiland Prof. a. d. Artillerie- u. Ingenieur-Schule, Berlin. Oktav. VII, 204 S. 1931. Geb. RM 2.—.

„Die Anordnungen des Zahlenmaterials in den Tafeln, der klare Druck, handliches Format und gediegene Ausstattung empfehlen das Buch allein." *Allgemeine Vermessungs-Nachrichten.*

Vierstellige Tafeln und Gegentafeln für logarithmisches und trigonometrisches Rechnen in zwei Farben zusammengestellt. Von Professor Dr. HERMANN SCHUBERT. Neue Ausgabe von Dr. ROBERT HAUSSNER, o. ö. Professor a. d. Universität Jena. 175 S. Neudruck 1926. (Samml. Göschen Bd. 81.) Geb. RM. 1.62.

„Die vierstelligen Logarithmen sind in der Form recht handlich und gefällig. Besonders zu empfehlen sind die Tafeln für Schulen, wo es von Vorteil ist, die Lernenden nicht mit umfangreichen Büchern zu belasten." *Zeitschrift d. Österr. Ingenieur- und Architekten-Vereins.*

Vierstellige Logarithmentafeln. Von Dr. MAX ZACHARIAS, Studienrat am Vereinigten Friedrichs- und Humboldt-Gymnasium in Berlin, und Dr. PAUL METH, Studienrat a. d. Herderschule in Charlottenburg. Groß-Oktav. 44 Seiten. 1927. Geb. RM. 1.50.

„Diese Logarithmentafel zeichnet sich durch übersichtliche Anordnung und Reichtum des Gebotenen aus." Deutsche Schulzeitung in Polen.

Logarithmische Rechentafeln für Chemiker, Pharmazeuten, Mediziner und Physiker. Gegründet von Professor Dr. F. W. KÜSTER †. Für den Gebrauch im Unterrichtslaboratorium und in der Praxis berechnet sowie mit Erläuterungen versehen. Nach dem gegenwärtigen Stande der Forschung bearbeitet von Dr. A. THIEL, o. ö. Professor der physikalischen Chemie, Direktor des Physik.-Chem. Instituts der Universität Marburg. Fünfunddreißigste bis vierzigste, verbesserte und vermehrte Auflage. Oktav. 188 Seiten und eine Tafel. 1929. Geb. RM 7.50.

„Die wohl allseitig bekannten Küsterschen Rechentafeln sind dem Chemiker, der sich ihrer einmal bedient hat, zum ungern entbehrten Werkzeug geworden, das sich in seiner bewährten Anordnung des Stoffes zu einem wirklich nützlichen und fast notwendigen Hilfsbuch entwickelt hat. Die Neuauflage erscheint wie üblich nach dem neuesten Stande der Forschung." Zeitschrift für angewandte Chemie.

Fünfstellige Tafeln der Kreis- und Hyperbelfunktionen sowie der Funktionen e^x und e^{-x} mit den natürlichen Zahlen als Argument. Von Dr.-Ing. KEIICHI HAYASHI, Professor an der Kaiserlichen Kyushu-Universität Fukuoka-Hakosaki, Japan. Oktav. IV, 182 Seiten. Neudruck 1931. RM 9.—.

„Der bekannte japanische Verfasser hat aus der Notwendigkeit, die Werte beider Funktionsarten gleichzeitig zur Verfügung zu haben, Tafeln berechnet, in denen nicht nur die Hyperbelfunktionen, sondern auch die Kreisfunktionen mit verschieden großen Abstufungen, auf fünf Dezimalstellen angewendet sind. Die Anordnung dieser Tafeln ist äußerst praktisch, Druck und Papier sind ausgezeichnet, so daß die Benutzung sich bequem und einfach gestaltet. Für alle, die zahlenmäßige Rechnungen mit den genannten Funktionen häufiger auszuführen haben, ist der Gebrauch der Tafeln als praktisch und zeitsparend zu empfehlen." Zeitschrift des Vereins Deutscher Ingenieure.

Mathematische Formelsammlung. Von Professor O. TH. BÜRKLEN †. Vollständig umgearbeitete Neuausgabe von Dr. F. RINGLEB. Mit 38 Figuren. Zweite, verbesserte Aufl. 256 Seiten. 1931. (Sammlung Göschen Bd. 51.) Geb. RM. 1.62.

Die neue Auflage ist um die Abschnitte über Zahlentheorie und Differentialgleichungen wesentlich erweitert.

Mathematische Mußestunden. Eine Sammlung von Geduldspielen, Kunststücken und Unterhaltungsaufgaben mathematischer Natur. Von Professor Dr. HERMANN SCHUBERT. Vierte Auflage, neubearbeitet von Professor Dr. F. FITTING, München-Gladbach. Oktav. 245 Seiten. 1924. Geb. RM 6.—.

„Das kleine, auch äußerlich hübsch ausgestattete Buch wird allen Lesern Freude machen, und insbesondere der Lehrer wird in ihm eine Fülle von Anregungen für den Unterricht vorfinden. Wir empfehlen die ‚Mußestunden' allgemeiner Beachtung." Zeitschrift für das Realschulwesen.

Lehrbuch der Mathematik für Studierende der Naturwissenschaften und der Technik. Eine Einführung in die Differential- und Integralrechnung und in die analytische Geometrie. Von Dr. GEORG SCHEFFERS, Geh. Regierungsrat, Prof. a. d. Techn. Hochschule Charlottenburg. Mit 438 Figuren. Sechste, verbesserte Auflage. Neue Ausgabe. Lexikon-Oktav. VIII, 743 Seiten. 1932. Geb. RM 15.—.

Dieses vor allem für Studierende der Naturwissenschaften und der Technik geschriebene Lehrbuch ist in erster Linie für den Selbstunterricht bestimmt und geht daher von dem denkbar geringsten Maß von Vorkenntnissen aus: der Leser braucht nur im Buchstabenrechnen, in der Auflösung von Gleichungen ersten Grades mit einer Unbekannten und in der niederen Geometrie bewandert zu sein.

Arithmetik und Algebra

Arithmetik nebst Gleichungen 1. und 2. Grades. Von Professor Dr. HERMANN SCHUBERT. Dritte Auflage, neubearbeitet von Professor P. B. FISCHER, Studienrat am Gymnasium zu Berlin-Steglitz. Mit 5 Figuren. 132 Seiten. 1923. (Sammlung Göschen Bd. 47.) Geb. RM 1.62.

Die neue Bearbeitung des vorliegenden Bandes ist durch einen Abschnitt über Kombinatorik bereichert.

Elementare Algebra. Von Professor P. B. FISCHER, Studienrat am Gymnasium zu Berlin-Steglitz. Mit 20 Figuren. 149 Seiten. 1926. (Samml. Göschen Bd. 930.) Geb. RM 1.62.

„Der erste Teil des Bandes behandelt die allgemeine Theorie der algebraischen Gleichungen, der zweite besondere Gleichungen und Lösungsverfahren. Dem Text sind gut gewählte Zahlensbeispiele beigegeben." Allgem. Vermessungs-Nachrichten.

Einführung in die Axiomatik der Algebra. Von Dr. H. BECK, o. Professor an der Universität Bonn. 1926. X, 198 Seiten. (Göschens Lehrbücherei Bd. 6.) RM 9.—, geb. RM 10.50.

Das vorliegende Buch enthält im wesentlichen den Stoff einer an der Bonner Universität gehaltenen Anfängervorlesung; es erschöpft sich nicht in axiomatischen Dingen, sondern bringt darüber hinaus eine Reihe anderer Gebiete, die der Studierende braucht.

Lehrbuch der Algebra. Von Dr. ALFRED LOEWY, o. Professor an der Universität in Freiburg i. Br. I. Teil: Grundlagen der Arithmetik. Groß-Oktav. VI, 398 Seiten. 1915. RM 12.—, geb. RM 13.20.

Algebra I: Die Grundlagen. Von Dr. OSKAR PERRON, o. ö. Professor an der Universität München. Zweite, verbesserte Auflage. Mit 4 Figuren. 1932. VIII, 301 Seiten. (Göschens Lehrbücherei Bd. 8.) Geb. RM 11.50.

Algebra II: Theorie der algebraischen Gleichungen. Von Dr. OSKAR PERRON, o. ö. Professor an der Universität München. Mit 5 Figuren. 1927. VIII, 243 Seiten. (Göschens Lehrbücherei Bd. 9.) RM 8.—, geb. RM 9,50.

Band I enthält die Grundbegriffe, es folgt ein Kapitel über den polynomischen und den Taylorschen Satz und der für den Ingenieur wichtige Abschnitt über Determinanten. Anschließend folgen Kapitel über symmetrische Funktionen, Teilbarkeit und über die Existenz von Wurzeln. Band II ist der Gleichungstheorie gewidmet.

Höhere Algebra. Von Dr. HELMUT HASSE, o. ö. Professor der Mathematik an der Universität Marburg. I: Lineare Gleichungen. 160 Seiten. 1926. (Samml. Göschen Bd. 931.) Geb. RM 1.62. II: Gleichungen höheren Grades. 160 Seiten. 1927. (Samml. Göschen Bd. 932.) Geb. RM 1.62.

„Es ist dem Verfasser gelungen, in engstem Rahmen das Gebäude der allgemeinen Algebra vor den Augen des Lesers aufzurichten, einer Algebra, die auf dem Fundament der Definitionen der Ringe, Körper und Integritätsbereiche aufgebaut ist." Zeitschrift für mathem. und naturw. Unterr.

Algebraische Theorie der Körper. Von Professor Dr. ERNST STEINITZ. Neu herausgegeben, mit Erläuterungen und einem Anhang: Abriß der Galoisschen Theorie versehen von Dr. REINHOLD BAER u. Professor Dr. HELMUT HASSE. Oktav. 134 Seiten und 27 Seiten Erläuterungsheft. 1930. RM 9.—, geb. RM 10.20.

Praxis der Gleichungen. Von Dr. C. RUNGE, Professor an der Universität Göttingen. Zweite, verbesserte Auflage. Mit 8 Figuren. 1921. V, 172 Seiten. (Göschens Lehrbücherei Bd. 2.) RM 6.—, geb. RM 7.—

Eine erschöpfende Darstellung der Verfahren zur numerischen Auswertung der linearen und nichtlinearen Gleichungen mit einer und mehreren Unbekannten. Dient das Werk auch in erster Linie den Bedürfnissen des praktischen Rechnens, so findet doch auch der Lehrer viele wertvolle Anregungen darin.

Beispielsammlung zur Arithmetik und Algebra. Von Professor Dr. HERMANN SCHUBERT. Vierte, neubearbeitete und erweiterte Auflage von Professor P. B. FISCHER, Studienrat am Gymnasium zu Berlin-Steglitz. Mit 8 Figuren. 139 Seiten. Neudruck. 1931. (Samml. Göschen Bd. 48.) Geb. RM 1.62.

Die bekannte Beispielsammlung zur Arithmetik und Algebra von H. Schubert erscheint hiermit in einer neuen Bearbeitung. Änderungen gegen die alten Auflagen sind neben unerheblichen Kürzungen und mehrfachen Verbesserungen insofern eingetreten, als die Aufgaben zur Algebra ganz erheblich erweitert wurden.

Gruppentheorie. Von Dr. LUDWIG BAUMGARTNER in München. Mit 8 Figuren. 120 Seiten. 1921. (Samml. Göschen Bd. 837.) Geb. RM 1.62.

Einführung in die Determinantentheorie einschließlich der Fredholmschen Determinanten. Von Dr. GERHARD KOWALEWSKI, o. Prof. an der Techn. Hochsch. in Dresden. Zweite, verk. Aufl. Gr.-Okt. IV, 304 S. 1925. RM 14.—, geb. RM 15.50.

„Die Kowalewskische Darstellung des umfangreichen Gebietes zeichnet sich durch die anschauliche Kraft und Klarheit der Sprache vor anderen aus. Die Beschäftigung mit diesem Buche gewährt neben dem wissenschaftlichen Gewinn einen reichen ästhetischen Genuß." Schulwart.

Determinanten. Von Studienrat Professor PAUL B. FISCHER. Dritte Auflage. 136 Seiten. 1932. (Samml. Göschen Bd. 402.) Geb. RM. 1.62.

Der in einer wesentlich umgearbeiteten Auflage vorliegende Band soll die Studierenden der Mathematik, Physik und technischen Wissenschaften in die Grundzüge der Determinanten einführen.

Zahlentheorie. Von Dr. KURT HENSEL, o. ö. Professor an der Universität Marburg. Groß-Oktav. XII, 356 Seiten. 1913. RM 10.—, geb. RM 12.—.

Grundlehren der neueren Zahlentheorie. Von Professor Dr. PAUL BACHMANN. Dritte, neu durchgesehene Auflage. Mit einem Geleitwort herausgegeben von Dr. ROBERT HAUSSNER, ord. Professor an der Universität Jena. Mit 10 Figuren. 1931. XVI, 252 Seiten. (Göschens Lehrbücherei Bd. 3.) RM 9.50, geb. RM 10.50

Der erste Abschnitt umfaßt die klassische Theorie der rationalen Zahlen, der zweite eine Einführung in die Theorie der algebraischen Zahlen, deren verschiedene Methoden am Beispiel des quadratischen Körpers zu einem harmonischen, in sich geschlossenen Bau zusammengefügt werden.

Synthetische Zahlentheorie. Von Dr. RUDOLF FUETER, o. Professor an der Universität Zürich. Zweite, verbesserte Auflage. 1925. VIII, 277 Seiten. (Göschens Lehrbücherei Bd. 4.) RM 10.—, geb. RM 12.—.

Die vorliegende zweite Auflage des bewährten Lehrbuches weist gegen die erste zahlreiche Änderungen und Ergänzungen auf.

Das Fermatproblem in seiner bisherigen Entwicklung. Von Professor Dr. PAUL BACHMANN. Oktav. VIII, 160 Seiten. 1919. RM 2.50.

In der vorliegenden Abhandlung gibt der Verfasser eine Übersicht von den Beweisverfahren und den Theorien, welche Euler, Legendre, Gauß, Dirichlet, Kummer und andere Forscher in ihren Studien über das allgemeine Fermatproblem angewandt und entwickelt haben.

Irrationalzahlen. Von Dr. OSKAR PERRON, o. ö. Professor an der Universität München. 1921. VIII, 186 Seiten. (Göschens Lehrbücherei Bd. 1.) RM 6.—, geb. RM 7.—.

Inhalt: Die Grundlagen — Der Begriff der Grenze — Potenzen und Logarithmen — Verschiedene Darstellungsformen irrationaler Zahlen — Approximation irrationaler Zahlen durch rationale — Algebraische und transzendente Zahlen.

Mengenlehre

Mengenlehre. Von Professor Dr. E. KAMKE. Mit 6 Figuren. 160 Seiten. 1928. (Samml. Göschen Bd. 999.) Geb. RM 1.62.

Der Band behandelt die grundlegenden Tatsachen der Mengenlehre, die für alle Zweige der Mathematik so große Bedeutung gewonnen hat. Die Definition der Menge erfolgt im Anschluß an Cantor. Besondere Vorkenntnisse werden nicht vorausgesetzt.

Mengenlehre. Von Dr. F. HAUSDORFF, o. Professor an der Universität Bonn. Zweite, neubearbeitete Auflage. Mit 12 Figuren. 1927. 285 Seiten. (Göschens Lehrbücherei Bd. 7.) Geb. RM 12.—, geb. RM 13.50.

Das Lehrbuch setzt beim Lesen keine höheren mathematischen Kenntnisse als die Anfangsgründe der Differential- und Integralrechnung, allerdings aber eine gewisse Schärfe des abstrakten Denkens voraus und wird von Studierenden in mittleren Semestern mit Erfolg gelesen werden können.

Analysis

Das Kontinuum. Kritische Untersuchungen über die Grundlagen der Analysis. Von Dr. HERMANN WEYL, o. Prof. d. Mathematik an der Universität Göttingen. Unveränderter Neudruck. 1932. V, 84 Seiten. RM 3.—.

Elementare Reihenlehre. Von Dr. HANS FALCKENBERG, Professor an der Universität Gießen. Mit 4 Figuren im Text. 136 Seiten. 1926. (Samml. Göschen Bd. 943.) Geb. RM. 1.62.

Das Bändchen will mehr bieten als das, was in jedem Lehrbuch der Infinitesimalrechnung über unendliche Reihen enthalten ist, und fügt deshalb z. B. der Erörterung über das Cauchysche Divergenz- und Konvergenzkriterium auch solche über das Raabesche, das logarithmische und das Gaußsche an.

Komplexe Reihen nebst Aufgaben über reelle und komplexe Reihen. Von Dr. HANS FALCKENBERG, Professor an der Universität Gießen. Mit 3 Figuren im Text. 140 Seiten. 1931. (Samml. Göschen Bd. 1027.) Geb. RM 1.62.

Fouriersche Reihen. Von Dr. W. ROGOSINSKI, a. o. Professor an der Universität Königsberg i. Pr. Mit 4 Figuren. 135 Seiten. 1930. (Samml. Göschen Bd. 1022.) Geb. RM 1.62.

Lebesguesche Integrale und Fouriersche Reihen. Von Dr. L. SCHLESINGER, o. Professor an der Universität Gießen, und Dr. A. PLESSNER. Groß-Oktav. VIII, 229 Seiten. 1926. RM 14.—, geb. RM 16.—.

„Das System ist so durchgeführt, daß fast keine Vorkenntnisse gefordert und trotzdem das volle Beherrschen des Materials erzielt werden kann." Allgemeine Österr. Chemiker- u. Techniker-Zeitung.

Niedere Analysis. Von Professor Dr. BENEDIKT SPORER. Mit 5 Figuren. Zweite, verbesserte Auflage. Sechster Abdruck. 179 Seiten. 1919. (Samml. Göschen Bd. 53.) Geb. RM 1.62.

Ohne den wissenschaftlichen Boden zu verlassen, war es das Bestreben des Verfassers, alle Ableitungen in den verschiedenen Kapiteln dieses umfangreichen Gebietes so einfach und verständlich wie möglich darzustellen und durch Beispiele klarer zu machen.

Differentialrechnung. Von Professor Dr. A. WITTING in Dresden. Mit 94 Figuren und 185 Beispielen. 191 Seiten. 1931. (Samml. Göschen Bd. 87.) Geb. RM 1.62.

Integralrechnung. Von Rektor Dr. FR. JUNKER. Mit 50 Figuren. Vierte Auflage. Neudruck. 132 Seiten. 1929. (Samml. Göschen Bd. 88.) Geb. RM 1.62.

„Die Bändchen sind eine wahre Hochschule des abstrakten Denkens, und sie genießen in Fachkreisen mit Recht das höchste Ansehen." Magazin für Pädagogik.

Repetitorium und Aufgabensammlung zur Differentialrechnung. Von Rektor Dr. FR. JUNKER. Vierte, verbesserte Auflage von Oberstudienrat Professor Dr. A. WITTING. Mit 47 Figuren im Text. 130 Seiten. 1928. (Samml. Göschen Bd. 146.) Geb. RM 1.62.

Der Band, der sich als vorzügliches Mittel zur Einübung der elementaren Sätze und Formeln der Differentialrechnung bewährt hat, erfuhr bei seiner Neuauflage eine bedeutende Verbesserung und Erweiterung.

Repetitorium und Aufgabensammlung zur Integralrechnung. Von Rektor Dr. FR. JUNKER. Mit 52 Figuren im Text. Dritte, verbesserte Auflage. Neudruck. 135 Seiten. 1929. (Samml. Göschen Bd. 147.) Geb. RM 1.62.

„Die reichhaltige Aufgabensammlung ist für den Selbstunterricht sehr geeignet. Das nützliche Büchlein wird weiterhin die verdiente große Verwendung finden." Schweizer Pädagogische Zeitschrift.

Lehrbuch der Differentialgleichungen. Von Dr. HEINRICH LIEBMANN, o. Prof. an der Universität Heidelberg. Groß-Oktav. VI, 226 Seiten. Mit 31 Figuren. 1901. RM 6.—, geb. RM 7.20.

Einführung in die Theorie der gewöhnlichen Differentialgleichungen auf funktionentheoretischer Grundlage. Von Dr. LUDW. SCHLESINGER, o. Professor an der Universität Gießen. Dritte, neubearbeitete Auflage. Groß-Oktav. VIII, 326 Seiten. 1922. RM 10.—, geb. RM 11.—.

Es war das Bestreben des Verfassers, durch die hier gegebene Darstellung die Theorie der Differentialgleichungen auch denjenigen leichter zugänglich zu machen, die es mit den Anwendungen der Analysis zu tun haben.

Gewöhnliche Differentialgleichungen. Von Professor Dr. G. HOHEISEL. Zweite, verbesserte Auflage. 159 Seiten. 1930. (Samml. Göschen Bd. 920.) Geb. RM 1.62.

Der Band beginnt mit einer elementar gehaltenen Einführung in die Theorie der gewöhnlichen Differentialgleichungen, geht aber in den späteren Teilen über die Anfangsgründe hinaus. Bei der Auswahl des Stoffes wurden Gegenstände, welche Anwendungen zulassen, bevorzugt.

Gewöhnliche Differentialgleichungen. Von Dr. J. HORN, o. Professor an der Technischen Hochschule Darmstadt. Zweite, völlig umgearb. Auflage. Mit 4 Fig. 1927. VIII, 197 Seiten. (Göschens Lehrbücherei Bd. 10.) RM 9.—, geb. RM 10.50.

Inhalt: Elementare Integrationsmethoden, Existenzbeweise, Methode der schrittweisen Annäherung, numerische und graphische Näherungsmethoden, lineare Differentialgleichungen, elementare Integrationsmethoden und weitere Untersuchungen im reellen Gebiet, Existenzbeweise im komplexen Gebiet, Abhängigkeit der Lösungen von Parametern und Anfangswerten, Singularitäten nichtlinearer Differentialgleichungen.

Partielle Differentialgleichungen. Von Professor Dr. G. HOHEISEL. 159 Seiten. 1928. (Samml. Göschen Bd. 1003.) Geb. RM 1.62.

Das Buch enthält alle wichtigen Lehrsätze und Methoden für die Integration der partiellen Differentialgleichungen. Trotz der Kürze sind alle wesentlichen Ideen und Wege aufgezeigt.

Partielle Differentialgleichungen. Von Dr. J. HORN, o. Professor an der Technischen Hochschule Darmstadt. Zweite, umgearbeitete Auflage. Mit 8 Figuren. VIII, 228 Seiten. 1929. (Göschens Lehrbücherei Bd. 14.) RM 11.—, geb. RM 12.—.

In diesem einführenden Lehrbuch, das seine Eigenart ganz aus dem bewährten Programm von „Göschens Lehrbücherei" herleitet, werden sowohl lineare partielle Differentialgleichungen zweiter Ordnung, wie sie in der mathematischen Physik vorkommen, als auch nichtlineare partielle Differentialgleichungen erster und zweiter Ordnung behandelt, sowohl Randwert- als auch Anfangswertprobleme, durchweg unter Beschränkung auf zwei unabhängige Veränderliche; es wird auch eine Einführung in die häufig benutzte Theorie der Integralgleichungen gegeben.

Aufgabensammlung zu den gewöhnlichen und partiellen Differentialgleichungen. Von Professor Dr. G. HOHEISEL. 1932. (Samml. Göschen Bd. 1059.) Geb. RM 1.62.

Integralgleichungen. Von Dr. GERHARD KOWALEWSKI, o. Professor an der Technischen Hochschule Dresden. Mit 11 Figuren. Groß-Oktav. 302 Seiten. 1930. (Göschens Lehrbücherei Bd. 18.) RM 15.—, geb. RM 16.50.

Funktionentheoretische Vorlesungen. Von HEINRICH BURKHARDT. Neu herausgegeb. von Dr. GEORG FABER, o. Prof. a. d. Techn. Hochsch. in München. I. Band 1. Heft. Dritte, umgearbeitete Auflage. Groß-Oktav. X, 182 Seiten. 1920. RM 6.—, geb. RM 7.20. I. Band 2. Heft. Fünfte, umgearbeitete Auflage. Groß-Oktav. X, 286 Seiten. 1921. RM 9.—, geb. RM 10.50. II. Band. Dritte, vollständig umgearbeitete Auflage. Groß-Oktav. VI, 444 Seiten. 1920. RM 14.—, geb. RM 15.50.

Das Buch will in einer für Studierende geeigneten Form den Zugang zu den Funktionentheorien von Weierstraß und von Riemann zugleich erschließen.

Funktionentheorie. Von Dr. KONRAD KNOPP, o. Professor an der Universität Tübingen. Erster Teil: Grundlagen der allgemeinen Theorie der analytischen Funktionen. Mit 8 Figuren. Vierte, verbesserte Auflage. 140 Seiten. 1930. (Sammlung Göschen Bd. 668.) Geb. RM 1.62. Zweiter Teil: Anwendungen und Weiterführung der allgemeinen Theorie. Mit 7 Figuren. Vierte, verbesserte Auflage. 138 Seiten. 1931. (Samml. Göschen Bd. 703.) Geb. RM 1.62.

„Die beiden vollständig neubearbeiteten Bände seien allen Studierenden der Mathematik als Muster klarer und strenger Darstellung aufs wärmste empfohlen." *Monatsschrift für Mathematik und Physik.*

Aufgabensammlung zur Funktionentheorie. Von Dr. KONRAD KNOPP, o. Professor an der Universität Tübingen. Erster Teil: Aufgaben zur elementaren Funktionentheorie. 136 Seiten. Zweite, verbesserte Auflage. 1931. (Samml. Göschen Bd. 877.) Geb. RM 1.62. Zweiter Teil: Aufgaben zur höheren Funktionentheorie. 143 Seiten. 1928. (Samml. Göschen Bd. 878.) Geb. RM 1.62.

Die Mehrzahl der in den beiden Bänden enthaltenen Aufgaben beziehen sich auf Knopps »Funktionentheorie« (Samml. Göschen Bd. 668 und 703). Sämtlichen Aufgaben sind die Lösungen beigegeben.

Einführung in die konforme Abbildung. Von Dr. LUDWIG BIEBERBACH, o. ö. Professor an der Universität Berlin. Zweite, neubearbeitete Auflage. Mit 38 Figuren. 131 Seiten. 1927. (Samml. Göschen Bd. 768.) Geb. RM 1.62.

„Der Autor faßt seine Aufgabe, eine Einführung in die konforme Abbildung zu geben, in doppeltem Sinne auf. Er vermittelt dem Leser die eigentlich elementaren Teile der Theorie der konformen Abbildung; andererseits eröffnet er durch Eingehen auf einzelne neue Entwicklungen den Zugang zu den modernsten und tiefsten Untersuchungen der gesamten Funktionentheorie." *Jahrbuch über die Fortschritte der Mathematik.*

Automorphe Funktionen. Von Dr. L. SCHLESINGER, o. Professor an der Universität Gießen. X, 205 Seiten. 1924. (Göschens Lehrbücherei Bd. 5.) RM 8.—, geb. 9.20.

Im ersten Abschnitt wird die Kernfrage an einfachen Beispielen behandelt, darauf die notwendigsten Sätze aus der nichteuklidischen Geometrie unter Heranziehung der Kreisverwandtschaften. Es folgt der Diskontinuitätsbeweis der zugehörigen Gruppe von Verschiebungen und der Existenzbeweis für die zu einem Normalpolygon gehörigen automorphen Funktionen.

Elliptische Funktionen. Von Dr. R. KÖNIG, o. Professor der Mathematik an der Universität Jena, und Dr. M. KRAFFT, a. o. Professor an der Universität Marburg i. H. Mit 4 Figuren. 263 Seiten. 1928. (Göschens Lehrbücherei Bd. 11.) RM 13.—, geb. RM 14.50.

Das Buch will dem Studierenden und Fachmann die elliptischen Funktionen als Glied eines großen Organismus verstehen lehren, der mit den einfachsten analytischen Funktionen, den rationalen, beginnt und schließlich zu den Riemannschen Funktionensystemen emporwächst.

Elliptische Funktionen. Von Dr. KARL BOEHM, Professor an der Technischen Hochschule in Karlsruhe. Erster Teil: Theorie der elliptischen Funktionen aus analytischen Ausdrücken entwickelt. Mit 11 Figuren im Text. XII, 356 Seiten. Neudruck. 1930. (Samml. Schubert Bd. XXX.) Geb. RM 20.—. Zweiter Teil: Theorie der elliptischen Integrale. Umkehrproblem. Mit 28 Figuren im Text. VII, 180 Seiten. 1910. (Samml. Schubert Bd. LXI.) Geb. RM 7.80.

Einführung in die Theorie der algebraischen Funktionen einer Veränderlichen. Von HEINRICH W. E. JUNG, o. ö. Prof. an der Universität Halle-Wittenberg. Mit 35 Abb. im Text. Groß-Oktav. VI, 246 S. 1923. RM 3.50, geb. RM 4.—.

„Das überaus klar und anschaulich geschriebene Buch wird allen denjenigen, die sich mit den grundlegenden Methoden der arithmetischen Theorie der algebraischen Funktionen vertraut machen wollen, von Nutzen sein.“ *Zeitschrift für mathem. u. naturwiss. Unterricht.*

Theorie des Potentials und der Kugelfunktionen. Von Professor Dr. A. WANGERIN in Halle a. d. S. I. Teil: Mit 46 Fig. VIII, 255 S. Unveränd. Neudruck. 1922. (Slg. Schubert Bd. LVIII.) Geb. RM 4.—. II. Teil: Mit 17 Fig. VIII, 286 Seiten. 1921. (Samml. Schubert Bd. LIX.) Geb. RM 4.—.

„Wer in die Potentialtheorie eindringen will, findet in dem leichtverständlichen Buch einen zuverlässigen und angenehmen Führer.“ *Zeitschrift für mathem. u. naturwiss. Unterricht.*

Potentialtheorie. Von Dr. W. STERNBERG, a. o. Professor in Breslau. I. Die Elemente der Potentialtheorie. Mit 5 Figuren. 136 Seiten. 1925. (Samml. Göschen Bd. 901.) Geb. RM 1.62. II. Die Randwertaufgaben der Potentialtheorie. Mit 1 Figur. 133 Seiten. 1926. (Samml. Göschen Bd. 944.) Geb. RM 1.62.

„Die Bände geben einen klaren Einblick in die Gedankengänge und Beweismethoden der Potentialtheorie. Da es dem Verfasser gelungen ist, trotz der räumlichen Enge alle erforderlichen Beweise exakt durchzuführen, ist das Werk als Hilfsbuch neben einer Vorlesung durchaus zu empfehlen.“
Zeitschrift für mathem. u. naturwiss. Unterricht.

Geometrie

Taschenbuch für praktische Geometrie. Von Dr. H. LÖSCHNER, o. ö. Professor an der Deutschen Technischen Hochschule in Brünn. Mit 10 Figuren im Text. Klein-Oktav. X, 147 Seiten. 1922. Geb. RM 2.—.

Der vorliegende Band enthält die wichtigsten Formeln der praktischen Geometrie, die Konstanten und Genauigkeitsangaben, Leitsätze für die Beobachtungen und Merkregeln für die Behandlung, Beförderung und Aufbewahrung geodätischer Instrumente und Geräte.

Grundzüge der ebenen Geometrie. Von Professor Dr. FR. BOHNERT in Hamburg. Mit 220 Fig. VIII, 223 Seiten. 1915. (Samml. Schubert Bd. II.) Geb. RM 3.90.

Ebene Geometrie. Von G. MAHLER, Professor der Mathematik am Gymnasium in Ulm. Mit 110 zweifarbigen Figuren. Vierte, verbesserte Auflage. Neudruck. 166 Seiten. 1922. (Samml. Göschen Bd. 41.) Geb. RM 1.62.

Ebene und sphärische Trigonometrie. Von Prof. Dr. F. BOHNERT in Hamburg. Zweite Auflage. Dritter Neudruck. Mit 63 Figuren. VIII, 167 Seiten. 1919. (Samml. Schubert Bd. III.) Geb. RM 4.40.

Das Buch enthält die Grundbegriffe der Trigonometrie. Die beigegebenen Beispiele sollen den unentbehrlichen Übungsstoff liefern und gleichzeitig einen Überblick über die vielfache Verwendbarkeit und Bedeutsamkeit der Trigonometrie gewähren. Das letzte Kapitel bietet die wichtigsten Anwendungen der Sphärik auf die mathematische Geographie.

Ebene und sphärische Trigonometrie. Von Professor Dr. GERHARD HESSENBERG. Mit 59 Figuren. Dritte, neubearbeitete Auflage. Durchgesehener Neudruck. 171 Seiten. 1926. (Samml. Göschen Bd. 99.) Geb. RM 1.62.

„Der Verfasser hat seine Aufgabe, in dem engen Rahmen nicht bloß alle wichtigen Formeln mitzuteilen, sondern auch die Grundgedanken, auf welchen dieselben beruhen, klar darzustellen und den Zusammenhang derselben, ihre Bedeutung und Anwendbarkeit hervorzuheben, vortrefflich gelöst."

Archiv der Mathematik und Physik.

Sammlung von Aufgaben aus der ebenen und sphärischen Trigonometrie. Von Dr. FRITZ HEILAND, Studienrat am Gymnasium in Jena. Mit 26 Figuren. 152 Seiten 1922. (Samml. Göschen Bd. 848.) Geb. RM 1.62.

Die Sammlung schließt sich nach Anordnung und Bezeichnung dem Lehrbuch Hessenbergs (Samml. Göschen Bd. 99) an. Wichtigere Formeln sind vorangestellt, zum Teil mit Ableitung. Zu sämtlichen Aufgaben sind die Lösungen angegeben.

Stereometrie. Von Professor Dr. ROBERT GLASER. Dritte, verbesserte Auflage. Neudruck. Mit 81 Figuren. 139 Seiten. 1920. (Samml. Göschen Bd. 97.) Geb. RM 1.62.

Sammlung von Aufgaben aus der Stereometrie. Von Professor Dr. ROBERT GLASER. Mit 54 Figuren. 168 Seiten. 1917. (Samml. Göschen Bd. 779.) Geb. RM. 1.62.

Aufgaben über Prisma und Zylinder — Projektionszeichnen — Pyramiden und Kegel — Kugel und Kugelteile — konoidartige Körper — Prismatoide — schief abgeschnittene Prismen und Zylinder — Guldinsche Regel.

Grundlagen der Geometrie. Von Professor Dr. GERHARD HESSENBERG. Herausgegeben von Dr. W. SCHWAN, Studienrat in Meseritz. Mit 77 Figuren. Groß-Oktav. 143 Seiten. 1930. (Göschens Lehrbücherei Bd. 17.) RM 6.50, geb. RM 7.80.

Elementargeometrie der Ebene und des Raumes. Von Professor Dr. MAX ZACHARIAS in Berlin. Mit 196 Figuren im Text. 252 Seiten. 1929. (Göschens Lehrbücherei Bd. 16.) RM 13.—, geb. RM 14.50.

Die Elementargeometrie wird nicht vom Standpunkte des Schulunterrichts, sondern von dem der Wissenschaft aus behandelt. Ausgangspunkt ist das (etwas modifizierte) Hilbertsche Axiomensystem. In der Darstellung treten zwei Momente in den Vordergrund: die geschichtliche Entwicklung und die prinzipielle Begründung der einzelnen Gebiete.

Nichteuklidische Geometrie. Von Prof. Dr. H. LIEBMANN in Heidelberg. Mit 40 Figuren. Dritte Auflage. 150 Seiten. 1923. RM 6.—, geb. RM 7.—.

Das vorliegende Buch will, möglichst wenig an mathematischen Kenntnissen voraussetzend, in die nichteuklidische Geometrie einführen, und zwar nur auf einem Gebiete — dem der Ebene —, auf diesem aber gründlich dargestellt.

Nichteuklidische Geometrie. Von Professor Dr. RICHARD BALDUS. Mit 71 Figuren. 152 Seiten. 1927. (Sammlung Göschen Bd. 970.) Geb. RM 1.62.

Wenn auch der Band durch möglichste Klarheit und zahlreiche Figuren, auf die besondere Sorgfalt verwendet wurde, zunächst auf den Neuling auf diesem Gebiet Rücksicht nimmt, so dürfte doch auch der Fachmann manches Neue darin finden. Daß bis zu den Übergängen aus dem mathematischen in das rein philosophische Gebiet vorgedrungen wird, dürfte philosophisch interessierten Lesern willkommen sein.

Punkt- und Vektor-Rechnung. Von Dr. ALFRED LOTZE, Privatdoz. für Mathematik an der Technischen Hochschule Stuttgart. Mit 7 Figuren. 192 Seiten. 1929. (Göschens Lehrbücherei Bd. 13.) RM 12.—, geb. RM 13.—.

Vektoranalysis in ihren Grundzügen und wichtigsten physikalischen Anwendungen. Von Dr. ARTHUR HAAS, a. o. Professor an der Universität Wien. Zweite, verbesserte Auflage. Mit 37 Abbildungen im Text. Groß-Oktav. VI, 147 Seiten. 1929. RM 5.—, geb. RM 6.—.

Vektoranalysis. Von Dr. SIEGFRIED VALENTINER, Professor für Physik an der Bergakademie Clausthal. Mit 16 Figuren. Vierte, umgearbeitete Auflage. 136 Seiten. 1929. (Samml. Göschen Bd. 354.) Geb. RM 1.62.

Vorlesungen über allgemeine natürliche Geometrie und Liesche Transformationsgruppen. Von Dr. GERHARD KOWALSKI, o. ö. Professor an der Technischen Hochschule zu Dresden. Mit 16 Figuren. Groß-Oktav. 280 Seiten. 1931. (Göschens Lehrbücherei Bd. 19.) RM 15.50, geb. RM 17.—.

Der Verfasser bietet hiermit eine ganz neuartige Einführung in die Liesche Gruppentheorie: er geht von dem Grundsatz aus, daß man mit einer Theorie am besten und eindrucksvollsten in ihren Anwendungen vertraut wird. Dementsprechend macht er den Leser mit einem ihrer Hauptanwendungsgebiete, der natürlichen Geometrie, eingehend bekannt, wobei sich dieser die Lieschen Grundbegriffe nach und nach aneignet. Im Schlußkapitel werden die unterwegs erworbenen gruppentheoretischen Kenntnisse zum Grundgerüst der Theorie der Transformationsgruppen zusammengefaßt.

Lehrbuch der analytischen Geometrie. Von Dr. FRIEDRICH SCHUR, o. Professor an der Universität Breslau. Zweite, verbesserte und vermehrte Auflage. Mit 81 Figuren. Groß-Oktav. XII, 248 Seiten. 1912.* RM 6.50, geb. RM 7.70.

Einführung in die analytische Geometrie. Von Professor Dr. GERHARD KOWALEWSKI. Mit 112 Figuren. Dritte, unveränderte Auflage. Lexikon-Oktav. VIII, 360 Seiten. 1929. Geb. RM 11.20.

Das aus Vorlesungen entstandene Buch ist namentlich zum Gebrauch für Studierende bestimmt.

Analytische Geometrie der Ebene. Von Dr. R. HAUSSNER, o. ö. Professor an der Universität Jena. Mit 60 Figuren. 164 Seiten. 1928. (Samml. Göschen Bd. 65.) Geb. RM 1.62.

Die Darstellung beginnt elementar und setzt nur die nötigsten planimetrischen und algebraischen Schulkenntnisse voraus. Es ist nicht nur die allgemeine Theorie der analytischen Gebilde ersten und zweiten Grades vollständig gegeben, sondern auch eine größere Zahl von speziellen Sätzen, vornehmlich über die Kegelschnitte.

Sammlung von Aufgaben und Beispielen zur analytischen Geometrie der Ebene mit den vollständigen Lösungen. Von Dr. R. HAUSSNER, o. ö. Professor an der Universität Jena. Mit 22 Figuren im Text. 139 Seiten. 1930. (Samml. Göschen Bd. 256.) Geb. RM 1.62.

Analytische Geometrie des Raumes. Von Professor Dr. MAX SIMON, Straßburg i. E. Mit 28 Abbildungen. Dritte, verbesserte Auflage. Neudruck. 208 Seiten. 1922. (Samml. Göschen Bd. 89.) Geb. RM 1.62.

Das Werk besitzt den Charakter eines ausführlichen Lehrbuches; es gibt eine übersichtliche und abgeschlossene Darstellung der analytischen Geometrie des Raumes nach dem gegenwärtigen Stande der wissenschaftlichen Forschung und bietet zuverlässige Belehrung über die analytisch-geometrischen Theorien.

Aufgaben zur analytischen Geometrie des Raumes. Von O. TH. BÜRKLEN, Professor am Realgymnasium in Schwäb.-Gmünd. Mit 8 Figuren. Zweite, verbesserte und vermehrte Auflage. Neudruck. 109 Seiten. 1923. (Samml. Göschen Bd. 309.) Geb. RM 1.62.

Die vorliegende Sammlung ist für die erste Einführung bestimmt. Sie soll dem Schüler oder Studierenden Gelegenheit geben, die analytischen Methoden anzuwenden, die Gebilde in ihren verschiedenen Lagen und ihren besonderen Fällen, sowie ihre Beziehungen zueinander zu erfassen und zugleich seine Raumanschauung zu bilden.

Kreis und Kugel. Von Dr. WILHELM BLASCHKE, o. Prof. an der Universität Hamburg. Mit 27 Fig. im Text. Groß-Oktav. X, 169 Seiten. 1916. RM 4.40, geb. RM 5.50.

Anwendung der Differential- und Integralrechnung auf Geometrie. Von Dr. GEORG SCHEFFERS, Geh. Reg.-Rat, Professor an der Technischen Hochschule Charlottenburg. I. Mit 107 Figuren. Dritte, verbesserte Auflage. XII, 482 Seiten. 1923. RM 13.—, geb. RM 14.50. II. Mit 110 Fig. Dritte, verbesserte Aufl. XI, 582 Seiten. 1922. RM 15.—, geb. RM 16.50.

Die besprochenen Probleme werden alle mit großer Ausführlichkeit behandelt. Die am Schluß beigefügten Formeltafeln und Register erhöhen den Wert des Werkes, das nicht nur einführen, sondern auch zu selbständigen Forschungen anregen soll.

Theorie der Raumkurven und krummen Flächen. Von Dr. V. KOMMERELL, Oberstudiendirektor, Honorarprofessor an der Universität Tübingen, und Dr. K. KOMMERELL, o. ö. Professor an der Universität Tübingen. Groß-Oktav. Vierte Auflage. (Göschens Lehrbücherei Bd. 20 und 21.) I: Krümmung der Raumkurven und Flächen. Mit 38 Figuren. 205 Seiten. 1931. Geb. RM 10.—. II: Kurven auf Flächen. Spezielle Flächen. Theorie der Strahlensysteme. Mit 22 Figuren. 194 Seiten. 1931. Geb. RM 10.—.

Die vierte Auflage des früher in der Sammlung Schubert erschienenen Werkes wurde unter Verwertung der neueren Literatur vollständig umgearbeitet und erheblich erweitert. Von den Ergänzungen der Neuauflage seien die Ausgestaltung der Theorie der Differentialparameter, die Gauß-Bonnetsche Integralformel, besonders aber die Parallelverschiebung von Levi-Cività mit einem Ausblick auf die Relativitätstheorie erwähnt. Eine reichhaltige, ebenfalls wesentlich vermehrte Sammlung von Aufgaben und sonstigem Übungsmaterial schließt das Werk ab.

Liniengeometrie mit Anwendungen. Von Professor Dr. KONRAD ZINDLER in Innsbruck. I. Teil. Mit 87 Figuren. Neudruck. VIII, 380 Seiten. 1928. (Samml. Schubert Bd. XXXIV.) Geb. RM 18.—. II. Teil. Mit 24 Figuren. VII, 252 Seiten. 1906. (Samml. Schubert Bd. LI.) Geb. RM. 9.50.

Ein besonderer Vorzug dieses vorliegenden Lehr- und Einführungsbuches sind die jedem Bande beigegebenen Übungsaufgaben, zu deren Lösung sich am Schluß eine Anleitung befindet.

Projektive Geometrie in synthetischer Behandlung. Von Dr. KARL DOEHLEMANN, weil. Professor an der Technischen Hochschule München. Fünfte Auflage. Erster Teil. Mit 59 Figuren. 132 Seiten. 1922. (Samml. Göschen Bd. 72.) Geb. RM 1.62. Zweiter Teil. Mit 55 Figuren. 138 Seiten. 1924. (Samml. Göschen Bd. 876.) Geb. RM 1.62.

„Die Darstellung ist musterhaft klar und leichtverständlich und wird durch übersichtliche Zeichnungen und zahlreiche Aufgaben aufs trefflichste illustriert." *Bayerische Blätter für das Gymnasialschulwesen.*

Geometrische Transformationen. Von Dr. KARL DOEHLEMANN, weil. Professor an der Technischen Hochschule München. Zweite Auflage, herausgeg. von Dr. WILHELM OLBRICH, Prof. an der Hochschule für Bodenkultur in Wien. Mit 89 Figuren im Text und 4 Abbildungen. 254 Seiten. 1930. (Göschens Lehrbücherei Bd. 15.) RM 13.—, geb. RM 14.50.

Lehrbuch der darstellenden Geometrie. Von Dr. KARL ROHN, Geh. Rat, weiland Professor an der Universität Leipzig, und Dr. ERWIN PAPPERITZ, Geh. Rat, Professor an der Bergakademie in Freiberg i. Sa. Drei Bände. Groß-Oktav. I. Orthogonalprojektion. Vielflache, Perspektivität ebener Figuren, Kurven, Zylinder, Kugel, Kegel, Rotations- und Schraubenflächen. Vierte, erweiterte Auflage. XX, 502 Seiten. Mit 351 Figuren. Neudruck. 1932. Geb. RM 18.90. II. Axonometrie, Perspektive, Beleuchtung. Vierte, umgearbeitete Auflage. Neudruck. 1932. VI, 194 Seiten. Mit 118 Figuren. Geb. RM 8.55. III. Kegelschnitte, Flächen zweiten Grades, Regel-, abwickelbare und andere Flächen. Flächenkrümmung. Vierte, unveränderte Auflage. X, 334 Seiten. Mit 157 Figuren. 1923. RM 10.80, geb. RM 12.—.

Darstellende Geometrie. Von THEODOR SCHMID, o. ö. Profesor an der Technischen Hochschule in Wien. I. Teil: Eckige Körper, Kugel, Zylinder, Kegel, Plankurven und Raumkurven mit den zugehörigen Torsen im Normalrißverfahren und in orthogonaler Axonometrie. Dritte Auflage. Mit 170 Figuren. 283 Seiten. 1922. (Samml. Schubert Bd. LXV.) Geb. RM 6.—. II. Teil: Schiefe u. zentrale Projektion. Dreh-, Rohr-, Schrauben- und Regelflächen. Geländedarstellung, Kartenprojektion, Nomographie. Zweite Auflage. Mit 163 Figuren. 340 Seiten. 1923. (Samml. Schubert Bd. LXVI.) Geb. RM 7.50.

„Unter den zahlreichen guten Lehrbüchern der darstellenden Geometrie steht das vorliegende mit in erster Reihe. Ausgezeichnete Figuren, klare Darstellung, reicher Inhalt sind seine besonderen Kennzeichen." *Unterrichtsblätter f. Mathem. u. Naturw.*

Darstellende Geometrie. Von Dr. ROBERT HAUSSNER, o. ö. Professor der Mathematik an der Universität Jena. Erster Teil: Elemente; Ebenflächige Gebilde. Vierte, verbesserte Auflage. Mit 110 Figuren im Text. 207 Seiten. 1929. (Samml. Göschen Bd. 142.) Geb. RM 1.62. Zweiter Teil: Perspektive ebener Gebilde; Kegelschnitte. Dritte, verbesserte und vermehrte Auflage. Mit 88 Figuren im Text. 168 Seiten. 1929. (Samml. Göschen Bd. 143.) Geb. RM 1.62.

Darstellende Geometrie. Dritter Teil: Zylinder, Kegel, Kugel, Rotations- und Schraubenflächen, Schattenkonstruktionen, Axonometrie. Von Dr. ROBERT HAUSSNER, o. ö. Professor der Mathematik an der Universität Jena, und Dr. WOLFGANG HAACK, Privatdozent für Mathematik an der Technischen Hochschule Danzig-Langfuhr. Mit 65 Figuren im Text. 1931. (Samml. Göschen Bd. 144.) Geb. RM 1.62.

Koordinatensysteme. Von Professor PAUL B. FISCHER, Studienrat am Gymnasium zu Berlin-Steglitz. Mit 8 Figuren. Zweite, verbesserte Auflage. 128 Seiten. 1919. (Samml. Göschen Bd. 507.) Geb. RM 1.62.

Der Verfasser versucht den Koordinatenbegriff von einem allgemeinen Standpunkt aus darzustellen. Durch sorgfältig ausgewählte, zahlreiche Literaturangaben wird der Wert des Bandes erhöht.

Algebraische Kurven. Neue Bearbeitung von Dr. H. WIELEITNER, Oberstudiendirektor in München. Erster Teil: Gestaltliche Verhältnisse. Mit 97 Figuren. Durchgesehener Neudruck. 146 Seiten. 1930. (Samml. Göschen Bd. 435.) Geb. RM 1.62. Zweiter Teil: Allgemeine Eigenschaften. Mit 35 Figuren. Neudruck. 123 Seiten. 1919. (Samml. Göschen Bd. 436.) Geb. RM 1.62.

Mechanik

Statik. I. Teil: Die Grundlagen der Statik starrer Körper. Von Privatdozent Dr. Ing. FERD. SCHLEICHER in Karlsruhe. Mit 47 Abbild. 143 Seiten. 1930. (Samml. Göschen Bd. 178.) Geb. RM 1.62. II. Teil: Angewandte (techn.) Statik. Von Professor Dipl.-Ing. W. HAUBER in Stuttgart. Mit 61 Figuren. Sechster Neudruck. 149 Seiten. 1922. (Samml. Göschen Bd. 179.) Geb. RM 1.62.

Mit dem ersten Teile ist beabsichtigt, eine kurze Darstellung der wichtigsten der technischen Statik zugrunde liegenden allgemeinen statischen Gesetze zu geben. Der zweite Teil umfaßt die statische Berechnung starrer Stabverbindungen, der statisch bestimmten Fachwerksträger für Dächer und Brücken, der Spreng- und Hängwerke, enthält die Lehre über die Standfestigkeit der Mauern und Tonnengewölbe und gibt das Wichtigste aus der Theorie des Erddrucks und dem Gebiet des Gleichgewichts der seilartigen Körper.

Graphische Statik mit besonderer Berücksichtigung der Einflußlinien. Von Dipl.-Ing. OTTO HENKEL, Bauingenieur und Studienrat an der Baugewerkschule in Erfurt. I. Teil: Zusammensetzung und Zerlegung der Kräfte in der Ebene. Schwerpunkte. Trägheitsmomente. Spannungen in geraden Stäben. Der einfache Vollwand- und Fachwerkträger. Der Dreigelenkbogen. Gewölbe. Erddruck und Wasserdruck. Mit 127 Figuren. Zweite Auflage. 150 Seiten. 1929. (Samml. Göschen Bd. 603.) Geb. RM 1.62. II. Teil: Durchgehende Gelenkträger. Dreigelenkbogen. Formänderungen gerader Träger. Durchlaufende (kontinuierliche) Träger. Formänderungen gebogener Träger. Zweigelenkboegen und Zweigelenkrahmen. Eingespannter Bogen und Steifrahmen. Mit 91 Figuren. Zweite Auflage. 176 Seiten. 1928. (Samml. Göschen Bd. 695.) Geb. RM 1.62.

Analysis der ebenen Bewegung. Von Dr. MARTIN KRAUSE, Professor an der Technischen Hochschule Dresden. Unter Mitwirkung von Dr. phil. et rer. techn. ALEXANDER CARL in Leisnig. Oktav. VII, 216 Seiten. 1920. RM 3.—.

Das Buch beschäftigt sich mit den analytischen Beziehungen zwischen den Punkten zweier, in der gleichen Ebene gelegener Koordinatensysteme, von denen das eine fest, das andere bewegt ist, ausgehend von den Transformationsgleichungen.

Festigkeitslehre. Von Professor Dipl.-Ing. W. HAUBER in Stuttgart. Mit 56 Figuren und 1 Tafel. Achter Neudruck. 127 Seiten u. 1 Tafel. 1923. (Samml. Göschen Bd. 288.) Geb. RM 1.62.

In dem Band gibt der Verfasser eine kurze Übersicht über die Fundamentalsätze der elastischen Kräfte in ihrer Anwendung auf die einfacheren Fälle der Festigkeit, soweit sie für die gewöhnlichen Aufgaben des praktischen Lebens in Frage kommen.

Aufgabensammlung zur Festigkeitslehre mit Lösungen. Von R. HAREN. Dritte, vollständig neubearbeitete Auflage von JOSEF FURTMAYR, Dipl.-Ing. in Stuttgart. Mit 43 Figuren. 116 Seiten. 1923. (Samml. Göschen Bd. 491.) Geb. RM 1.62.

Der Band bietet in 8 Abschnitten 66 Aufgaben nebst Lösungen über Zug, Druck, Biegung, Schub, Verdrehung, Knickung, Festigkeit plattenförmiger Körper und zusammengesetzte Festigkeit; in einem Anhang sind die benötigten Zahlenwerte kurz zusammengestellt.

Hydraulik. Von Professor Dipl.-Ing. W. HAUBER in Stuttgart. Zweite, verbesserte und vermehrte Auflage. Neudruck. Mit 45 Figuren. 156 Seiten. 1925. (Samml. Göschen Bd. 397.) Geb. RM 1.62.

Das Buch enthält eine Darstellung der Hydrostatik und bringt aus der Hydrodynamik: Ausfluß des Wassers aus Gefäßen; Überfall des Wassers über Wehre; Die Bewegung des Wassers in Flüssen und Kanälen; Die Bewegung des Wassers in Röhren mit konstantem Querschnitt; Stoß eines zylindrischen oder prismatischen Wasserstrahls auf eine Zylinderfläche.

Elastizitätslehre für Ingenieure. Von Professor Dr.-Ing. MAX ENSSLIN an der Höheren Maschinenbauschule Eßlingen. I. Grundlagen und Allgemeines über Spannungszustände, Zylinder, ebene Platten, Torsion, gekrümmte Träger. Mit 65 Figuren. Zweite, verbesserte Auflage. 147 Seiten. 1921. (Samml. Göschen Bd. 519.) Geb. RM. 1.62. II. Statisch unbestimmte Konstruktionen, Sätze von Castigliano und Maxwell, Dreimomentensatz, Vorspannungen, Temperaturspannungen, Fachwerke mit überzähligen Stützpunkten und überzähligen Stäben, Prinzip der virtuellen Verrückungen, Verschiebungsplan. Mit 44 Figuren. 120 Seiten. 1927. (Samml. Göschen Bd. 957.) Geb. RM 1.62.

Band I bespricht die Grundlagen der Elastizitätslehre sowie Allgemeines über Spannungszustände, Zylinder, ebene Platten, Torsion und gekrümmte Träger. Band II gibt eine Einführung in die Methoden zur Berechnung der statisch unbestimmten Koustruktion des Bau- und Maschineningenieurs.

Kinematik. Von Dr.-Ing. HANS POLSTER, Betriebsingenieur der Badischen Anilin- und Sodafabrik Merseburg-Leuna. Mit 76 Abbildungen. Zweite Auflage. 151 Seiten. 1920. (Samml. Göschen Bd. 584.) Geb. RM 1.62.

Der Band bietet dem Studierenden eine Einführung, will aber darüber hinaus den in der Praxis stehenden Ingenieuren, die sich in die schwierigen Bewegungsverhältnisse von Nocken-, Schwingdaumen- und Wälzhebelsteuerungen oder von anderen Gebieten tieferen Einblick verschaffen wollen, ein bequemer Führer sein.

Dynamik. Von Prof. Dr. WILHELM MÜLLER. I: Dynamik des Einzelkörpers. Mit 70 Figuren. 160 Seiten. 1925. (Samml. Göschen Bd. 902.) Geb. RM 1.62. II: Dynamik von Körpersystemen. Mit 51 Figuren. 137 Seiten. 1925. (Samml. Göschen Bd. 903.) Geb. RM 1.62.

Aerodynamik des Fluges. Eine Einführung in die mathematische Tragflächentheorie. Von Professor Dr. HARRY SCHMIDT. Mit 81 Figuren. VII, 258 Seiten. RM 15.—, geb. RM 16.50.

Der Verfasser gibt mit diesem Werk ein exakt einführendes Lehrbuch für Studierende und bereits in der Praxis stehende Ingenieure, das auf einem Minimum an hydrodynamischen und mathematischen Kenntnissen aufbaut.

Es entwickelt dementsprechend ausführlich die erforderlichen hydrodynamischen und funktionentheoretischen Hilfsmittel und insbesondere die Methoden der konformen Abbildungen. Im Zusammenhang mit diesen wurden die Kutta-Joukowski- von Misessche Theorie der unendlich breiten Tragfläche wie auch die Prandtlsche Tragflügeltheorie besonders ausführlich entwickelt.

Ballistik. Von Dr. THEODOR VAHLEN, o. ö. Professor der reinen und angewandten Mathematik an der Technischen Hochschule Wien. Mit 53 Abbildungen. Groß-Oktav. XII, 231 Seiten. 1922. RM 9.—, geb. RM 10.—.

Im Gegensatz zu anderen Werken über Ballistik bringt dieses neue Buch gerade den mathematischen Gehalt der Ballistik zur Darstellung. Es gewinnt dadurch noch erhöhte Bedeutung, daß es seine Entstehung den praktischen Erfahrungen verdankt, die der Verfasser im Kriege machte. U. a. weist es als neu die zwischen innerer und äußerer Ballistik einzuschaltende Übergangsballistik und als Ballistik in großen Höhen die kosmische Ballistik auf.

Mathematische Physik

Elastizitätslehre für Ingenieure. Von Professor Dr.-Ing. MAX ENSSLIN an der Höheren Maschinenbauschule Eßlingen. I. Grundlagen und Allgemeines über Spannungszustände, Zylinder, ebene Platten, Torsion, gekrümmte Träger. Mit 65 Figuren. Zweite, verbesserte Auflage. 147 Seiten. 1921. (Samml. Göschen Bd. 519.) Geb. RM 1.62. II. Statisch unbestimmte Konstruktionen, Sätze von Castigliano und Maxwell, Dreimomentensatz, Vorspannungen, Temperaturspannungen, Fachwerke mit überzähligen Stützpunkten und überzähligen Stäben, Prinzip der virtuellen Verrückungen, Verschiebungsplan. Mit 44 Figuren. 120 Seiten. 1927. (Samml. Göschen Bd. 957.) Geb. RM 1.62.

Band I bespricht die Grundlagen der Elastizitätslehre sowie Allgemeines über Spannungszustände, Zylinder, ebene Platten, Torsion und gekrümmte Träger. Band II gibt eine Einführung in die Methoden zur Berechnung der statisch unbestimmten Konstruktion des Bau- und Maschineningenieurs.

Einführung in die geometrische Optik. Von Dr. W. HINRICHS, Berlin-Wilmersdorf. Mit 56 Figuren. Zweite, verbesserte Auflage. 143 Seiten. 1924. (Samml. Göschen Bd. 532.) Geb. RM 1.62.

Nach der Einleitung über die Grundgesetze der geometrischen Optik folgen die Abschnitte über die Reflexion an ebenen Flächen und sphärischen Flächen. Dann wird die Brechung an ebenen Flächen, an einer Kugelfläche und durch ein zentriertes System von Kugelflächen behandelt. In Kapitel VI finden die Linsen und Linsensysteme Beachtung.

Photogrammetrie und Stereophotogrammetrie. Von Dr. HANS DOCK, Privat- und Honorardozent an der Hochschule für Bodenkultur in Wien. Zweite Auflage. Mit 57 Figuren. 133 Seiten. 1923. (Samml. Göschen Bd. 699.) Geb. RM 1.62.

Angewandte Mathematik

Graphische Darstellung in Wissenschaft und Technik. Von Professor Dr. M. PIRANI. Zweite, verbesserte Auflage, besorgt durch Dr. I. RUNGE. Mit 71 Abbildungen. 149 Seiten. 1931. (Samml. Göschen Bd. 728.) Geb. RM 1.62.

Von der einfachen Darstellung von Größen mit unbekanntem Zusammenhang in Form von Kurven oder Skalen ausgehend, geht der Verfasser zur Darstellung von Größen bekannter Abhängigkeit (Funktionsskalen, insbesondere logarithmische projektive Teilung) über und bespricht dann die Aufstellung von Rechentafeln, namentlich mit der Methode der fluchtrechten Punkte oder mit Hilfe mehrerer gekreuzter Linien.

Kartenkunde. Von Dr. M. GROLL. Zweite Auflage, neubearbeitet von Dr. OTTO GRAF. I: Die Projektionen. Mit 56 Abbild. im Text und auf Tafeln. Neudruck. 1931. 117 Seiten. II: Der Karteninhalt und das Messen auf Karten. Mit 39 Abbild. im Text und auf Tafeln. 1923. 133 Seiten. (Samml. Göschen Bd. 30 u. 599.) Geb. je RM 1.62.

Geodäsie (Landesvermessung und Erdmessung). Von Prof. Dr. GUSTAV FÖRSTER. Mit 33 Figuren. 122 Seiten. 1927. (Samml. Göschen Bd. 102.) Geb. RM 1.62.

Vermessungsurkunde. Von Dr.-Ing. P. WERKMEISTER, o. Professor an der Technischen Hochschule Dresden. I: Stückmessung und Nivellieren. Mit 146 Figuren. Fünfte Auflage. 163 Seiten. 1932. (Samml. Göschen Bd. 468.) Geb. RM 1.62. II: Messung von Horizontalwinkeln, Festlegung von Punkten im Koordinatensystem, Absteckungen. Mit 93 Figuren. Dritte Auflage. 148 Seiten. 1930. (Samml. Göschen Bd. 469.) Geb. RM 1.62. III: Trigonometrische und barometrische Höhenmessung, Tachymetrie und Topographie. Mit 61 Figuren. Zweite Auflage. 136 Seiten. 1923. (Samml. Göschen Bd. 862.) Geb. RM 1.62.

Praktisches Zahlenrechnen. Von Professor Dr.-Ing. P. WERKMEISTER in Dresden. Mit 60 Figuren. Zweite, verbesserte Auflage. 136 Seiten. 1929. (Samml. Göschen Bd. 405.) Geb. RM 1.62.

Das Buch gibt eine übersichtliche Auskunft über die in der Praxis angewendeten Arten des Rechnens. Es wird daher in allen Kreisen der Technik und Naturwissenschaft ein willkommener Führer und Ratgeber sein.

Mathematische Instrumente. Von Professor Dr. FR. A. WILLERS. Mit 68 Figuren. 144 Seiten. 1926. (Samml. Göschen Bd. 922.) Geb. RM 1.62.

Der Band bringt nicht nur eine Beschreibung der mathematischen Instrumente, sondern auch eine genaue Theorie, aus der die Anwendungsmöglichkeiten, die beste Art des Gebrauchs, sowie die Größe der auftretenden Ungenauigkeiten abgeleitet werden.

Politische Arithmetik. (Zinseszinsen-, Renten- und Anleiherechnung.) Von Dr. EMIL FOERSTER, Honorardozent an der Technischen Hochschule in Wien. Mit 7 Figuren. 155 Seiten. 1924. (Samml. Göschen Bd. 879.) Geb. RM. 1.62.

In 6 Kapiteln wird der Reihe nach die einfache Zinsenrechnung, die Zinseszinsrechnung für Einzelkapitalien und Renten, das Rechnen mit vorschüssigen Zinsen, die Schuldentilgung sowie die Kurs- und Rentabilitätsrechnung behandelt.

Wahrscheinlichkeitsrechnung. Von Dr. OTTO KNOPF, o. Professor der Astronomie an der Universität Jena. I. 112 Seiten. 1923. II. Mit 10 Figuren. 112 Seiten. 1923. (Samml. Göschen Bd. 508 und 871.) Geb. je RM 1.62.

Eine knappe, klare Darstellung der Wahrscheinlichkeitsrechnung, deren Wert für die mathematischen Grundlagen des Versicherungswesens, für die statistische Mechanik und neuerdings auch für das Fernsprechwesen auf der Hand liegt.

Ausgleichungsrechnung nach der Methode der kleinsten Quadrate. Von WILHELM WEITBRECHT, Professor der Geodäsie in Stuttgart. Zweite, veränderte Auflage. I. Teil: Ableitung der grundlegenden Sätze und Formeln. Mit 8 Figuren. Neudruck. 127 Seiten. 1919. (Samml. Göschen Bd. 302.) Geb. RM 1.62.
II. Teil: Zahlenbeispiele. Mit 8 Figuren. Neudruck. 141 Seiten. 1920. (Samml. Göschen Bd. 641.) Geb. RM 1.62.

Jeder der beiden Teile bildet ein das ganze Gebiet umfassendes, für sich geschlossenes Ganzes. Der erste enthält die Ableitung der grundlegenden Sätze und Formeln, während im zweiten die ertigen Ergebnisse dieser Ableitungen zusammengestellt und auf hauptsächlich dem Gebiet der Geodäsie entnommene Zahlenbeispiele angewendet werden.

Versicherungsmathematik. Von Dr. FRIEDRICH BOEHM, Professor an der Universität München. I: Elemente der Versicherungsrechnung. 144 Seiten. 1925. (Samml. Göschen Bd. 180.) Geb. RM 1.62. II: Lebensversicherungsmathematik. Einführung in die technischen Grundlagen der Sozialversicherung. 171 Seiten. 1926. (Samml. Göschen Bd. 917.) Geb. RM 1.62.

Der erste Band behandelt den Zins als erste, die Sterbetafel als zweite Rechnungsgrundlage, die Prämienreserve und die Versicherung verbundener Leben. Der zweite Band enthält außer einer eingehenden Behandlung der Lebensversicherungsmathematik eine Einführung in die technischen Grundlagen der Sozialversicherung.

Methoden der praktischen Analysis. Von Dr. FR. A. WILLERS, o. Professor an der Bergakademie Freiberg (Sachsen). 344 Seiten. 1928. (Göschens Lehrbücherei Bd. 12.) RM 20.—, geb. RM 21.50.

Der Band gibt dem Mathematiker einen Einblick in die Anwendungsmöglichkeiten der Methoden und macht den Naturwissenschaftler und Ingenieur mit den theoretischen Grundlagen bekannt.

Numerische Integration. Von Professor Dr. FR. A. WILLERS. Mit 2 Figuren. 116 Seiten. 1923. (Samml. Göschen Bd. 864.) Geb. RM 1.62.

Die Darstellung ist sehr übersichtlich und so elementar als möglich gehalten. Sie setzt nur die Kenntnisse der Grundgesetze der Differential- und Integralrechnung voraus und wendet sich an Mathematiker, Physiker und vor allem an Ingenieure, für die das Buch eine gute Anleitung und Einführung ist.

Graphische Integration. Von Professor Dr. FR. A. WILLERS. Mit 53 Figuren. 142 Seiten. 1920. (Samml. Göschen Bd. 801.) Geb. RM 1.62.

Der Verfasser versucht, einem weiteren Kreise die immer noch zu wenig benutzten zeichnerischen Methoden bekanntzumachen. Er setzt dabei so wenig Vorkenntnisse wie möglich voraus.

Astronomie

Astronomie. Größe, Bewegung und Entfernung der Himmelskörper. Von A. F. MÖBIUS. Bearbeitet von Dr. HERM. KOBOLD, o. Hon.-Professor an der Universität Kiel. I. Das Planetensystem. Mit 33 Figuren. Elfte Auflage. Durchgesehener Neudruck. 136 Seiten. 1925. (Samml. Göschen Bd. 11.) Geb. RM 1.62 II. Kometen, Meteore und das Sternsystem. Mit 15 Figuren und 2 Sternkarten. Dreizehnte Auflage. 128 Seiten. 1923. (Samml. Göschen Bd. 529.) Geb. RM 1.62.

Der erste Teil beschränkt sich auf die Darstellung der Bewegungserscheinungen und der Größenverhältnisse der Planeten und ihrer Trabanten. Im zweiten Teil leitet die zunächst gegebene Behandlung der dem Sonnensysteme weniger innig verbundenen Glieder, der Kometen und Meteore, zu dem Hauptgegenstande der Betrachtung, dem Fixsternsystem, über. Im letzten Kapitel wird der Leser mit den Theorien über die Entwicklungsvorgänge im Universum bekanntgemacht.

Einleitung in die Astronomie. Von Dr. A. VON FLOTOW, Observator am Geodät. Institut in Potsdam. Mit 1 Tafel. Groß-Oktav. 1911. (Samml. Schubert Bd. XV.) Geb. RM 7.—.

Astronomische Chronologie. Von Professor Dr. P. V. NEUGEBAUER, Observator am Astronomischen Rechen-Institut in Berlin-Dahlem. Erster Band: Text. Groß-Oktav. 190 Seiten. Zweiter Band: Tafeln. Groß-Oktav. 136 Seiten. 1929. Beide Bände RM 37.—, geb. RM 40.—.

Die Mechanik des Himmels. Von Prof. Dr. CARL LUDWIG CHARLIER. Vorlesungen. 2 Bände. Lex.-Oktav. Zweite Auflage. Mit zahlreichen Figuren. I: VIII, 488 Seiten, 1927. II: VIII, 480 Seiten, 1927. Zusammen RM 54.—, geb. RM 60.—.

Astronomischer Jahresbericht. Gegründet von WALTER F. WISLICENUS. Mit Unterstützung der Astronomischen Gesellschaft herausgegeben von dem Astronomischen Rechen-Institut zu Berlin-Dahlem. Oktav. Ab 1900, zuletzt erschien der 33. Band (Literatur des Jahres 1931, Preis RM 24.—). Preise der früheren Bände auf Anfrage.

MIX
Papier | Fördert gute Waldnutzung
FSC® C083411

Zeitfracht Medien GmbH
Ferdinand-Jühlke-Straße 7
99095 Erfurt, Deutschland
produktsicherheit@kolibri360.de